TANDEM LIBRARY

TABLES OF TRANSFORMATION BRACKETS

TABLES OF TRANSFORMATION BRACKETS
FOR NUCLEAR SHELL-MODEL CALCULATIONS

Second Edition

T. A. Brody and M. Moshinsky

Instituto de Física, Universidad de México
and Comisión Nacional de Energía Nuclear, México

GORDON AND BREACH SCIENCE PUBLISHERS

New York   London   Paris

Copyright © 1967 by GORDON AND BREACH, Science Publishers, Inc.
150 Fifth Avenue, New York, N. Y. 10011

Library of Congress Catalog Card Number: 67-23633

For the United Kingdom:

Gordon and Breach, Science Publishers Ltd.
61 Carey Street, Chancery Lane
London W.C.2, England

Editorial office for France:

Gordon & Breach
7-9 rue Emile Dubois
Paris 14e

Distribution en France par:

Dunod Editeur
92 Rue Bonaparte
Paris 6e, France

Distributed in Canada by:

The Ryerson Press
299 Queen Street West
Toronto 2B, Ontario, Canada

First edition published 1960 by Universidad Nacional Autonoma de México
Printed in the United States of America

Este libro los autores se lo dedican uno al otro, con la ferviente esperanza de nunca más tener que hacer semejante tarea.

Tabla de Materias

Prefacio — *vii*
Introducción
    I. Cálculos en el modelo de capas — *ix*
    II. Fórmulas para los paréntesis de transformación y expresiones relacionadas — *xi*
        1. Definición del paréntesis de transformación — *xi*
        2. Fórmulas explícitas para los paréntesis de transformación — *xiii*
        3. Relaciones de ortonormalidad para los paréntesis de transformación — *xiv*
        4. Relaciones de simetría para los paréntesis de transformación — *xv*
    III. Los coeficientes $B(nl, n'l', p)$ — *xvi*
    IV. Elementos de matriz y niveles de energía — *xviii*
        1. Elementos de matriz diagonales para interacciones centrales — *xviii*
        2. Elementos de matriz no diagonales para interacciones centrales — *xix*
        3. Mezclas de configuración — *xx*
        4. Acoplamiento spin-órbita — *xxvi*
        5. Fuerzas tensoriales — *xxvii*
        6. Acoplamiento j-j y el caso de más de dos partículas — *xxx*
    V. Disposición y precisión de las tablas numéricas — *xxxi*
        1. Tablas de los paréntesis de transformación — *xxxi*
        2. Tablas de los coeficientes $B(nl, n'l', p)$ — *xxxii*
        3. Tabla de los valores posibles del índice p — *xxxiii*

Referencias — *xxxiv*
Tablas de los cálculos para los ejemplos — *xxxv*
Texto de la introducción en inglés — *xliii*
Apéndice: Coeficientes de Clebsch-Gordan y de Racah — *lxxi*
Tablas numéricas
    I. Tablas de los paréntesis de transformación — 1

n_1	n_2	pág.
0	0	1
1	0	23
0	1	47
2	0	57
1	1	71
0	2	87
3	0	89
2	1	93
1	2	103
0	3	107
3	1	109
2	2	111
1	3	117
3	2	119
2	3	121
3	3	123

    II. Tablas abreviadas del coeficiente $B(nl, n'l', p)$ para elementos de matriz diagonales — 125
        $n' = n,\ l' = l$ — 125
        $n' = n - 1,\ l' = l + 2$ — 127
    III. Tabla de los valores posibles del índice p — 129
    IV. Tablas de coeficiente $B(nl, n'l', p)$ — 145
        $l' = l$ — 145
        $l' = l + 2$ — 161

Table of Contents

Spanish Version of the Introduction — vii
References — xxxiv
Tables of Calculations for the Examples — xxxv
Preface — xliii
Introduction

    I. Shell-Model Calculations — xlv

    II. Formulae for the Transformation Brackets and Related Expressions — xlvii
        1. Definition of the transformation bracket — xlvii
        2. Explicit formulae for the transformation brackets — xlviii
        3. Orthonormality relations for the transformation brackets — xlix
        4. Symmetry relations for the transformation brackets — li

    III. The Coefficients $B(nl, n'l', p)$ — lii

    IV. Calculation of Matrix Elements and Energy Levels — liv
        1. Diagonal matrix elements for central interactions — liv
        2. Non-diagonal matrix elements for central interactions — lv
        3. Configuration mixing — lvi
        4. Spin-orbit coupling — lxii
        5. Tensor forces — lxiii
        6. j-j coupling and the case of more than two particles — lxvi

    V. Arrangement and Precision of the Numerical Tables — lxvii
        1. Tables of the transformation brackets — lxvii
        2. Tables of the coefficients $B(nl, n'l', p)$ — lxviii
        3. Table of the possible values of the index p — lxviii

Appendix: Clebsch-Gordan and Racah Coefficients — lxxi
Numerical Tables

    I. Tables of the Transformation Brackets — 1

				Page
$n_1 = 0$,	$n_2 = 0$			1
"	1	"	0	23
"	0	"	1	47
"	2	"	0	57
"	1	"	1	71
"	0	"	2	87
"	3	"	0	89
"	2	"	1	93
"	1	"	2	103
"	0	"	3	107
"	3	"	1	109
"	2	"	2	111
"	1	"	3	117
"	3	"	2	119
"	2	"	3	121
"	3	"	3	123

    II. Shortened Tables of the Coefficient $B(nl, n'l', p)$ for Diagonal Matrix Eleme — 125
        $n' = n$, $l' = l$ — 125
        $n' = n - 1$, $l' = l + 2$ — 127

    III. Table of the Possible Values of the Index p — 129

    IV. Tables of the Coefficient $B(nl, n'l', p)$ — 145
        $l' = l$ — 145
        $l' = l + 2$ — 161

Prefacio

En los últimos años el modelo de capas nucleares ha aumentado considerablemente su importancia. La inclusión de un acoplamiento spin-órbita fuerte hizo posible predecir un conjunto grande de fenómenos nucleares; varias mejorías de menor importancia han permitido obtener resultados en mejor acuerdo con los datos experimentales respecto a un cierto número de otras propiedades; y se ha logrado una comprensión teórica más firme de las bases del modelo de capas.

Es, por lo tanto, de considerable interés desarrollar métodos matemáticos para la evaluación de elementos de matriz y el cálculo de funciones de onda en el modelo de capas. Con los métodos actualmente disponibles, la labor del calculista se hace muy engorrosa si el número de nucleones fuera de la última capa llena es grande o si se supone una fuerza entre pares de partículas que no sea de un tipo relativamente sencillo.

El propósito de la presente publicación es el de reducir el trabajo requerido para obtener resultados numéricos: los autores tienen la esperanza de que las tablas de paréntesis de transformación, junto con las tablas auxiliares, permitirán realizar por lo menos los cálculos sencillos sin exigir un tiempo excesivo.

Las tablas y las fórmulas del texto que indican su uso se basan en una aproximación fundamental: el pozo de potencial común del modelo de capas se supone que es el de un oscilador armónico. Aunque esto implica una cierta idealización de la realidad física, se considera que queda ampliamente compensada con la posibilidad de tomar en cuenta mediante fórmulas bastante sencillas cualquier tipo de interacción entre dos partículas sin limitación del alcance.

La introducción no tiene el propósito de dar derivaciones completas de los resultados y métodos matemáticos, las cuales se han publicado en otros lados. Debe solamente dar una explicación apropiadamente detallada de como aplicar las tablas y resumir las fórmulas más importantes que relacionan las cantidades tabuladas con los problemas físicos a cuya solución han de contribuir. Los capítulos II y III presentan estas fórmulas de una manera conectada. En el capitulo IV se discuten varios tipos de elementos de matriz y los métodos de calcularlos, y se consideran algunos ejemplos. El último capítulo discute la presentación de los datos en las tablas y el problema de la precisión numérica de los valores tabulados.

En el cálculo, para el cual se empleó una computadora electrónica, se tomaron las precauciones necesarias para evitar errores. Los autores agradecerán a los usuarios de estas tablas la indicación de los errores que aún subsistan y las sugestiones de posibles mejorías.

Los cálculos se ejecutaron en la máquina IBM 650 del Centro Electrónico de Cálculo de la UNAM. Quisiéramos agradecer al Ing. Sergio Beltrán por haberla puesto a nuestra disposición; al Sr. Raúl Ortega y otros miembros del Centro Electrónico de Cálculo por habernos ayudado en la ejecución de los cálculos; al Sr. Marcos de Teresa por haber participado en la preparación de los programas; al Sr. José Calvillo por haber ayudado en la verificación del trabajo de máquina, en la ordenación de los datos y en su listado; y al Sr. Edmundo de Alba que ayudó en la comprobación de los ejemplos de la introducción. También agradecemos a los Srs. Gerhard Jacob y Darcy Dillenburg por la ayuda que nos dieron en la verificación de las fórmulas, procedimientos de cómputo y resultados. El Sr. Jacob colaboró también en la derivación de la expresión explícita para el coeficiente B. El Dr. Francisco Medina Nicolau participó en muchas discusiones fructíferas. Expresamos nuestro agradecimiento a los funcionarios de la Ford Motor Company de México, en particular al Sr. Carlos Peniche, cuyas máquinas de contabilidad se emplearon para el listado automático de las tarjetas perforadas, y al Sr. Augusto Talanquer, de la misma compañía, quién armó los tableros y supervisó el trabajo de listado. Finalmente agradecemos a nuestro impresor, Sr. Raymundo De Pavía.

I

Cálculos en el Modelo de Capas

El modelo de capas presupone que las interacciones entre nucleones pueden promediarse, de modo que un nucleón dado se mueve en un pozo de potencial; una parte residual de la interacción entre pares de nucleones no podrá sin embargo promediarse sobre el volúmen nuclear: cualquier formulación del modelo de capas debe tomar en cuenta esta interacción residual. Todavía no hay, como en el caso atómico, evidencia indiscutible en cuanto a la naturaleza y forma de esta fuerza residual, y por lo tanto los métodos de cálculo deben ser suficientemente generales para poder admitir cualquier suposición al respecto. Más aún, el conocimiento de la forma del pozo de potencial no es tan seguro como el del pozo de potencial coulombiano atómico (Moszkowski 57, Elliott y Lane 57).

El solo pozo de potencial no pude explicar el arreglo de capas nucleares experimentalmente observado; debe agregársele una interacción spin-órbita fuerte (Goeppert-Mayer 49, 50; Haxel, Jensen y Suess 49, 50; Goeppert-Mayer y Jensen 55). Junto con los hechos ya mencionados esto explica la mayor dificultad que ofrecen los cálculos de perturbación en el caso nuclear comparado con el atómico: las funciones de onda de orden cero están menos claramente determinadas por la naturaleza del problema, y las fuerzas perturbadoras son mayores. Como consecuencia el trabajo computacional para evaluar un elemento de matriz es considerable, a menos que haya pocos nucleones fuera de la última capa cerrada. Elliott y Lane (57) indican el procedimiento que hay que seguir. Brevemente, la matriz para las varias partículas fuera de la última capa cerrada debe primero reducirse a una función de los elementos de matriz de dos partículas mediante los coeficientes de precedencia fraccional correspondientes. La dependencia orbital de esta matriz se separa luego en parte angular y parte radial; la primera se reduce por los métodos ya conocidos de tensores (Racah 42) a sumas sobre los coeficientes de acoplamiento vectorial; la segunda se expresa en términos de integrales radiales que pueden evaluarse como sumas sobre coeficientes de Slater. Estos últimos son integrales que dependen sólo del potencial y de las funciones de onda radiales de las dos partículas (véase capítulo III).

El cálculo de los coeficientes de Slater nucleares es más engorroso que para sus equivalentes atómicos ya que las fuerzas son más variadas y menos bien definidas.

Se puede simplificar más el cálculo si el pozo común se supone que es un potencial de oscilador armónico. Talmi (52) mostró que en este caso los coeficientes de Slater se pueden reducir a integrales sencillas unidimensionales de la interacción entre dos partículas sin que se requieran las funciones de onda radiales. Este método puede ser suplementado por las tablas ya calculadas de los coeficientes en las expansiones necesarias (Thieberger 56-7).

La aproximación implícita en el uso de un pozo de oscilador armónico es buena para el estado fundamental y los primeros niveles excitados; para estos estados importa poco que el potencial tienda al infinito con el radio en vez de a cero. Pero los estados altamente excitados y las secciones eficaces de reacciones pueden resultar muy alejados de la realidad (véase por ejemplo Moszkowski 57; Elliott y Lane 57; Talmi 52).

Recientemente uno de los autores aprovechó las propiedades de simetría del oscilador armónico para definir y escribir en forma explícita los paréntesis de transformación que permiten pasar de una función de onda de dos partículas, expresada en coordenadas respecto al centro del pozo de potencial común (coordenadas c. p.), a una suma sobre funciones de onda expresadas en coordenadas relativas y del centro de masa de los dos nucleones (coordenadas r. c. m.) (Moshinsky 59). Mediante estos paréntesis de transformación cualquier elemento de matriz puede expresarse directamente en términos de integrales de Talmi y obviar de esta manera la evaluación algo engorrosa de los coeficientes de Slater; esto reduce considerablemente la labor del calculista. Ideas parecidas fueron desarrolladas por otros investigadores, independientemente y casi al mismo tiempo (Goeppert-Mayer y Lawson 60; Arima y Terasawa 60), y tablas parciales de un coeficiente semejante al considerado aquí han sido publicadas por Balashov y Eltekov (60).

En la presente publicación se dan tablas de los paréntesis de transformación para todos los casos de interés en la espectroscopía nuclear, hasta la capa i. La derivación matemática de las expresiones explícitas para estos paréntesis, dadas en el siguiente capítulo, se encuentran en un trabajo de Moshinsky (59); una tabla parcial ya ha sido publicada (Brody 59). En otra tabla están todos los valores necesarios de $B(nl, n'l', p)$; estos se necesitan para reducir las integrales radiales a sumas de integrales de Talmi. Dado que se requiere sólo parte de esta tabla para el cálculo de elementos de matriz diagonales, se da por separado esta fracción de la tabla, en una forma parecida a la publicada anteriormente (Brody, Jacob y Moshinsky 60). Finalmente se incluye una tabla auxiliar, la cual facilita la determinación de los términos diferentes de cero en las sumas de integrales de Talmi.

II

Fórmulas para los Paréntesis de Transformación y Expresiones Relacionadas

1. Definición del paréntesis de transformación

La función de onda para una sola partícula en el pozo de oscilador armónico se tomará en la forma

$$|nlm> \equiv \psi_{nlm}(r,\theta,\phi) = \Re_{nl}(r) Y_{lm}(\theta,\phi) \qquad (2.1)$$

en donde los Y_{lm} son los armónicos esféricos normalizados sobre la esfera unidad (véase por ejemplo Rose 57). Las funciones radiales están dadas por

$$\Re_{nl}(r) = \left[\frac{2n!}{\Gamma(n+l+3/2)}\right]^{1/2} r^l \exp(-\tfrac{1}{2}r^2) L_n^{l+1/2}(r^2) \qquad (2.2)$$

en donde $L_n^{l+1/2}(r^2)$ es un polinomio de Laguerre, definido como en Erdélyi et al. (53). Los $\Re_{nl}$ están normalizados de modo que

$$\int_0^\infty [\Re_{nl}(r)]^2 r^2 dr = 1 \quad .$$

Aquí y en todo lo que sigue la distancia radial r se expresa en unidades del llamado "parámetro de tamaño", $b = (\hbar/M\omega)^{1/2}$. M es la masa del nucleón y ω es la frecuencia asociada con el oscilador clásico. Nótese que como consecuencia de estas definiciones la secuencia de los niveles de energía del oscilador armónico será: $0s$; $0p$; $1s$, $0d$; $1p$, $0f$; $2s$, $1d$, $0g$; ... Esta secuencia que se muestra en la figura 1, difiere de la usada por Elliott y Lane (57), ya que el número cuántico radial, n, tiene un valor siempre menor en 1 en la presente formulación que en la de ellos.

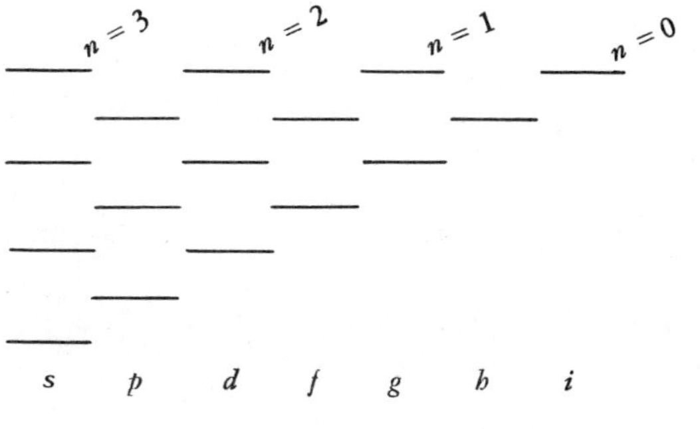

Designaremos los radios-vector de dos partículas en el oscilador armónico por r_1 y r_2, sus números cuánticos radiales por n_1 y n_2, y los números cuánticos de sus impulsos angulares por l_1 y l_2. Este sistema de coordenadas, referido al centro del oscilador, se llamará el sistema c. p. La coordenada relativa r y la coordenada R del centro de masa de las dos partículas se definirán entonces como sigue:

$$r = \frac{1}{\sqrt{2}}(r_1 - r_2), \quad R = \frac{1}{\sqrt{2}}(r_1 + r_2) \qquad (2.3)$$

Fig. 1

Comparado con las definiciones más usuales, éstas tienen la ventaja de que las funciones de onda del oscilador armónico tiene la misma forma en ambos sistemas de coordenadas. El sistema de coordenadas relativas definido por (2.3) se designará como sistema r. c. m.; en él los números cuánticos radial y orbital n, l corresponden al movimiento relativo y N, L al del centro de masa de las dos partículas. El impulso angular de las dos partículas se llamará λ, de modo que (usando rayas bajo los símbolos para indicar los operadores vectoriales correspondientes)

$$\underline{l}_1 + \underline{l}_2 = \underline{\lambda} = \underline{l} + \underline{L} \tag{2.4}$$

y en consecuencia

$$|l_1 - l_2| \leq \lambda \leq l_1 + l_2$$
$$|l - L| \leq \lambda \leq l + L \tag{2.5}$$

La energía asociada con la función de onda (2.1) es evidentemente - en unidades de $\hbar\omega$ -

$$e_{nl} = 2n + l + {}^3/_2 \tag{2.6}$$

En el sistema de dos partículas no perturbado no hay interacción entre ellas, y la energía del sistema es entonces la suma de dos términos de la forma (2.6), tanto en el sistema c. p. como en el r. c. m. La conservación de la energía implica por lo tanto que

$$\rho = 2n_1 + l_1 + 2n_2 + l_2 = 2n + l + 2N + L \tag{2.7}$$

La cantidad ρ será llamada el índice de energía del sistema de dos partículas.

Los eigenkets en los dos sistemas de coordenadas pueden escribirse

$$|n_1 l_1, n_2 l_2, \lambda \mu\rangle = \sum_{m_1 m_2} \langle l_1 l_2 \, m_1 m_2 | \lambda \mu \rangle \, \Re_{n_1 l_1}(r_1) \, \Re_{n_2 l_2}(r_2) \, Y_{l_1 m_1}(\theta_1, \phi_1) \, Y_{l_2 m_2}(\theta_2, \phi_2) \tag{2.8}$$

y

$$|nl, NL, \lambda\mu\rangle = \sum_{mM} \langle lLmM | \lambda\mu \rangle \, \Re_{nl}(r) \, \Re_{NL}(R) \, Y_{lm}(\theta, \phi) \, Y_{LM}(\Theta, \Phi) \tag{2.9}$$

en donde m_1, m_2; m, M son los números cuánticos magnéticos en los dos sistemas y μ es el número cuántico magnético total. $\langle l_1 l_2, m_1 m_2 | \lambda\mu \rangle$ y $\langle lLmM | \lambda\mu \rangle$ son coeficientes de Clebsch-Gordan. Los paréntesis de transformación que se encuentran tabulados en las páginas 1 a 123 se definen entonces como los coeficientes del desarrollo del eigenket (2.8) en una serie de eigenkets (2.9), es decir por la relación

$$|n_1 l_1, n_2 l_2, \lambda\mu\rangle = \sum_{nlNL} |nl, NL, \lambda\mu\rangle \langle nl, NL, \lambda | n_1 l_1, n_2 l_2, \lambda\rangle \tag{2.10}$$

Se puede mostrar (Edmonds 57) que esta transformación no depende del número magnético μ, el cual por lo tanto no se incluyó en el paréntesis.

El paréntesis de transformación es cero para toda combinación de sus parámetros que no satisfaga la condición (2.7); el índice de energía ρ caracteriza pues tanto el bra como el ket.

2. Fórmulas explícitas para los paréntesis de transformación

Para el caso $n_1 = 0$, $n_2 = 0$ el valor del paréntesis de transformación está dado por la expresión (Moshinsky 59):

$$\langle nl, NL, \lambda | 0l_1, 0l_2, \lambda \rangle = \left[\frac{l_1! \, l_2!}{(2l_1)! \, (2l_2)!} \frac{(2l+1)(2L+1)}{2^{l+L}} \frac{(n+l)!}{n! \, (2n+2l+1)!} \frac{(N+L)!}{N! \, (2N+2L+1)!} \right]^{1/2}$$

$$\times (-1)^{n+l+L-\lambda} \sum_x (2x+1) \, A(l_1 l, l_2 L, x) \, W(lL l_1 l_2; \lambda x) \tag{2.11}$$

Aquí $W(lL l_1 l_2; \lambda x)$ es un coeficiente de Racah y la función A se define como

$$A(l_1 l, l_2 L, x) = \left[\frac{(l_1+l+x+1)! \, (l_1+l-x)! \, (l_1+x-l)!}{(l+x-l_1)!} \frac{(l_2+L+x+1)! \, (l_2+L-x)! \, (l_2+x-L)!}{(L+x-l_2)!} \right]^{1/2}$$

$$\times \sum_q (-1)^{\frac{l+q-l_1}{2}} \frac{(l+q-l_1)!}{\left(\frac{l+q-l_1}{2}\right)! \left(\frac{l+l_1-q}{2}\right)!} \frac{1}{(q-x)! \, (q+x+1)!} \frac{(L+q-l_2)!}{\left(\frac{L+q-l_2}{2}\right)! \left(\frac{L+l_2-q}{2}\right)!} \tag{2.12}$$

La suma sobre q se limita a valores no negativos de q para los cuales $l + q - l_1$ y por tanto también $L + q - l_2$ es par; la regla de conservación de la energía (2.7) asegura la misma paridad para estas cantidades. La definición del coeficiente de Racah limita la suma sobre x:

$$|l - l_1| \leqslant x \leqslant l + l_1, \quad |L - l_2| \leqslant x \leqslant L + l_2$$

Una vez calculados los valores para $n_1 = n_2 = 0$, los paréntesis de transformación con n_1 y n_2 diferentes de cero se obtienen de la relación de recurrencia

$$\langle nl, NL, \lambda | n_1+1 \, l_1, n_2 l_2, \lambda \rangle = [(n_1+1)(n_1+l_1+3/2)]^{-1/2}$$

$$\times \sum_{n'l'N'L'} \langle nl, NL, \lambda \mu | -r_1^2 | n'l', N'L', \lambda \mu \rangle \langle n'l', N'L', \lambda | n_1 l_1, n_2 l_2, \lambda \rangle \tag{2.13}$$

Los parámetros nl, NL deben, desde luego, satisfacer la condición (2.7) bajo la forma

$$2n + l + 2N + L = 2(n_1+1) + l_1 + 2n_2 + l_2$$

La evaluación de los elementos de matriz de $-r_1^2$ en (2.13) es sencilla; la conservación de la energía y las reglas de selección para las funciones radiales dejan subsistir sólo seis combinaciones de $n'l'N'L'$. Estas combinaciones y los elementos de matriz correspondientes figuran en la tabla I (p. *xxxv*).

Para aumentar en 1 el valor de n_2 en vez del de n_1 se obtiene una expresión similar a (2.13), en la cual el primer factor tiene el índice 2 en lugar de 1 y los elementos de matriz son los de $-r_2^2$. Estos son idénticos a los de la tabla I, excepto que el signo de los últimos cuatro renglones debe ser cambiado.

Naturalmente es posible obtener otras relaciones de recurrencia; véase por ejemplo Arima y Terasawa (60). En los cálculos aquí presentados sólo se utiliza (2.13).

3. Relaciones de ortonormalidad para los paréntesis de transformación

Los paréntesis de transformación (2.11) y (2.13) son reales, de modo que la expansión de un bra en el sistema c.p. en términos de bras r. c. m. será idéntica a (2.10). El elemento de matriz de un operador escalar $\mathfrak{D}$ será pués

$$\langle n_1 l_1, n_2 l_2, \lambda \mu | \mathfrak{D} | n_1' l_1', n_2' l_2', \lambda \mu \rangle = \sum_{\substack{nlNL \\ n'l'N'L'}} [\langle nl, NL, \lambda \mu | \mathfrak{D} | n'l', N'L', \lambda \mu \rangle$$

$$\times \langle nl, NL, \lambda | n_1 l_1, n_2 l_2, \lambda \rangle \langle n'l', N'L', \lambda | n_1' l_1', n_2' l_2', \lambda \rangle] \qquad (2.14)$$

Al hacer $\mathfrak{D} = 1$, los elementos de matriz resultan iguales a 1 ó 0, según sean diagonales o no. Vemos pues que

$$\sum_{nlNL} \langle nl, NL, \lambda | n_1 l_1, n_2 l_2, \lambda \rangle \langle nl, NL, \lambda | n_1' l_1', n_2' l_2', \lambda \rangle$$

$$= \delta_{n_1 n_1'} \delta_{l_1 l_1'} \delta_{n_2 n_2'} \delta_{l_2 l_2'} \qquad (2.15)$$

Si $nlNL$ y $n_1 l_1 n_2 l_2$ se consideran como índices compuestos de renglón y columna respectivamente, (2.15) muestra que los paréntesis de transformación para ρ y λ dadas forman una matriz ortogonal. De allí que los renglones también forman un conjunto ortonormal:

$$\sum_{n_1 l_1 n_2 l_2} \langle nl, NL, \lambda | n_1 l_1, n_2 l_2, \lambda \rangle \langle n'l', N'L', \lambda | n_1 l_1, n_2 l_2, \lambda \rangle$$

$$= \delta_{nn'} \delta_{ll'} \delta_{NN'} \delta_{LL'} \qquad (2.16)$$

Ecuaciones (2.15) y (2.16) muestran que podemos escribir

$$\sum_{n_1 l_1 n_2 l_2} | n_1 l_1, n_2 l_2, \lambda \mu \rangle \langle nl, NL, \lambda | n_1 l_1, n_2 l_2, \lambda \rangle$$

$$= \sum_{\substack{n'l'N'L' \\ n_1 l_1 n_2 l_2}} | n'l', N'L', \lambda \mu \rangle \langle n'l', N'L', \lambda | n_1 l_1, n_2 l_2, \lambda \rangle \langle nl, NL, \lambda | n_1 l_1, n_2 l_2, \lambda \rangle$$

$$= \sum_{n'l'N'L'} \delta_{nn'} \delta_{ll'} \delta_{NN'} \delta_{LL'} | n'l', N'L', \lambda \mu \rangle$$

de donde obtenemos una relación paralela a la definición (2.10):

$$| nl, NL, \lambda \mu \rangle = \sum_{n_1 l_1 n_2 l_2} | n_1 l_1, n_2 l_2, \lambda \mu \rangle \langle nl, NL, \lambda | n_1 l_1, n_2 l_2, \lambda \rangle \qquad (2.17)$$

Las ecuaciones (2.15) y (2.16) expresan la normalización y la ortogonalidad de los paréntesis de transformación. Las sumas en ellas se extienden sobre todos los valores de nl, NL en un caso y de $n_1 l_1, n_2 l_2$ en el otro que sean compatibles con la conservación de energía y del impulso angular total, es decir, con las relaciones (2.5) y (2.7). Dado que éstas son completamente simétricas en los números cuánticos de los sistemas c. p. y r. c. m., el número de tales combinaciones es el mismo en ambos casos y depende sólo de ρ, el índice de energía, y de λ, el impulso angular total. Si se designa este número por τ, se puede mostrar que (Brody 59, Moshinsky y Brody 60)

$$\begin{aligned} \tau &= \tfrac{1}{8}(\lambda+1)(\rho-\lambda+2)(\rho-\lambda+4) && \text{si} \quad \rho-\lambda \text{ es par} \\ \tau &= \tfrac{1}{8}\lambda(\rho-\lambda+1)(\rho-\lambda+3) && \text{si} \quad \rho-\lambda \text{ es non} \end{aligned} \qquad (2.18)$$

4. Relaciones de simetría para los paréntesis de transformación

Varias relaciones de simetría existen entre los paréntesis de transformación. Para el presente propósito, las más útiles son:

$$\langle nl, NL, \lambda | n_1 l_1, n_2 l_2, \lambda \rangle = (-1)^{L-\lambda} \langle nl, NL, \lambda | n_2 l_2, n_1 l_1, \lambda \rangle \qquad (2.19)$$

$$= (-1)^{l_1 - \lambda} \langle NL, nl, \lambda | n_1 l_1, n_2 l_2, \lambda \rangle \qquad (2.20)$$

$$= (-1)^{l_1 + l} \langle NL, nl, \lambda | n_2 l_2, n_1 l_1, \lambda \rangle \qquad (2.21)$$

$$= (-1)^{l_2 + L} \langle n_1 l_1, n_2 l_2, \lambda | nl, NL, \lambda \rangle \qquad (2.22)$$

Las derivaciones de estas relaciones se darán en otro lugar (Moshinsky y Brody 60).

Se utilizaron las primeras tres relaciones de simetría para reducir el número de valores por tabularse. Los detalles se encuentran en el capítulo V, 1. En la mayoría de los casos el usuario no necesitará aplicarlas para obtener los valores que requiere.

Nótese que en (2.22) el bra es referido al sistema r. c. m. y el ket al c. p. igual que para el miembro izquierdo; sólo los *valores numéricos* han sido intercambiados, de manera que por ejemplo los números cuánticos relativos tienen ahora los valores que antes describían la partícula 1. Si se intercambia también el sentido físico de los dos lados del paréntesis, en otros términos, si el bra ahora es referido al sistema c. p. y el ket al r. c. m., el valor del paréntesis es igual al original, ya que la operación equivale a tomar la conjugada compleja y hemos visto que los paréntesis son reales.

III

Los Coeficientes $B(nl,n'l',p)$

Como se ha mostrado en otro lugar (Moshinsky 58, 59; Brody, Jacob y Moshinsky 60), los elementos de matriz para todos los tipos de interacciones entre pares de partículas pueden expresarse en términos de los elementos de matriz*

$$<nl||V(r)||n'l'> = \int_0^\infty \mathfrak{R}_{nl}(r)\, V(r)\, \mathfrak{R}_{n'l'}(r)\, r^2\, dr \tag{3.1}$$

en donde $V(r)$ es la dependencia radial de la interacción entre dos partículas (toda la interacción, en el caso de una fuerza central). Todos los demás factores tienen un origen esencialmente geométrico, de modo que lo que es físicamente significativo queda en el elemento de matriz (3.1). Este a su vez puede desarrollarse en una serie de integrales de Talmi I_p de orden p:

$$<nl||V(r)||n'l'> = \sum_p B(nl, n'l', p)\, I_p \tag{3.2}$$

Aquí I_p está dado por (Talmi 52)

$$I_p = \frac{2}{\Gamma(p + 3/2)} \int_0^\infty r^{2p}\, e^{-r^2}\, V(r)\, r^2\, dr \tag{3.3}$$

Los coeficientes $B(nl, n'l', p)$ en esta expansión son (Brody, Jacob y Moshinsky 60)

$$B(nl, n'l', p) = (-1)^{p - \frac{1}{2}(l+l')} \frac{(2p+1)!}{2^{n+n'}p!} \left[\frac{n!n'!(2n+2l+1)!(2n'+2l'+1)!}{(n+l)!(n'+l')!} \right]^{\frac{1}{2}}$$

$$\times \sum_{k=a}^{\beta} \frac{(l+k)!\,(p - \frac{1}{2}(l-l') - k)!}{k!\,(2l+2k+1)!\,(n-k)!\,(2p-l+l'-2k+1)!\,(n'-p+\frac{1}{2}(l+l')+k)!\,(p - \frac{1}{2}(l+l') - k)!} \tag{3.4}$$

En la suma sobre k, los límites son

$$a = \max[0, p - \frac{1}{2}(l+l') - n'] = \begin{cases} 0 & \text{si } p - \frac{1}{2}(l+l') - n' \leq 0 \\ p - \frac{1}{2}(l+l') - n' & \text{si } p - \frac{1}{2}(l+l') - n' > 0 \end{cases} \tag{3.5}$$

---

*Debe notarse que aunque (3.1) no es exactamente un elemento de matriz reducido en el sentido de Racah, tiene una interpretación análoga, por lo cual aquí y en otras publicaciones (Moshinsky 59, Moshinsky y Brody 60) se está empleando la notación $<nl||V(r)||n'l'>$, la cual esperamos no causará confusión.

III. LOS COEFICIENTES $B(nl, n'l', p)$

$$\beta = \min[n, p - \tfrac{1}{2}(l+l')] = \begin{cases} p - \tfrac{1}{2}(l+l') & \text{si } p - \tfrac{1}{2}(l+l') \leq n \\ n & \text{si } p - \tfrac{1}{2}(l+l') > n \end{cases} \qquad (3.6)$$

Como es evidente de estas ecuaciones, la gama de valores de p es

$$\tfrac{1}{2}(l+l') \leq p \leq \tfrac{1}{2}(l+l') + n + n' \qquad (3.7)$$

Cuando $l = l'$, $n = n'$, como por ejemplo para el elemento de matriz diagonal de una fuerza central, (3.7) se reduce a

$$l \leq p \leq 2n + l \qquad (3.8)$$

Ya que este tipo de cálculo es frecuente, se ha incluído una tabla dando los valores posibles de p para este caso (pp. 129-144).

De (3.4) resulta, después de un poco de manipulación, que los coeficientes son simétricos en los índices nl y $n'l'$, lo cual de hecho se puede ver de la ecuación (3.1), de modo que

$$B(nl, n'l', p) = B(n'l', nl, p) \qquad (3.9)$$

La forma de las ecuaciones que expresan un elemento de matriz en términos de los paréntesis de transformación y de los coeficientes B depende del tipo de interacción; estas ecuaciones se discutirán por lo tanto en el siguiente capítulo. Basta mencionar aquí que los coeficientes B han de utilizarse sólo si se desea expresar un elemento de matriz en términos de integrales de Talmi; esto es particularmente útil si no se postula ninguna forma particular de la dependencia radial de la interacción, en cuyo caso los I_p pueden quedar como parámetros en el cálculo y ajustarse posteriormente mediante una comparación con los datos experimentales apropiados.

IV

Elementos de Matriz y Niveles de Energía

1. Elementos de matriz diagonales para interacciones centrales

El elemento de matriz diagonal para una interacción central puede escribirse en términos de los elementos de matriz* $<nl||V(r)||nl>$ en la forma siguiente (Moshinsky 59):

$$<n_1l_1, n_2l_2, \lambda\mu|V(r)|n_1l_1, n_2l_2, \lambda\mu> = \sum_{nlNL} [<nl, NL, \lambda|n_1l_1, n_2l_2, \lambda>]^2 <nl||V(r)||nl> \qquad (4.1)$$

Usando la ecuación (3.2) y cambiando el orden de las sumas, se obtiene

$$<n_1l_1, n_2l_2, \lambda\mu|V(r)|n_1l_1, n_2l_2, \lambda\mu> = \sum_{p=0}^{\rho} C_C(n_1l_1, n_2l_2, \lambda; p) I_p \qquad (4.2)$$

en donde

$$C_C(n_1l_1, n_2l_2, \lambda; p) = \sum_{nlNL} [<nl, NL, \lambda|n_1l_1, n_2l_2, \lambda>]^2 B(nl, nl, p) \qquad (4.3)$$

Para expresar el elemento de matriz (4.1) directamente en términos de integrales de Talmi, sólo se necesitan pues calcular los coeficientes C_C. Como este cálculo y el discutido en la siguiente sección son básicos para todos los demás tipos de elementos de matriz, el procedimiento se indicará en algún detalle con un ejemplo escogido más o menos al azar: $<12,13,2\mu|V(r)|12,13,2\mu>$. La Tabla II muestra una manera de efectuar el cálculo.

La construcción de esta tabla incluye los siguientes pasos: en la tabla de paréntesis de transformación para $n_1 = 1$ y $n_2 = 1$, pp. 74-5, se encuentra el grupo que corresponde a $l_1 = 2$, $l_2 = 3$, $\lambda = 2$; éste contiene todas las combinaciones de $nlNL$ que son compatibles con los valores dados de ρ y λ, es decir, todos los términos en la suma en (4.3). Estas combinaciones se anotan en las primeras cuatro columnas de la tabla II y los cuadrados de los paréntesis de transformación correspondientes se apuntan en la siguiente columna.

Se obtiene una verificación sumando estos cuadrados de los paréntesis de transformación. (2.15) muestra que debe resultar 1 excepto por la acumulación de errores de redondeo la cual debería afectar cuando más la séptima decimal.

En el siguiente paso se calculan los productos de los cuadrados en la quinta columna por los valores de $B(nl, nl, p)$ para obtener los términos de la suma en (4.3), los cuales se disponen en columnas según el valor de p. Si no se satisface la condición (3.8), $B(nl, nl, p)$ será 0, de modo que sólo un cierto número de estos términos necesitan calcularse. Estos pueden determinarse mediante la tabla de valores posibles del índice p: en el grupo $\rho = 9$, $\lambda = 2$ se encontrarán las mismas veinte combinaciones de $nlNL$ que ocurrieron en la tabla principal, y en el mismo orden. Junto con cada combinación se indican solamente aquellos valores de p que pueden ocurrir en el término correspondiente del elemento de matriz

---

*Véase la nota al pie de la página *xvi*.

IV.2. ELEMENTOS DE MATRIZ NO DIAGONALES PARA INTERACCIONES CENTRALES

diagonal de una fuerza central. Colocando una regla verticalmente contra la columna $p = 0$, se ve cuáles combinaciones tienen un cero indicado; en la columna correspondiente de la tabla II se marcan estos lugares. Luego se mueve la regla de manera de poder marcar en la siguiente columna de la tabla II los lugares para los cuales está indicado un 1. Procediendo de esta manera se pueden marcar en poco tiempo todos los espacios donde habrá un término diferente de cero.

Los valores necesarios de $B(nl, nl, p)$ se toman de la tabla de las páginas 125-126; ésta se extrajo de la tabla grande (pp. 145-159) y contiene sólo los valores que son menester para elementos de matriz diagonales. No se necesitan retener más de ocho decimales en los productos; en algunos casos los valores absolutos de $B(nl, nl, p)$ son grandes y puede haber menos decimales significativas en los valores de C_C que resultan al sumar las columnas obtenidas como ha sido descrito.

Aquí se puede obtener otra verificación más de los cálculos. Al poner $V(r) = 1$ en la ecuación (4.2), el elemento de matriz se vuelve $= 1$, y de la ecuación (3.3) se ve que todos los I_p también son $= 1$. Por lo tanto

$$\sum_p C_C(n_1l_1, n_2l_2, \lambda; p) = 1 \tag{4.4}$$

Se verá que en el caso considerado en la tabla II la suma horizontal de las sumas de columnas es 1, exacto a seis decimales; esta indicación es muy útil para juzgar la precisión de los coeficientes C_C que resultan, particularmente con miras a estimar el error de redondeo total acumulado en cálculos ulteriores.

En este ejemplo no se supuso ninguna forma particular de la dependencia radial y el resultado final puede escribirse

$$\begin{aligned}\langle 12, 13, 2\mu | V(r) | 12, 13, 2\mu \rangle =\ & 0.844866\, I_1 && - 2.344643\, I_2 \\ & +3.361160\, I_3 && + 5.443976\, I_4 \\ & -24.850675\, I_5 && + 37.218310\, I_6 \\ & -26.812504\, I_7 && + 8.139510\, I_8.\end{aligned}$$

2. *Elementos de matriz no diagonales para interacciones centrales*

El elemento de matriz general para una interacción central puede escribirse

$$\langle n_1l_1, n_2l_2, \lambda\mu | V(r) | n_1'l_1', n_2'l_2', \lambda\mu \rangle = \tag{4.5}$$
$$\sum_{nlNL}\sum_{n'l'N'L'}\left[\langle nl, NL, \lambda | n_1l_1, n_2l_2, \lambda \rangle \langle n'l', N'L', \lambda | n_1'l_1', n_2'l_2', \lambda \rangle \langle nl, NL, \lambda\mu | V(r) | n'l', N'L', \lambda\mu \rangle\right]$$

Pero $V(r)$ depende sólo de la magnitud de la coordenada relativa, de modo que tenemos en el sistema r. c. m.

$$\langle nl, NL, \lambda\mu | V(r) | n'l', N'L', \lambda\mu \rangle = \delta_{ll'}\delta_{NN'}\delta_{LL'}\langle nl || V(r) || n'l \rangle \tag{4.6}$$

en donde el elemento de matriz $\langle nl || V(r) || n'l \rangle$ está dado por la expansión (3.2). Por consiguiente

$$\langle n_1l_1, n_2l_2, \lambda\mu | V(r) | n_1'l_1', n_2'l_2', \lambda\mu \rangle = \sum_p C_C'(n_1l_1, n_2l_2; n_1'l_1', n_2'l_2'; \lambda; p)\, I_p \tag{4.7}$$

en donde

$$C_C'(n_1l_1, n_2l_2; n_1'l_1', n_2'l_2'; \lambda; p) = \sum_{nlNL}\left[\langle nl, NL, \lambda | n_1l_1, n_2l_2, \lambda \rangle \langle n'l, NL, \lambda | n_1'l_1', n_2'l_2', \lambda \rangle B(nl, n'l, p)\right] \tag{4.8}$$

El único número cuántico del sistema r. c. m. que difiere en los dos paréntesis de transformación de (4.8) es n', dado por

$$n' = n + n_1' + n_2' - n_1 - n_2 + \tfrac{1}{2}(l_1' + l_2' - l_1 - l_2) = n + \tfrac{1}{2}(\rho' - \rho) \tag{4.9}$$

Hay dos casos: el índice de energía ρ, definido en (2.7), puede ser el mismo para el bra y el ket del elemento de matriz (4.5); alternativamente las dos eigenfunciones pueden pertenecer a estados de diferente energía del oscilador armónico. El primer caso, para el cual (4.9) da $n' = n$, es parecido al de la sección anterior y será ilustrado aquí mediante un ejemplo. En el segundo caso se presentan algunos puntos diferentes, los cuales serán discutidos en la siguiente sección que trata mezclas de configuraciones y en donde habrá un ejemplo de este tipo.

Considérese, pués, el elemento de matriz $<20,02,2\mu|V(r)|01,13,2\mu>$. Aquí $\rho = 6$, $\lambda = 2$ en ambos lados. El cálculo se verá en la tabla III. La tabla de valores posibles de p (pp. 129 - 144) servirá otra vez para indicar los espacios en que van términos por calcularse. La quinta columna de la tabla III contiene ahora los productos de paréntesis de transformación correspondientes, tomados en dos grupos, (20,02,2) y (01,13,2). Estos se encontrarán en las secciones ($n_1 = 2$, $n_2 = 0$) y ($n_1 = 0$, $n_2 = 1$) respectivamente, de la tabla principal.

Al sumar esta columna para comprobación debe resultar cero según (2.15), excepto por errores de redondeo. Los valores de $B(nl, n'l, p)$ se encuentran como antes, sus productos por los términos de la quinta columna se anotan en los espacios apropiados y los coeficientes C_C' se obtienen como las sumas de las columnas. Un argumento análogo al de la sección anterior nos indica que ahora

$$\sum_p C_C'(n_1 l_1, n_2 l_2; n_1' l_1', n_2' l_2'; \lambda; p) = 0. \tag{4.10}$$

Por lo tanto esta suma verificará los cálculos y dará también una indicación del número de decimales en los resultados en que puede confiarse. En el presente caso sólo la octava decimal se ve afectada. El resultado final es

$$\begin{aligned}<20, 02, 2\mu|V(r)|01, 13, 2\mu> = \;& 0.1550245\, I_0 - 0.4588725\, I_1 \\ & + 0.7875244\, I_2 - 0.2728430\, I_3 \\ & - 1.6432598\, I_4 + 2.3191666\, I_5 \\ & - 0.8867401\, I_6 \, .\end{aligned}$$

3. Mezclas de configuración

No se discutirá más que el caso de mezclas de configuración con una interacción central entre pares de partículas; mediante las fórmulas de las secciones que siguen se puede fácilmente extender el argumento a otros tipos de fuerza.

En la mayoría de casos el nivel de energía del oscilador armónico que se toma como punto de partida corresponderá a varias eigenfunciones. Una interacción central suprimirá por lo menos parte de esta degeneración; los eigenfunciones de orden cero que se usan en el cálculo de perturbaciones tienen por tanto que obtenerse como combinaciones ortogonales de las funciones del oscilador armónico. Llamaremos las eigenfunciones de orden cero

$$|t\rho, \lambda\mu>, \quad 1 \leqslant t \leqslant \kappa \leqslant \tau \tag{4.11}$$

en donde τ está dado por (2.18). El número κ de las eigenfunciones de orden cero puede ser menor de τ, ya que en algunos casos se toma en cuenta sólo una parte de los estados originalmente degenerados aún si la interacción central elimina toda la degeneración en primer orden. Si este no es el caso, κ será generalmente la degeneración eliminada a primer orden. Las eigenfunciones de orden cero serán entonces combinaciones ortogonales de funciones del oscilador armónico:

$$|t\rho, \lambda\mu> = \sum_{n_1 l_1, n_2 l_2} |n_1 l_1, n_2 l_2, \lambda\mu> S^{\rho\lambda}(n_1 l_1, n_2 l_2; t) \tag{4.12}$$

IV.3. MEZCLAS DE CONFIGURACION

La suma en esta ecuación se extiende a los kets compatibles con los valores dados de ρ y λ que han sido incluídos en el conjunto de κ estados degenerados. Los kets ortogonalizados (4.11) diagonalizan la interacción $V(r)$ para este conjunto de estados de $\rho\lambda\mu$ dadas, de modo que

$$\langle t'\rho, \lambda\mu | (H + V(r)) | t\rho, \lambda\mu \rangle = (\rho + 3 + \zeta_t^{\rho\lambda})\hbar\omega \, \delta_{tt'} \qquad (4.13)$$

Aquí H es el hamiltoniano de dos partículas en el oscilador armónico y $V(r)$ el potencial perturbador de la interacción central entre las partículas. En el segundo miembro de la ecuación ω es la frecuencia angular del oscilador armónico y $\zeta_t^{\rho\lambda}$ la energía de perturbación a primer orden. El término $3\hbar\omega$ surge de la vibración de punto cero de las dos partículas. (4.12) y (4.13) muestran que los coeficientes de transformación $S^{\rho\lambda}$ satisfacen

$$\sum_{n_1'l_1'n_2'l_2'} \left[\langle n_1l_1, n_2l_2, \lambda\mu | V(r) | n_1'l_1', n_2'l_2', \lambda\mu \rangle \, S^{\rho\lambda}(n_1'l_1', n_2'l_2'; t) \right] = \zeta_t^{\rho\lambda} \, S^{\rho\lambda}(n_1l_1, n_2l_2; t) \qquad (4.14)$$

Esta ecuación permite obtener los $S^{\rho\lambda}$ y los $\zeta_t^{\rho\lambda}$. Los $S^{\rho\lambda}$ están definidos hasta una constante multiplicativa y conviene normalizarlos; forman una matriz unitaria si el conjunto n_1l_1, n_2l_2 se toma como el índice del renglón y t como índice de columna. Los elementos de matriz de $V(r)$ son reales, como se ha visto; también lo son los $\zeta_t^{\rho\lambda}$ porque $V(r)$ es un operador hermitiano; como consecuencia los $S^{\rho\lambda}$ también pueden tomarse reales, y resultan las relaciones de ortonormalidad

$$\sum_{n_1l_1n_2l_2} S^{\rho\lambda}(n_1l_1, n_2l_2; t) \, S^{\rho\lambda}(n_1l_1, n_2l_2; t') = \delta_{tt'} \quad , \quad \sum_t S^{\rho\lambda}(n_1l_1, n_2l_2; t) \, S^{\rho\lambda}(n_1'l_1', n_2'l_2'; t) = \delta_{n_1n_1'} \delta_{l_1l_1'} \delta_{n_2n_2'} \delta_{l_2l_2'} \qquad (4.15)$$

Las funciones de onda perturbadas, calculadas a primer orden, están dadas por

$$\overline{|t(\rho)\lambda\mu\rangle} = |t\rho, \lambda\mu\rangle + \sum_{\rho'}{'} \sum_{t'} |t'\rho', \lambda\mu\rangle \frac{\langle t'\rho', \lambda\mu | V(r) | t\rho, \lambda\mu \rangle}{\rho - \rho'} \qquad (4.16)$$

La prima en el signo de suma sobre ρ' indica que se debe excluir el término $\rho' = \rho$. La ecuación (4.12) permite expresar (4.16) en términos de funciones de oscilador armónico; el segundo término del miembro derecho de (4.16) toma entonces la forma

$$\sum_{\rho' t'}{'} \sum_{\substack{n_1 l_1 n_2 l_2 \\ n_1' l_1' n_2' l_2' \\ n_1'' l_1'' n_2'' l_2''}} |n_1'l_1', n_2'l_2', \lambda\mu\rangle \, S^{\rho'\lambda}(n_1'l_1', n_2'l_2'; t') \\
\times \frac{S^{\rho'\lambda}(n_1''l_1'', n_2''l_2''; t') \langle n_1''l_1'', n_2''l_2'', \lambda\mu | V(r) | n_1l_1, n_2l_2, \lambda\mu \rangle \, S^{\rho\lambda}(n_1l_1, n_2l_2; t)}{\rho - \rho'} \qquad (4.17)$$

Al efectuarse la suma sobre t' y utilizarse la ortogonalidad de la matriz $S^{\rho'\lambda}$, las eigenfunciones para una mezcla de configuraciones pueden escribirse a primer orden de perturbación

$$\overline{|t(\rho)\lambda\mu\rangle} = |t\rho, \lambda\mu\rangle + \sum_{\rho'}{'} \sum_{\substack{n_1 l_1 n_2 l_2 \\ n_1' l_1' n_2' l_2'}} |n_1'l_1', n_2'l_2', \lambda\mu\rangle \frac{\langle n_1'l_1', n_2'l_2', \lambda\mu | V(r) | n_1l_1, n_2l_2, \lambda\mu \rangle \, S^{\rho\lambda}(n_1l_1, n_2l_2; t)}{\rho - \rho'} \qquad (4.18)$$

Si los $\zeta_t^{\rho\lambda}$ son todos distintos, la perturbación de la energía en segundo orden, $\overline{\zeta}_t^{\rho\lambda}$, puede obtenerse en la forma

$$\overline{\zeta}_t^{\rho\lambda} = \sum_{\rho'}{}' \sum_t \frac{<t\rho,\lambda\mu|V(r)|t'\rho',\lambda\mu><t'\rho',\lambda\mu|V(r)|t\rho,\lambda\mu>}{\rho - \rho'} \tag{4.19}$$

Al sustituir (4.12) en esta ecuación, desaparece la suma sobre los elementos de la matriz $S^{\rho'\lambda}$ debido a (4.15), de modo que

$$\overline{\zeta}_t^{\rho\lambda} = \sum_{\rho'}{}' \frac{1}{\rho - \rho'} \sum_{n_1'l_1'n_2'l_2'} \left[\sum_{n_1l_1n_2l_2} S^{\rho\lambda}(n_1l_1,n_2l_2;t) <n_1l_1,n_2l_2,\lambda\mu|V(r)|n_1'l_1',n_2'l_2',\lambda\mu> \right]^2 \tag{4.20}$$

La ecuaciones (4.18) y (4.20) indican cuales cálculos hay que efectuar; más abajo se verá un ejemplo.

Un caso particular ocurre al no tomarse en cuenta el principio de Pauli, es decir, si todos los niveles compatibles con los valores iniciales de ρ y λ se consideran como degenerados. En este caso la degeneración $\kappa = \tau$, y se demuestra que los elementos de la matriz $S^{\rho\lambda}$ deben ser paréntesis de transformación, ya que en el sistema r. c. m. la matriz de una interacción central para un valor fijo del índice de energía es diagonal. Es de notarse que ahora los números cuánticos nl, NL solamente numeran los estados sin tener significado físico, por lo cual escribiremos el paréntesis de transformación simbólicamente $<t,\lambda|n_1l_1,n_2l_2,\lambda>$, con

$$t \equiv nlNL \tag{4.21}$$

La perturbación de la energía de primer orden $\zeta_t^{\rho\lambda}$ se obtiene inmediatamente de (4.14):

$$\zeta_t^{\rho\lambda} = <t\rho,\lambda\mu|V(r)|t\rho,\lambda\mu> = \sum_p B(nl,nl,p) I_p \tag{4.22}$$

con la correlación entre t y nl dada por (4.21). Los kets de orden cero ortogonalizados son, similarmente,

$$|t\rho,\lambda\mu> = \sum_{n_1l_1n_2l_2} <t,\lambda|n_1l_1,n_2l_2,\lambda>|n_1l_1,n_2l_2,\lambda\mu> \tag{4.23}$$

A primer orden las funciones de onda perturbadas pueden escribirse ahora

$$\overline{|t(\rho)\lambda\mu>} = |t\rho,\lambda\mu> + \sum_{\rho'}{}' \sum_{n_1'l_1'n_2'l_2'} |n_1'l_1',n_2'l_2',\lambda\mu> \frac{<n'l,NL,\lambda|n_1'l_1',n_2'l_2',\lambda> \sum_p B(nl,n'l,p) I_p}{\rho - \rho'} \tag{4.24}$$

Aquí n' está dado por la condición $n' = n + \frac{1}{2}(\rho - \rho')$ (ecuación 4.9) y los $nlNL$ están definidos por (4.21). Como se puede ver de la ecuación (4.22), en muchos casos la interacción central suprimirá sólo parte de la degeneracón; esto se hace evidente al examinar las combinaciones de $nlNL$ que figuran en la tabla de las páginas 129-144: si a nl dados corresponde más de una combinación de NL, dos o más valores de $\zeta_t^{\rho\lambda}$ han de coincidir. Sin embargo, si toda la degeneración desaparece a primer orden, (4.20) puede inmediatamente simplificarse, dando

$$\overline{\zeta}_t^{\rho\lambda} = \sum_{\rho'}{}'' \frac{\left(\sum_p B(nl,n'l,p) I_p\right)^2}{\rho - \rho'} \tag{4.25}$$

Para discutir un ejemplo, conviene prescribir completamente la interacción, lo cual permite completar todos los pasos del cálculo. Supondremos dos partículas en el nivel $\rho = 6$ los cuales podrían interpretarse, por ejemplo, como los últimos dos neutrones en ^{42}Ca; entre ellas hay una fuerza central de forma gaussiana además del pozo común de oscilador armónico. La frecuencia de este último se obtiene de una estimación hecha por Moszkowski (57):

$$\hbar\omega \simeq 41 \, A^{-1/3} \, \text{MeV} \tag{4.26}$$

IV.3. MEZCLAS DE CONFIGURACION

La interacción central se supondrá que tiene la forma (Moszkowski 57)

$$V(r) = -V_0 e^{-\beta^2 r^2}, \beta^2 = \frac{A^{1/3}}{r_0^2}, V_0 = 2.215\, \hbar\omega \tag{4.27}$$

en donde r está dado en unidades del parámetro de tamaño (p. xi); eso da $\beta^2 = 3.00$, si r_0, la constante de radios, se toma igual a 1.08 Fermi. Esta suposición simplifica el trabajo numérico para el ejemplo, ya que entonces las integrales de Talmi resultan ser

$$I_p = -\frac{2V_0}{\Gamma(p+3/2)} \int_0^\infty r^{2p+2}\, e^{-(1+\beta^2)r^2} dr = \frac{-V_0}{(1+\beta^2)^{p+3/2}} = -\frac{1}{2^{2p+3}} \times 2.215\, \hbar\omega \tag{4.28}$$

Postulamos ahora que el impulso angular total $\lambda = 1$. De los cuatro estados posibles para dos partículas sin spin en los niveles $1p$ y $0f$, sólo los dos que tienen ambas partículas en el mismo nivel cumplen esta condición. Obtener los eigenvalores y eigenvectores que satisfagan (4.14) para este caso implica el cálculo de tres elementos de matriz, ya que la matriz es simétrica; los detalles del cálculo, parecido a los ejemplos previamente dados, se encuentran en la tabla IV. La ecuación característica es cuadrática y sus dos raíces son

$$\begin{aligned} \zeta_1^{61} &= -0.043223832\, V_0 = -0.09574079\, \hbar\omega \\ \zeta_2^{61} &= -0.018652511\, V_0 = -0.04131531\, \hbar\omega \end{aligned} \tag{4.29}$$

De estos valores se obtienen los dos eigenvectores; normalizados, resultan

$$\begin{pmatrix} S^{61}(1;1) \\ S^{61}(3;1) \end{pmatrix} = \begin{pmatrix} 0.19954124 \\ 0.97988943 \end{pmatrix}, \quad \begin{pmatrix} S^{61}(1;2) \\ S^{61}(3;2) \end{pmatrix} = \begin{pmatrix} -0.97988943 \\ 0.19954124 \end{pmatrix} \tag{4.30}$$

(Aquí y en la tabla IV hemos usado "1" y "3" para simbolizar respectivamente los índices de renglón compuestos 11, 11 y 03, 03 en la matriz $S^{\rho\lambda}(n_1 l_1, n_2 l_2; t)$.) Las dos funciones de onda ortogonalizadas de orden cero son entonces

$$|16, 1\mu\rangle = 0.19954124\, |11, 11, 1\mu\rangle + 0.97988943\, |03, 03, 1\mu\rangle$$
$$|26, 1\mu\rangle = -0.97988943\, |11, 11, 1\mu\rangle + 0.19954124\, |03, 03, 1\mu\rangle$$

Los siguientes niveles que hay que tomar en cuenta para la mezcla de configuraciones son $2s$, $1d$ y $0g$, que corresponde a $\rho = 7$ cuando una partícula sube a éstos y la otra queda en uno de los inferiores; pero estos niveles no dan ninguna contribución, visto que su paridad difiere de la paridad de los de $\rho = 6$. La primera contribución viene de los estados que tienen ambas partículas en los niveles $2s$, $1d$, ó $0g$, y de los estados con una partícula en los niveles $2p$, $1f$ ó $0h$, la otra quedándose en $1p$ ó $0f$; ambas posibilidad corresponden a $\rho = 8$. Para los propósitos del presente ejemplo se considerará solamente la segunda posibilidad. Las configuraciones $(2p, 0f)$, $(0h, 0f)$ y $(0h, 1p)$ no contribuyen en nada ya que no pueden satisfacer la condición (2.5) sobre el impulso angular. Quedan sólo cuatro elementos de matriz por calcularse para evaluar (4.18) y (4.20):

$$\begin{aligned} \langle 11, 21, 1\mu | V(r) | 03, 03, 1\mu \rangle &= -0.00262008\, \hbar\omega \\ \langle 11, 21, 1\mu | V(r) | 11, 11, 1\mu \rangle &= -0.03330133\, \hbar\omega \\ \langle 13, 03, 1\mu | V(r) | 03, 03, 1\mu \rangle &= -0.03217214\, \hbar\omega \\ \langle 13, 03, 1\mu | V(r) | 11, 11, 1\mu \rangle &= +0.00209747\, \hbar\omega \end{aligned} \tag{4.31}$$

Otros cuatro elementos de matriz, en los cuales las partículas intercambian sus números cuánticos en el bra, son iguales a estos por razones de simetría. Los cálculos necesarios se exhiben en la tabla V. Son de notarse algunos puntos:

  (i) Los elementos de matriz no son diagonales y la energía del oscilador armónico no es la misma en el bra y en el ket. Siendo central la interacción, la ec. (4.6) demuestra que sólo el valor de n puede diferir entre bra y ket. Por lo tanto hay una columna adicional del lado izquierdo en la cual se encuentran los valores de n' obtenidos de (4.9), o más inmediatamente por inspección de los dos grupos de paréntesis de transformación necesarios para cada elemento de matriz: sólo aquellos pares que concuerdan en los valores de l, N y L entran en consideración. Los productos de estos pares se encuentran en la sexta columna, marcada $<|><|>$, de la tabla V.

  (ii) No se puede aplicar la ecuación (2.15), porque los paréntesis de transformación usados para la sexta columna pertenecen a diferentes valores de ρ. De hecho no se utilizan todos los miembros de uno de los grupos de paréntesis de transformación. Las sumas de productos de los paréntesis de transformación ya no sirven por lo tanto para comprobar el trabajo aritmético.

  (iii) Puesto que ahora ρ y ρ' difieren, ya no se puede usar la tabla de valores posibles de p (pp. 129-144) para determinar los lugares de la tabla V que contendrán términos diferentes de cero; en su lugar, debe emplearse la ecuación (3.7).

  (iv) La ecuación (4.10) sigue válida y se puede emplear para verificar las sumas de las columnas para los diferentes valores de p. Para nuestro ejemplo la tabla V muestra que las sumas horizontales de los valores de C'_C son cero, pero con un error de redondeo que indica que ya no se puede confiar en la séptima decimal. Esto se debe a los valores grandes de $B(nl, n'l, p)$ que ocurren en algunos términos.

  (v) La interacción tiene ahora una forma conocida, y por lo tanto los valores numéricos de las integrales de Talmi vienen dados en el renglón marcado I_p, luego se multiplican por los valores correspondientes de C'_C; las sumas de estos productos dan los valores de los elementos de matriz (4.31).

Estos resultados se pueden sustituir directamente, junto con la matriz S^{61} obtenida en (4.30), en la ecuación (4.18). Bajo las suposiciones hechas, la mezcla de configuraciones a primer orden resultan después de normalizar

$$\overline{|1(6)\,1\mu\rangle} = 0.19948876\,|11,11,1\mu\rangle + 0.97963170\,|03,03,1\mu\rangle$$
$$+ 0.00460497\{|21,11,1\mu\rangle + |11,21,1\mu\rangle\}$$
$$+ 0.01554922\{|13,03,1\mu\rangle + |03,13,1\mu\rangle\}$$

$$\overline{|2(6)\,1\mu\rangle} = -0.97961939\,|11,11,1\mu\rangle + 0.19948625\,|03,03,1\mu\rangle$$
$$- 0.01604999\{|21,11,1\mu\rangle + |11,21,1\mu\rangle\}$$
$$+ 0.00423631\{|13,03,1\mu\rangle + |03,13,1\mu\rangle\}$$

(4.32)

La aproximación a primer orden es bastante buena, como se ve al calcular la ortogonalidad:

$$\langle\overline{1(6)\,1\mu}|\overline{2(6)\,1\mu}\rangle = 0.0000\,1609$$

Los elementos de matriz (4.31) también permiten obtener la perturbación de energía en segundo orden, de acuerdo con (4.20):

$$\overline{\zeta}^{61}_1 = -0.00105249\,\hbar\omega\;,\quad \overline{\zeta}^{61}_2 = -0.00110280\,\hbar\omega$$

Estas se pueden combinar con las correcciones a primer orden obtenidas anteriormente (4.29), para dar las energías perturbadas de los niveles:

$$E^{61}_1 = 8.90320672\,\hbar\omega\;,\quad E^{61}_2 = 8.95758189\,\hbar\omega \tag{4.33}$$

Los resultados obtenidos en las ecuaciones (4.29) a (4.33) – y en particular las funciones de onda (4.32) – se basaron en la suposición de que todos los niveles más bajos están ocupados y que el principio de exclusión impide que haya contribuciones de estos niveles; además, sólo dos niveles superiores se tomaron en cuenta. Es de evidente interés considerar también el caso en que contribuyen todos los niveles posibles, de modo que no opera el principio de Pauli.

IV.3. MEZCLAS DE CONFIGURACION

En este caso las funciones de orden cero se tienen que obtener a partir de todas las funciones de oscilador armónico que pertenecen al nivel $\rho = 6$, $\lambda = 1$, y no solamente de los estados $1p$ y $0f$. Las ecuaciones que se aplican a este caso son (4.22) a (4.25).

Los cálculos se exhiben en la tabla VI. Es de notarse que mientras la disposición tiene una forma semejante a la utilizada previamente, las cantidades anotadas en los lugares individuales representan ahora los productos de $B(nl, nl, p)$ y del valor correspondiente de la integral de Talmi I_p. De la ecuación (4.22) resulta además que son ahora las sumas *horizontales* las que nos interesan. Las perturbaciones de la energía en primer orden resultan ser entonces

$$\zeta_1^{61} = -0.06921875\,\hbar\omega\,,\quad t = (01,21)$$

$$\zeta_2^{61} = -0.01730469\,\hbar\omega\,,\quad t = (02,12)$$

$$\zeta_3^{61} = -0.00432618\,\hbar\omega\,,\quad t = (03,03)$$

$$\zeta_4^{61} = -0.10166504\,\hbar\omega\,,\quad t = (11,11)$$

$$\zeta_5^{61} = -0.03515015\,\hbar\omega\,,\quad t = (12,02)$$

$$\zeta_6^{61} = -0.11312271\,\hbar\omega\,,\quad t = (21,01)$$

Las funciones de onda de orden cero pueden escribirse de manera inmediata, usando la tabla de paréntesis de transformación; por ejemplo (usando el mismo orden que antes para numerar las funciones ortogonalizadas en términos de t)

$$|16, 1\mu\rangle = 0.25|01, 21, 1\mu\rangle + 0.50|02, 12, 1\mu\rangle + 0.44721361|03, 03, 1\mu\rangle$$
$$+ 0.41833002|11, 11, 1\mu\rangle + 0.50|12, 02, 1\mu\rangle + 0.25|21, 01, 1\mu\rangle$$

Para escribir esta función de orden cero se requieren los paréntesis de transformación $\langle 01,21,1|n_1l_1, n_2l_2, 1\rangle$. El empleo de la relación de simetría (2.22) nos permite encontrarlos juntos en un sólo grupo: $\langle nl, NL, 1|01, 21, 1\rangle$. Similarmente, los paréntesis de transformación para $|26, 1\mu\rangle$ pueden encontrarse en el grupo $\langle nl, NL, 1|02, 12, 1\rangle$ etc.

La segunda parte de la tabla VI muestra el cálculo de los factores numéricos para las ecuaciones (4.24) y (4.25). Otra vez la disposición es formalmente la misma que antes, pero son las sumas horizontales las que interesan. Los cuadrados de estas sumas horizontales son los términos necesarios para (4.25); sumando las perturbaciones de primer y segundo orden, los nuevos niveles de energía resultan ser

$$E_1^{61} = 8.92741242\,\hbar\omega\,,\quad E_2^{61} = 8.98240054\,\hbar\omega$$

$$E_3^{61} = 8.99565012\,\hbar\omega\,,\quad E_4^{61} = 8.89280559\,\hbar\omega$$

$$E_5^{61} = 8.96401924\,\hbar\omega\,,\quad E_6^{61} = 8.88057934\,\hbar\omega$$

Otra vez, el uso de (2.22) nos permite obtener de un sólo grupo de las tablas los paréntesis de transformación que ocurren en la ecuación (4.24) para las funciones perturbadas en primer orden. Después de normalizar se obtienen funciones de onda tales como:

$$\overline{|3(6)\,1\mu\rangle} = 0.44721095|01,21,1\mu\rangle + 0.19999881|03,03,1\mu\rangle - 0.74832705|11,11,1\mu\rangle$$
$$+ 0.44721095|21,01,1\mu\rangle$$
$$- 0.00133286|01, 31, 1\mu\rangle + 0.00108828|02, 22, 1\mu\rangle - 0.00034415|03, 13, 1\mu\rangle$$
$$+ 0.00071245|04, 04, 1\mu\rangle + 0.00103243|11, 21, 1\mu\rangle - 0.00174517|12, 12, 1\mu\rangle$$
$$- 0.00034415|13, 03, 1\mu\rangle + 0.00103243|21, 11, 1\mu\rangle + 0.00108828|22, 02, 1\mu\rangle$$
$$- 0.00133286|31, 01, 1\mu\rangle$$

$$\overline{|4(6)\,1\mu\rangle} = 0.41775294|01,21,1\mu\rangle - 0.74729918|03,03,1\mu\rangle + 0.29958614|11,11,1\mu\rangle$$
$$+ 0.41775294|21,01,1\mu\rangle$$
$$- 0.01525205|01,31,1\mu\rangle + 0.01245325|02,22,1\mu\rangle + 0.01575225|03,13,1\mu\rangle$$
$$- 0.03261025|04,04,1\mu\rangle - 0.01443956|11,21,1\mu\rangle + 0.00221884|12,12,1\mu\rangle$$
$$+ 0.01575225|13,03,1\mu\rangle - 0.01443956|21,11,1\mu\rangle + 0.01245325|22,02,1\mu\rangle$$
$$- 0.01525205|31,01,1\mu\rangle.$$

La ortogonalidad ahora es más satisfactoria; se puede calcular que

$$\overline{\langle 3(6)\,1\mu|}\,\overline{4(6)\,1\mu\rangle} = 0.0000\,0002.$$

4. Acoplamiento spin-órbita

Los elementos de matriz de fuerzas del tipo

$$V_{LS} = V(r)\,\mathbf{l}\cdot\mathbf{s} \tag{4.34}$$

en donde

$$\mathbf{l} = \mathbf{r}\times\mathbf{p}, \quad \mathbf{s} = \tfrac{1}{2}(\vec{\sigma}_1 + \vec{\sigma}_2) \tag{4.35}$$

son el operador del impulso angular en el movimiento relativo y el operador del spin total, respectivamente, dependerán de J y de M, el número cuántico del impulso angular total y su tercera componente, además de s, el número cuántico del spin. Pero dado que $\mathbf{l}\cdot\mathbf{s}$ conmuta con el impulso angular total, sólo los elementos de matriz diagonales en J y M difieren de cero. Es bien sabido también que en los estados singuletes el acoplamiento spin-órbita no produce ningún efecto, de modo que es menester calcular elementos de matriz sólo para estados tripletes. Mediante el álgebra de operadores tensoriales (Racah 42) el elemento de matriz general de una fuerza de acoplamiento spin-órbita puede escribirse

$$\langle n_1 l_1, n_2 l_2, \lambda;\tfrac{1}{2}\tfrac{1}{2}s;JM|V(r)\,\mathbf{l}\cdot\mathbf{s}|n_1' l_1', n_2' l_2', \lambda';\tfrac{1}{2}\tfrac{1}{2}s';J'M'\rangle$$
$$= (-1)^{\lambda+s-J}\delta_{JJ'}\delta_{MM'}\delta_{ss'}\delta_{s1}\langle n_1 l_1, n_2 l_2, \lambda||V(r)\,\mathbf{l}||n_1' l_1', n_2' l_2', \lambda'\rangle$$
$$\times \langle s||\mathbf{s}||s'\rangle\,W(\lambda\lambda' ss';1J) \tag{4.36}$$

Es fácil encontrar que el elemento de matriz reducido de $\mathbf{s}$ es $\sqrt{6}\,\delta_{ss'}\delta_{s1}$ (Edmonds 57); un factor de $\hbar$ se ha incluido en $V(r)$. El otro elemento de matriz en (4.36) puede desarrollarse de la manera siguiente (Moshinsky 59):

$$\langle n_1 l_1, n_2 l_2, \lambda||V(r)\,\mathbf{l}||n_1' l_1', n_2' l_2', \lambda'\rangle = \sum_{nlNL}(-1)^{L+l-\lambda}[l(l+1)(2l+1)(2\lambda+1)(2\lambda'+1)]^{1/2}$$
$$\times W(\lambda\lambda' ll;1L)\langle nl,NL,\lambda|n_1 l_1, n_2 l_2, \lambda\rangle\langle n'l,NL,\lambda'|n_1' l_1', n_2' l_2', \lambda'\rangle\langle nl||V(r)||n'l\rangle \tag{4.37}$$

Aquí n' está dado por (4.9) y se ha utilizado el hecho de que (Racah 42)

$$\langle nl||V(r)\,\mathbf{l}||n'l'\rangle = \delta_{ll'}\,[l(l+1)(2l+1)]^{1/2}\,\langle nl||V(r)||n'l\rangle \tag{4.38}$$

en donde $\langle nl||V(r)||n'l\rangle$ está dado por (3.1).

IV.5. FUERZAS TENSORIALES

Utilizando el desarrollo (3.2) se obtiene

$$\langle n_1 l_1, n_2 l_2, \lambda; \tfrac{1}{2}\tfrac{1}{2} 1; JM | V(r) \, \mathbf{l} \cdot \mathbf{s} | n'_1 l'_1, n'_2 l'_2, \lambda'; \tfrac{1}{2}\tfrac{1}{2} 1; JM \rangle$$

en donde*
$$= \sum_p C'_{LS}(n_1 l_1, n_2 l_2, \lambda; n'_1 l'_1, n'_2 l'_2, \lambda'; J; p) \, I_p \tag{4.39}$$

$$C'_{LS}(n_1 l_1, n_2 l_2, \lambda; n'_1 l'_1, n'_2 l'_2, \lambda'; J; p) = (-1)^{J+\rho} \sqrt{6} \, W(\lambda \lambda' 1 1; 1 J) \sqrt{(2\lambda+1)(2\lambda'+1)}$$

$$\times \sum_{nlNL} W(\lambda \lambda' ll; 1L) \sqrt{l(l+1)(2l+1)} \, \langle nl, NL, \lambda | n_1 l_1, n_2 l_2, \lambda \rangle \langle n'l, NL, \lambda' | n'_1 l'_1, n'_2 l'_2, \lambda' \rangle B(n'l, nl, p) \tag{4.40}$$

El factor $(-1)^{J+\rho}$ en (4.40) proviene de las potencias de -1 en (4.36) y (4.37): $(-1)^{L-l}$ puede sacarse de la suma, dado que (2.7) demuestra que $L-l$ y ρ siempre tienen la misma paridad.

En estas ecuaciones hay restricciones sobre J y λ que provienen del hecho de que $\mathbf{l} \cdot \mathbf{s}$ es un tensor de Racah de primer orden. Usando barras bajo los símbolos para designar los operadores vectoriales correspondientes, podemos escribir

$$\underline{\lambda} + \underline{s} = \underline{J}, \quad \underline{\lambda}' + \underline{s} = \underline{J}$$
$$\lambda' = \lambda, \lambda \pm 1 \tag{4.41}$$

Los W son coeficientes de Racah; se pueden obtener de las tablas publicadas (por ejemplo Simon et al. 54, Ishidzu 60) o para el presente caso particular de las fórmulas explícitas que se dan en el apéndice.

En el caso de un elemento diagonal se obtiene una simplificación considerable si se emplea la fórmula explícita de W. Viene entonces

$$C_{LS}(n_1 l_1, n_2 l_2, \lambda; J; p)$$

$$= - \frac{\lambda(\lambda+1) - J(J+1) + 2}{4\lambda(\lambda+1)} \sum_{nlNL} [\lambda(\lambda+1) - L(L+1) + l(l+1)]$$

$$\times \langle nl, NL, \lambda | n_1 l_1, n_2 l_2, \lambda \rangle^2 \, B(nl, nl, p) \tag{4.42}$$

La extensión al presente caso de las modalidades de cálculo que se han discutido anteriormente no debe presentar dificultades; no se dará un ejemplo aquí, ya que se verá un cálculo muy semejante para el caso de fuerzas tensoriales.

5. Fuerzas tensoriales

Se puede mostrar (Moshinsky 58) que una fuerza tensorial que actúa entre dos partículas de spin $\vec{\sigma}_1$ y $\vec{\sigma}_2$ puede reducirse al producto de dos tensores de Racah de segundo órden:

$$V_T = \left(\frac{32}{5}\pi\right)^{1/2} V(r) \, \mathbf{Y}_2(\theta, \phi) \cdot \mathbf{X}_2 \tag{4.43}$$

Aquí $\mathbf{Y}_2$ es el tensor de Racah cuyos componentes son los armónicos esféricos $Y_{2m}(\theta, \phi)$, y $\mathbf{X}_2$ es el tensor de Racah de

---
*Es de notarse que el coeficiente C'_{LS} tiene un significado ligeramente distinto del que se usó en publicaciones anteriores (Moshinsky 59; Brody, Jacob y Moshinsky 60); aquí se refiere a la expansión del elemento de matriz completo y no sólo a la expansión (4.37).

segundo órden cuyo componente para $m = 0$ es

$$X_{20} = \frac{1}{\sqrt{2}}(3s_z^2 - s^2) \tag{4.44}$$

en donde s esta dado por (4.35). Por razones parecidas a las que se aplican al caso del acoplamiento spin-órbita, sólo elementos de matriz que son diagonales en J y M y que corresponden a estados tripletes difieren de cero. Obtenemos

$$\langle n_1 l_1, n_2 l_2, \lambda; \tfrac{1}{2} \tfrac{1}{2} s; JM | V_T | n_1' l_1', n_2' l_2', \lambda'; \tfrac{1}{2} \tfrac{1}{2} s'; JM \rangle$$

$$= \left(\frac{32}{5}\pi\right)^{1/2} (-1)^{\lambda + s - J} \langle n_1 l_1, n_2 l_2, \lambda || V(r)\, Y_2(\theta, \phi) || n_1' l_1', n_2' l_2', \lambda' \rangle \langle s || X_2 || s' \rangle W(\lambda \lambda' s s'; 2J) \tag{4.45}$$

Es fácil ver que el elemento de matriz reducido de X_2 es

$$\langle s || X_2 || s' \rangle = \sqrt{15}\, \delta_{ss'}\, \delta_{s1} \tag{4.46}$$

en donde un factor de $\hbar^2$ está incluido en $V(r)$. La ecuación (4.46) impone la condición ya mencionada de que las dos partículas se encuentren en estados tripletes. El otro factor en (4.45) puede obtenerse en la forma (Moshinsky 59)*

$$\langle n_1 l_1, n_2 l_2, \lambda || V(r)\, Y_2(\theta, \phi) || n_1' l_1', n_2' l_2', \lambda' \rangle$$

$$= \sum_{nlNL} \sum_{n'l'} [\langle nl, NL, \lambda | n_1 l_1, n_2 l_2, \lambda \rangle \langle n'l', NL, \lambda' | n_1' l_1', n_2' l_2', \lambda' \rangle \langle nl || V(r) || n'l' \rangle$$

$$\times (-1)^{L - \lambda - l'} \left\{ (2\lambda + 1)(2\lambda' + 1) \frac{5}{4\pi} \right\}^{1/2} \langle l\, 200 | l'\, 0 \rangle W(\lambda \lambda' l l'; 2L) \sqrt{2l + 1} \tag{4.47}$$

La suma sobre l' se extiende sobre los valores

$$l' = l,\ l \pm 2 \tag{4.48}$$

y n' está dado por la relación

$$n' = n + (n_1' + n_2' - n_1 - n_2) + \tfrac{1}{2}(l_1' + l_2' - l_1 - l_2) + \tfrac{1}{2}(l - l')$$

$$= n + \tfrac{1}{2}(\rho' - \rho) + \tfrac{1}{2}(l - l') \tag{4.49}$$

Sustituyendo estos resultados en (4.45) y usando (3.2), se puede escribir

$$\langle n_1 l_1, n_2 l_2, \lambda; \tfrac{1}{2} \tfrac{1}{2} 1; JM | V_T | n_1' l_1', n_2' l_2', \lambda'; \tfrac{1}{2} \tfrac{1}{2} 1; JM \rangle = \sum_p C_T^p(n_1 l_1, n_2 l_2, \lambda; n_1' l_1', n_2' l_2', \lambda'; J; p)\, I_p \tag{4.50}$$

---

*La ecuación (30) de Moshinsky (59) tiene equivocadamente π en el numerador en vez de en el denominador.

IV.5. FUERZAS TENSORIALES

en la cual*

$$C'_T(n_1 l_1, n_2 l_2, \lambda; n'_1 l'_1, n'_2 l'_2, \lambda'; J; p)$$

$$= (-1)^{\rho - J + 1} \sqrt{120 \, (2\lambda + 1)(2\lambda' + 1)} \, W(\lambda \lambda' 11; 2J)$$

$$\times \sum_{l'} \sum_{nlNL} \sqrt{2l+1} \, \langle l 2 0 0 | l' 0 \rangle \, W(\lambda \lambda' l l'; 2L) \, \langle nl, NL, \lambda | n_1 l_1, n_2 l_2, \lambda \rangle$$

$$\times \langle n' l', NL, \lambda' | n'_1 l'_1, n'_2 l'_2, \lambda' \rangle \, B(nl, n' l', p) \tag{4.51}$$

Aquí W es un coeficiente de Racah cuyo valor puede obtenerse de las tablas publicadas o de las fórmulas explicitas que se dan en el apéndice para los casos particulares que ocurren aquí. $\langle l 2 0 0 | l' 0 \rangle$ es un coeficiente de Clebsch-Gordan; en el apéndice se encontrarán fórmulas sencillas para calcular sus valores.

El factor $(-1)^{\rho - J + 1}$ en (4.51) proviene de las potencias de -1 en (4.45) y (4.47): $(-1)^{L - l'}$ puede sacarse de la suma, dado que la ecuación (2.7) indica que las paridades de $L - l$ y ρ siempre son las mismas, mientras l y l' difieren en un número par, como se ve de (4.48).

En estas ecuaciones las restricciones sobre λ y λ' provienen del hecho de que se trata aquí de tensores de Racah de segundo órden. Usando barras bajo los símbolos para designar los operadores vectoriales correspondientes, se puede escribir

$$\underline{\lambda} + \underline{s} = \underline{\lambda}' + \underline{s} = \underline{J}$$

$$\lambda' = \lambda, \lambda \pm 1, \lambda \pm 2 \tag{4.52}$$

La ecuación (4.49) hace evidente que los índices de energía del bra y del ket en (4.50) deben diferir en un número par, o en otros términos deben tener la misma paridad; si su paridad difiere, el elemento de matriz será cero.

Como ejemplo se considerará el cálculo de

$$\langle 20, 02, 2; \tfrac{1}{2}\tfrac{1}{2}1; 3M | V_T | 01, 13, 2; \tfrac{1}{2}\tfrac{1}{2}1; 3M \rangle$$

el cual se puede disponer como se muestra en la tabla VII. Las tres partes de la tabla representan el cálculo de los tres términos en la suma sobre l'. La primera parte corresponde a $l' = l$. Es de notarse que la suma de los productos de paréntesis de transformación (novena columna) es cero porque el índice de energía es el mismo para el bra y el ket en este caso; de hecho, son los que se usaron en el ejemplo de la tabla III para un elemento de matriz no diagonal de una fuerza central. Si difiriesen los índices de energía, esta comprobación del cálculo desde luego ya no sería posible.

Las otras columnas adicionales corresponden a los diferentes factores en la suma en (4.51) y a su producto; la columna que contiene este último está marcada Π. A la izquierda, cuatro columnas adicionales muestran $n'l'NL$; en principio, éstas son redundantes, pero resultan útiles para buscar las diferentes funciones en las tablas. Los coeficientes de Racah se tomaron de las tablas de Simon et al. (54), mientras que los coeficientes de Clebsch-Gordan se calcularon con las fórmulas del apéndice.

Las secciones segunda y tercera de la tabla VII corresponden a $l' = l - 2$ y $l' = l + 2$, respectivamente. El penúltimo renglón contiene las sumas de las columnas que corresponden a los diferentes valores de p; los términos diferentes de cero en estas columnas se obtuvieron exactamente como en los ejemplos anteriores. Los valores de $B(nl, n'l', p)$ para la primera parte de la tabla VII provienen de la tabla reducida de las páginas 125 a 126; los valores para la tercera parte provienen de la tabla para $l' = l + 2$ de las páginas 127 a 128; los valores para la segunda parte se tomaron de esta misma tabla, haciendo uso de la ecuación (3.9). El empleo de las tablas reducidas es posible aquí porque $\rho = \rho'$; si los índices de energía del bra y del ket difieren, las tablas grandes (pp. 145-159) para $l' = l$, pp. 161-175 para $l' = l + 2$) deben consultarse. En el último renglón figuran los productos de las sumas de columnas y del factor fuera de la suma en (4.51), de modo que dan directamente los valores de C'_T. El resultado final es entonces

---
*El coeficiente C'_T tiene un significado algo distinto del que se empleó anteriormente (Brody, Jacob y Moshinsky 60), porque se aplica al elemento de matriz completo y no sólo a la expansión de $V(r) Y_2$.

$$< 20,02,2; \tfrac{1}{2}\tfrac{1}{2}\, 1;\, 3M\,|\,V_{\mathrm{T}}|\, 01,13,2; \tfrac{1}{2}\tfrac{1}{2}\, 1;\, 3M >$$

$$= 0.15236695\, I_1 - 0.32346331\, I_2 - 0.25748846\, I_3$$

$$+ 1.45280104\, I_4 - 1.52012581\, I_5 + 0.50670856\, I_6 \,.$$

Para el caso de fuerzas con acoplamiento spin-órbita el método de cálculo tomará una forma muy parecida, aunque con algunas simplificaciones obvias. Por ejemplo no se necesita más que una sección en la tabla, ya que no hay suma sobre l'.

6. Acoplamiento $j-j$ y el caso de más de dos partículas

Los elementos de matriz escritos con acoplamiento $j-j$ pueden reducirse a los escritos con acoplamiento $L-S$ mediante las relaciones bien conocidas entre las funciones de onda correspondientes; estas relaciones se basan en el uso de coeficientes de $9j$. Por ejemplo, el elemento de matriz diagonal para una fuerza central puede escribirse

$$< n_1 l_1 \tfrac{1}{2}, j_1; n_2 l_2 \tfrac{1}{2}, j_2; J\,|\,V(r)\,|\,n_1 l_1 \tfrac{1}{2}, j_1; n_2 l_2 \tfrac{1}{2}, j_2; J >$$

$$= \sum_{\lambda s} \sum_{nlNL} \left[(2\lambda+1)(2s+1)(2j_1+1)(2j_2+1) \begin{Bmatrix} l_1 & \tfrac{1}{2} & j_1 \\ l_2 & \tfrac{1}{2} & j_2 \\ \lambda & s & J \end{Bmatrix}^2 < nl, NL, \lambda\,|\,n_1 l_1, n_2 l_2, \lambda >^2 < nl\,||\,V(r)\,||\,nl > \right] \quad (4.53)$$

en donde la expresión entre llaves es un coeficiente de $9j$. Expresiones semejantes valen para otros tipos de fuerza y pueden obtenerse, por ejemplo, con los métodos de Matsunobu y Takebe (58).

Una discusión detallada sobra, dado que las funciones tabuladas en la presente publicación no introducen ninguna contribución nueva en la reducción de expresiones en acoplamiento $j-j$ a expresiones en acoplamiento $L-S$.

Un comentario análogo se aplica al cálculo de elementos de matriz para más de dos partículas. Si suponemos, por ejemplo, una interacción central entre q partículas idénticas en la capa $n_1 l_1 j_1$, el elemento de matriz diagonal puede reducirse de la manera siguiente a una suma sobre elementos de matriz para dos partículas:

$$< (n_1 l_1 \tfrac{1}{2}, j_1)^q a J\,|\, \sum_{i>j=1}^{q} V(r_{ij})\,|\,(n_1 l_1 \tfrac{1}{2}, j_1)^q a J >$$

$$= \tfrac{1}{2} q(q-1) \sum_{a''J''J'} \{< (j_1)^2 J', (j_1)^{q-2} a''J'',\, J\,]\,(j_1)^q a J >\}^2 < n_1 l_1 \tfrac{1}{2}, j_1; n_1 l_1 \tfrac{1}{2}, j_1; J'\,|\,V(r)\,|\,n_1 l_1 \tfrac{1}{2}, j_1; n_1 l_1 \tfrac{1}{2}, j_1; J' > \quad (4.54)$$

Aquí a y a'' son los números cuánticos adicionales que se necesitan para la descripción completa de q y de $q-2$ partículas, respectivamente; el primer término del miembro derecho de (4.54) es un coeficiente de precedencia fraccional, en el cual J' está limitada a aquellos valores pares que satisfagan una relación triangular análoga a (2.5) entre J', J'' y J. El elemento de matriz de dos partículas que aparece en el miembro derecho de (4.54) es un caso particular de (4.53), y por consiguiente los elementos de matriz de q partículas pueden expresarse directamente en términos de integrales de Talmi mediante coeficientes de precedencia fraccional, coeficientes de $9j$ y paréntesis de transformación.

Cabe notar finalmente que es fácil incluir el intercambio de las coordenadas espaciales en fuerzas de Majorana: todas las ocurrencias del elemento de matriz reducido (3.2) se multiplica por un factor $(-1)^l$; en los ejemplos de las Tablas II a VII esto implica cambiar de signo los renglones de l non. Se ve luego que para fuerzas centrales con intercambio de esta índole las comprobaciones (4.4) y (4.10) deben resultar ahora como

$$(-1)^{l_1 + l_2 - \lambda}\, \delta_{n_1 n_2'} \delta_{n_2 n_1'} \delta_{l_1 l_2'} \delta_{l_2 l_1'} \delta_{\lambda \lambda'}$$

Fuerzas de Bartlett (intercambio de spines) se incluyen en el cálculo si en la suma sobre los componentes del spin se cambia el signo de los términos alternados, cuyo cálculo en acoplamiento $L-S$ se lleva a cabo como antes. Una fuerza de Heisenberg (intercambio de partículas) significa que se utilizan ambos procedimientos.

V

Disposición y Precisión de las Tablas Numéricas

1. Tablas de los paréntesis de transformación

Estas tablas dan los valores de $<nl, NL, \lambda | n_1 l_1, n_2 l_2, \lambda>$ para todos los casos que ocurren en el cálculo de funciones de onda y de elementos de matriz en el modelo de capas para núcleos conocidos. La figura 1 (p. *xi*) muestra que la capa más alta de utilidad práctica nos da el límite

$$2n_1 + l_1 \leqslant 6, \quad 2n_2 + l_2 \leqslant 6 \tag{5.1}$$

En las tablas se dan sólo los valores para los cuales $l_2 \geqslant l_1$; la relación de simetría (2.19) entonces dará los demás valores congruentes con (5.1). Sobre l y L no se impuso una restricción análoga dado que en la práctica se necesitan en el caso más frecuente los valores de los paréntesis de transformación para todas las combinaciones posibles de *nlNL* con un conjunto dado de n_1, l_1, n_2, l_2 y λ.

Las tablas están subdivididas según los valores de n_1 y n_2. Estos valores se indican al principio de cada página. Debido a (5.1), las subdivisiones que resultan son de tamaños muy desiguales. Dentro de cada subdivisión, los datos están dispuestos en grupos según los valores de l_1, l_2 y λ. Estos grupos se encuentran en "orden de diccionario" para estos tres índices: esto es, comenzando con los valores más bajos de los tres, λ aumenta de uno en uno hasta el máximo compatible con (2.5); luego l_2 aumenta en uno y λ vuelve a comenzar con el valor más bajo; etc.

Espacios blancos separan los grupos, y los índices cuyos valores son comunes a todos los paréntesis de transformación en el grupo se indican sólo al principio del grupo o al principiar una nueva columna o página. Estas indicaciones incluyen: l_1, l_2, λ a la izquierda de las cuatro columnas para n, l, N, L, y ρ a la derecha de dichas columnas; (2.7) define ρ, el índice de energía.

Dentro de cada grupo, la disposición de los paréntesis de transformación también sigue el "orden de diccionario", según los índices n, l, N, L. El valor del paréntesis figura, con ocho decimales, en la columna marcada $<|>$. En la última columna se indica el valor de r al final de cada grupo, esto es, el número de paréntesis de transformación en el grupo. Esta indicación tiene utilidad en la comprobación del cálculo numérico, y también sirve para indicar donde termina el grupo. El valor de r puede obtenerse también de la ecuación (2.18).

Las tablas se calcularon a partir de las relaciones (2.11), (2.12) y (2.13); se retuvieron ocho dígitos significativos a través de todo el cálculo y se redondeó después de cada paso. Esta manera de proceder implica una cierta acumulación de errores de redondeo, la cual puede estimarse como sigue: el número de redondeos para calcular cada valor varía de ~ 80 para $n_1 = 0, n_2 = 0$ hasta ~ 200 para $n_1 = 3, n_2 = 3$; dado que la operación de redondeo implica un error máximo de 0.5×10^{-8} y por lo tanto un error cuadrático medio de 0.29×10^{-8} (bajo la suposición de que la distribución de los errores es uniforme en el intervalo -0.5×10^{-8} a $+0.5 \times 10^{-8}$), el error de redondeo total debería ir, en promedio, de 2.6×10^{-8} a 4×10^{-8}. Puede concluirse que la séptima decimal será incorrecta sólo en algunos pocos casos. Esto se ha confirmado mediante un número bastante considerable de comprobaciónes individuales, ninguna de las cuales reveló un error mayor de 8 en la octava decimal.

Otra confirmación se obtiene de la comprobación de la normalidad de los grupos de paréntesis de transformación, según la ec. (2.15). Se calculó la suma de los cuadrados de los paréntesis de transformación para todos los grupos en la tabla, y ninguna de estas sumas difirió de 1 en más de 3.5×10^{-7}, mientras el promedio de estas diferencias para toda la tabla resulta ser 1.67×10^{-7}; el número medio de paréntesis de transformación por grupo es 34 (al entero más cercano), y por lo tanto se obtiene un valor de 0.5×10^{-8} para el promedio de estas desviaciones: un orden de magnitud más bajo que el error global de redondeo calculado antes, como es de esperarse.

Se notará que un cierto número de paréntesis de transformación que se esperaría sean cero o fracciones sencillas tienen valores que difieren en algunas unidades de la última decimal de lo que evidentemente es su valor verdadero; no se ha hecho ningún intento de substituir los valores correctos, porque el número de casos donde un procedimiento sencillo permitiría lograrlo forma una proporción pequeña, mientras se hubiera introducido una precisión espuria en las tablas que no se confirmaría en el curso de cálculos hechos con ellas. El usuario puede fácilmente efectuar este redondeo si así lo desease; a menos de utilizarse sólo unos pocos valores, la precisión adicional que se obtiene es generalmente despreciable aunque puede resultar ventajosa en los procedimientos usados para la verificación de los cálculos.

2. Tablas de los coeficientes $B(nl, n'l', p)$

Estas tablas se dividen en dos partes. La discusión en el capítulo IV habrá hecho evidente que para evaluar elementos de matriz para fuerzas central o de acoplamiento spin-órbita se necesitan solamente aquellos valores de $B(nl, n'l', p)$ para los cuales $l' = l$; para fuerzas tensoriales, por otra parte, se requieren también los valores con $l' = l \pm 2$. Pero la ecuación (3.9) muestra que el papel de nl y de $n'l'$ es intercambiable, de modo que fue suficiente tabular los coeficientes para $l' = l$ (primera parte de la tabla) y para $l' = l + 2$ (segunda parte).

En ambas partes la disposición es la misma. Las columnas corresponden, de izquierda a derecha, a los valores de $p, n, l, n', l',$ y $B(nl, n'l', p)$.

Los coeficientes están dispuestos en grupos del mismo valor de p, en orden ascendente; una raya separa los diferentes valores de p. Dentro de cada grupo, espacios blancos separan los subgrupos que corresponden a diferentes valores de l, l' y n. Estos índices, así como el valor p, se indican solamente al principio de cada subgrupo. Dentro de cada subgrupo, los coeficientes están dispuestos en orden ascendente de n'. El orden de los subgrupos no corresponde exactamente al "orden de diccionario", ya que l (y por tanto también l') tienen precedencia respecto a n.

Los valores de un cierto número de coeficientes se repiten debido a la relación de simetría (3.9); por ejemplo, $B(50, 60, 0) = B(60, 50, 0)$. Estas repeticiones no se han eliminado, para que en un cálculo dado sea necesario consultar un número mínimo de grupos.

Los comentarios de la sección anterior sobre la acumulación de errores de redondeo se aplican también al presente caso: una fórmula para las sumas de los coeficientes $B(nl, n'l', p)$ se ha empleado para comprobar estos errores, y también aquí en casi todos los casos sólo la octava cifra significativa está sujeta a dudas. Pero debido a que el valor absoluto de $B(nl, n'l', p)$ varía considerablemente y en dos casos excede 10^5, estos errores de redondeo no ocurren siempre en la misma posición decimal; sólo el número apropiado de dígitos decimales ha sido retenido en el listado por esta razón. Es de notarse que esta circunstancia generalmente no disminuirá la precisión de los resultados de los cálculos, dado que la mayoría de las veces los coeficientes B se multiplican por uno o más factores, de modo que el error que importa es el relativo; éste, sin embargo, es del mismo orden de magnitud en casi todos los casos.

Estas tablas se encontrarán en las páginas 145 a 175.

En muchos casos se requieren solamente los elementos de matriz diagonales; se ha demostrado (Brody, Jacob y Moshinsky 60) que no se necesita más que una pequeña parte de las tablas principales para este propósito: la parte que corresponde a $l' = l$, $n' = n$ para todos los tipos de fuerza, la parte que corresponde a $l' = l + 2$, $n' = n - 1$ para las fuerzas tensoriales solas. Para facilitar el cálculo de elementos de matriz diagonales, los valores caracterizados por estas condiciones se han reunido en una tabla de menor tamaño que figura en las páginas 125 a 128.

La disposición de esta tabla más pequeña es la siguiente: la primera parte da los valores con $l' = l$, $n' = n$; se imprimen solamente los índices p, n y l y luego el valor de $B(nl, nl, p)$, por lo demás la disposición y el orden son los mismos que en la tabla principal. La segunda parte contiene los valores para los cuales $l' = l + 2$, $n' = n - 1$ y también aquí se dan solamente los índices p, n y l, con el valor de $B(nl, n-1 l+2, p)$ en la última columna.

3. Tabla de los valores posibles del índice p

Para todas las combinaciones posibles de $nlNL$ sujetas a las condiciones (2.5) y (2.7) con valores dados de ρ y λ, esta tabla contiene los valores posibles de p, el índice de la integral de Talmi (3.3); estos valores se requieren para calcular elementos de matriz diagonales de interacciones centrales y otros elementos de matriz en los que ρ tiene el mismo valor en el bra y en el ket. Su empleo se ha descrito en el Capítulo IV, 1.

La tabla sirve también para encontrar las combinaciones de $nlNL$ compatibles con valores dados de ρ y λ; debido a la ecuación (2.7), las combinaciones compatibles de $n_1 l_1 n_2 l_2$ son las mismas.

La disposición de los datos en la tabla es la siguiente: en las primeras dos columnas figuran los valores de ρ, el índice de energía, y de λ, el impulso angular total; estos valores se indican al principio de cada grupo. El orden de las combinaciones de $nlNL$ en las cuatro siguientes columnas es el mismo en que aparecen en la tabla de paréntesis de transformación; a este respecto, véase la Sección 1 del presente capítulo. En el grupo de trece columnas que siguen a las de las combinaciones de $nlNL$ se encuentran aquellos valores de p para los cuales

$$l \leqslant p \leqslant l + 2n$$

(véase la ecuación 3.8). Si un valor de p no satisface esta condición, el lugar correspondiente queda en blanco.

Es de notarse que no en todos los casos se puede utilizar esta tabla para determinar los términos diferentes de cero en el cálculo de un elemento de matriz como un desarrollo en una serie de integrales de Talmi. Esto es posible solamente cuando los valores de n y l son los mismos en el bra y el ket.

Referencias — References

A. Arima and T. Terasawa, Progr. Theor. Phys. **23**, 115 (1960)

V.V. Balashov and V.A. Eltekov, Nuclear Physics **16**, 423 (1960)

T.A. Brody, Rev. Mex. Fís. **8**, 139 (1959)

T.A. Brody, G. Jacob and M. Moshinsky, Nuclear Physics **17**, 16 (1960)

A.R. Edmonds, Angular Momentum in Quantum Mechanics (Princeton University Press, 1957), p. 74

J.P. Elliott and A.M. Lane, The Nuclear Shell-Model in Handbuch der Physik (Springer-Verlag, 1957) Vol. 39, pp. 368-88

A. Erdélyi et al., Higher Transcendental Functions (McGraw-Hill, New York, 1953), Vol. 2, p. 189

M. Goeppert-Mayer, Phys. Rev. **75**, 1969 (1949); **78**, 16 (1950)

M. Goeppert-Mayer and J.H.D. Jensen, Elementary Theory of Nuclear Shell Structure, John Wiley (New York, 1955)

O. Haxel, J.H.D. Jensen and H.E. Suess, Phys. Rev. **75**, 1766 (1949)

T. Ishidzu (ed), Tables of the Racah Coefficients (Pan Pacific Press, Tokyo, 1960)

R.D. Lawson and M. Goeppert-Mayer, Phys. Rev. **117**, 174 (1960)

M. Moshinsky, Nuclear Physics **8**, 19 (1958)

M. Moshinsky, Nuclear Physics **13**, 104 (1959)

M. Moshinsky and T.A. Brody, Rev. Mex. Fís. (to be published 1960)

S. Moszkowski, Models of Nuclear Structure in Handbuch der Physik (Springer-Verlag, 1957) Vol. 39, pp. 441-469

W. Pauli, Die allgemeinen Prinzipien der Wellenmechanik in Handbuch der Physik (Springer-Verlag, 1958) Vol. 5 part 1 pp. 75-82

G. Racah, Phys. Rev. **62**, 438 (1942)

M.E. Rose, Elementary Theory of Angular Momentum (John Wiley, New York, 1957)

I. Talmi, Helv. Phys. Acta **25**, 185 (1952)

R. Thieberger, Nuclear Physics **2**, 533 (1956-7)

Tabla 1   Table 1

Elementos de matriz de $-r_1^2$ Matrix elements of $-r_1^2$

n'	l'	N'	L'	$\langle nl, NL, \lambda \vert -r_1^2 \vert n'l', N'L', \lambda \rangle$
$n-1$	l	N	L	$\frac{1}{2}[n(n+l+\frac{1}{2})]^{1/2}$
n	l	$N-1$	L	$\frac{1}{2}[N(N+L+\frac{1}{2})]^{1/2}$
$n-1$	$l+1$	$N-1$	$L+1$	$[nN(l+1)(L+1)]^{1/2}(-1)^{\lambda+L+l} W(l\,l+1\,L\,L+1; 1\lambda)$
$n-1$	$l+1$	N	$L-1$	$[n(N+L+\frac{1}{2})(l+1)L]^{1/2}(-1)^{\lambda+L+l} W(l\,l+1\,L\,L-1; 1\lambda)$
n	$l-1$	$N-1$	$L+1$	$[(n+l+\frac{1}{2})Nl(L+1)]^{1/2}(-1)^{\lambda+L+l} W(l\,l-1\,L\,L+1; 1\lambda)$
n	$l-1$	N	$L-1$	$[(n+l+\frac{1}{2})(N+L+\frac{1}{2})lL]^{1/2}(-1)^{\lambda+L+l} W(l\,l-1\,L\,L-1; 1\lambda)$

Tabla II

Cálculo de un elemento de matriz diagonal con interacción central

Table II

Calculation of a diagonal matrix element with central interaction

$$<12, 13, 2\mu | V(r) | 12, 13, 2\mu>$$

$nlNL$	$<|>^2$	p=1	2	3	4	5	6	7	8
0 1 3 2	0.11785716	0.11785716							
0 2 2 3	00392857		0.00392857						
0 2 3 1	10500002		0.10500002						
0 3 1 4	08979594			0.08979594					
0 3 2 2	00413265			0.00413265					
0 4 0 5	02244898				0.02244898				
0 4 1 3	13061227				0.13061227				
0 5 0 4	02244898					0.02244898			
1 1 2 2	00071429	0.00178573	−0.00357145	0.00250002					
1 2 1 3	01724490		0.06035715	−0.12071430	0.07760205				
1 2 2 1	00826531		0.02892859	−0.05785717	0.03719390				
1 3 0 4	13061225			0.58775513	−1.17551025	0.71836738			
1 3 1 2	01724490			0.07760205	−0.15520410	0.09484695			
1 4 0 3	08979594				0.49387767	−0.98775534	0.58367361		
2 1 1 2	00826531	0.03616073	−0.14464293	0.27482156	−0.26035727	0.10228321			
2 2 0 3	00413266		0.03254470	−0.13017879	0.23246213	−0.20456667	0.07387130		
2 2 1 1	00071429		0.00562503	−0.02250014	0.04017881	−0.03535736	0.01276793		
2 3 0 2	00392857			0.04861605	−0.19446422	0.33491059	−0.28089276	0.09575889	
3 1 0 2	10500001	0.68906257	−4.13437539	12.81656372	−23.70375226	26.63719004	−16.89187661	4.69218795	
3 2 0 1	11785716		1.70156275	−10.20937649	29.89888828	−51.53304321	53.72076674	−31.60045103	8.13951011
	1.00000016	0.84486619	−2.34464296	3.36116023	5.44397599	−24.85067543	37.21831021	−26.81250419	8.13951011

$$\Sigma C_C = 1.00000015$$

Tabla III

Cálculo de un elemento de matriz no diagonal con interacción central

Table III

Calculation of an off-diagonal matrix element with central interaction

$$<20, 02, 2\mu | V(r) | 01, 13, 2\mu>$$

nlNL	$<|><|>$	p=0	1	2	3	4	5	6
0 0 2 2	0.04960784	.04960784						
0 1 1 3	−.01984313		−.01984313					
0 1 2 1	.01984313		.01984313					
0 2 0 4	−.04535574			−.04535574				
0 2 1 2	−.04724556			−.04724556				
0 2 2 0	−.05622222			−.05622222				
0 3 0 3	0				0			
0 3 1 1	−.01984313				−.01984313			
0 4 0 2	.04535574					.04535574		
1 0 1 2	0	0	0	0				
1 1 0 3	.01984313		.04960783	−.09921565	.06945096			
1 1 1 1	0		0	0				
1 2 0 2	.04724556			.16535946	−.33071892	.21260502		
1 2 1 0	0			0	0	0		
1 3 0 1	.01984313				.08929409	−.17858817	.10913722	
2 0 0 2	.05622222	.10541666	−.42166665	.91361108	−.98388885	.44274998		
2 1 0 1	−.01984313		−.08681369	.34725478	−.65978407	.62505860	−.24555873	
2 2 0 0	−.04960784			−.39066174	1.56264696	−2.79044100	2.45558808	−.88674014
	.00000000	.15502450	−.45887251	0.78752441	−0.27284296	−1.64325983	2.31916657	−.88674014

$\Sigma_{horiz} = 0.0000\ 0004$

Tabla IV

Cálculo de los eigenvalores
(4.29) para $\rho = 6, \lambda = 1$

Table IV

Calculation of the eigenvalues
(4.29) for $\rho = 6, \lambda = 1$

$n\ l\ N\ L$	$\langle\ |\ \rangle^2$	p = 1	2	3	4	5	
0 1 2 1	0.17500000	0.17500000					
0 2 1 2	0		0				
0 3 0 3	0.56000000			0.56000000			
1 1 1 1	0.09000000	0.22500000	−0.45000000	0.31500000			
1 2 0 2	0		0	0	0		
2 1 0 1	0.17500000	0.76562500	−3.06250000	5.81875000	−5.51250000	2.16562500	
	1.00000000	1.16562500	−3.51250000	6.69375000	−5.51250000	2.16562500	$\Sigma C = 1.0000\ 0000$
	$I_p = -V_0 \times$	0.03125	0.0078125	0.001953125	0.00048828	0.00012207	$\langle 1|V|1 \rangle$
		0.03642578	−0.02744141	0.01307373	−0.00269160	0.00026436	$= -0.019630860\ V_0$

$n\ l\ N\ L$	$\langle\ |\ \rangle^2$	1	2	3	4	5	
0 1 2 1	0.20000000	0.20000000					
0 2 1 2	0		0				
0 3 0 3	0.04000000			0.04000000			
1 1 1 1	0.56000000	1.40000000	−2.80000000	1.96000000			
1 2 0 2	0		0	0	0		
2 1 0 1	0.20000000	0.87500000	−3.50000000	6.65000000	−6.30000000	2.47500000	
	1.00000000	2.47500000	−6.30000000	8.65000000	−6.30000000	2.47500000	$\Sigma C = 1.0000\ 0000$
	$I_p = -V_0 \times$	0.03125	0.0078125	0.001953125	0.00048828	0.00012207	$\langle 3|V|3 \rangle$
		0.07734375	−0.04921875	0.01689453	−0.00307617	0.00030212	$= -0.042245483\ V_0$

$n\ l\ N\ L$	$\langle\ |\rangle\langle\ |\ \rangle$	1	2	3	4	5	
0 1 2 1	0.18708288	0.18708288					
0 2 1 2	0		0				
0 3 0 3	−0.14966630			−0.14966630			
1 1 1 1	−0.22449944	−0.56124860	1.12249720	−0.78574804			
1 2 0 2	0		0	0	0		
2 1 0 1	0.18708288	0.81848760	−3.27395040	6.22050576	−5.89311072	2.31515064	
	0.00000002	0.44432188	−2.15145320	5.28509142	−5.89311072	2.31515064	$\Sigma C' = 0.00000002$
	$I_p = -V_0 \times$	0.03125	0.0078125	0.001953125	0.00048828	0.00012207	$\langle 1|V|3 \rangle$
		0.01388506	−0.01680823	0.01032244	−0.00287750	0.00028261	$= -0.004804390\ V_0$

Ecuación característica:
Eigenvalue equation:

$$-V_0 \begin{vmatrix} 0.019630860 - \zeta & 0.004804390 \\ 0.004804390 & 0.042245483 - \zeta \end{vmatrix} = 0$$

Tabla V

Elementos de Matriz para el Cálculo de Perturbación a Primer Orden para Mezcla de Configuraciones

Table V

Matrix Elements for First-Order Perturbation Calculations for Configuration Mixing

n'	n	l	N	L	$<\|><\|>$	$p=1$	2	3	4	5	6
1	0	1	2	1	0.11504076	0.18189541	− 0.18189541				
1	0	2	1	2	0		0	0			
1	0	3	0	3	0.22449946			0.47623528	− 0.47623528		
2	1	1	1	1	0.08250000	0.27284310	− 0.81852933	1.03680382	− 0.49111758		
2	1	2	0	2	0		0	0	0	0	
3	2	1	0	1	0.12151390	0.65110294	− 3.25551462	8.07367588	− 11.19897037	8.38992613	− 2.66022045
					0.54355412	1.10584145	− 4.25593936	9.58671498	− 12.16632323	8.38992613	− 2.66022045
				$I_p = -V_0 \times$		0.03125	0.0078125	0.001953125	0.00048828	0.00012207	0.00003052
						0.03455755	− 0.03324953	0.01872405	− 0.00594059	0.00102416	− 0.00008118

$<11, 21, 1\mu|V(r)|11, 11, 1\mu> = - 0.01503446 \, V_0 = - 0.03330133 \, \hbar\omega$

n'	n	l	N	L	$<\|><\|>$	$p=1$	2	3	4	5	6
1	0	1	2	1	0.12298374	0.19445436	− 0.19445436				
1	0	2	1	2	0		0	0			
1	0	3	0	3	− 0.06000000			− 0.12727922	0.12727922		
2	1	1	1	1	− 0.20579116	− 0.68059028	2.04177091	− 2.58624316	1.22506251		
2	1	2	0	2	0		0	0	0	0	
3	2	1	0	1	0.12990382	0.69605830	− 3.48029143	8.63112235	− 11.97220261	8.96920808	− 2.84389522
					− 0.01290360	0.20992238	− 1.63297488	5.91759997	− 10.61986088	8.96920808	− 2.84389522
				$I_p = -V_0 \times$		0.03125	0.0078125	0.001953125	0.00048828	0.00012207	0.00003052
						0.00656007	− 0.01275762	0.01155781	− 0.00518548	0.00109487	− 0.00008679

$<11, 21, 1\mu|V(r)|03, 03, 1\mu> = - 0.00118288 \, V_0 = - 0.00262008 \, \hbar\omega$

n'	n	l	N	L	$<\|><\|>$	$p=1$	2	3	4	5	6
1	0	1	2	1	− 0.12549901	− 0.19843135	0.19843135				
1	0	2	1	2	0		0	0			
1	0	3	0	3	− 0.07483315			− 0.15874509	0.15874509		
2	1	1	1	1	− 0.09000000	− 0.29764702	0.89294108	− 1.13105871	0.53576463		
2	1	2	0	2	0		0	0	0	0	
3	2	1	0	1	0.16201853	0.86813723	− 4.34068607	10.76490095	− 14.93196019	11.18656795	− 3.54696053
					− 0.12831363	0.37205886	− 3.24931364	9.47509715	− 14.23745047	11.18656795	− 3.54696053
				$I_p = -V_0 \times$		0.03125	0.0078125	0.001953125	0.00048828	0.00012207	0.00003052
						0.01162684	− 0.02538526	0.01850605	− 0.00695188	0.00136555	− 0.00010824

$<13, 03, 1\mu|V(r)|11, 11, 1\mu> = 0.00094694 \, V_0 = 0.00209747 \, \hbar\omega$

n'	n	l	N	L	$<\|><\|>$	$p=1$	2	3	4	5	6
1	0	1	2	1	− 0.13416408	− 0.21213203	0.21213203				
1	0	2	1	2	0		0	0			
1	0	3	0	3	0.02000000			0.04242641	− 0.04242641		
2	1	1	1	1	0.22449945	0.74246213	− 2.22738647	2.82135620	− 1.33643186		
2	1	2	0	2	0		0	0	0	0	
3	2	1	0	1	0.17320508	0.92807766	− 4.64038822	11.50816225	− 15.96293559	11.95894319	− 3.79186000
					0.28354045	1.45840776	− 6.65564266	14.37194486	− 17.34179386	11.95894319	− 3.79186000
				$I_p = -V_0 \times$		0.03125	0.0078125	0.001953125	0.00048828	0.00012207	0.00003052
						0.04557524	− 0.05199721	0.02807020	− 0.00846767	0.00145983	− 0.00011572

$<13, 03, 1\mu|V(r)|03, 03, 1\mu> = - 0.01452467 \, V_0 = - 0.03217214 \, \hbar\omega$

Tabla VI

Mezcla de Configuraciones cuando Todos los Niveles Compatibles son Accesibles

(a) Energía de perturbación a primer orden (unidades de $\hbar\omega$)

Table VI

Configuration Mixing with all Compatible Levels Accessible

(a) First-order energy perturbation (in units of $\hbar\omega$)

$t \equiv nlNL$		p					Σ_{horiz}	$\Sigma B(nl,nl,p) I_p$
		1	2	3	4	5		
1	0 1 2 1	0.03125000					0.03125000	− 0.06921875
2	0 2 1 2		0.00781250				0.00781250	− 0.01730469
3	0 3 0 3			0.00195313			0.00195313	− 0.00432618
4	1 1 1 1	0.07812500	− 0.03906250	0.00683594			0.04589844	− 0.10166504
5	1 2 0 2		0.02734375	− 0.01367188	0.00219727		0.01586914	− 0.03515015
6	2 1 0 1	0.13671875	− 0.13671875	0.06494141	− 0.01538086	0.00151065	0.05107120	− 0.11312271

(b) Coeficientes para las funciones de onda perturbadas a primer orden

(b) Coefficients for the first-order perturbed wave functions

n'	$nlNL \equiv t$		p						Σ_{horiz}	$\dfrac{\Sigma B(nl,n'l,p) I_p}{(\rho-\rho')\hbar\omega}$
			1	2	3	4	5	6		
1	0 1 2 1	1	0.04941059	− 0.01235265					0.03705794	− 0.04104167
1	0 2 1 2	2		0.01461585	− 0.00365397				0.01096188	− 0.01214028
1	0 3 0 3	3			0.00414321	− 0.00103580			0.00310741	− 0.00344146
2	1 1 1 1	4	0.10334966	− 0.07751225	0.02454561	− 0.00290670			0.04747632	− 0.05258002
2	1 2 0 2	5		0.04101563	− 0.03076180	0.00915525	− 0.00100710		0.01840198	− 0.02038019
3	2 1 0 1	6	0.16744559	− 0.20930698	0.12977066	− 0.04500089	0.00842854	− 0.00066810	0.05066882	− 0.05611572

Tabla VII / Table VII

Cálculo de un elemento de matriz para fuerzas tensoriales / Calculation of a matrix element for tensor forces

$$\langle 20, 02, 2; \tfrac{1}{2}\tfrac{1}{2} 1; 3M | V_T | 01, 13, 2; \tfrac{1}{2}\tfrac{1}{2} 1; 3M \rangle$$

$l' = l - l$

$n\,l\,N\,L$	$\langle | \rangle \langle | \rangle$	$\sqrt{2l+1}$	$\langle l200 | l'0 \rangle$	$W(22ll'; 2L)$	Π	0	1	2	3	4	5	6
0022	0.04960784	1.00000000	0	0.04364358	0.00094868	0	0.00094868					
0113	−0.01984313	1.73205081	−0.63245553	0.15275252	0.00332039		−0.00332039					
0121	−0.01984313	1.73205081	−0.53452248	0.05714286	0.00309774			0.00309774				
0204	−0.04535574	2.23606798	−0.53452248	−0.04285714	−0.00242011			−0.00242011				
0212	−0.04724556	2.23606798	−0.53452248	0.20000000	0.01343968			0.01343968				
0220	−0.05622222	2.23606798	−0.53452248	−0.06415330								
0303	0	2.64575131	−0.51639778	−0.13997084	0.00379473				0.00379473			
0311	−0.01984313	2.64575131	−0.51639778	0.11167657	−0.00774435					−0.00774435		
0402	−0.04535574	3.00000000	−0.50964719	0.04364358	−0.00094868	0	−0.00094868					
1012	0.01984313	1.00000000	0	0.15275252	0.00094868	0		−0.00237170	0.00474340	−0.00332038		
1103	−0.01984313	1.73205081	−0.63245553	−0.04285714	0.00242011			0.00847039	−0.01694077			
1111	0.04724556	1.73205081	−0.53452248	0.15275252		0		0	0.01707629	−0.02087102		
1202	0.01984313	2.23606798	−0.53452248	−0.04285714	0.00242011				0.03415257			
1210	−0.04724556	2.23606798	−0.53452248	0.20000000	0				0.04108983			
1301	0.01984313	2.64575131	−0.51639778	−0.13997084	−0.00379473		0.01452671	−0.05810683	0.11040297	−0.10459229	0.04108983	
2002	0.05622222	1.00000000	0	0.15275252	0.00332039			−0.09338600	−0.37354401	−0.66704288	−0.58699773	
2101	−0.01984313	1.73205081	−0.63245553	0.20000000	0.01185854		0.00978330	0.06261027	−0.29668375	0.59974931	−0.56677892	0.21197140
2200	−0.04960784	2.23606798	−0.53452248			0						0.21197140
	0.00000000											

$l' = l - 2$

$n'\,l'\,N\,L$ $n\,l\,N\,L$	$\langle | \rangle \langle | \rangle$	$\sqrt{2l+1}$	$\langle l200 | l'0 \rangle$	$W(22ll'; 2L)$	Π	0	1	2	3	4	5	6
0212 1012	0	2.23606798	0.44721359	0.20000000	0	0			0.03415260			
0303 1103	−0.09721111	2.64575131	0.50709255	0.13997084	−0.01825533		−0.02439471					
0311 1111	0	2.64575131	0.50709255	0.04364358					−0.00813158	0.01045488		
0402 1202	−0.05378529	2.23606798	0.53452248	0.05714286	−0.00492848		−0.16799600	−0.08813158	−0.12451468			
1202 2002	−0.10458250	2.23606798	0.44721359	0.20000000	0.02091650		0.03201806	0.23519439	0.14728309	−0.07043974		
1301 2101	0.14581667	2.64575131	0.50709255	0.04364358	0.00853815		0.04150490	0.16037265	0.14666190	−0.03322329	−0.07043974	
	0.00940277						0.04150490	0.00237171	−0.00395285			

$l' = l + 2$

$n'\,l'\,N\,L$ $n\,l\,N\,L$	$\langle | \rangle \langle | \rangle$	$\sqrt{2l+1}$	$\langle l200 | l'0 \rangle$	$W(22ll'; 2L)$	Π	0	1	2	3	4	5	6
1012 0212	0.01250000	1.00000000	0.20000000	0.20000000	0.00250000			0.00779275	−0.01090985			
1103 0303	0.09959291	1.73205081	0.77459667	0.13997084	0.00583156		0.00237171	0.00779275	−0.00602338	0.00774435		
1111 0311	−0.03984096	1.73205081	0.71713717	0.05714286	0.00365072		0.01007976	−0.04079902	0.05711862	−0.03023927	0.00130441	
1202 0402	−0.02539861	2.23606798	0.53452248	0.20000000	0.00507972			−0.00059291	0.00212131	−0.00272740	0.00130441	
2002 1202	−0.00270031	1.00000000	1.00000000	0.04364358	−0.00015811		0.01245147	−0.03755203	0.04230670	−0.02522232		
2101 1301		1.73205081	0.77459667	0.04364358		0	0.06373967	−0.13531441	−0.10771515	0.60775028	−0.63591425	0.21197140
	0.09495025					0	0.15236695	−0.32346331	−0.25748846	1.45280104	−1.52012581	0.50670856

$$\times \sqrt{120(2\lambda+1)}\, W(\lambda\lambda 11; 2j) = 2.39045722$$

The authors dedicate this book to each other, in the fervent hope that they will never have to perform another such task.

Preface

In the last decade, the nuclear shell-model has considerably increased in importance. The inclusion of a strong spin-orbit coupling made it possible to predict a large group of nuclear phenomena: various improvements of lesser importance have led to results more in agreement with experiment for a number of other properties; and a firmer theoretical understanding of the basis of the shell model has been obtained.

The development of mathematical methods for the evaluation of matrix elements and the calculation of wave functions in the shell model is thus of considerable interest. With presently available methods, the computational labour involved quickly becomes prohibitive if the number of nucleons outside the last closed shell is large, or if any but a few simple types of force between particle pairs are assumed.

The present publication is intended to reduce the labour involved in obtaining numerical results; it is hoped that the tables of transformation brackets and other tables will enable at least the simpler types of calculations to be made without consuming too much time.

The tables and the formulae of the text part explaining their use are based on one basic approximation: the common potential well of the shell model is taken to be that of the harmonic oscillator. It is felt, however, that the relatively slight idealization of the physical situation which this implies is amply compensated for by the possibility of taking into account by means of fairly simple formulae any type of two-particle interaction, without limitations in range.

The introductory text is not intended to give complete derivations of the mathematical methods and results, which have been published elsewhere. Its aim is to provide a sufficiently detailed explanation of how the tables in the main part of the book are to be applied, and to give a compilation of the more important formulae connecting the quantities tabulated with the physical problems they are intended to solve. Chapters II and III present these formulae in such a way as to make clear their relationships. Various types of matrix elements and their calculation, together with some examples, are then discussed in Chapter IV. The last chapter explains the arrangement of the tables and gives indications as regards the precision to be expected in the tables.

Every care was taken to prevent error in the calculations, which were carried out on an electronic computer. However, the authors would be grateful if users of these tables would point out possible errors and suggest improvements.

The computations were performed on the IBM 650 machine of the Centro Electrónico de Cálculo of the National University of Mexico. We would like to thank Sergio Beltrán for making it available to us, Raúl Ortega and other members of the staff of the Centro Electrónico de Cálculo for help in putting the calculations through the machine, Marcos de Teresa for help in preparing the programmes for the computer, and José Calvillo for help in checking the machine work and arranging the tables. Edmundo de Alba helped in checking the examples of the introduction. Our thanks are also due to Gerhard Jacob and Darcy Dillenburg for help in checking formulae, computational procedures, and results. Mr. Jacob also collaborated in obtaining the closed expression for the B coefficient. We are indebted to Francisco Medina Nicolau for fruitful discussions. Acknowledgment is made to the officials of the Ford Motor Company of Mexico, in particular to Carlos Peniche, for permitting us the use to some of their accounting equipment for automatic listing of the punched cards, and to Augusto Talanquer, of the same company, who wired the boards for this purpose and supervised the machine work. Finally, thanks are due to Raymundo De Pavía, who was responsible for the press work.

I

Shell-Model Calculations

The nuclear shell model is characterized by the assumption that the nucleon-nucleon interactions may be averaged, so that any given nucleon moves in a fixed potential well; there will, however, remain a part of the nucleon-nucleon interaction which cannot realistically be smeared out over the nuclear volume, and any shell-model calculation must take this residual interaction into account. Unlike the atomic case, there is not as yet undisputable evidence as to the nature and form of this residual force, and therefore the computational methods must be sufficiently general to allow of any particular assumption in this respect. Moreover, the form of the common potential well is by no means as well established as that of the Coulomb potential in the atomic case. (Moszkowski 57, Elliott and Lane 57).

The common potential well is not by itself able to explain the formation of the experimentally observed arrangement of shells in the nucleus; a strong spin-orbit interaction has to be taken into account as well (Goeppert-Mayer 49, 50; Haxel, Jensen and Suess 49, 50; Goeppert-Mayer and Jensen 55). This, together with the facts mentioned above, explains why perturbation calculations in the nuclear case are more difficult to perform than in the atomic; the zero-order wave functions are less clearly fixed by the nature of the problem, and the perturbing forces are stronger. In consequence, unless the number of nucleons outside a closed shell is small, the computational labour necessary for evaluating a matrix element is large. Elliott and Lane (57) outline the procedure to be followed in the general case. Briefly, the many-particle matrix for the particles outside a closed shell has first to be reduced to a function of the two-particle matrix elements by means of fractional parentage coefficients. The orbital part of the latter matrix is then separated into an angular and a radial part, the former is treated by the method of Racah tensors (Racah 42) and so reduced to sums over the various vector coupling coefficients, while the latter is expressed in terms of radial integrals which are then evaluated in terms of Slater coefficients. These are integrals depending only on the potential and on the radial wave functions of the two particles (cf. Chapter III).

The nuclear Slater coefficients are more troublesome to calculate than their atomic counterparts, since there are more types of force and these are less well defined. A further reduction is possible if the common potential well is taken to be a harmonic oscillator potential. Talmi (52) has shown that for this it is possible to reduce the Slater coefficients to simple one-dimensional integrals of the two-particle interaction, not involving the radial wave functions. This method may be supplemented by Thieberger's tables of the coefficients for the necessary expansions (Thieberger 56-7).

The approximation implied by the use of the harmonic oscillator well is expected to be close for the ground state and low-lying excited levels; for these states, the fact that the potential goes to infinity with the radius rather than to zero is of little importance. However, highly excited states or nuclear reaction cross-sections may be grossly misrepresented (See e.g. Moszkowski 57; Elliott and Lane 57; Talmi 52).

Recently one of the authors, making use of the symmetry properties of the harmonic oscillator, was able to define and obtain an explicit expression for the transformation brackets that will transform a two-particle wave function expressed in coordinates with respect to the centre of the potential well (c.w. coordinates) into a sum over wave functions expressed in relative and centre-of-mass coordinates of the two nucleons (r.c.m. coordinates) (Moshinsky 59). It is possible, by means of these transformation brackets, to express any matrix element directly in terms of Talmi integrals, thus side-stepping the evaluation of the somewhat cumbersome Slater coefficients and considerably reducing the computational labour. Independently and almost at the same time, similar ideas were developed by other workers in the field (Goeppert-Mayer and Lawson 60; Arima and Terasawa 60), and partial tables of a coefficient similar to the one treated here were given by Balashov and Eltekov (60).

In the present volume, tables of the transformation brackets are given for all cases of interest in nuclear spectroscopy, up to and including the i-shell. The mathematical derivation of the expressions for these transformation brackets, which are given in the next chapter, will be found in a paper by Moshinsky (59); a partial table has already been published (Brody 59). Another table gives all necessary values of $B(nl, n'l', p)$; these are needed to reduce the radial integrals to a sum of Talmi integrals. Since only part of this table is required for the case of diagonal matrix elements, this has been extracted and given separately, in a form similar to that in which it was published earlier (Brody, Jacob and Moshinsky 60). Finally, an auxiliary table is given to facilitate the determination of the non-zero terms in the sums over Talmi integrals.

II

Formulae for the Transformation Brackets and Related Expressions

1. Definition of the transformation bracket

The wave function for a single particle in the harmonic oscillator well will be taken as

$$|nlm> \equiv \psi_{nlm}(r,\theta,\phi) = \Re_{nl}(r) Y_{lm}(\theta,\phi) \tag{2.1}$$

where the Y_{lm} are spherical harmonics normalized over the unit sphere (see e.g. Rose 57). The radial functions $\Re_{nl}(r)$ are given by

$$\Re_{nl}(r) = \left[\frac{2n!}{\Gamma(n+l+3/2)} \right]^{1/2} r^l \exp(-\tfrac{1}{2} r^2) L_n^{l+1/2}(r^2) \tag{2.2}$$

where $L_n^{l+1/2}(r^2)$ is a Laguerre polynomial as defined in Erdélyi et al. (53), and are normalized so that

$$\int_0^\infty [\Re_{nl}(r)]^2 r^2 dr = 1 .$$

The radial distance r is expressed, here and in what follows, in units of $b = (\hbar/M\omega)^{1/2}$, the so-called "size parameter". Here M is the nucleon mass and ω the frequency associated with the classical oscillator. It is to be noted that in consequence of these definitions, the energy levels of the harmonic oscillator will be numbered as follows: $0s; 0p; 1s, 0d; 1p, 0f; 2s, 1d, 0g; \ldots$ This sequence, shown in Fig. 1, differs from that used by Elliott and Lane (57) in that the value of the radial quantum number, n, is always less by 1 in the present formulation than it is in theirs.

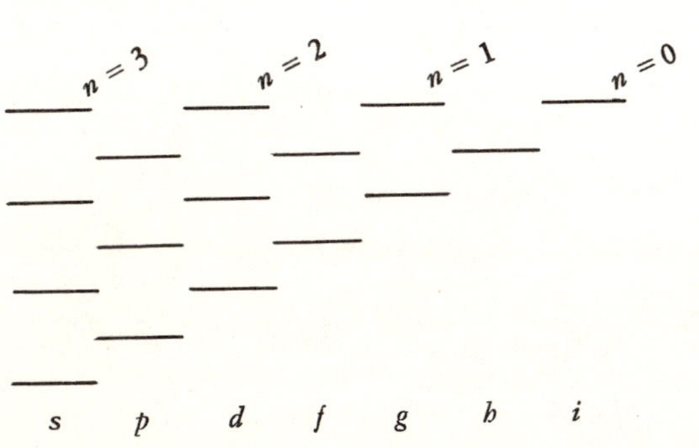

For two particles in the harmonic oscillator well, we will designate their radius vectors by r_1 and r_2, their radial quantum numbers by n_1 and n_2, and their angular momentum quantum numbers by l_1 and l_2. This system of coordinates, referred to the centre of the oscillator well will be called the c. w. system. The relative coordinate r and the coordinate R of the centre-of-mass of the two particles will then be defined as

$$r = \frac{1}{\sqrt{2}}(r_1 - r_2), \quad R = \frac{1}{\sqrt{2}}(r_1 + r_2) \tag{2.3}$$

Fig. 1

These definitions have the advantage over the more usual ones that the harmonic oscillator wave-functions have the same form in both coordinate systems. The relative coordinate system, thus defined, will be known as the r.c.m. system; in it, the radial and orbital quantum numbers n, l will correspond to the relative motion, and N, L to that of the centre of mass. The total angular momentum of the two particles will be called λ, so that (if bars under the symbols denote the corresponding vector operators)

$$\underline{l}_1 + \underline{l}_2 = \underline{\lambda} = \underline{l} + \underline{L} \tag{2.4}$$

and in consequence

$$|l_1 - l_2| \leq \lambda \leq l_1 + l_2$$
$$|l - L| \leq \lambda \leq l + L \tag{2.5}$$

The energy associated with the wave function (2.1) is clearly – in units of $\hbar\omega$ –

$$e_{nl} = 2n + l + {}^3/_2 \tag{2.6}$$

In the unperturbed two-particle system there is no interaction between the particles, and its energy is simply the sum of two terms of the form (2.6) both in the c. w. and in the r. c. m. system; energy conservation thus requires that

$$\rho = 2n_1 + l_1 + 2n_2 + l_2 = 2n + l + 2N + L \tag{2.7}$$

The quantity ρ will be called the energy index of the two-particle system.

The eigenkets in the two coordinate systems may be written

$$|n_1 l_1, n_2 l_2, \lambda\mu\rangle = \sum_{m_1 m_2} \langle l_1 l_2 \, m_1 m_2 | \lambda\mu\rangle \, \Re_{n_1 l_1}(r_1) \, \Re_{n_2 l_2}(r_2) \, Y_{l_1 m_1}(\theta_1, \phi_1) \, Y_{l_2 m_2}(\theta_2, \phi_2) \tag{2.8}$$

and

$$|nl, NL, \lambda\mu\rangle = \sum_{mM} \langle lLmM|\lambda\mu\rangle \, \Re_{nl}(r) \, \Re_{NL}(R) \, Y_{lm}(\theta, \phi) \, Y_{LM}(\Theta, \Phi) \tag{2.9}$$

where $m_1, m_2; m, M$ are the magnetic quantum numbers in the two systems and μ is the total magnetic quantum number. $\langle l_1 l_2 \, m_1 m_2 | \lambda\mu\rangle$ and $\langle lLmM|\lambda\mu\rangle$ are Clebsch-Gordan coefficients. The transformation brackets whose values are tabulated on pages 1 – 123 are then the coefficients which arise on developing the eigenket (2.8) in a series of eigenkets (2.9); they are therefore defined by the relation

$$|n_1 l_1, n_2 l_2, \lambda\mu\rangle = \sum_{nlNL} |nl, NL, \lambda\mu\rangle \, \langle nl, NL, \lambda|n_1 l_1, n_2 l_2, \lambda\rangle \tag{2.10}$$

It may be shown (Edmonds 57) that this transformation is independent of the magnetic quantum number μ, which was therefore not included in the bracket.

The transformation bracket is = 0 for all combinations of its parameters which do not satisfy the energy condition (2.7); the energy index ρ is thus characteristic of both bra and ket.

2. Explicit formulae for the transformation brackets

For the case $n_1 = n_2 = 0$ the following expression gives the value of the transformation bracket (Moshinsky 59):

II.3. ORTHONORMALITY RELATIONS FOR THE TRANSFORMATION BRACKETS

$$\langle nl, NL, \lambda | 0l_1, 0l_2, \lambda \rangle = \left[\frac{l_1! \, l_2!}{(2l_1)! \, (2l_2)!} \frac{(2l+1)(2L+1)}{2^{l+L}} \frac{(n+l)!}{n! \, (2n+2l+1)!} \frac{(N+L)!}{N! \, (2N+2L+1)!} \right]^{1/2}$$

$$\times (-1)^{n+l+L-\lambda} \sum_x (2x+1) \, A(l_1 l, l_2 L, x) \, W(lL \, l_1 l_2; \lambda x) \tag{2.11}$$

Here $W(lL, l_1 l_2; \lambda x)$ is a Racah coefficient, and the function A is defined as

$$A(l_1 l, l_2 L, x) = \left[\frac{(l_1+l+x+1)! \, (l_1+l-x)! \, (l_1+x-l)!}{(l+x-l_1)!} \frac{(l_2+L+x+1)! \, (l_2+L-x)! \, (l_2+x-L)!}{(L+x-l_2)!} \right]^{1/2}$$

$$\times \sum_q (-1)^{\frac{l+q-l_1}{2}} \frac{(l+q-l_1)!}{\left(\frac{l+q-l_1}{2}\right)! \left(\frac{l+l_1-q}{2}\right)!} \frac{1}{(q-x)! \, (q+x+1)!} \frac{(L+q-l_2)!}{\left(\frac{L+q-l_2}{2}\right)! \left(\frac{L+l_2-q}{2}\right)!} \tag{2.12}$$

The summation over q is restricted to non-negative values of q for which $l+q-l_1$ and therefore also $L+q-l_2$ is even; the same parity is assured for these quantities by the energy conservation rule (2.7). The summation over x is limited by the definition of the Racah coefficient:

$$|l-l_1| \leqslant x \leqslant l+l_1, \quad |L-l_2| \leqslant x \leqslant L+l_2$$

Once the values for $n_1 = n_2 = 0$ have been calculated, the transformation brackets with different n_1 and n_2 can be obtained from the recursion relation

$$\langle nl, NL, \lambda | n_1+1 \, l_1, n_2 l_2, \lambda \rangle = \left[(n_1+1)(n_1+l_1+3/2) \right]^{-1/2}$$

$$\times \sum_{n'l'N'L'} \langle nl, NL, \lambda \mu | -r_1^2 | n'l', N'L', \lambda \mu \rangle \langle n'l', N'L', \lambda | n_1 l_1, n_2 l_2, \lambda \rangle \tag{2.13}$$

The parameters nl, NL must of course satisfy the energy condition (2.7) in the form

$$2n + l + 2N + L = 2(n_1+1) + l_1 + 2n_2 + l_2$$

The matrix elements of $-r_1^2$ in (2.13) can be evaluated quite simply; the energy conservation rule and the selection rule for the radial functions eliminate all but six combinations of $n'l', N'L'$. These combinations and the corresponding matrix elements are given in Table I (p. xxxv).

If the value of n_2 instead of that of n_1 is to be increased by 1, an expression similar to (2.13) is obtained, the first factor having the index 2 throughout instead of 1, and the matrix elements being those of $-r_2^2$. These are the same as those in Table I, except that in the last four lines the sign must be changed.

Other recursion relations are of course possible; see in this connection Arima and Terasawa (60). Only (2.13) has been utilized in the present calculations.

3. Orthonormality relations for the transformation brackets

The transformation brackets (2.11) and (2.13) are real, so that the expansion of a bra in the c.w. system in terms of r.c.m. bras will be identical to (2.10). The matrix element for a scalar operator $\mathfrak{D}$ may thus be written

II.3. ORTHONORMALITY RELATIONS FOR THE TRANSFORMATION BRACKETS

$$\langle n_1 l_1, n_2 l_2, \lambda\mu | \mathfrak{D} | n_1' l_1', n_2' l_2', \lambda\mu \rangle = \sum_{\substack{nlNL \\ n'l'N'L'}} [\langle nl, NL, \lambda\mu | \mathfrak{D} | n'l', N'L', \lambda\mu \rangle$$

$$\times \langle nl, NL, \lambda | n_1 l_1, n_2 l_2, \lambda \rangle \langle n'l', N'L', \lambda | n_1' l_1', n_2' l_2', \lambda \rangle] \qquad (2.14)$$

On putting the operator $\mathfrak{D} = 1$, the matrix elements become equal to 1 or 0, according as they are diagonal or not. We thus see that

$$\sum_{nlNL} \langle nl, NL, \lambda | n_1 l_1, n_2 l_2, \lambda \rangle \langle nl, NL, \lambda | n_1' l_1', n_2' l_2', \lambda \rangle$$

$$= \delta_{n_1 n_1'} \delta_{l_1 l_1'} \delta_{n_2 n_2'} \delta_{l_2 l_2'} \qquad (2.15)$$

If $nlNL$ and $n_1 l_1 n_2 l_2$ are considered as composite row and colum indices, respectively, (2.15) shows that the transformation brackets for a given ρ and λ form an orthogonal matrix. We therefore also have that the rows form an orthonormal set:

$$\sum_{n_1 l_1 n_2 l_2} \langle nl, NL, \lambda | n_1 l_1, n_2 l_2, \lambda \rangle \langle n'l', N'L', \lambda | n_1 l_1, n_2 l_2, \lambda \rangle$$

$$= \delta_{nn'} \delta_{ll'} \delta_{NN'} \delta_{LL'} \qquad (2.16)$$

Eqs. (2.15) and (2.16) show that we may write

$$\sum_{n_1 l_1 n_2 l_2} |n_1 l_1, n_2 l_2, \lambda\mu\rangle \langle nl, NL, \lambda | n_1 l_1, n_2 l_2, \lambda \rangle$$

$$= \sum_{\substack{n'l'N'L' \\ n_1 l_1 n_2 l_2}} |n'l', N'L', \lambda\mu\rangle \langle n'l', N'L', \lambda | n_1 l_1, n_2 l_2, \lambda \rangle \langle nl, NL, \lambda | n_1 l_1, n_2 l_2, \lambda \rangle$$

$$= \sum_{n'l'N'L'} \delta_{nn'} \delta_{ll'} \delta_{NN'} \delta_{LL'} |n'l', N'L', \lambda\mu\rangle$$

and therefore the defining relation (2.10) may be supplemented by

$$|nl, NL, \lambda\mu\rangle = \sum_{n_1 l_1 n_2 l_2} |n_1 l_1, n_2 l_2, \lambda\mu\rangle \langle nl, NL, \lambda | n_1 l_1, n_2 l_2, \lambda \rangle \qquad (2.17)$$

Thus (2.15) and (2.16) express the normalization and orthogonality of the transformation brackets. The sums in them are to be taken over all values of nl, NL in one case and $n_1 l_1, n_2 l_2$ in the other that are compatible with the energy conservation and total angular momentum, i.e. with the relations (2.5) and (2.7). Since these are completely symmetrical with regard to the c.w. and r. c. m. quantum numbers, the number of such combinations is the same in both cases and is a function of ρ, the energy index, and λ, the total angular momentum, only. Calling this number τ, it can be shown that (Brody 59, Moshinsky and Brody 60)

$$\begin{aligned} \tau &= \tfrac{1}{8} (\lambda+1)(\rho-\lambda+2)(\rho-\lambda+4) & \text{if} \quad \rho-\lambda \text{ is even} \\ \tau &= \tfrac{1}{8} \lambda(\rho-\lambda+1)(\rho-\lambda+3) & \text{if} \quad \rho-\lambda \text{ is odd} \end{aligned} \qquad (2.18)$$

4. Symmetry relations for the transformation brackets

Several symmetry relations exist between the transformation brackets. The most useful ones for the present purpose are as follows:

$$\langle nl, NL, \lambda | n_1 l_1, n_2 l_2, \lambda \rangle = (-1)^{L-\lambda} \langle nl, NL, \lambda | n_2 l_2, n_1 l_1, \lambda \rangle \tag{2.19}$$

$$= (-1)^{l_1 - \lambda} \langle NL, nl, \lambda | n_1 l_1, n_2 l_2, \lambda \rangle \tag{2.20}$$

$$= (-1)^{l_1 + l} \langle NL, nl, \lambda | n_2 l_2, n_1 l_1, \lambda \rangle \tag{2.21}$$

$$= (-1)^{l_2 + L} \langle n_1 l_1, n_2 l_2, \lambda | nl, NL, \lambda \rangle \tag{2.22}$$

The proofs of these relations will be given elsewhere (Moshinsky and Brody 60).

Use has been made of the first three of these symmetry relations in order to reduce the number of table entries that had to be tabulated. The details are to be found in Chapter V, 1. In the majority of cases, however, it will not be necessary for the user of the tables to apply them so as to obtain the values he requires.

In (2.22) it is to be noted that the bra refers to the r. c. m. system and the ket to the c. w. system, as on the left-handside of the equation; only the *numerical values* have been interchanged, so that for example the relative quantum numbers now have the values that previously belonged to particle number 1. If the physical meaning of the two sides of the bracket is also interchanged, i. e. if the bra now refers to c. w. system and the ket to the r. c. m. system, the value is not changed from the original one, since this amounts to taking the complex conjugate and we have seen that brackets are real.

III

The Coefficients $B(nl,n'l',p)$

As has been shown elsewhere (Moshinsky 58, 59; Brody, Jacob and Moshinsky 60), the matrix elements for all types of two-particle interactions may be expressed in terms of the matrix elements[*]

$$\langle nl||V(r)||n'l'\rangle = \int_0^\infty \mathfrak{R}_{nl}(r)\, V(r)\, \mathfrak{R}_{n'l'}(r)\, r^2\, dr \tag{3.1}$$

where $V(r)$ is the radial dependence of the two-particle interaction (or the whole interaction in the case of a central force). All other factors are essentially geometrical in origin, and the matrix element (3.1) contains the physically significant part. This may in turn be expanded in a series of Talmi integrals I_p of increasing order p:

$$\langle nl||V(r)||n'l'\rangle = \sum_p B(nl,n'l',p)\, I_p \tag{3.2}$$

Here I_p is given by (Talmi 52)

$$I_p = \frac{2}{\Gamma(p+3/2)} \int_0^\infty r^{2p}\, e^{-r^2}\, V(r)\, r^2\, dr \tag{3.3}$$

The coefficients $B(nl,n'l',p)$ in this equation are given by (Brody, Jacob and Moshinsky 60)

$$B(nl,n'l',p) = (-1)^{p-\frac{1}{2}(l+l')} \frac{(2p+1)!}{2^{n+n'} p!} \left[\frac{n!n'!(2n+2l+1)!(2n'+2l'+1)!}{(n+l)!(n'+l')!}\right]^{\frac{1}{2}}$$

$$\times \sum_{k=a}^{\beta} \frac{(l+k)!\,(p-\frac{1}{2}(l-l')-k)!}{k!\,(2l+2k+1)!\,(n-k)!\,(2p-l+l'-2k+1)!\,(n'-p+\frac{1}{2}(l+l')+k)!\,(p-\frac{1}{2}(l+l')-k)!} \tag{3.4}$$

In the sum over k, the limits are

$$a = \max[0,\, p-\tfrac{1}{2}(l+l')-n'] = \begin{cases} 0 & \text{if } p-\tfrac{1}{2}(l+l')-n' \leq 0 \\ p-\tfrac{1}{2}(l+l')-n' & \text{if } p-\tfrac{1}{2}(l+l')-n' > 0 \end{cases} \tag{3.5}$$

---

[*]It should be noted that (3.1), while not exactly a reduced matrix element in the sense of Racah, has a similar interpretation, so that here and in Moshinsky (59), Moshinsky and Brody (60) the notation $\langle nl||V(r)||n'l'\rangle$ has been used. No confusion should arise.

III. THE COEFFICIENTS $B(nl, n'l', p)$

$$\beta = \min[n, p - \tfrac{1}{2}(l+l')] = \begin{cases} p - \tfrac{1}{2}(l+l') & \text{if } p - \tfrac{1}{2}(l+l') \leq n \\ n & \text{if } p - \tfrac{1}{2}(l+l') > n \end{cases} \qquad (3.6)$$

As is evident from these equations, the range of values for p is

$$\tfrac{1}{2}(l+l') \leq p \leq \tfrac{1}{2}(l+l') + n + n' \qquad (3.7)$$

When $l = l'$, $n = n'$, as for instance in the case of a diagonal matrix element of a central interaction, this reduces to

$$l \leq p \leq 2n + l \qquad (3.8)$$

Since this is one of the commoner calculations, a table giving the possible values of p for this case is included (pp. 129-145).

It can be seen from (3.4), after a little algebra, that the coefficients are symmetrical in the indices nl and $n'l'$, as is indeed obvious from (3.1), so that

$$B(nl, n'l', p) = B(n'l', nl, p) \qquad (3.9)$$

The particular form of the equations giving a matrix element in terms of transformation brackets and the coefficients B depends on the type of interaction, and the discussion of these equations will therefore be deferred to the next chapter. Here it will suffice to say that the coefficients B are required only if it is desired to express a matrix element in terms of Talmi integrals; this is particularly useful when no radial dependence of the two-particle interaction has been postulated, since then the I_p may be left as parameters in the calculation, to be adjusted by comparison with the appropriate experimental data.

IV

Calculation of Matrix Elements and Energy Levels

1. Diagonal Matrix elements for central interactions

The general diagonal matrix element for a central interaction may be written in terms of the matrix elements*
$<nl||V(r)||nl>$ (Moshinsky 59) as

$$<n_1l_1, n_2l_2, \lambda\mu|V(r)|n_1l_1, n_2l_2, \lambda\mu> = \sum_{nlNL} [<nl, NL, \lambda|n_1l_1, n_2l_2, \lambda>]^2 <nl||V(r)||nl> \tag{4.1}$$

Substituting eq. (3.2) and changing the order of summation, we obtain

$$<n_1l_1, n_2l_2, \lambda\mu|V(r)|n_1l_1, n_2l_2, \lambda\mu> = \sum_{p=0}^{\rho} C_C(n_1l_1, n_2l_2, \lambda; p) I_p \tag{4.2}$$

where

$$C_C(n_1l_1, n_2l_2, \lambda; p) = \sum_{nlNL} [<nl, NL, \lambda|n_1l_1, n_2l_2, \lambda>]^2 B(nl, nl, p) \tag{4.3}$$

To express the matrix element (4.1) directly in terms of Talmi integrals, it is only necessary, therefore, to calculate the coefficients C_C. Since this calculation and that discussed in the next section are basic for all other types of matrix elements, the procedure will be shown in some detail for an example, chosen more or less at random: $<12,13,2|V(r)|12,13,2>$. Table II shows how the calculation of this matrix element may be arranged.

The construction of this table proceeds as follows: on pp. 74-5, in the table of transformation brackets corresponding to $n_1 = 1$ and $n_2 = 1$, will be found the group for which $l_1 = 2, l_2 = 3, \lambda = 2$; this includes all combinations of $nlNL$ compatible with the given values of ρ and λ, that is to say, all terms of the sum in (4.3). These combinations are entered in the first four columns of Table II, and the squares of the corresponding transformation brackets are entered in the following column.

A check may be obtained at this point by summing the column of squares. Eq. (2.15) shows that this must be equal to 1, except for the accumulation of rounding-off errors which should affect at most the seventh decimal place.

The next step is the calculation of the products of the squares in the fifth column and the values of $B(nl, nl, p)$ to give the terms in the sum (4.3), arranged in columns according to the value of p. Now $B(nl, nl, p)$ will be 0 unless the condition (3.8) is satisfied; only a certain number of such terms need therefore be calculated. These may be determined from the Table of Possible Values of the Index p: in the group $\rho = 9, \lambda = 2$ the same 20 combinations of $nlNL$ as occurred in the main table will be found, and in the same order. Next to each combination, only those values of p are indicated that can occur in the corresponding term of the diagonal matrix element of a central force. A ruler is laid vertically against the column $p = 0$, and in the corresponding column in Table II all places are marked for which a 0 is shown; then the ruler is

---

*See note on p. *lii*.

IV.2. NON-DIAGONAL MATRIX ELEMENTS FOR CENTRAL INTERACTION

shifted, and all places in the next column in Table II are marked for which a 1 is shown; and so on, until all those spaces are marked for which a term is to be calculated.

The necessary values of $B(nl, nl, p)$ are taken from the table on pp. 125-126; this is an extract of the larger table on pp. 145-159 and contains only those values needed for diagonal matrix elements. It is not necessary to retain more than eight decimal places in the products; in some cases the absolute values of $B(nl, nl, p)$ are large, and there may be less decimal places of significance in the values of C_C, obtained on summing each column.

Another check on the calculations is possible here. If we put $V(r) = 1$ in eq. (4.2), the matrix element becomes $= 1$, and eq. (3.3) shows that all the I_p are also $= 1$. We have therefore

$$\sum_p C_C(n_1 l_1, n_2 l_2, \lambda; p) = 1 \tag{4.4}$$

It will be seen that in the case of Table II, the horizontal sum of the column sums is 1 to six decimal places; this indication is very useful in order to judge of the precision of the coefficients C_C obtained, particularly with a view to obtaining an estimate of the total rounding-error accumulation when the calculation is carried further.

In this example, no particular radial dependence was assumed, and the final result may therefore be written

$$\begin{aligned}\langle 12, 13, 2\mu | V(r) | 12, 13, 2\mu \rangle = &\ 0.844866\, I_1 - 2.344643\, I_2 \\ &+ 3.361160\, I_3 + 5.443976\, I_4 \\ &- 24.850675\, I_5 + 37.218310\, I_6 \\ &- 26.812504\, I_7 + 8.139510\, I_8.\end{aligned}$$

2. Non-diagonal matrix elements for central interaction

The general matrix element for a central interaction may be written as

$$\langle n_1 l_1, n_2 l_2, \lambda \mu | V(r) | n_1' l_1', n_2' l_2', \lambda \mu \rangle =$$

$$\sum_{nlNL} \sum_{n'l'N'L'} \left[\langle nl, NL, \lambda | n_1 l_1, n_2 l_2, \lambda \rangle \langle n'l', N'L', \lambda | n_1' l_1', n_2' l_2', \lambda \rangle \langle nl, NL, \lambda \mu | V(r) | n'l', N'L', \lambda \mu \rangle \right] \tag{4.5}$$

But $V(r)$ depends on the magnitude of the relative coordinate only, so that in the r. c. m. system we may write

$$\langle nl, NL, \lambda \mu | V(r) | n'l', N'L', \lambda \mu \rangle = \delta_{ll'} \delta_{NN'} \delta_{LL'} \langle nl || V(r) || n'l \rangle \tag{4.6}$$

where the matrix element $\langle nl || V(r) || n'l \rangle$ is given by the expansion (3.2). As a result,

$$\langle n_1 l_1, n_2 l_2, \lambda \mu | V(r) | n_1' l_1', n_2' l_2', \lambda \mu \rangle = \sum_p C_C'(n_1 l_1, n_2 l_2; n_1' l_1', n_2' l_2'; \lambda; p) I_p \tag{4.7}$$

where

$$C_C'(n_1 l_1, n_2 l_2; n_1' l_1', n_2' l_2'; \lambda; p) = \sum_{nlNL} \left[\langle nl, NL, \lambda | n_1 l_1, n_2 l_2, \lambda \rangle \langle n'l, NL, \lambda | n_1' l_1', n_2' l_2', \lambda \rangle B(nl, n'l, p) \right] \tag{4.8}$$

The only r. c. m. quantum number which differs in the two transformation brackets in (4.8) is n', given by

$$n' = n + n_1' + n_2' - n_1 - n_2 + \tfrac{1}{2}(l_1' + l_2' - l_1 - l_2) = n + \tfrac{1}{2}(\rho' - \rho) \tag{4.9}$$

Two cases arise: the energy index ρ as defined in eq. (2.7) may be the same for the bra and the ket of the matrix element (4.5); or the two eigenfunctions may belong to harmonic oscillator states of different energy. The first case, for which eq. (4.9) shows that $n' = n$, is similar to that of the preceding section; an example will be given of it. In the second case, a few new points arise. These will be illustrated in the next section on configuration mixing, where an example of this type occurs.

Consider, then, the matrix element $<20, 02, 2\mu|V(r)|01, 13, 2\mu>$. Here $\rho = 6, \lambda = 2$ on both sides. The calculation is presented in Table III. The table on pp. 129 - 144 of possible values of p may again be used to indicate the places of those terms which are to be calculated. The fifth column of Table III now contains the product of corresponding transformation brackets from two groups, (20, 02, 2) and (01, 13, 2). These will be found in sections ($n_1 = 2, n_2 = 0$) and ($n_1 = 0, n_2 = 1$), respectively, of the main table.

The check sum of this column, except for rounding-off errors, should be zero, from eq. (2.15). The values of $B(nl, nl, p)$ are now found as before, their products with the terms in the fifth column are entered in the appropriate places, and the coefficients C_c' result as the sums of the columns. An argument similar to that in the preceding section will show that now

$$\sum_p C_c'(n_1 l_1, n_2 l_2; n_1' l_1', n_2' l_2'; \lambda; p) = 0 . \tag{4.10}$$

This sum will therefore check the calculations and also give an indication of the number of decimals in the results on which reliance can be placed. In the present case, only the eighth decimal is affected. The final result is

$$\begin{aligned}
<20, 02, 2\mu|V(r)|01, 13, 2\mu> = \quad & 0.1550245\, I_0 \quad - 0.4588725\, I_1 \\
& + 0.7875244\, I_2 \quad - 0.2728430\, I_3 \\
& - 1.6432598\, I_4 \quad + 2.3191666\, I_5 \\
& - 0.8867401\, I_6 .
\end{aligned}$$

3. Configuration mixing

Only the case of configuration mixing with a central interaction between two particles will be discussed; the extension to other types of force is easily made by means of the formulae in the succeeding sections.

In the most frequent case, the energy level of the harmonic oscillator which is taken as a starting point will correspond to several eigenfunctions. A central interaction will remove at least part of the degeneracy, so that the zero-order eigenfunctions to be used in the perturbation calculation must first be obtained as orthogonal combinations of the harmonic oscillator functions. We will call the zero-order eigenfunctions

$$|t\rho, \lambda\mu>, \quad 1 \leq t \leq \kappa \leq \tau \tag{4.11}$$

where τ is given by eq. (2.18). The number κ of the zero-order eigenfunctions may be less than τ, since in some cases only a part of the originally degenerate states are taken into account even if the central interaction removes all the degeneracy in first order. If this is not the case, κ will usually be the degeneracy removed in first order. The zero-order eigenfunctions will then be given as linear combinations of harmonic oscillator function:

$$|t\rho, \lambda\mu> = \sum_{n_1 l_1 n_2 l_2} |n_1 l_1, n_2 l_2, \lambda\mu> S^{\rho\lambda}(n_1 l_1, n_2 l_2; t) \tag{4.12}$$

The sum in this equation is to be taken over those kets compatible with the given values of ρ and λ that are included in the set of κ degenerate states. The orthogonalized kets (4.11) will diagonalize the interaction $V(r)$ for the subset of states of given $\rho\lambda\mu$ so that

IV.3. CONFIGURATION MIXING

$$\langle t'\rho, \lambda\mu | (H + V(r)) | t\rho, \lambda\mu \rangle = (\rho + 3 + \zeta_t^{\rho\lambda}) \hbar\omega \, \delta_{tt'} \tag{4.13}$$

Here H is the Hamiltonian of two particles moving in the harmonic oscillator, and $V(r)$ the perturbing potential of the central interaction between the particles. On the right-hand side of the equation, ω is the angular frequency of the harmonic oscillator and $\zeta_t^{\rho\lambda}$ the first-order perturbation energy. The term $3\hbar\omega$ arises from the zero-point vibration of the two particles. Because of (4.12) and (4.13), the transformation coefficients $S^{\rho\lambda}$ satisfy

$$\sum_{n_1'l_1'n_2'l_2'} \left[\langle n_1 l_1, n_2 l_2, \lambda\mu | V(r) | n_1'l_1', n_2'l_2', \lambda\mu \rangle S^{\rho\lambda}(n_1'l_1', n_2'l_2'; t) \right] = \zeta_t^{\rho\lambda} S^{\rho\lambda}(n_1 l_1, n_2 l_2; t) \tag{4.14}$$

from which both they and the energy perturbations associated with them may be obtained. The $S^{\rho\lambda}$ are defined up to a multiplicative constant, and it is convenient to normalize them; they form a unitary matrix, if the set $n_1 l_1, n_2 l_2$ is taken to form the row index and t the column index. Since the matrix elements of $V(r)$ are real, as we have seen, and so are the $\zeta_t^{\rho\lambda}$, as $V(r)$ is a hermitean operator, the $S^{\rho\lambda}$ may also be taken as real, and we therefore obtain the orthonormality relation

$$\sum_{n_1 l_1 n_2 l_2} S^{\rho\lambda}(n_1 l_1, n_2 l_2; t) S^{\rho\lambda}(n_1 l_1, n_2 l_2; t') = \delta_{tt'} \qquad \sum_t S^{\rho\lambda}(n_1 l_1, n_2 l_2; t) S^{\rho\lambda}(n_1'l_1', n_2'l_2'; t) = \delta_{n_1 n_1'} \delta_{l_1 l_1'} \delta_{n_2 n_2'} \delta_{l_2 l_2'} \tag{4.15}$$

The perturbed wave functions, calculated to first order, will be given by

$$\overline{|t(\rho) \lambda\mu\rangle} = |t\rho, \lambda\mu\rangle + \sum_{\rho'}{}' \sum_{t'} |t'\rho', \lambda\mu\rangle \frac{\langle t'\rho', \lambda\mu | V(r) | t\rho, \lambda\mu \rangle}{\rho - \rho'} \tag{4.16}$$

The dash on the summation over ρ' indicates that the term $\rho' = \rho$ is to be excluded. The expression (4.16) may be written in terms of harmonic oscillator function by means of (4.12). The second term on the right of (4.16) then becomes

$$\sum_{\rho't'}{}' \sum_{\substack{n_1 l_1 n_2 l_2 \\ n_1' l_1' n_2' l_2' \\ n_1'' l_1'' n_2'' l_2''}} |n_1'l_1', n_2'l_2', \lambda\mu\rangle S^{\rho'\lambda}(n_1'l_1', n_2'l_2'; t')$$

$$\times \frac{S^{\rho'\lambda}(n_1''l_1'', n_2''l_2''; t') \langle n_1''l_1'', n_2''l_2'', \lambda\mu | V(r) | n_1 l_1, n_2 l_2, \lambda\mu \rangle S^{\rho\lambda}(n_1 l_1, n_2 l_2; t)}{\rho - \rho'} \tag{4.17}$$

Summing over t' and using the orthogonality property (4.15) of the matrix $S^{\rho\lambda}$, the eigenfunctions in first-order perturbation become

$$\overline{|t(\rho) \lambda\mu\rangle} = |t\rho, \lambda\mu\rangle + \sum_{\rho'}{}' \sum_{\substack{n_1 l_1 n_2 l_2 \\ n_1' l_1' n_2' l_2'}} |n_1'l_1', n_2'l_2', \lambda\mu\rangle \frac{\langle n_1'l_1', n_2'l_2', \lambda\mu | V(r) | n_1 l_1, n_2 l_2, \lambda\mu \rangle S^{\rho\lambda}(n_1 l_1, n_2 l_2; t)}{\rho - \rho'} \tag{4.18}$$

If the $\zeta_t^{\rho\lambda}$ are all distinct, the second-order energy perturbation, $\overline{\zeta}_t^{\rho\lambda}$, may similarly be obtained in the form

$$\overline{\zeta}_t^{\rho\lambda} = \sum_{\rho'}{}' \sum_{t'} \frac{\langle t\rho, \lambda\mu | V(r) | t'\rho', \lambda\mu \rangle \langle t'\rho', \lambda\mu | V(r) | t\rho, \lambda\mu \rangle}{\rho - \rho'} \tag{4.19}$$

On substituting (4.12) into this, the sum over the elements of the matrix $S^{\rho'\lambda}$ can be eliminated, because of (4.15), with the result that

$$\bar{\zeta}_t^{\rho\lambda} = \sum_{\rho'}{}' \frac{1}{\rho-\rho'} \sum_{n_1'l_1'n_2'l_2'} \left[\sum_{n_1l_1n_2l_2} S^{\rho\lambda}(n_1l_1, n_2l_2; t) \langle n_1l_1, n_2l_2, \lambda\mu | V(r) | n_1'l_1', n_2'l_2', \lambda\mu \rangle \right]^2 \quad (4.20)$$

Eqs. (4.18) and (4.20) indicate the calculations to be carried out; an example will be given below.

A special case arises if the Pauli principle is ignored, i.e. if all levels compatible with the initial value of ρ and λ are considered as degenerate. In this case the degeneracy $\kappa = r$, and it is seen that the transformation brackets are the elements of the matrix $S^{\rho\lambda}$, since in the r. c. m. system, for a given value of the energy index, the matrix of a central interaction is diagonal. However, the quantum numbers nl, NL now only serve to number the states, and we will write the transformation bracket symbolically as $\langle t, \lambda | n_1l_1, n_2l_2, \lambda \rangle$, where

$$t \equiv nlNL \quad (4.21)$$

The first-order energy perturbation $\zeta_t^{\rho\lambda}$ is immediately obtained from (4.14) as

$$\zeta_t^{\rho\lambda} = \langle t\rho, \lambda\mu | V(r) | t\rho, \lambda\mu \rangle = \sum_p B(nl, nl, p) I_p \quad (4.22)$$

where (4.21) gives the correlation between t and nl. The orthogonalized zero-order kets are, similarly

$$|t\rho, \lambda\mu\rangle = \sum_{n_1 l_1 n_2 l_2} \langle t, \lambda | n_1l_1, n_2l_2, \lambda \rangle |n_1l_1, n_2l_2, \lambda\mu\rangle \quad (4.23)$$

The perturbed wave functions may now be written, to first order,

$$\overline{|t(\rho)\lambda\mu\rangle} = |t\rho, \lambda\mu\rangle + \sum_{\rho'}{}' \sum_{n_1'l_1'n_2'l_2'} |n_1'l_1', n_2'l_2', \lambda\mu\rangle \frac{\langle n'l, NL, \lambda | n_1'l_1', n_2'l_2', \lambda \rangle \sum_p B(nl, n'l, p) I_p}{\rho - \rho'} \quad (4.24)$$

Here n' is given by the condition $n' = n + \frac{1}{2}(\rho' - \rho)$ (eq. 4.9) and $nlNL$ are defined by (4.21). It will be seen from (4.22) that the central interaction may, in many cases, remove only some of the degeneracy; this will be obvious from an examination of the combinations of $nlNL$ that figure in the table on pp. 129-144: if to a given nl there corresponds more than one combination of NL, two or more values of $\zeta_t^{\rho\lambda}$ must coincide. However, if all degeneracy is removed in first-order, eq. (4.20) may at once be simplified to give

$$\bar{\zeta}_t^{\rho\lambda} = \sum_{\rho'}{}' \frac{\left(\sum_p B(nl, n'l, p) I_p \right)^2}{\rho - \rho'} \quad (4.25)$$

In order to give an example, it is convenient to specify the interaction completely, so as to be able to carry through the calculation. We will suppose two particles in the $\rho = 6$ level which could be interpreted, for instance, as the last two neutrons in ^{42}Ca; between them there is a central force of Gaussian shape, in addition to the general harmonic oscillator well. The frequency of the latter will be taken from an estimate given by Moszkowski (57):

$$\hbar\omega \simeq 41 \, A^{-\frac{1}{3}} \, \text{MeV} \quad (4.26)$$

IV.3. CONFIGURATION MIXING

The central interaction will be taken as (Moszkowski 57)

$$V(r) = -V_0 e^{-\beta^2 r^2}, \beta^2 = \frac{A^{1/3}}{r_0^2}, V_0 = 2.215\, \hbar\omega \qquad (4.27)$$

where r is given in units of the size parameter (p. *xlvii*); this gives $\beta^2 = 3.00$, if r_0, the radius constant, is taken as 1.08 Fermi. This assumption simplifies the numerical work in the example, as then the Talmi integrals become

$$I_p = -\frac{2V_0}{\Gamma(p+3/2)} \int_0^\infty r^{2p+2} e^{-(1+\beta^2)r^2} dr = \frac{-V_0}{(1+\beta^2)^{p+3/2}} = -\frac{1}{2^{2p+3}} \times 2.215\, \hbar\omega \qquad (4.28)$$

We now specify that the total angular momentum $\lambda = 1$. Of the four possible states of two spinless particles in the levels $1p$, $0f$, only the two where both particles are in the same level can comply with this condition. To find the eigenvalues and eigenvectors which satisfy eq. (4.14) for the present case we therefore have to calculate three matrix elements, since the matrix is symmetric; the calculation, similar to the previously given example, is set out in Table IV, p. *xxxviii*. The eigenvalue equation is quadratic, and its two roots are

$$\begin{aligned} \zeta_1^{61} &= -0.043223832\, V_0 = -0.09574079\, \hbar\omega \\ \zeta_2^{61} &= -0.018652511\, V_0 = -0.04131531\, \hbar\omega \end{aligned} \qquad (4.29)$$

From these values the two eigenvectors are obtained; after normalization they are

$$\begin{pmatrix} S^{61}(1;1) \\ S^{61}(3;1) \end{pmatrix} = \begin{pmatrix} 0.19954124 \\ 0.97988943 \end{pmatrix}, \quad \begin{pmatrix} S^{61}(1;2) \\ S^{61}(3;2) \end{pmatrix} = \begin{pmatrix} -0.97988943 \\ 0.19954124 \end{pmatrix} \qquad (4.30)$$

(Here and in Table IV, we have used "1" and "3" to symbolize, respectively, the composite row indices 11, 11 and 03, 03 in the matrix $S^{\rho\lambda}(n_1 l_1, n_2 l_2; t)$.) The two orthogonalized zero-order wave functions are thus obtained as

$$|16, 1\mu\rangle = 0.19954124 |11, 11, 1\mu\rangle + 0.97988943 |03, 03, 1\mu\rangle$$

$$|26, 1\mu\rangle = -0.97988943 |11, 11, 1\mu\rangle + 0.19954124 |03, 03, 1\mu\rangle$$

The next higher levels to be taken into account for configuration mixing are $2s$, $1d$, and $0g$, corresponding to $\rho = 7$ when one particle is raised into these levels, the other remaining in one of the lower ones; however, these contribute nothing, since their parity differs from that of the $\rho = 6$ levels. The first contribution comes from the states where both particles are in the levels $2s$, $1d$ or $0g$, and from those states where one particle is in the levels $2p$, $1f$, and $0h$, the other remaining in $1p$ or $0f$; both these possibilities correspond to $\rho = 8$. For the purposes of this example, we will only consider the second possibility. It is clear at once that the configurations $(2p, 0f)$, $(0h, 0f)$, and $(0h, 1p)$ will give zero contributions, since they cannot satisfy the angular momentum condition (2.5). Thus only four matrix elements have to be calculated in order to evaluate (4.18) and (4.20):

$$\begin{aligned} \langle 11, 21, 1\mu | V(r) | 03, 03, 1\mu \rangle &= -0.00262008\, \hbar\omega \\ \langle 11, 21, 1\mu | V(r) | 11, 11, 1\mu \rangle &= -0.03330133\, \hbar\omega \\ \langle 13, 03, 1\mu | V(r) | 03, 03, 1\mu \rangle &= -0.03217214\, \hbar\omega \\ \langle 13, 03, 1\mu | V(r) | 11, 11, 1\mu \rangle &= +0.00209747\, \hbar\omega \end{aligned} \qquad (4.31)$$

Four other matrix elements, in which the two particles in the bra have exchanged their quantum numbers, are equal to these, by symmetry considerations. The necessary calculations are shown in Table V. Several points are to be noted:

(i) The matrix elements are off-diagonal and bra and ket do not correspond to the same harmonic-oscillator energy. Since however the interaction is central, (4.6) shows that only the value of n may differ. In consequence, there is an additional column at the left, giving the values of n' obtained from (4.9), or more immediately by inspection of the two groups of transformation brackets required for each matrix element: only those pairs which agree in the values of l, N, and L are admissible. The products of these pairs figure in Table V in the sixth column, marked $<|><|>$.

(ii) Since the transformation brackets used in column 6 belong to different values of ρ, eq. (2.15) cannot be applied. In fact, not all members of one of the groups of transformation brackets are used. The sums of the transformation-bracket products will thus no longer serve to check arithmetical accuracy.

(iii) Since n and n' are no longer equal, the table of possible p values on pp. 129-144 cannot be used to determine in which places of Table V a non-zero term is to be calculated; instead, use has to be made of (3.7).

(iv) Eq. (4.10) is still valid and may be used to check the column sums for the different values of p. As will be seen from Table V, in this case the horizontal sums of the values of C_c' are zero, but with a rounding-off error which indicates that the seventh decimal is no longer reliable. This is due to the large values of $B(nl, n'l, p)$ which occur in some of the terms.

(v) We now have a definite form for the interaction, and therefore the numerical values of the Talmi integrals are given in the line marked I_p, then multiplied by the corresponding coefficient C_c', and summed to give the values of the matrix elements (4.31).

These results may be directly substituted into (4.18), together with the matrix S^{61}, already obtained in (4.30). After normalization, the first-order configurational mixing, with the assumptions we have made, becomes

$$\overline{|1(6)\,1\mu>} = \quad 0.19948876\,|11,11,1\mu> \;+\; 0.97963170\,|03,03,1\mu>$$
$$+ \;0.00460497\{|21,11,1\mu> \;+\; |11,21,1\mu>\}$$
$$+ \;0.01554922\{|13,03,1\mu> \;+\; |03,13,1\mu>\} \tag{4.32}$$

$$\overline{|2(6)\,1\mu>} = -\,0.97961939\,|11,11,1\mu> \;+\; 0.19948625\,|03,03,1\mu>$$
$$-\;0.01604999\{|21,11,1\mu> \;+\; |11,21,1\mu>\}$$
$$+\;0.00423631\{|13,03,1\mu> \;+\; |03,13,1\mu>\}$$

That the first-order approximation is fairly good may be seen by calculating the orthogonality:

$$\overline{<1(6)\,1\mu|2(6)\,1\mu>} = 0.0000\,1609.$$

The matrix elements (4.31) also give the second-order energy perturbation, according to eq. (4.20):

$$\overline{\zeta}_1^{61} = -\,0.00105249\,\hbar\omega, \qquad \overline{\zeta}_2^{61} = -\,0.00110280\,\hbar\omega$$

These may be combined with the previously obtained first-order corrections (4.29) to give the perturbed energy levels:

$$\overline{E}_1^{61} = 8.90320672\,\hbar\omega, \qquad \overline{E}_2^{61} = 8.95758189\,\hbar\omega \tag{4.33}$$

The results obtained in eqs. (4.29) to (4.33) – and in particular the wave functions (4.32) – were based on the assumptions that all lower levels were occupied and that the exclusion principle operated to prevent any contribution arising from these levels; moreover, only two higher levels were taken into account. It is also of interest to consider the case in which all possible levels contribute, so that the Pauli principle is not operative.

In this case the zero-order functions must be obtained from all harmonic-oscillator functions pertaining to the level $\rho = 6$, $\lambda = 1$, and not merely from the states $1p$ and $0f$. The equations applicable are then (4.22) to (4.25).

The calculation is presented in Table VI. It should be noted that while the arrangement is formally similar to that

IV.3. CONFIGURATION MIXING

previously employed, the quantities entered into the individual fields now represent the products of $B(nl, nl, p)$ and the corresponding value of the Talmi integral I_p. Eq. (4.22) shows, moreover, that we are now interested in the *horizontal* sums. The first-order energy perturbations thus become

$$\zeta_1^{61} = -0.06921875 \, \hbar\omega \, , \quad t = (01, 21)$$

$$\zeta_2^{61} = -0.01730469 \, \hbar\omega \, , \quad t = (02, 12)$$

$$\zeta_3^{61} = -0.00432618 \, \hbar\omega \, , \quad t = (03, 03)$$

$$\zeta_4^{61} = -0.10166504 \, \hbar\omega \, , \quad t = (11, 11)$$

$$\zeta_5^{61} = -0.03515015 \, \hbar\omega \, , \quad t = (12, 02)$$

$$\zeta_6^{61} = -0.11312271 \, \hbar\omega \, , \quad t = (21, 01)$$

The zero-order wave functions may be written down at once, by using the table of transformation bracket; for instance (using the same order as above for the numbering of the orthogonalized functions in terms of t),

$$|16, 1\mu\rangle = 0.25|01, 21, 1\mu\rangle + 0.50|02, 12, 1\mu\rangle + 0.44721361|03, 03, 1\mu\rangle$$
$$+ 0.41833002|11, 11, 1\mu\rangle + 0.50|12, 02, 1\mu\rangle + 0.25|21, 01, 1\mu\rangle$$

In order to write down this zero-order wave function, we need the transformation brackets $\langle 01, 21, 1 | n_1 l_1, n_2 l_2, 1 \rangle$. By making use of the symmetry relation (2.22), these may be found in the tables in the single group $\langle nl, NL, 1 | 01, 21, 1 \rangle$; similarly, the transformation brackets for $|26, 1\mu\rangle$ may be found in the group $\langle nl, NL, 1 | 02, 12, 1 \rangle$, and so on.

The second part of Table VI shows how the numerical factors needed in eqs. (4.24) and (4.25) are obtained. Once more, the formal arrangement is the same as previously, but it is the horizontal sums which are of interest. The squares of these horizontal sums are the terms that enter into (4.25); adding up the first-order and second-order perturbations, the new energy levels obtained are

$$E_1^{61} = 8.92741242 \, \hbar\omega \, , \quad E_2^{61} = 8.98240054 \, \hbar\omega$$
$$E_3^{61} = 8.99565012 \, \hbar\omega \, , \quad E_4^{61} = 8.89280559 \, \hbar\omega$$
$$E_5^{61} = 8.96401924 \, \hbar\omega \, , \quad E_6^{61} = 8.88057934 \, \hbar\omega$$

The transformation brackets required for finding the first-order perturbed wave functions from (4.24) may again be obtained from a single group in the tables by making use of (2.22). After normalization, there result wave functions such as:

$$\overline{|3(6) 1\mu\rangle} = 0.44721095|01, 21, 1\mu\rangle + 0.19999881|03, 03, 1\mu\rangle - 0.74832705|11, 11, 1\mu\rangle$$
$$+ 0.44721095|21, 01, 1\mu\rangle$$
$$- 0.00133286|01, 31, 1\mu\rangle + 0.00108828|02, 22, 1\mu\rangle - 0.00034415|03, 13, 1\mu\rangle$$
$$+ 0.00071245|04, 04, 1\mu\rangle + 0.00103243|11, 21, 1\mu\rangle - 0.00174517|12, 12, 1\mu\rangle$$
$$- 0.00034415|13, 03, 1\mu\rangle + 0.00103243|21, 11, 1\mu\rangle + 0.00108828|22, 02, 1\mu\rangle$$
$$- 0.00133286|31, 01, 1\mu\rangle$$

$$\overline{|4(6)1\mu\rangle} = 0.41775294|01,21,1\mu\rangle - 0.74729918|03,03,1\mu\rangle + 0.29958614|11,11,1\mu\rangle$$
$$+ 0.41775294|21,01,1\mu\rangle$$
$$- 0.01525205|01,31,1\mu\rangle + 0.01245325|02,22,1\mu\rangle + 0.01575225|03,13,1\mu\rangle$$
$$- 0.03261025|04,04,1\mu\rangle - 0.01443956|11,21,1\mu\rangle + 0.00221884|12,12,1\mu\rangle$$
$$+ 0.01575225|13,03,1\mu\rangle - 0.01443956|21,11,1\mu\rangle + 0.01245325|22,02,1\mu\rangle$$
$$- 0.01525205|31,01,1\mu\rangle \, .$$

The orthogonality is more satisfactory now; it is easily calculated that

$$\overline{\langle 3(6)1\mu|} \overline{|4(6)1\mu\rangle} = 0.0000\,0002 \, .$$

4. Spin-orbit coupling

The matrix elements of forces of the type

$$V_{LS} = V(r) \, \boldsymbol{l} \cdot \boldsymbol{s} \tag{4.34}$$

where

$$\boldsymbol{l} = \boldsymbol{r} \times \boldsymbol{p}, \quad \boldsymbol{s} = \tfrac{1}{2}(\vec{\sigma}_1 + \vec{\sigma}_2) \tag{4.35}$$

are the angular momentum operator in relative motion and the total spin operator, respectively, will depend on J and M, the total angular momentum quantum number and its third component, as well as on s, the spin quantum number. Since, however, $\boldsymbol{l} \cdot \boldsymbol{s}$ commutes with the total angular momentum, the matrix element must be diagonal in J and M in order to differ from zero. It is also well known that in the singlet states the spin-orbit coupling has no effect, so that matrix elements need be calculated only for triplet states. The general matrix element of a spin-orbit coupling force may then be written, using the methods of tensor-operator algebra (Racah 42)

$$\langle n_1 l_1, n_2 l_2, \lambda; \tfrac{1}{2}\tfrac{1}{2} s; JM| V(r) \, \boldsymbol{l} \cdot \boldsymbol{s} |n_1' l_1', n_2' l_2', \lambda'; \tfrac{1}{2}\tfrac{1}{2} s'; J'M'\rangle$$
$$= (-1)^{\lambda+s-J} \delta_{JJ'} \delta_{MM'} \delta_{ss'} \delta_{s1} \langle n_1 l_1, n_2 l_2, \lambda || V(r) \, l || n_1' l_1', n_2' l_2', \lambda'\rangle$$
$$\times \langle s || \boldsymbol{s} || s'\rangle W(\lambda \lambda' ss'; 1J) \tag{4.36}$$

The reduced matrix element of $\boldsymbol{s}$ can easily be found to be $\sqrt{6}\,\delta_{ss'}\delta_{s1}$ (Edmonds 57); here a factor of $\hbar$ has been absorbed into $V(r)$. The other matrix element in (4.36) can be expanded in the following way (Moshinsky 59):

$$\langle n_1 l_1, n_2 l_2, \lambda || V(r) \, l || n_1' l_1', n_2' l_2', \lambda'\rangle = \sum_{nlNL} (-1)^{L+l-l-\lambda} [l(l+1)(2l+1)(2\lambda+1)(2\lambda'+1)]^{1/2}$$
$$\times W(\lambda \lambda' ll; 1L) \langle nl, NL, \lambda | n_1 l_1, n_2 l_2, \lambda\rangle \langle n'l, NL, \lambda' | n_1' l_1', n_2' l_2', \lambda'\rangle \langle nl || V(r) || n'l\rangle \tag{4.37}$$

Here n' is given by (4.9) and use has been made of the fact that (Racah 42)

$$\langle nl || V(r) \, l || n'l'\rangle = \delta_{ll'} [l(l+1)(2l+1)]^{1/2} \langle nl || V(r) || n'l\rangle \tag{4.38}$$

where $\langle nl || V(r) || n'l\rangle$ is given by (3.1).

Using the expansion (3.2) we then have

IV.5. TENSOR FORCES

$$\langle n_1 l_1, n_2 l_2, \lambda; \tfrac{1}{2}\tfrac{1}{2} 1; JM | V(r) \, \mathbf{l} \cdot \mathbf{s} | n_1' l_1', n_2' l_2', \lambda'; \tfrac{1}{2}\tfrac{1}{2} 1; JM \rangle$$

$$= \sum_p C'_{LS}(n_1 l_1, n_2 l_2, \lambda; n_1' l_1', n_2' l_2', \lambda'; J; p) \, I_p \qquad (4.39)$$

where*

$$C'_{LS}(n_1 l_1, n_2 l_2, \lambda; n_1' l_1', n_2' l_2', \lambda'; J; p) = (-1)^{J+p} \sqrt{6} \, W(\lambda \lambda' 1 1; 1 J) \sqrt{(2\lambda+1)(2\lambda'+1)}$$

$$\times \sum_{nlNL} W(\lambda \lambda' ll; 1L) \sqrt{l(l+1)(2l+1)} \langle nl, NL, \lambda | n_1 l_1, n_2 l_2, \lambda \rangle \langle n'l, NL, \lambda' | n_1' l_1', n_2' l_2', \lambda' \rangle B(n'l, nl, p) \qquad (4.40)$$

The factor $(-1)^{J+p}$ in (4.40) arises from the powers of -1 in (4.36) and (4.37): $(-1)^{L-l}$ may be taken out of the sum, since (2.7) shows that $L-l$ and p always have the same parity.

In these equations, the restrictions on J and λ' are obtained from the fact that $\mathbf{l} \cdot \mathbf{s}$ is a Racah tensor of first order. Using bars below symbols to denote the corresponding vector operators, we have

$$\underline{\lambda} + \underline{s} = \underline{J}, \quad \underline{\lambda}' + \underline{s} = \underline{J}$$

$$\lambda' = \lambda, \lambda \pm 1 \qquad (4.41)$$

The W are Racah coefficients; these may be obtained from the published tables (for instance Simon et al. 54, Ishidzu 60) or, since they are special cases, from the explicit formulae which have been collected in the appendix (p. 177).

In the case of a diagonal element, the use of the explicit formula for W permits considerable simplification. We obtain

$$C_{LS}(n_1 l_1, n_2 l_2, \lambda; J; p)$$

$$= - \frac{\lambda(\lambda+1) - J(J+1) + 2}{4\lambda(\lambda+1)} \sum_{nlNL} [\lambda(\lambda+1) - L(L+1) + l(l+1)]$$

$$\times \langle nl, NL, \lambda | n_1 l_1, n_2 l_2, \lambda \rangle^2 B(nl, nl, p) \qquad (4.42)$$

It should be clear how the previously given calculational schemes may be extended to the present case; since an example of a very similar calculation is given for the case of tensor forces, none will be discussed here.

5. Tensor forces

It can be shown that a tensor force acting between two particles of spin $\vec{\sigma}_1$ and $\vec{\sigma}_2$ may be reduced to the product of two second-order Racah tensors (Moshinsky 58):

$$V_T = \left(\frac{32}{5}\pi\right)^{1/2} V(r) \, \mathbf{Y}_2(\theta,\phi) \cdot \mathbf{X}_2 \qquad (4.43)$$

Here $\mathbf{Y}_2$ is the Racah tensor whose components are the spherical harmonics $Y_{2m}(\theta,\phi)$, and $\mathbf{X}_2$ is the second-order Racah tensor whose $m=0$ component is

$$X_{20} = \frac{1}{\sqrt{2}}(3s_z^2 - s^2) \qquad (4.44)$$

---

*It should be noted that the coefficient C'_{LS} has a slightly different meaning here from that assigned in Moshinsky (59) and in Brody, Jacob and Moshinsky (60), since it refers to the expansion of the whole matrix element.

Here s is given by (4.35). Again, and for reasons similar to those applying in the spin-orbit case, only matrix elements that are diagonal in J and M and corresponding to triplet states are different from 0. We then obtain

$$\langle n_1 l_1, n_2 l_2, \lambda ; \tfrac{1}{2} \tfrac{1}{2} s; JM | V_T | n_1' l_1', n_2' l_2', \lambda'; \tfrac{1}{2} \tfrac{1}{2} s'; JM \rangle$$

$$= \left(\frac{32}{5}\pi\right)^{1/2} (-1)^{\lambda + s - J} \langle n_1 l_1, n_2 l_2, \lambda || V(r) \, Y_2(\theta, \phi) || n_1' l_1', n_2' l_2', \lambda' \rangle \langle s || X_2 || s' \rangle \, W(\lambda \lambda' s s'; 2J) \quad (4.45)$$

The reduced matrix element of X_2 is easily found to be

$$\langle s || X_2 || s' \rangle = \sqrt{15} \, \delta_{ss'} \, \delta_{s1} \quad (4.46)$$

where a factor of $\hbar^2$ has been taken to be included in $V(r)$. Eq. (4.46) imposes the mentioned condition, that the two particles be in triplet states. The other factor in (4.45) can be obtained (Moshinsky 59) in the form

$$\langle n_1 l_1, n_2 l_2, \lambda || V(r) \, Y_2(\theta, \phi) || n_1' l_1', n_2' l_2', \lambda' \rangle$$

$$= \sum_{nlNL} \sum_{n'l'} [\langle nl, NL, \lambda | n_1 l_1, n_2 l_2, \lambda \rangle \langle n'l', NL, \lambda' | n_1' l_1', n_2' l_2', \lambda' \rangle \langle nl || V(r) || n'l' \rangle$$

$$\times (-1)^{L - \lambda - l'} \left\{ (2\lambda + 1)(2\lambda' + 1) \frac{5}{4\pi} \right\}^{1/2} \langle l 200 | l'0 \rangle W(\lambda \lambda' l l'; 2L) \sqrt{2l + 1} \quad (4.47)^*$$

The sum over l' is restricted to

$$l' = l, \; l \pm 2 \quad (4.48)$$

and n' is given by the relation

$$n' = n + (n_1' + n_2' - n_1 - n_2) + \tfrac{1}{2}(l_1' + l_2' - l_1 - l_2) + \tfrac{1}{2}(l - l')$$

$$= n + \tfrac{1}{2}(\rho' - \rho) + \tfrac{1}{2}(l - l') \quad (4.49)$$

Substituting these results in (4.45) and using (3.2), we may write

$$\langle n_1 l_1, n_2 l_2, \lambda ; \tfrac{1}{2} \tfrac{1}{2} 1; JM | V_T | n_1' l_1', n_2' l_2', \lambda'; \tfrac{1}{2} \tfrac{1}{2} 1; JM \rangle = \sum_p C_T'(n_1 l_1, n_2 l_2, \lambda ; n_1' l_1', n_2' l_2', \lambda'; J; p) \, I_p \quad (4.50)$$

where**

$$C_T'(n_1 l_1, n_2 l_2, \lambda ; n_1' l_1', n_2' l_2', \lambda'; J; p)$$

$$= (-1)^{p - J + 1} \sqrt{120 \, (2\lambda + 1)(2\lambda' + 1)} \, W(\lambda \lambda' 11; 2J)$$

$$\times \sum_{l'} \sum_{nlNL} \sqrt{2l + 1} \, \langle l 200 | l'0 \rangle W(\lambda \lambda' l l'; 2L) \langle nl, NL, \lambda | n_1 l_1, n_2 l_2, \lambda \rangle$$

$$\times \langle n'l', NL, \lambda' | n_1' l_1', n_2' l_2', \lambda' \rangle B(nl, n'l', p) \quad (4.51)$$

---

* Eq. (30) of Moshinsky (59) showed, incorrectly, π appearing in the numerator instead of the denominator.
** The coefficient C_T' has here a slightly wider meaning than in Brody, Jacob and Moshinsky (60), since it applies to the whole matrix element and not only to the expansion of $V(r) \, Y_2$.

IV.5. TENSOR FORCES

Here W is a Racah coefficient, whose value may be obtained from the published tables, or else from the explicit formulae for the special cases needed here which have been collected in the appendix. $<l200|l'0>$ is a Clebsch-Gordan coefficient, for which simple formulae are given in the appendix (p. 177).

The factor $(-1)^{\rho-J+1}$ in (4.51) arises from the powers of -1 in (4.45) and (4.47): $(-1)^{L-l'}$ may be taken out of the sum, since it may be seen from (2.7) that the parity of $L-l$ and ρ are always the same, while l and l' differ by an even number, according to (4.48).

In these equations, the restrictions on λ and λ' result from the fact that we are calculating the matrix elements of a Racah tensor of second order. Using bars below symbols to denote the corresponding vector operators, we have:

$$\underline{\lambda} + \underline{s} = \underline{\lambda}' + \underline{s} = \underline{J}$$

$$\lambda' = \lambda, \lambda \pm 1, \lambda \pm 2 \qquad (4.52)$$

It will be seen from (4.49) that the energy indices of the bra and the ket in (4.50) must differ by an even number, i.e. must have the same parity; if their parity is different, the matrix element will be zero.

As an example, table VII shows the calculation of

$$<20,02,2;\tfrac{1}{2}\tfrac{1}{2}1;3M|V_T|01,13,2;\tfrac{1}{2}\tfrac{1}{2}1;3M>$$

The three parts of the table represent the calculation of the three terms in the sum over l'. The first part corresponds to $l' = l$. It should be noted that the sum of the column of products of transformation brackets is zero, because the energy index happens to be the same for bra and ket in this case; in fact, they are those used in the example of table III for a non-diagonal matrix element of a central force. If the energy indices differ, this check on the calculations is, of course, no longer possible.

The further columns that have been added correspond to the various factors in the sum in (4.51), and to their product; this last column is marked Π. At the beginning, four additional columns show $n'l'NL$; these are, in principle, redundant, but they are useful for looking up the various functions in the tables. The Racah coefficients were taken from the tables of Simon, Vander Sluis and Biedenharn (54), while the Clebsch-Gordan coefficients were obtained from the explicit formulae in the appendix.

The second and third sections of table VII correspond to $l' = l - 2$ and $l' = l + 2$, respectively. The last line but one holds the sums of the columns corresponding to different values of p; the non-zero terms for these columns have been obtained exactly as in previous examples. The values of $B(nl, n'l', p)$ for the first part of table VII come from the short table on pp. 125-6; those for the third from the table for $l' = l+2$ on pp. 127-128; and those for the second part also from the table for $l' = l+2$, using eq. (3.9). This is possible here, since $\rho = \rho'$; if the energy indices for bra and ket differ, the larger tables (on pp. 145-159 for $l' = l$, on pp. 161-175 for $l' = l+2$) must be used. In the last line, these column sums have been multiplied by the factor outside the sum in (4.51) and thus give directly the values of $C_T^{l'}$.

The final result then becomes

$$<20,02,2;\tfrac{1}{2}\tfrac{1}{2}1; 3M|V_T|01,13,2;\tfrac{1}{2}\tfrac{1}{2}1;3M>$$

$$= 0.15236695\, I_1 - 0.32346331\, I_2 - 0.25748846\, I_3$$

$$+ 1.45280104\, I_4 - 1.52012581\, I_5 + 0.50670856\, I_6 .$$

In the case of forces with spin-orbit coupling the calculational scheme will be very similar, containing only certain obvious simplifications. For example, only one section in the table would be required, since there is no sum over l'.

6. j-j coupling and the case of more than two particles

Matrix elements expressed in j-j coupling may be reduced to those written in L-S coupling by means of the well-known relations between the corresponding wave functions; these imply the use of $9j$ coefficients. Thus for instance the diagonal matrix element of a central force may be written

$$\langle n_1 l_1 \tfrac{1}{2}, j_1; n_2 l_2 \tfrac{1}{2}, j_2; J | V(r) | n_1 l_1 \tfrac{1}{2}, j_1; n_2 l_2 \tfrac{1}{2}, j_2; J \rangle$$

$$= \sum_{\lambda s} \sum_{nlNL} \left[(2\lambda + 1)(2s+1)(2j_1+1)(2j_2+1) \begin{Bmatrix} l_1 & \tfrac{1}{2} & j_1 \\ l_2 & \tfrac{1}{2} & j_2 \\ \lambda & s & J \end{Bmatrix}^2 \right.$$

$$\left. \times \langle nl, NL, \lambda | n_1 l_1, n_2 l_2, \lambda \rangle^2 \langle nl || V(r) || nl \rangle \right] \qquad (4.53)$$

where the curly bracket is a $9j$ coefficient. Similar expressions will hold for other types of forces and may be obtained, for example, by the methods of Matsunobu and Takebe (58).

Since the functions tabulated in the present publication do not introduce anything new in the reduction of j-j coupling expressions to L-S coupling ones, a detailed discussion is superfluous.

The same comment applies to the calculation of matrix elements for more than two particles. If we suppose, for instance, a central interaction between q identical particles in the $n_1 l_1 j_1$ shell, the diagonal matrix element may be reduced to a sum over two-particle matrix elements as follows:

$$\langle (n_1 l_1 \tfrac{1}{2}, j_1)^q aJ | \sum_{i>j=1}^{q} V(r_{ij}) | (n_1 l_1 \tfrac{1}{2}, j_1)^q aJ \rangle$$

$$= \tfrac{1}{2} q(q-1) \sum_{a''J''J'} \{ \langle (j_1)^2 J', (j_1)^{q-2} a''J'', J | \} (j_1)^q aJ \rangle \}^2$$

$$\times \langle n_1 l_1 \tfrac{1}{2}, j_1; n_1 l_1 \tfrac{1}{2}, j_1; J' | V(r) | n_1 l_1 \tfrac{1}{2}, j_1; n_1 l_1 \tfrac{1}{2}, j_1; J' \rangle \qquad (4.54)$$

where a, a'' are additional quantum numbers necessary to specify the states of q and $q-2$ particles respectively, and the first term on the right-hand side of (4.54) is a fractional parentage coefficient in which J' is restricted to even values that satisfy the triangular relation analogous to (2.5) between $J'_1 J''$ and J. The two-particle matrix element on the right-hand side of (4.54) is a particular case of (4.53), so that the matrix elements for q particles may be directly expressed in terms of Talmi integrals by means of fractional parentage coefficients, $9j$ coefficients and transformation brackets.

Finally, it should be noted that the exchange character of Majorana (space-coordinate exchange) forces is easily taken into account by multiplying the reduced matrix element (3.2) by a factor $(-1)^l$ wherever it occurs; in the examples of Tables II to VII, this means changing the sign of the entries in all rows of odd l. It is easily seen that for a central force of this exchange type the check sums (4.4) and (4.10) should give

$$(-1)^{l_1+l_2-\lambda} \delta_{n_1 n_2'} \delta_{n_2 n_1'} \delta_{l_1 l_2'} \delta_{l_2 l_1'} \delta_{\lambda \chi}$$

Forces of Bartlett (spin exchange) type are taken into account by changing the signs of alternate terms in the sum over spin components; the individual terms, in $L-S$ coupling, are not affected. A Heisenberg (particle exchange) force means applying both procedures.

V

Arrangement and Precision of the Numerical Tables

1. Tables of the transformation brackets

These tables give the value of $<nl, NL, \lambda | n_1 l_1, n_2 l_2, \lambda>$ for all cases required in the calculation of shell-model wave functions and matrix elements for known nuclei. It will be seen from Fig. 1 (p. *xlvii*) that the highest shell of practical use fixes the restriction

$$2n_1 + l_1 \leqslant 6, \quad 2n_2 + l_2 \leqslant 6 \tag{5.1}$$

Only the values for which $l_2 \geqslant l_1$ are given; the symmetry relation (2.19) will then give any others, consistent with (5.1). No such limitation was placed on l and L, since in practice the most frequent case will require the values of the transformation brackets for all possible combinations of n, l, N, L for a given set of n_1, l_1, n_2, l_2 and λ.

The tables are subdivided according to the values of n_1 and n_2. The values of n_1 and n_2 are indicated at the head of each page. On account of (5.1) the divisions are of very unequal size. Within each division, the data are arranged in groups according to the values of l_1, l_2, and λ. These groups are arranged in "dictionary" order for these three indices; in other words, beginning with the lowest values of all three, λ is increased in steps of one up to the maximum compatible with (2.5); then l_2 increases by one and λ again begins with the lowest possible value; and so on.

The groups are separated from each other by blank spaces, and the values that are common to all brackets within a group are given only at the beginning of the group and repeated at the head of a new page. These are: l_1, l_2, λ at the left of the four columns for n, l, N, L, and ρ at the right of these columns; ρ, the energy index, is defined by (2.7).

Within each group, the transformation brackets are again arranged in "dictionary" order, according to the values of n, l, N, and L. The value of the bracket is given to eight decimal places in the column marked $<|>$. In the last column, at the end of each group, is given the number, τ, of transformation brackets in the group; this will be found useful in checking numerical work, and also as an indication if a group ends at the bottom of a page. The value of τ may also be obtained from eq. (2.18).

The tables were computed using relations (2.11), (2.12) and (2.13); throughout the calculations, eight significant digits were retained, rounding after each arithmetical step. This procedure implies that there should exist a certain accumulated rounding-off error; this may be estimated as follows: the number of arithmetical operations in the calculation of a transformation bracket that require rounding varies from ~ 80 for $n_1 = 0, n_2 = 0$ to ~ 200 for $n_1 = 3, n_2 = 3$; since each rounding operation implies a maximum error of 0.5×10^{-8} and thus (if the error distribution is assumed to be uniform over the interval -0.5×10^{-8} to $+0.5 \times 10^{-8}$) a root-mean-square error of 0.29×10^{-8}, the total rounding error should be, on the average, from 2.6×10^{-8} to 4×10^{-8}. It may be concluded that the seventh decimal can be inaccurate in only a very few cases. This has been confirmed by a considerable number of spot checks, none of which have revealed an error greater than 8 in the eighth decimal.

Another confirmation is obtained from the check on the normality of the transformation-bracket groups, eq. (2.15). This was carried out by calculating the sum of the squares of the transformation brackets in each of the groups tabulated. In no case did the difference between this sum of squares and 1 exceed 3.5×10^{-7}, while the mean value of this difference for the entire table is 1.67×10^{-7}; the average number of transformation brackets per group is 34, to the nearest integer, and hence a mean value of 0.5×10^{-8} is obtained for the error: one order of magnitude less than the total rounding error calculated above, as indeed it should be.

A number of transformation brackets whose values should be simple fractions or zero will be found to differ by a few units in the eighth decimal place from what is obviously their true value; no attempt has been made, however, to round these to the correct values, since the proportion of cases where this is possible by means of a simple procedure is small, while the effect would have been to introduce an apparent accuracy in the tables which is not borne out in the course of further calculations. The user may easily effect this rounding by himself, should he so desire; unless only one or two values are required, the additional accuracy so obtained in a calculation is negligible, though it may be helpful in the procedures for checking calculations.

2. Tables of the coefficients $B(nl, n'l', p)$

These tables are divided into two parts. From the discussion of Chapter IV, it is clear that for the evaluation of matrix elements with central or spin-orbit coupling forces only those values of $B(nl, n'l', p)$ are required for which $l' = l$; tensor forces, on the other hand, also require the B coefficients for which $l' = l \pm 2$. Since, however, eq. (3.9) shows that the roles of nl and $n'l'$ may simply be exchanged, it has been necessary only to tabulate the coefficients for which $l' = l$ in the first part of this table, and those for which $l' = l+2$ in the second part.

In both parts the arrangement is the same. The columns give, reading from left to right, the values of p, n, l, n', l', and $B(nl, n'l', p)$.

The coefficients are arranged in groups of ascending p, a horizontal bar separating different values. Within each group, smaller groups are separated by blank spaces; these correspond to changes in l and l', and in n. The values of these indices, together with that of p, are indicated only at the beginning of each group. Within each group, the order is that of ascending n'. The groups are not arranged in exact dictionary order, since l (and l') take precedence over n.

A number of values are repeated because of the symmetry relation (3.9). Thus for instance $B(50,60,0) = B(60,50,0)$; these repetitions have been retained so that a minimum number of groups need to be consulted for a given calculation.

The remarks of the preceding section concerning rounding-error accumulation apply here also: a sum rule for the coefficients $B(nl, n'l', p)$ has been used to check these errors, and again in most cases only the eighth significant figure is in doubt. However, since the absolute value of $B(nl, n'l', p)$ varies considerably and in two cases is greater than 10^5, these errors cannot be considered to occur always in the same decimal place; in printing out the results, only the appropriate number of decimals has therefore been retained. It should be pointed out that this will not usually decrease the accuracy of the computational results obtained in calculation, since the $B(nl, n'l', p)$ mostly appear only multiplied by one or more other factors, so that the relative error is the important one; this however, is of the same order of magnitude in nearly all cases.

These tables will be found on pp. 145-175.

In very many cases, only the diagonal matrix elements will need to be calculated; as has been shown (Brody, Jacob and Moshinsky 60), only a small part of the main tables will be necessary for this purpose, namely that for which $l' = l+2$, $n' = n-1$ in the case of tensor forces only and that for which $l' = l$, $n' = n$ in all cases. To facilite the calculation of diagonal matrix elements, the relevant values have been extracted from the main tables of B and placed in a smaller table on pp. 125-128.

The arrangement of this smaller table is as follows: in the first part, the values for which $l' = l$, $n' = n$ are given; of the indices, only p, n, and l are indicated, otherwise the order is the same as in the main table. The second part contains the values for which $l' = l+2$, $n' = n-1$, and again only p, n, and l are shown. The last column in both parts contains, of course, the values of $B(nl, n'l', p)$.

3. Table of the possible values of the index p

This table shows, for all possible combinations of $nlNL$ subject to the conditions (2.5) and (2.7) for given ρ and λ, the values of p, the index of the Talmi integral (3.3), that are required to calculate diagonal matrix elements for central interactions and other matrix elements for which ρ and λ are the same in bra and ket. Its use has been discussed in Chapter IV, 1.

The table may also be used to find for any given ρ and λ the compatible combinations of $nlNL$; because of (2.7), the compatible combinations of $n_1 l_1 n_2 l_2$ are the same.

V.3. TABLE OF THE POSSIBLE VALUES OF THE INDEX p

The table is arranged as follows: The first two columns hold the values of ρ, the energy index, and λ, the total angular momentum; their values are shown at the head of each group. The order in which these combinations occur is the same as in the table of transformations brackets; see section 1 of this chapter. In the group of thirteen columns that follows, those values of p are printed for which (see eq. (3.8))

$$l \leqslant p \leqslant l + 2n$$

If a value of p does not satisfy this condition, the corresponding place is left blank.

It should be noted that this table cannot in all cases be used for determining the non-zero terms in the calculation of matrix elements as series expansions in Talmi integrals. This is possible only when the values of nl for bra and ket are the same.

NOTE: The list of references and the tables of calculations for the examples will be found on p. *xxxiv* and p. *xxxv*, respectively.

lxxi

Apéndice

Coeficientes de Clebsch-Gordan y de Racah necesarios en los cálculos

1
Coeficientes de Clebsch-Gordan

Appendix

Clebsch-Gordan and Racah coefficients needed in the calculations

1
Clebsch-Gordan coefficients

$$\langle l200|l'0\rangle = \begin{cases} \sqrt{\dfrac{3(l+1)(l+2)}{2(2l+1)(2l+3)}} & , \quad l' = l+2 \\ -\sqrt{\dfrac{l(l+1)}{(2l-1)(2l+3)}} & , \quad l' = l \\ \sqrt{\dfrac{3l(l-1)}{2(2l-1)(2l+1)}} & , \quad l' = l-2 \end{cases}$$

2
Coeficientes de Racah para acoplamiento spin-órbita

2
Racah coefficients for spin-orbit coupling

	$W(\lambda\lambda'll; 1L)$
$\lambda' = \lambda - 1$	$(-1)^{\lambda+l-L-1} \left[\dfrac{(L+\lambda+l+1)(L+\lambda-l)(\lambda+l-L)(L-\lambda+l+1)}{4(2\lambda-1)\lambda(2\lambda+1)l(l+1)(2l+1)}\right]^{1/2}$
$\lambda' = \lambda$	$(-1)^{\lambda+l-L-1} \dfrac{\lambda(\lambda+1)+l(l+1)-L(L+1)}{[4\lambda(\lambda+1)(2\lambda+1)l(l+1)(2l+1)]^{1/2}}$
$\lambda' = \lambda + 1$	$(-1)^{\lambda+l-L} \left[\dfrac{(L+\lambda+l+2)(\lambda+l-L+1)(L+\lambda-l+1)(L-\lambda+l)}{4(2\lambda+3)(\lambda+1)(2\lambda+1)l(l+1)(2l+1)}\right]^{1/2}$

Para calcular C'_{LS} según la ec. (4.40), estas expresiones dan uno de los coeficientes de Racah que se requieren; para obtener el otro, póngase

For calculating C'_{LS} according to eq. (4.40), these expressions give one of the Racah coefficients needed; to obtain the other, put

$$l = 1, \quad L = J$$

3
Coeficientes de Racah para fuerzas tensoriales

3
Racah coefficients for tensor forces

$$W(\lambda\lambda' l l'; 2L)$$

	$\lambda' = \lambda + 2$	
$l' = l+2$	$(-1)^{L-\lambda-l}$	$\left[\dfrac{(L+\lambda+l+5)(L+\lambda+l+4)(L+\lambda+l+3)(L+\lambda+l+2)(-L+\lambda+l+4)(-L+\lambda+l+3)(-L+\lambda+l+2)(-L+\lambda+l+1)}{16(2\lambda+5)(2\lambda+3)(2\lambda+1)(\lambda+2)(\lambda+1)(2l+5)(2l+3)(2l+1)(l+2)(l+1)}\right]^{1/2}$
$l' = l$	$(-1)^{L-\lambda-l}$	$\left[\dfrac{3(L+\lambda+l+3)(L+\lambda+l+2)(L+\lambda-l+2)(L+\lambda-l+1)(-L+\lambda+l+2)(-L+\lambda+l+1)(L-\lambda+l)(L-\lambda+l-1)}{8(2\lambda+5)(2\lambda+3)(2\lambda+1)(\lambda+2)(\lambda+1)\cdot(2l+3)(2l+1)(2l-1)(l+1)l}\right]^{1/2}$
$l' = l-2$	$(-1)^{L-\lambda-l}$	$\left[\dfrac{(L-\lambda+l)(L-\lambda+l-1)(L-\lambda+l-2)(L-\lambda+l-3)(L+\lambda-l+4)(L+\lambda-l+3)(L+\lambda-l+2)(L+\lambda-l+1)}{16(2\lambda+5)(2\lambda+3)(2\lambda+1)(\lambda+2)(\lambda+1)(2l+1)(2l-1)(2l-3)\,l(l-1)}\right]^{1/2}$
	$\lambda' = \lambda + 1$	
$l' = l+2$	$(-1)^{L-\lambda-l}$	$\left[\dfrac{(L+\lambda+l+4)(L+\lambda+l+3)(L+\lambda+l+2)(L-\lambda+l+1)(L+\lambda-l)(-L+\lambda+l+3)(-L+\lambda+l+2)(-L+\lambda+l+1)}{8(2\lambda+3)(2\lambda+1)(\lambda+2)(\lambda+1)\lambda(2l+5)(2l+3)(2l+1)(l+2)(l+1)}\right]^{1/2}$
$l' = l$	$(-1)^{L-\lambda-l-1}$	$\left[\dfrac{3(L+\lambda+l+2)(L-\lambda+l)(L+\lambda-l+1)(-L+\lambda+l+1)}{(2\lambda+3)(2\lambda+1)(\lambda+2)(\lambda+1)\lambda(2l+3)(2l+1)(2l-1)(l+1)\,l}\right]^{1/2}\dfrac{1}{2}[\lambda(\lambda+2)+l(l+1)-L(L+1)]$
$l' = l-2$	$(-1)^{L-\lambda-l-1}$	$\left[\dfrac{(L+\lambda+l+1)(-L+\lambda+l)(L-\lambda+l)(L-\lambda+l-1)(L-\lambda+l-2)(L+\lambda-l+3)(L+\lambda-l+2)(L+\lambda-l+1)}{8(2\lambda+3)(2\lambda+1)(\lambda+2)(\lambda+1)\lambda\cdot(2l+1)(2l-1)(2l-3)\,l(l-1)}\right]^{1/2}$
	$\lambda' = \lambda$	
$l' = l+2$	$(-1)^{L-\lambda-l}$	$\left[\dfrac{3(L+\lambda+l+3)(L+\lambda+l+2)(L-\lambda+l+2)(L-\lambda+l+1)(L+\lambda-l)(L+\lambda-l-1)(-L+\lambda+l+2)(-L+\lambda+l+1)}{8(2\lambda+3)(2\lambda+1)(2\lambda-1)(\lambda+1)\lambda\cdot(2l+5)(2l+3)(2l+1)(l+2)(l+1)}\right]^{1/2}$
$l' = l$	$(-1)^{L-\lambda-l}$	$\dfrac{\tfrac{3}{2}[L(L+1)-\lambda(\lambda+1)-l(l+1)][L(L+1)-\lambda(\lambda+1)-l(l+1)+1]-2\lambda(\lambda+1)l(l+1)}{[(2\lambda+3)(2\lambda+1)(2\lambda-1)(\lambda+1)\lambda(2l+3)(2l+1)(2l-1)(l+1)l]^{1/2}}$
$l' = l-2$	$(-1)^{L-\lambda-l}$	$\left[\dfrac{3(L+\lambda+l+1)(L+\lambda+l)(L-\lambda+l)(L-\lambda+l-1)(-L+\lambda+l)(-L+\lambda+l-1)(L+\lambda-l+2)(L+\lambda-l+1)}{8(2\lambda+3)(2\lambda+1)(2\lambda-1)(\lambda+1)\lambda\cdot(2l+1)(2l-1)(2l-3)\,l(l-1)}\right]^{1/2}$
	$\lambda' = \lambda - 1$	
$l' = l+2$	$(-1)^{L-\lambda-l}$	$\left[\dfrac{(L+\lambda+l+2)(-L+\lambda+l+1)(L-\lambda+l+3)(L-\lambda+l+2)(L-\lambda+l+1)(L+\lambda-l)(L+\lambda-l-1)(L+\lambda-l-2)}{8(2\lambda+1)(2\lambda-1)(\lambda+1)\lambda(\lambda-1)\cdot(2l+5)(2l+3)(2l+1)(l+2)(l+1)}\right]^{1/2}$
$l' = l$	$(-1)^{L-\lambda-l}$	$\left[\dfrac{3(L+\lambda+l+1)(L+\lambda-l)(-L+\lambda+l)(L-\lambda+l+1)}{(2\lambda+1)(2\lambda-1)(\lambda+1)\lambda(\lambda-1)\cdot(2l+3)(2l+1)(2l-1)(l+1)\,l}\right]^{1/2}\dfrac{1}{2}[\lambda^2-1-L(L+1)+l(l+1)]$
$l' = l-2$	$(-1)^{L-\lambda-l-1}$	$\left[\dfrac{(L+\lambda+l+1)(L+\lambda+l)(L+\lambda+l-1)(L-\lambda+l+1)(-L+\lambda+l)(-L+\lambda+l-1)(-L+\lambda+l-2)(L-\lambda+l)}{8(2\lambda+1)(2\lambda-1)(\lambda+1)\lambda(\lambda-1)\cdot(2l+1)(2l-1)(2l-3)\,l(l-1)}\right]^{1/2}$

$$W(\lambda\lambda'll'; 2L)$$

	$\lambda' = \lambda - 2$
$l' = l+2$	$(-1)^{L-\lambda-l} \left[\dfrac{(L-\lambda+l+4)(L-\lambda+l+3)(L-\lambda+l+2)(L-\lambda+l+1)(L+\lambda-l)(L+\lambda-l-1)(L+\lambda-l-2)(L+\lambda-l-3)}{16(2\lambda+1)(2\lambda-1)(2\lambda-3)\lambda(\lambda-1)\cdot(2l+5)(2l+3)(2l+1)(l+2)(l+1)} \right]^{\frac{1}{2}}$
$l' = l$	$(-1)^{L-\lambda-l} \left[\dfrac{3(L+\lambda+l+1)(L+\lambda+l)(L-\lambda+l+2)(L-\lambda+l+1)(L+\lambda-l)(L+\lambda-l-1)(-L+\lambda+l)(-L+\lambda+l-1)}{8(2\lambda+1)(2\lambda-1)(2\lambda-3)\lambda(\lambda-1)\cdot(2l+3)(2l+1)(2l-1)(l+1)\,l} \right]^{\frac{1}{2}}$
$l' = l-2$	$(-1)^{L-\lambda-l} \left[\dfrac{(L+\lambda+l+1)(L+\lambda+l)(L+\lambda+l-1)(L+\lambda+l-2)(-L+\lambda+l)(-L+\lambda+l-1)(-L+\lambda+l-2)(-L+\lambda+l-3)}{16(2\lambda+1)(2\lambda-1)(2\lambda-3)\lambda(\lambda-1)\cdot(2l+1)(2l-1)(2l-3)\,l(l-1)} \right]^{\frac{1}{2}}$

Para calcular C'_T según la ec. (4.51), estas expresiones dan uno de los coeficientes de Racah que se requieren; para obtener el otro, póngase

For calculating C'_T according to eq. (4.51), these expressions give one of the Racah coefficients needed; to obtain the other, put

$$l' = l = 1, \quad L = J.$$

Tablas de los paréntesis de transformación

I

Tables of the Transformation Brackets

$n_1 = 0$, $n_2 = 0$

See # 1 (2xvii)

l_1	l_2	λ	n	l	N	L	ρ	$<\mid>$	τ
0	0	0	0	0	0	0		1.00000000	1
0	1	1	0	0	0	1	1	.70710678	
			0	1	0	0		−.70710677	2
0	2	2	0	0	0	2	2	.49999999	
			0	1	0	1		−.70710679	
			0	2	0	0		.49999999	3
0	3	3	0	0	0	3	3	.35355340	
			0	1	0	2		−.61237245	
			0	2	0	1		.61237245	
			0	3	0	0		−.35355340	4
0	4	4	0	0	0	4	4	.24999999	
			0	1	0	3		−.50000000	
			0	2	0	2		.61237245	
			0	3	0	1		−.50000000	
			0	4	0	0		.24999999	5
0	5	5	0	0	0	5	5	.17677670	
			0	1	0	4		−.39528471	
			0	2	0	3		.55901700	
			0	3	0	2		−.55901699	
			0	4	0	1		.39528471	
			0	5	0	0		−.17677670	6
0	6	6	0	0	0	6	6	.12500000	
			0	1	0	5		−.30618623	
			0	2	0	4		.48412292	
			0	3	0	3		−.55901699	
			0	4	0	2		.48412292	
			0	5	0	1		−.30618622	
			0	6	0	0		.12500000	7
1	1	0	0	0	1	0	2	.70710679	
			0	1	0	1		.00000000	
			1	0	0	0		−.70710679	3
1	1	1	0	1	0	1	2	.99999999	1
1	1	2	0	0	0	2	2	.70710678	
			0	1	0	1		.00000000	
			0	2	0	0		−.70710678	3
1	2	1	0	0	1	1	3	.40824829	
			0	1	0	2		.23570226	
			0	1	1	0		−.52704628	
			0	2	0	1		.23570226	
			1	0	0	1		−.52704628	
			1	1	0	0		.40824829	6
1	2	2	0	1	0	2	3	.70710676	
			0	2	0	1		−.70710676	2
1	2	3	0	0	0	3	3	.61237245	
			0	1	0	2		−.35355340	
			0	2	0	1		−.35355340	
			0	3	0	0		.61237245	4
1	3	2	0	0	1	2	4	.27386128	
			0	1	0	3		.20000000	
			0	1	1	1		−.45825757	
			0	2	0	2		.00000000	
			0	2	1	0		.41833000	
			0	3	0	1		−.20000000	

l_1	l_2	λ	n	l	N	L	ρ	$<\mid>$	τ
1	3	2	1	0	0	2	4	−.41833000	
			1	1	0	1		.45825757	
			1	2	0	0		−.27386128	9
1	3	3	0	1	0	3	4	.50000000	
			0	2	0	2		−.70710677	
			0	3	0	1		.50000000	3
1	3	4	0	0	0	4	4	.50000001	
			0	1	0	3		−.49999999	
			0	2	0	2		−.00000001	
			0	3	0	1		.49999999	
			0	4	0	0		−.50000001	5
1	4	3	0	0	1	3	5	.18898224	
			0	1	0	4		.15152288	
			0	1	1	2		−.37115375	
			0	2	0	3		−.05976143	
			0	2	1	1		.43915504	
			0	3	0	2		−.05976143	
			0	3	1	0		−.32732684	
			0	4	0	1		.15152288	
			1	0	0	3		−.32732684	
			1	1	0	2		.43915504	
			1	2	0	1		−.37115375	
			1	3	0	0		.18898224	12
1	4	4	0	1	0	4	5	.35355339	
			0	2	0	3		−.61237243	
			0	3	0	2		.61237243	
			0	4	0	1		−.35355339	4
1	4	5	0	0	0	5	5	.39528471	
			0	1	0	4		−.53033006	
			0	2	0	3		.25000000	
			0	3	0	2		.24999999	
			0	4	0	1		−.53033005	
			0	5	0	0		.39528471	6
1	5	4	0	0	1	4	6	.13176157	
			0	1	0	5		.11111111	
			0	1	1	3		−.29133579	
			0	2	0	4		−.07273929	
			0	2	1	2		.40458680	
			0	3	0	3		.00000000	
			0	3	1	1		−.39086798	
			0	4	0	2		.07273929	
			0	4	1	0		.25230420	
			0	5	0	1		−.11111111	
			1	0	0	4		−.25230420	
			1	1	0	3		.39086798	
			1	2	0	2		−.40458680	
			1	3	0	1		.29133579	
			1	4	0	0		−.13176157	15
1	5	5	0	1	0	5	6	.25000000	
			0	2	0	4		−.50000000	
			0	3	0	3		.61237245	
			0	4	0	2		−.50000001	
			0	5	0	1		.25000000	5
1	5	6	0	0	0	6	6	.30618623	
			0	1	0	5		−.50000001	
			0	2	0	4		.39528471	
			0	3	0	3		.00000001	
			0	4	0	2		−.39528472	

$n_1 = 0, n_2 = 0$

l_1	l_2	λ	n	l	N	L	ρ	$<\ \|\ >$	τ	l_1	l_2	λ	n	l	N	L	ρ	$<\ \|\ >$	τ
1	5	6	0	5	0	1	6	.50000001		2	2	4	0	3	0	1	4	− .00000001	
			0	6	0	0		− .30618622	7				0	4	0	0		.61237243	5
1	6	5	0	0	1	5	7	.09231862		2	3	1	0	0	2	1	5	.22360680	
			0	1	0	6		.08035303					0	1	1	2		.18257419	
			0	1	1	4		− .22441384					0	1	2	0		− .34156502	
			0	2	0	5		− .06881022					0	2	0	3		.14142133	
			0	2	1	3		.35086473					0	2	1	1		.21602467	
			0	3	0	4		.02849014					0	3	0	2		− .14142135	
			0	3	1	2		− .39784323					1	0	1	1		− .48304589	
			0	4	0	3		.02849013					1	1	0	2		− .21602468	
			0	4	1	1		.33285951					1	1	1	0		.48304589	
			0	5	0	2		− .06881024					1	2	0	1		− .18257418	
			0	5	1	0		− .19217654					2	0	0	1		.34156502	
			0	6	0	1		.08035304					2	1	0	0		− .22360680	12
			1	0	0	5		− .19217653		2	3	2	0	1	1	2	5	.44721360	
			1	1	0	4		− .33285951					0	2	0	3		.14142135	
			1	2	0	3		− .39784322					0	2	1	1		− .52915028	
			1	3	0	2		.35086474					0	3	0	2		.14142136	
			1	4	0	1		− .22441384					1	1	0	2		− .52915026	
			1	5	0	0		.09231862	18				1	2	0	1		.44721362	6
1	6	6	0	1	0	6	7	.17677670		2	3	3	0	0	1	3	5	.22360680	
			0	2	0	5		− .39528472					0	1	0	4		.05976143	
			0	3	0	4		.55901700					0	1	1	2		− .14638501	
			0	4	0	3		− .55901700					0	2	0	3		.49497476	
			0	5	0	2		.39528472					0	2	1	1		− .17320510	
			0	6	0	1		− .17677670	6				0	3	0	2		− .49497476	
1	6	7	0	0	0	7	7	.23385357					0	3	1	0		.38729832	
			0	1	0	6		− .44194173					0	4	0	1		− .05976143	
			0	2	0	5		.45927935					1	0	0	3		− .38729832	
			0	3	0	4		− .19764236					1	1	0	2		.17320508	
			0	4	0	3		− .19764235					1	2	0	1		.14638503	
			0	5	0	2		.45927933					1	3	0	0		− .22360680	12
			0	6	0	1		− .44194173		2	3	4	0	1	0	4	5	.61237243	
			0	7	0	0		.23385357	8				0	2	0	3		− .35355339	
2	2	0	0	0	2	0	4	.40824829					0	3	0	2		− .35355339	
			0	1	1	1		.00000000					0	4	0	1		.61237243	4
			0	2	0	2		.33333338		2	3	5	0	0	0	5	5	.55901700	
			1	0	1	0		− .74535600					0	1	0	4		− .25000000	
			1	1	0	1		.00000000					0	2	0	3		− .35355341	
			2	0	0	0		.40824829	6				0	3	0	2		.35355339	
2	2	1	0	1	1	1	4	.70710682					0	4	0	1		.24999999	
			0	2	0	2		.00000002					0	5	0	0		− .55901699	5
			1	1	0	1		− .70710682	3	2	4	2	0	0	2	2	6	.14638501	
2	2	2	0	0	1	2	4	.28867513					0	1	1	3		.15118579	
			0	1	0	3		.00000000					0	1	2	1		− .27774603	
			0	1	1	1		.00000000					0	2	0	4		.09999999	
			0	2	0	2		.66666669					0	2	1	2		.00000000	
			0	2	1	0		− .44095856					0	2	2	0		.30000001	
			0	3	0	1		.00000000					0	3	0	3		− .04140393	
			1	0	0	2		− .44095856					0	3	1	1		− .20283702	
			1	1	0	1		.00000000					0	4	0	2		.10000000	
			1	2	0	0		.28867513	9				1	0	1	2		− .35856857	
2	2	3	0	1	0	3	4	.70710677					1	1	0	3		− .20283702	
			0	2	0	2		.00000000					1	1	1	1		.46475802	
			0	3	0	1		− .70710677	3				1	2	0	2		.00000000	
2	2	4	0	0	0	4	4	.61237243					1	2	1	0		− .35856857	
			0	1	0	3		.00000001					1	3	0	1		.15118579	
			0	2	0	2		− .50000002					2	0	0	2		.30000001	
													2	1	0	1		− .27774603	
													2	2	0	0		.14638501	18

$n_1 = 0$, $n_2 = 0$

l_1	l_2	λ	n	l	N	L	ρ	$\langle\ |\ \rangle$	τ
2	4	3	0	1	1	3	6	.29880716	
			0	2	0	4		.14285715	
			0	2	1	2		−.47915741	
			0	3	0	3		.00000000	
			0	3	1	1		.40089185	
			0	4	0	2		−.14285715	
			1	1	0	3		−.40089185	
			1	2	0	2		.47915741	
			1	3	0	1		−.29880716	9
2	4	4	0	0	1	4	6	.17251638	
			0	1	0	5		.07273929	
			0	1	1	3		−.19072404	
			0	2	0	4		.33333333	
			0	2	1	2		.00000000	
			0	3	0	3		−.53452248	
			0	3	1	1		.25588316	
			0	4	0	2		.33333333	
			0	4	1	0		−.33034373	
			0	5	0	1		.07273929	
			1	0	0	4		−.33034373	
			1	1	0	3		.25588316	
			1	2	0	2		.00000000	
			1	3	0	1		−.19072404	
			1	4	0	0		.17251638	15
2	4	5	0	1	0	5	6	.50000000	
			0	2	0	4		−.50000000	
			0	3	0	3		.00000000	
			0	4	0	2		.50000000	
			0	5	0	1		−.50000001	5
2	4	6	0	0	0	6	6	.48412292	
			0	1	0	5		−.39528473	
			0	2	0	4		−.12500001	
			0	3	0	3		.43301269	
			0	4	0	2		−.12500001	
			0	5	0	1		−.39528475	
			0	6	0	0		.48412292	7
2	5	3	0	0	2	3	7	.09960239	
			0	1	1	4		.11293849	
			0	1	2	2		−.21626074	
			0	2	0	5		.07295545	
			0	2	1	3		−.04924473	
			0	2	2	1		.29014421	
			0	3	0	4		−.02916059	
			0	3	1	2		−.05583828	
			0	3	2	0		−.25588317	
			0	4	0	3		.02916059	
			0	4	1	1		.16751485	
			0	5	0	2		−.07295546	
			1	0	1	3		−.26972453	
			1	1	0	4		−.16751485	
			1	1	1	2		.41032592	
			1	2	0	3		.05583828	
			1	2	1	1		−.41032590	
			1	3	0	2		.04924473	
			1	3	1	0		.26972453	
			1	4	0	1		−.11293849	
			2	0	0	3		.25588317	
			2	1	0	2		−.29014422	
			2	2	0	1		.21626073	
			2	3	0	0		−.09960238	24
2	5	4	0	1	1	4	7	.20412414	
2	5	4	0	2	0	5	7	.11785111	
			0	2	1	3		−.39086799	
			0	3	0	4		−.05976141	
			0	3	1	2		.44320265	
			0	4	0	3		−.05976142	
			0	4	1	1		−.30276504	
			0	5	0	2		−.11785114	
			1	1	0	4		−.30276503	
			1	2	0	3		.44320263	
			1	3	0	2		−.39086801	
			1	4	0	1		.20412414	12
2	5	5	0	0	1	5	7	.13176157	
			0	1	0	6		.06881022	
			0	1	1	4		−.19217653	
			0	2	0	5		−.21606041	
			0	2	1	3		.10015420	
			0	3	0	4		−.46355256	
			0	3	1	2		.11356419	
			0	4	0	3		.46355252	
			0	4	1	1		−.28504385	
			0	5	0	2		−.21606041	
			0	5	1	0		.27428358	
			0	6	0	1		−.06881024	
			1	0	0	5		−.27428358	
			1	1	0	4		.28504385	
			1	2	0	3		−.11356419	
			1	3	0	2		−.10015420	
			1	4	0	1		.19217653	
			1	5	0	0		−.13176157	18
2	5	6	0	1	0	6	7	.39528472	
			0	2	0	5		−.53033009	
			0	3	0	4		.25000001	
			0	4	0	3		.25000002	
			0	5	0	2		−.53033009	
			0	6	0	1		.39528472	6
2	5	7	0	0	0	7	7	.40504628	
			0	1	0	6		−.45927935	
			0	2	0	5		.08838835	
			0	3	0	4		.34232663	
			0	4	0	3		−.34232660	
			0	5	0	2		−.08838836	
			0	6	0	1		.45927933	
			0	7	0	0		−.40504628	8
2	6	4	0	0	2	4	8	.06881023	
			0	1	1	5		.08206099	
			0	1	2	3		−.16539922	
			0	2	0	6		.05303029	
			0	2	1	4		−.05840146	
			0	2	2	2		.25393724	
			0	3	0	5		−.02548236	
			0	3	1	3		.00000000	
			0	3	2	1		−.27817432	
			0	4	0	4		.01522862	
			0	4	1	2		.07321009	
			0	4	2	0		.21245913	
			0	5	0	3		−.02548235	
			0	5	1	1		−.13231937	
			0	6	0	2		.05303029	
			1	0	1	4		−.20257185	
			1	1	0	5		−.13231937	
			1	1	1	3		.34694433	
			1	2	0	4		.07321011	

3

$n_1 = 0, n_2 = 0$

l_1	l_2	λ	n	l	N	L	ρ	$<\ \|\ >$	τ	l_1	l_2	λ	n	l	N	L	ρ	$<\ \|\ >$	τ
2	6	4	1	2	1	2	8	$-.40720552$		2	6	8	0	8	0	0	8	$.33071891$	9
			1	3	0	3		$.00000000$		3	3	0	0	0	3	0	6	$.22360680$	
			1	3	1	1		$.34694433$					0	1	2	1		$-.00000002$	
			1	4	0	2		$-.05840145$					0	2	1	2		$.31622776$	
			1	4	1	0		$-.20257184$					0	3	0	3		$.00000001$	
			1	5	0	1		$.08206099$					1	0	2	0		$-.59160800$	
			2	0	0	4		$.21245915$					1	1	1	1		$-.00000004$	
			2	1	0	3		$-.27817432$					1	2	0	2		$-.31622776$	
			2	2	0	2		$.25393724$					2	0	1	0		$.59160800$	
			2	3	0	1		$-.16539922$					2	1	0	1		$-.00000002$	
			2	4	0	0		$.06881023$	30				3	0	0	0		$-.22360680$	10
2	6	5	0	1	1	5	8	$.14101901$		3	3	1	0	1	2	1	6	$.44721360$	
			0	2	0	6		$.09090906$					0	2	1	2		$.00000000$	
			0	2	1	4		$-.30660769$					0	3	0	3		$.20000000$	
			0	3	0	5		$-.07784990$					1	1	1	1		$-.74833149$	
			0	3	1	3		$.41514876$					1	2	0	2		$.00000000$	
			0	4	0	4		$.00000000$					2	1	0	1		$.44721360$	6
			0	4	1	2		$-.38435306$		3	3	2	0	0	2	2	6	$.14142136$	
			0	5	0	3		$.07784990$					0	1	1	3		$.00000000$	
			0	5	1	1		$.22738634$					0	1	2	1		$.00000000$	
			0	6	0	2		$-.09090908$					0	2	0	4		$.04140393$	
			1	1	0	5		$-.22738633$					0	2	1	2		$.52372293$	
			1	2	0	4		$.38435310$					0	2	2	0		$-.28982753$	
			1	3	0	3		$-.41514876$					0	3	0	3		$-.00000002$	
			1	4	0	2		$.30660766$					0	3	1	1		$.00000000$	
			1	5	0	1		$-.14101902$	15				0	4	0	2		$-.04140393$	
2	6	6	0	0	1	6	8	$.09971549$					1	0	1	2		$-.34641017$	
			0	1	0	7		$.05913124$					1	1	0	3		$-.00000000$	
			0	1	1	5		$-.17491256$					1	1	1	1		$.00000000$	
			0	2	0	6		$.13636362$					1	2	0	2		$-.52372293$	
			0	2	1	4		$.15032679$					1	2	1	0		$.34641017$	
			0	3	0	5		$-.36927446$					1	3	0	1		$.00000000$	
			0	3	1	3		$.00000000$					2	0	0	2		$.28982753$	
			0	4	0	4		$.47673129$					2	1	0	1		$.00000000$	
			0	4	1	2		$-.18844459$					2	2	0	0		$-.14142136$	18
			0	5	0	3		$-.36927446$		3	3	3	0	1	1	3	6	$.38729834$	
			0	5	1	1		$.28203803$					0	2	0	4		$.00000000$	
			0	6	0	2		$.13636365$					0	2	1	2		$.00000000$	
			0	6	1	0		$-.22297065$					0	3	0	3		$.40000002$	
			0	7	0	1		$.05913124$					0	3	1	1		$-.51961525$	
			1	0	0	6		$-.22297063$					0	4	0	2		$-.00000000$	
			1	1	0	5		$.28203803$					1	1	0	3		$-.51961525$	
			1	2	0	4		$-.18844459$					1	2	0	2		$.00000000$	
			1	3	0	3		$.00000000$					1	3	0	1		$.38729834$	9
			1	4	0	2		$.15032679$		3	3	4	0	0	1	4	6	$.19364917$	
			1	5	0	1		$-.17491256$					0	1	0	5		$.00000000$	
			1	6	0	0		$.09971550$	21				0	1	1	3		$.00000000$	
2	6	7	0	1	0	7	8	$.30618620$					0	2	0	4		$.53452248$	
			0	2	0	6		$-.50000001$					0	2	1	2		$-.19820624$	
			0	3	0	5		$.39528471$					0	3	0	3		$-.00000001$	
			0	4	0	4		$.00000000$					0	3	1	1		$.00000000$	
			0	5	0	3		$-.39528471$					0	4	0	2		$-.53452248$	
			0	6	0	2		$.50000003$					0	4	1	0		$.37080993$	
			0	7	0	1		$-.30618620$	7				0	5	0	1		$.00000000$	
2	6	8	0	0	0	8	8	$.33071891$					1	0	0	4		$-.37080993$	
			0	1	0	7		$-.46770713$					1	1	0	3		$.00000000$	
			0	2	0	6		$.24999998$					1	2	0	2		$.19820624$	
			0	3	0	5		$.17677670$					1	3	0	1		$.00000000$	
			0	4	0	4		$-.39528472$					1	4	0	0		$-.19364917$	15
			0	5	0	3		$.17677669$		3	3	5	0	1	0	5	6	$.61237245$	
			0	6	0	2		$.24999999$											
			0	7	0	1		$-.46770713$											

4

$n_1 = 0, n_2 = 0$

l_1	l_2	λ	n	l	N	L	ρ	$\langle \mid \rangle$	τ
3	3	5	0	2	0	4	6	.00000000	
			0	3	0	3		−.49999998	
			0	4	0	2		.00000000	
			0	5	0	1		.61237245	5
3	3	6	0	0	0	6	6	.55901699	
			0	1	0	5		.00000001	
			0	2	0	4		−.43301269	
			0	3	0	3		−.00000002	
			0	4	0	2		.43301269	
			0	5	0	1		.00000001	
			0	6	0	0		−.55901699	7
3	4	1	0	0	3	1	7	.11952286	
			0	1	2	2		.11952286	
			0	1	3	0		−.20701967	
			0	2	1	3		.13093073	
			0	2	2	1		.16035674	
			0	3	0	4		.06060913	
			0	3	1	2		−.14846150	
			0	4	0	3		.06060915	
			1	0	2	1		−.35856859	
			1	1	1	2		−.22677868	
			1	1	2	0		.42426406	
			1	2	0	3		−.14846149	
			1	2	1	1		−.22677868	
			1	3	0	2		.13093073	
			2	0	1	1		.42426406	
			2	1	0	2		.16035674	
			2	1	1	0		−.35856859	
			2	2	0	1		.11952286	
			3	0	0	1		−.20701967	
			3	1	0	0		.11952286	20
3	4	2	0	1	2	2	7	.26726125	
			0	2	1	3		.11952286	
			0	2	2	1		−.35856858	
			0	3	0	4		.10101523	
			0	3	1	2		.13552618	
			0	4	0	3		−.10101525	
			1	1	1	2		−.50709256	
			1	2	0	3		−.13552618	
			1	2	1	1		.50709255	
			1	3	0	2		−.11952286	
			2	1	0	2		.35856859	
			2	2	0	1		−.26726124	12
3	4	3	0	0	2	3	7	.10350983	
			0	1	1	4		.03912303	
			0	1	2	2		−.07491492	
			0	2	0	5		.02916059	
			0	2	1	3		.35823642	
			0	2	2	1		−.10050891	
			0	3	0	4		.07071066	
			0	3	1	2		−.40620193	
			0	3	2	0		.26592158	
			0	4	0	3		.07071068	
			0	4	1	1		−.05802884	
			0	5	0	2		.02916060	
			1	0	1	3		−.28030595	
			1	1	0	4		−.05802884	
			1	1	1	2		.14214106	
			1	2	0	3		−.40620193	
			1	2	1	1		.14214106	
			1	3	0	2		.35823642	
			1	3	1	0		−.28030593	
			1	4	0	1		.03912303	
			2	0	0	3		.26592159	
			2	1	0	2		−.10050891	
			2	2	0	1		−.07491492	
			2	3	0	0		.10350983	24
3	4	4	0	1	1	4	7	.31052949	
			0	2	0	5		.05976141	
			0	2	1	3		−.19820624	
			0	3	0	4		.31314728	
			0	3	1	2		−.22474475	
			0	4	0	3		−.31314729	
			0	4	1	1		.46058970	
			0	5	0	2		−.05976142	
			1	1	0	4		−.46058968	
			1	2	0	3		.22474475	
			1	3	0	2		.19820624	
			1	4	0	1		−.31052951	12
3	4	5	0	0	1	5	7	.16366342	
			0	1	0	6		.02849014	
			0	1	1	4		−.07956864	
			0	2	0	5		.46355255	
			0	2	1	3		−.12440334	
			0	3	0	4		−.29294424	
			0	3	1	2		.14106013	
			0	4	0	3		−.29294424	
			0	4	1	1		.11801937	
			0	5	0	2		.46355251	
			0	5	1	0		−.34069259	
			0	6	0	1		.02849014	
			1	0	0	5		−.34069258	
			1	1	0	4		.11801937	
			1	2	0	3		.14106013	
			1	3	0	2		−.12440334	
			1	4	0	1		−.07956864	
			1	5	0	0		.16366342	18
3	4	6	0	1	0	6	7	.55901699	
			0	2	0	5		−.25000001	
			0	3	0	4		−.35355342	
			0	4	0	3		.35355339	
			0	5	0	2		.25000002	
			0	6	0	1		−.55901699	6
3	4	7	0	0	0	7	7	.52291251	
			0	1	0	6		−.19764235	
			0	2	0	5		−.34232663	
			0	3	0	4		.26516503	
			0	4	0	3		.26516504	
			0	5	0	2		−.34232660	
			0	6	0	1		−.19764234	
			0	7	0	0		.52291251	8
3	5	2	0	0	3	2	8	.07715167	
			0	1	2	3		.09759000	
			0	1	3	1		−.16183471	
			0	2	1	4		.09128709	
			0	2	2	2		.00000000	
			0	2	3	0		.19820624	
			0	3	0	5		.04761905	
			0	3	1	3		−.04178554	
			0	3	2	1		−.16413036	
			0	4	0	4		.00000001	
			0	4	1	2		.11443443	
			0	5	0	3		−.04761905	

$n_1 = 0, n_2 = 0$

l_1	l_2	λ	n	l	N	L	ρ	$\langle\,\|\,\rangle$	τ
3	5	2	1	0	2	2	8	$-$.25588315	
			1	1	1	3		$-$.20470652	
			1	1	2	1		.37606991	
			1	2	0	4		$-$.11443443	
			1	2	1	2		.00000000	
			1	2	2	0		$-$.34330328	
			1	3	0	3		.04178554	
			1	3	1	1		.20470652	
			1	4	0	2		$-$.09128709	
			2	0	1	2		.34330328	
			2	1	0	3		.16413036	
			2	1	1	1		$-$.37606991	
			2	2	0	2		.00000000	
			2	2	1	0		.25588315	
			2	3	0	1		$-$.09759000	
			3	0	0	2		$-$.19820624	
			3	1	0	1		.16183471	
			3	2	0	0		$-$.07715167	30
3	5	3	0	1	2	3	8	.17251639	
			0	2	1	4		.11664236	
			0	2	2	2		$-$.30583889	
			0	3	0	5		.07142856	
			0	3	1	3		.00000000	
			0	3	2	1		.29014422	
			0	4	0	4		$-$.04929039	
			0	4	1	2		$-$.14621895	
			0	5	0	3		.07142855	
			1	1	1	3		$-$.36187343	
			1	2	0	4		$-$.14621895	
			1	2	1	2		.49043327	
			1	3	0	3		.00000000	
			1	3	1	1		$-$.36187343	
			1	4	0	2		.11664236	
			2	1	0	3		.29014422	
			2	2	0	2		$-$.30583889	
			2	3	0	1		.17251639	18
3	5	4	0	0	2	4	8	.07715167	
			0	1	1	5		$-$.04600437	
			0	1	2	3		$-$.09272477	
			0	2	0	6		.02548236	
			0	2	1	4		.22918391	
			0	2	2	2		.00000000	
			0	3	0	5		.08095237	
			0	3	1	3		$-$.40629962	
			0	3	2	1		.15594784	
			0	4	0	4		.00000000	
			0	4	1	2		.28729719	
			0	4	2	0		$-$.23821426	
			0	5	0	3		$-$.08095239	
			0	5	1	1		.07417980	
			0	6	0	2		$-$.02548235	
			1	0	1	4		$-$.22712838	
			1	1	0	5		$-$.07417982	
			1	1	1	3		.19450113	
			1	2	0	4		$-$.28729722	
			1	2	1	2		.00000000	
			1	3	0	3		.40629962	
			1	3	1	1		$-$.19450113	
			1	4	0	2		$-$.22918389	
			1	4	1	0		.22712838	
			1	5	0	1		$-$.04600436	
			2	0	0	4		.23821426	
			2	1	0	3		$-$.15594784	
			2	2	0	2		.00000000	

l_1	l_2	λ	n	l	N	L	ρ	$\langle\,\|\,\rangle$	τ
3	5	4	2	3	0	1	8	.09272477	
			2	4	0	0		$-$.07715167	30
3	5	5	0	1	1	5	8	.24152296	
			0	2	0	6		.07784990	
			0	2	1	4		$-$.26256314	
			0	3	0	5		.19999999	
			0	3	1	3		.00000000	
			0	4	0	4		$-$.36514839	
			0	4	1	2		.32914034	
			0	5	0	3		.19999998	
			0	5	1	1		$-$.38944405	
			0	6	1	2		$-$.07784990	
			1	1	0	5		$-$.38944409	
			1	2	0	4		.32914032	
			1	3	0	3		.00000000	
			1	4	0	2		$-$.26256315	
			1	5	0	1		.24152294	15
3	5	6	0	0	1	6	8	.13501544	
			0	1	0	7		.04003203	
			0	1	1	5		$-$.11841637	
			0	2	0	6		.36927446	
			0	2	1	4		$-$.04070869	
			0	3	0	5		$-$.41666666	
			0	3	1	3		.15590240	
			0	4	0	4		$-$.00000001	
			0	4	1	2		$-$.05103103	
			0	5	0	3		.41666664	
			0	5	1	1		$-$.19094067	
			0	6	0	2		$-$.36927446	
			0	6	1	0		.30190368	
			0	7	0	1		$-$.04003203	
			1	0	0	6		$-$.30190369	
			1	1	0	5		.19094067	
			1	2	0	4		.05103104	
			1	3	0	3		$-$.15590240	
			1	4	0	2		.04070868	
			1	5	0	1		.11841637	
			1	6	0	0		$-$.13501543	21
3	5	7	0	1	0	7	8	.48412291	
			0	2	0	6		$-$.39528471	
			0	3	0	5		$-$.12500001	
			0	4	0	4		.43301275	
			0	5	0	3		$-$.12500001	
			0	6	0	2		$-$.39528471	
			0	7	0	1		.48412291	7
3	5	8	0	0	0	8	8	.46770717	
			0	1	0	7		$-$.33071892	
			0	2	0	6		$-$.17677670	
			0	3	0	5		.37500005	
			0	4	0	4		.00000000	
			0	5	0	3		$-$.37500001	
			0	6	0	2		.17677669	
			0	7	0	1		.33071892	
			0	8	0	0		$-$.46770717	9
3	6	3	0	0	3	3	9	.05201565	
			0	1	2	4		.07223570	
			0	1	3	2		$-$.12277708	
			0	2	1	5		.06599069	
			0	2	2	3		$-$.03424088	
			0	2	3	1		.18210784	
			0	3	0	6		.03520230	

$n_1 = 0, n_2 = 0$

l_1	l_2	λ	n	l	N	L	ρ	$\langle\ \vert\ \rangle$	τ
3	6	3	0	3	1	4	9	− .02867454	
			0	3	2	2		− .04292322	
			0	3	3	0		− .18210783	
			0	4	0	5		− .00743080	
			0	4	1	3		.03170090	
			0	4	2	1		.14601110	
			0	5	0	4		− .00743079	
			0	5	1	2		− .08993016	
			0	6	0	3		.03520228	
			1	0	2	3		− .18754508	
			1	1	1	4		− .16472275	
			1	1	2	2		.31542002	
			1	2	0	5		− .08993016	
			1	2	1	3		.06070261	
			1	2	2	1		− .35765271	
			1	3	0	4		.03170089	
			1	3	1	2		.06070261	
			1	3	2	0		.27817432	
			1	4	0	3		− .02867454	
			1	4	1	1		− .16472275	
			1	5	0	2		.06599069	
			2	0	1	3		.27817432	
			2	1	0	4		.14601110	
			2	1	1	2		− .35765271	
			2	2	0	3		− .04292322	
			2	2	1	1		.31542002	
			2	3	0	2		− .03424088	
			2	3	1	0		− .18754508	
			2	4	0	1		.07223570	
			3	0	0	3		− .18210783	
			3	1	0	2		.18210784	
			3	2	0	1		− .12277708	
			3	3	0	0		.05201565	40
3	6	4	0	1	2	4	9	.11514154	
			0	2	1	5		− .09401268	
			0	2	2	3		− .23968625	
			0	3	0	6		.05356867	
			0	3	1	4		− .05182616	
			0	3	2	2		.30046261	
			0	4	0	5		− .03553345	
			0	4	1	3		− .05729596	
			0	4	2	1		− .23273734	
			0	5	0	4		.03553346	
			0	5	1	2		.12811769	
			0	6	0	3		− .05356868	
			1	1	1	4		− .26256312	
			1	2	0	5		− .12811769	
			1	2	1	3		.42491831	
			1	3	0	4		.05729597	
			1	3	1	2		− .42491830	
			1	4	0	3		.05182614	
			1	4	1	1		− .26256312	
			1	5	0	2		− .09401268	
			2	1	0	4		.23273734	
			2	2	0	3		− .30046262	
			2	3	0	2		.23968625	
			2	4	0	1		− .11514154	24
3	6	5	0	0	2	5	9	.05757077	
			0	1	1	6		.04251884	
			0	1	2	4		− .09019607	
			0	2	0	7		.02228592	
			0	2	1	5		.14340934	
			0	2	2	3		.05110128	
			0	3	0	6		.06963928	

l_1	l_2	λ	n	l	N	L	ρ	$\langle\ \vert\ \rangle$	τ
3	6	5	0	3	1	4	9	− .33448492	
			0	3	2	2		.06405884	
			0	4	0	5		− .04351940	
			0	4	1	3		.36978701	
			0	4	2	1		− .18231467	
			0	5	0	4		− .04351938	
			0	5	1	2		− .19543399	
			0	5	2	0		.20757437	
			0	6	0	3		.06963930	
			0	6	1	1		− .07364476	
			0	7	0	2		.02228592	
			1	0	1	5		− .18205479	
			1	1	0	6		− .07364478	
			1	1	1	4		.20567868	
			1	2	0	5		− .19543399	
			1	2	1	3		− .09059288	
			1	3	0	4		.36978699	
			1	3	1	2		− .09059288	
			1	4	0	3		− .33448493	
			1	4	1	1		.20567868	
			1	5	0	2		.14340934	
			1	5	1	0		− .18205477	
			1	6	0	1		.04251882	
			2	0	0	5		.20757439	
			2	1	0	4		− .18231467	
			2	2	0	3		.06405884	
			2	3	0	2		.05110128	
			2	4	0	1		− .09019607	
			2	5	0	0		.05757076	36
3	6	6	0	1	1	6	9	.18463723	
			0	2	0	7		.07681373	
			0	2	1	5		− .26609058	
			0	3	0	6		.11249424	
			0	3	1	4		.13636364	
			0	4	0	5		− .31852953	
			0	4	1	3		.15075568	
			0	5	0	4		.31852951	
			0	5	1	2		− .36262030	
			0	6	0	3		− .11249426	
			0	6	1	1		.31980106	
			0	7	0	2		− .07681373	
			1	1	0	6		− .31980107	
			1	2	0	5		.36262032	
			1	3	0	4		− .15075568	
			1	4	0	3		− .13636364	
			1	5	0	2		.26609057	
			1	6	0	1		− .18463722	18
3	6	7	0	0	1	7	9	.10923287	
			0	1	0	8		.04230570	
			0	1	1	6		− .13185735	
			0	2	0	7		.28097063	
			0	2	1	5		.02725815	
			0	3	0	6		− .43872762	
			0	3	1	4		.11476710	
			0	4	0	5		.21517445	
			0	4	1	3		− .12687981	
			0	5	0	4		.21517447	
			0	5	1	2		− .03714659	
			0	6	0	3		− .43872757	
			0	6	1	1		.22838365	
			0	7	0	2		.28097063	
			0	7	1	0		− .26002622	
			0	8	0	1		.04230570	
			1	0	0	7		− .26002622	

$n_1 = 0, n_2 = 0$

l_1	l_2	λ	n	l	N	L	ρ	$<\ \vert\ >$	τ	l_1	l_2	λ	n	l	N	L	ρ	$<\ \vert\ >$	τ
3	6	7	1	1	0	6	9	.22838364		4	4	2	0	5	0	3	8	.00000001	
			1	2	0	5		− .03714660					1	0	2	2		− .23690178	
			1	3	0	4		− .12687981					1	1	1	3		.00000000	
			1	4	0	3		.11476711					1	1	2	1		− .00000001	
			1	5	0	2		.02725815					1	2	0	4		− .04540529	
			1	6	0	1		− .13185736					1	2	1	2		.57433662	
			1	7	0	0		.10923287	24				1	2	2	0		.31783708	
3	6	8	0	1	0	8	9	.40504631					1	3	0	3		.00000001	
			0	2	0	7		− .45927932					1	3	1	1		.00000000	
			0	3	0	6		.08838834					1	4	0	2		.03622089	
			0	4	0	5		.34232654					2	0	1	2		.31783708	
			0	5	0	4		− .34232664					2	1	0	3		.00000000	
			0	6	0	3		− .08838835					2	1	1	1		.00000001	
			0	7	0	2		.45927932					2	2	0	2		.35816182	
			0	8	0	1		− .40504631	8				2	2	1	0		− .23690178	
3	6	9	0	0	0	9	9	.40504632					2	3	0	1		.00000000	
			0	1	0	8		− .40504629					3	0	0	2		− .18350333	
			0	2	0	7		.00000000					3	1	0	1		.00000000	
			0	3	0	6		.35355341					3	2	0	0		.07142857	30
			0	4	0	5		− .21650639		4	4	3	0	1	2	3	8	.21428572	
			0	5	0	4		− .21650640					0	2	1	4		.00000000	
			0	6	0	3		.35355337					0	2	2	2		.00000000	
			0	7	0	2		.00000000					0	3	0	5		.04929039	
			0	8	0	1		− .40504629					0	3	1	3		.34601719	
			0	9	0	0		.40504632	10				0	3	2	1		− .36039338	
4	4	0	0	0	4	0	8	.11952286					0	4	0	4		.00000000	
			0	1	3	1		.00000001					0	4	1	2		.00000000	
			0	2	2	2		.23904571					0	5	0	3		− .04929039	
			0	3	1	3		− .00000001					1	1	1	3		− .44948952	
			0	4	0	4		.08571430					1	2	0	4		.00000000	
			1	0	3	0		− .41403934					1	2	1	2		− .00000001	
			1	1	2	1		− .00000003					1	3	0	3		− .34601719	
			1	2	1	2		− .38332591					1	3	1	1		.44948952	
			1	3	0	3		.00000001					1	4	0	2		.00000000	
			2	0	2	0		.60000000					2	1	0	3		.36039338	
			2	1	1	1		.00000003					2	2	0	2		.00000000	
			2	2	0	2		.23904571					2	3	0	1		− .21428572	18
			3	0	1	0		− .41403934		4	4	4	0	0	2	4	8	.08299250	
			3	1	0	1		− .00000001					0	1	1	5		.00000000	
			4	0	0	0		.11952286	15				0	1	2	3		.00000000	
4	4	1	0	1	3	1	8	.26726124					0	2	0	6		.01522862	
			0	2	2	2		.00000000					0	2	1	4		.35219204	
			0	3	1	3		.20701969					0	2	2	2		− .10209183	
			0	4	0	4		.00000000					0	3	0	5		.00000000	
			1	1	2	1		− .62105900					0	3	1	3		.00000000	
			1	2	1	2		.00000000					0	3	2	1		.00000000	
			1	3	0	3		− .20701969					0	4	0	4		.22244899	
			2	1	1	1		.62105900					0	4	1	2		− .44149609	
			2	2	0	2		.00000000					0	4	2	0		.25624844	
			3	1	0	1		− .26726124	10				0	5	0	3		.00000000	
4	4	2	0	0	3	2	8	.07142857					0	5	1	1		.00000000	
			0	1	2	3		.00000000					0	6	0	2		.01522862	
			0	1	3	1		.00000000					1	0	1	4		− .24432331	
			0	2	1	4		.03622089					1	1	0	5		.00000000	
			0	2	2	2		.35816182					1	1	1	3		.00000000	
			0	2	3	0		− .18350333					1	2	0	4		− .44149609	
			0	3	0	5		− .00000001					1	2	1	2		.16371113	
			0	3	1	3		− .00000001					1	3	0	3		.00000000	
			0	3	2	1		.00000000					1	3	1	1		.00000000	
			0	4	0	4		.12244899					1	4	0	2		.35219204	
			0	4	1	2		− .04540529					1	4	1	0		− .24432331	
													1	5	0	1		.00000000	
													2	0	0	4		.25624844	
													2	1	0	3		.00000000	

$n_1 = 0, n_2 = 0$

l_1	l_2	λ	n	l	N	L	ρ	$\langle\ |\ \rangle$	τ	l_1	l_2	λ	n	l	N	L	ρ	$\langle\ |\ \rangle$	τ
4	4	4	2	2	0	2	8	$-$.10209183		4	5	1	0	3	2	2	9	$-$.12233556	
			2	3	0	1		.00000000					0	4	0	5		.03367172	
			2	4	0	0		.08299250	30				0	4	1	3		.07063046	
4	4	5	0	1	1	5	8	.28347337					0	5	0	4		$-$.03367176	
			0	2	0	6		.00000000					1	0	3	1		$-$.24124896	
			0	2	1	4		.00000000					1	1	2	2		$-$.18687063	
			0	3	0	5		.36514839					1	1	3	0		.32366943	
			0	3	1	3		$-$.27817433					1	2	1	3		$-$.17300860	
			0	4	0	4		$-$.00000001					1	2	2	1		$-$.21189140	
			0	4	1	2		.00000000					1	3	0	4		$-$.07063047	
			0	5	0	3		$-$.36514839					1	3	1	2		.17300861	
			0	5	1	1		.45708706					1	4	0	3		$-$.06388765	
			0	6	0	2		.00000000					2	0	2	1		.39641249	
			1	1	0	5		$-$.45708706					2	1	1	2		.21189139	
			1	2	0	4		.00000000					2	1	2	0		$-$.39641249	
			1	3	0	3		.27817433					2	2	0	3		.12233556	
			1	4	0	2		.00000000					2	2	1	1		.18687064	
			1	5	0	1		$-$.28347337	15				2	3	0	2		$-$.09759002	
4	4	6	0	0	1	6	8	.14940357					3	0	1	1		$-$.32366943	
			0	1	0	7		.00000000					3	1	0	2		$-$.10788981	
			0	1	1	5		.00000000					3	1	1	0		.24124896	
			0	2	0	6		.47673129					3	2	0	1		$-$.07273930	
			0	2	1	4		$-$.13514062					4	0	0	1		.12062448	
			0	3	0	5		.00000001					4	1	0	0		$-$.06299407	30
			0	3	1	3		.00000000		4	5	2	0	1	3	2	9	.15430335	
			0	4	0	4		$-$.42857140					0	2	2	3		.08451541	
			0	4	1	2		.16940774					0	2	3	1		$-$.22886886	
			0	5	0	3		$-$.00000001					0	3	1	4		.10101525	
			0	5	1	1		.00000000					0	3	2	2		.10594570	
			0	6	0	2		.47673129					0	4	0	5		.03367172	
			0	6	1	0		$-$.33407655					0	4	1	3		$-$.11167657	
			0	7	0	1		.00000000					0	5	0	4		$-$.03367175	
			1	0	0	6		$-$.33407655					1	1	2	2		$-$.39641249	
			1	1	0	5		.00000000					1	2	1	3		$-$.14982982	
			1	2	0	4		.16940774					1	2	2	1		.44948952	
			1	3	0	3		.00000000					1	3	0	4		$-$.11167656	
			1	4	0	2		$-$.13514062					1	3	1	2		$-$.14982985	
			1	5	0	1		.00000000					1	4	0	3		.10101526	
			1	6	0	0		.14940357	21				2	1	1	2		.44948951	
4	4	7	0	1	0	7	8	.55901698					2	2	0	3		.10594568	
			0	2	0	6		.00000000					2	2	1	1		$-$.39641250	
			0	3	0	5		$-$.43301275					2	3	0	2		.08451543	
			0	4	0	4		$-$.00000001					3	1	0	2		$-$.22886886	
			0	5	0	3		.43301275					3	2	0	1		.15430335	20
			0	6	0	2		.00000000		4	5	3	0	0	3	3	9	.05050762	
			0	7	0	1		$-$.55901698	7				0	1	2	4		.02338048	
4	4	8	0	0	0	8	8	.52291252					0	1	3	2		$-$.03973918	
			0	1	0	7		.00000000					0	2	1	5		.02464519	
			0	2	0	6		$-$.39528472					0	2	2	3		.23273734	
			0	3	0	5		.00000000					0	2	3	1		$-$.05894274	
			0	4	0	4		.37500000					0	3	0	6		.00743080	
			0	5	0	3		.00000000					0	3	1	4		.06496752	
			0	6	0	2		$-$.39528472					0	3	2	2		$-$.29175169	
			0	7	0	1		.00000000					0	3	3	0		.17682823	
			0	8	0	0		.52291252	9				0	4	0	5		.06974861	
4	5	1	0	0	4	1	9	.06299407					0	4	1	3		.07182430	
			0	1	3	2		.07273929					0	4	2	1		$-$.04725932	
			0	1	4	0		$-$.12062448					0	5	0	4		.06974865	
			0	2	2	3		.09759001					0	5	1	2		.03358574	
			0	2	3	1		.10788982					0	6	0	3		$-$.00743079	
			0	3	1	4		.06388766					1	0	2	3		$-$.18210784	
													1	1	1	4		$-$.05331571	
													1	1	2	2		.10209183	
													1	2	0	5		$-$.03358573	

$n_1 = 0, n_2 = 0$

l_1	l_2	λ	n	l	N	L	ρ	$\langle \mid \rangle$	τ
4	5	3	1	2	1	3	9	−.41259919	
			1	2	2	1		.11576125	
			1	3	0	4		−.07182429	
			1	3	1	2		.41259919	
			1	3	2	0		−.27010957	
			1	4	0	3		−.06496753	
			1	4	1	1		.05331571	
			1	5	0	2		−.02464519	
			2	0	1	3		.27010957	
			2	1	0	4		.04725932	
			2	1	1	2		−.11576125	
			2	2	0	3		.29175169	
			2	2	1	1		−.10209182	
			2	3	0	2		−.23273734	
			2	3	1	0		.18210784	
			2	4	0	1		−.02338048	
			3	0	0	3		−.17682823	
			3	1	0	2		.05894274	
			3	2	0	1		.03973918	
			3	3	0	0		−.05050762	40
4	5	4	0	1	2	4	9	.16366343	
			0	2	1	5		.04454354	
			0	2	2	3		−.11356419	
			0	3	0	6		.03553345	
			0	3	1	4		.25373931	
			0	3	2	2		−.14236024	
			0	4	0	5		.02805978	
			0	4	1	3		−.28051934	
			0	4	2	1		.33081533	
			0	5	0	4		.02805977	
			0	5	1	2		−.06070260	
			0	6	0	3		.03553346	
			1	1	1	4		−.37321004	
			1	2	0	5		−.06070261	
			1	2	1	3		.20132779	
			1	3	0	4		−.28051936	
			1	3	1	2		.20132779	
			1	4	0	3		.25373929	
			1	4	1	1		−.37321003	
			1	5	0	2		−.04454353	
			2	1	0	4		.33081534	
			2	2	0	3		−.14236024	
			2	3	0	2		−.11356419	
			2	4	0	1		.16366342	24
4	5	5	0	0	2	5	9	.06681531	
			0	1	1	6		.01644880	
			0	1	2	4		−.03489315	
			0	2	0	7		.01207010	
			0	2	1	5		.28748308	
			0	2	2	3		−.05930696	
			0	3	0	6		.04351940	
			0	3	1	4		−.19750296	
			0	3	2	2		−.07434522	
			0	4	0	5		.18519463	
			0	4	1	3		−.21834774	
			0	4	2	1		.07053006	
			0	5	0	4		−.18519467	
			0	5	1	2		.39177342	
			0	5	2	0		−.24090604	
			0	6	0	3		−.04351937	
			0	6	1	1		.02849013	
			0	7	0	2		−.01207010	
			1	0	1	5		−.21128858	
			1	1	0	6		−.02849016	

l_1	l_2	λ	n	l	N	L	ρ	$\langle \mid \rangle$	τ
4	5	5	1	1	1	4	9	.07956864	
			1	2	0	5		−.39177340	
			1	2	1	3		.10514001	
			1	3	0	4		.21834773	
			1	3	1	2		−.10514002	
			1	4	0	3		.19750297	
			1	4	1	1		−.07956864	
			1	5	0	2		−.28748309	
			1	5	1	0		.21128858	
			1	6	0	1		−.01644878	
			2	0	0	5		.24090604	
			2	1	0	4		−.07053006	
			2	2	0	3		−.07434521	
			2	3	0	2		.05930697	
			2	4	0	1		.03489315	
			2	5	0	0		−.06681531	36
4	5	6	0	1	1	6	9	.24397502	
			0	2	0	7		.03383324	
			0	2	1	5		−.11720181	
			0	3	0	6		.31852953	
			0	3	1	4		−.18018749	
			0	4	0	5		−.21886641	
			0	4	1	3		.19920477	
			0	5	0	4		−.21886641	
			0	5	1	2		.15971914	
			0	6	0	3		.31852951	
			0	6	1	1		−.42257712	
			0	7	0	2		.03383324	
			1	1	0	6		−.42257715	
			1	2	0	5		.15971914	
			1	3	0	4		−.19920477	
			1	4	0	3		−.18018749	
			1	5	0	2		−.11720181	
			1	6	0	1		.24397501	18
4	5	7	0	0	1	7	9	.13176157	
			0	1	0	8		.01701035	
			0	1	1	6		−.05301741	
			0	2	0	7		.43461423	
			0	2	1	5		−.09864002	
			0	3	0	6		−.21517445	
			0	3	1	4		.08306233	
			0	4	0	5		−.30725474	
			0	4	1	3		.09182884	
			0	5	0	4		.30725474	
			0	5	1	2		−.13442370	
			0	6	0	3		.21517447	
			0	6	1	1		−.09182886	
			0	7	0	2		−.43461423	
			0	7	1	0		.31365528	
			0	8	0	1		−.01701035	
			1	0	0	7		−.31365528	
			1	1	0	6		.09182886	
			1	2	0	5		.13442370	
			1	3	0	4		−.09182886	
			1	4	0	3		−.08306231	
			1	5	0	2		.09864002	
			1	6	0	1		.05301741	
			1	7	0	0		−.13176157	24
4	5	8	0	1	0	8	9	.52291254	
			0	2	0	7		−.19764237	
			0	3	0	6		−.34232654	
			0	4	0	5		.26516506	
			0	5	0	4		.26516508	

10

$n_1 = 0, n_2 = 0$

l_1	l_2	λ	n	l	N	L	ρ	$\langle\,|\,\rangle$	τ
4	5	8	0	6	0	3	9	$-$.34232664	
			0	7	0	2		$-$.19764237	
			0	8	0	1		.52291254	8
4	5	9	0	0	0	9	9	.49607839	
			0	1	0	8		$-$.16535945	
			0	2	0	7		$-$.33071890	
			0	3	0	6		.21650639	
			0	4	0	5		.26516509	
			0	5	0	4		$-$.26516503	
			0	6	0	3		$-$.21650640	
			0	7	0	2		.33071890	
			0	8	0	1		.16535945	
			0	9	0	0		$-$.49607839	10
4	6	2	0	0	4	2	10	.04029114	
			0	1	3	3		.05884898	
			0	1	4	1		$-$.09187795	
			0	2	2	4		.06741998	
			0	2	3	2		.00000000	
			0	2	4	0		.12440335	
			0	3	1	5		.04973647	
			0	3	2	3		$-$.03354908	
			0	3	3	1		$-$.11895235	
			0	4	0	6		.02380957	
			0	4	1	4		.00000000	
			0	4	2	2		.10157491	
			0	5	0	5		$-$.00586152	
			0	5	1	3		$-$.05977580	
			0	6	0	4		.02380952	
			1	0	3	2		$-$.16774543	
			1	1	2	3		$-$.16435628	
			1	1	3	1		.27255406	
			1	2	1	4		$-$.12993505	
			1	2	2	2		.00000000	
			1	2	3	0		$-$.28212027	
			1	3	0	5		$-$.05977580	
			1	3	1	3		.05245305	
			1	3	2	1		.20603152	
			1	4	0	4		.00000000	
			1	4	1	2		$-$.12993506	
			1	5	0	3		.04973647	
			2	0	2	2		.30472472	
			2	1	1	3		.20603149	
			2	1	2	1		$-$.37850404	
			2	2	0	4		.10157490	
			2	2	1	2		.00000000	
			2	2	2	0		.30472473	
			2	3	0	3		$-$.03354908	
			2	3	1	1		$-$.16435630	
			2	4	0	2		.06741999	
			3	0	1	2		$-$.28212026	
			3	1	0	3		$-$.11895233	
			3	1	1	1		.27255406	
			3	2	0	2		.00000000	
			3	2	1	0		$-$.16774544	
			3	3	0	1		.05884899	
			4	0	0	2		.12440335	
			4	1	0	1		$-$.09187795	
			4	2	0	0		.04029115	45
4	6	3	0	1	3	3	10	.09731237	
			0	2	2	4		.08058230	
			0	2	3	2		$-$.18754509	
			0	3	1	5		.06978631	
			0	3	2	3		.00000000	

l_1	l_2	λ	n	l	N	L	ρ	$\langle\,|\,\rangle$	τ
4	6	3	0	3	3	1	10	.19669896	
			0	4	0	6		.03030308	
			0	4	1	4		$-$.05235232	
			0	4	2	2		$-$.12140523	
			0	5	0	5		$-$.00000004	
			0	5	1	3		.08387271	
			0	6	0	4		$-$.03030304	
			1	1	2	3		$-$.27177867	
			1	2	1	4		$-$.15530210	
			1	2	2	2		.40720551	
			1	3	0	5		$-$.08387271	
			1	3	1	3		.00000000	
			1	3	2	1		$-$.34069258	
			1	4	0	4		.05235232	
			1	4	1	2		.15530209	
			1	5	0	3		$-$.06978631	
			2	1	1	3		.34069258	
			2	2	0	4		.12140524	
			2	2	1	2		$-$.40720551	
			2	3	0	3		.00000000	
			2	3	1	1		.27177867	
			2	4	0	2		$-$.08058230	
			3	1	0	3		$-$.19669896	
			3	2	0	2		.18754509	
			3	3	0	1		$-$.09731237	30
4	6	4	0	0	3	4	10	.03678061	
			0	1	2	5		.02686076	
			0	1	3	3		$-$.04748357	
			0	2	1	6		.02104135	
			0	2	2	4		.14373988	
			0	2	3	2		.00000000	
			0	3	0	7		.00840453	
			0	3	1	5		.07180221	
			0	3	2	3		$-$.27702247	
			0	3	3	1		.09597925	
			0	4	0	6		.04761907	
			0	4	1	4		.00000000	
			0	4	2	2		.21655843	
			0	4	3	0		$-$.16624095	
			0	5	0	5		$-$.04540300	
			0	5	1	3		$-$.08629551	
			0	5	2	1		.06340181	
			0	6	0	4		.04761902	
			0	6	1	2		$-$.03080140	
			0	7	0	3		.00840453	
			1	0	2	4		$-$.14245071	
			1	1	1	5		$-$.06579517	
			1	1	2	3		.13261441	
			1	2	0	6		$-$.03080138	
			1	2	1	4		$-$.27702242	
			1	2	2	2		.00000000	
			1	3	0	5		$-$.08629553	
			1	3	1	3		.43311684	
			1	3	2	1		$-$.16624094	
			1	4	0	4		.00000000	
			1	4	1	2		$-$.27702246	
			1	4	2	0		.22969488	
			1	5	0	3		.07180220	
			1	5	1	1		$-$.06579517	
			1	6	0	2		.02104136	
			2	0	1	4		.22969487	
			2	1	0	5		.06340182	
			2	1	1	3		$-$.16624095	
			2	2	0	4		.21655840	
			2	2	1	2		.00000000	

$n_1 = 0, n_2 = 0$

l_1	l_2	λ	n	l	N	L	ρ	$<\ \mid\ >$	τ	l_1	l_2	λ	n	l	N	L	ρ	$<\ \mid\ >$	τ
4	6	4	2	3	0	3	10	$-$.27702247		4	6	6	1	2	0	6	10	$-$.32128094	
			2	3	1	1		.13261440					1	2	1	4		.03541790	
			2	4	0	2		.14373990					1	3	0	5		.31970705	
			2	4	1	0		$-$.14245072					1	3	1	3		$-$.11962342	
			2	5	0	1		.02686076					1	4	0	4		.00000000	
			3	0	0	4		.16624094					1	4	1	2		.03541790	
			3	1	0	3		.09597925					1	5	0	3		$-$.26601235	
			3	2	0	2		.00000000					1	5	1	1		.12190218	
			3	3	0	1		$-$.04748357					1	6	0	2		.21947669	
			3	4	0	0		.03678061	50				1	6	1	0		$-$.17943511	
4	6	5	0	1	2	5	10	.12309149					1	7	0	1		.02234950	
			0	2	1	6		.05611030					2	0	0	6		.21976227	
			0	2	2	4		$-$.14373990					2	1	0	5		$-$.11746787	
			0	3	0	7		.03026138					2	2	0	4		$-$.02768744	
			0	3	1	5		.15484193					2	3	0	3		.07651139	
			0	3	2	3		.00000000					2	4	0	2		$-$.01837744	
			0	4	0	6		.03679655					2	5	0	1		$-$.04976635	
			0	4	1	4		$-$.30732884					2	6	0	0		.05330017	42
			0	4	2	2		.21655842		4	6	7	0	1	1	7	10	.20271093	
			0	5	0	5		.00000002					0	2	0	8		.04934638	
			0	5	1	3		.18609685					0	2	1	6		$-$.17620181	
			0	5	2	1		$-$.29054360					0	3	0	7		.24584461	
			0	6	0	4		$-$.03679652					0	3	1	5		$-$.05985277	
			0	6	1	2		.08213706					0	4	0	6		$-$.31493505	
			0	7	0	3		$-$.03026138					0	4	1	4		.22539812	
			1	1	1	5		$-$.30151135					0	5	0	5		.00000000	
			1	2	0	6		$-$.08213708					0	5	1	3		$-$.07193409	
			1	2	1	4		.27702247					0	6	0	4		.31493511	
			1	3	0	5		.18609685					0	6	1	2		$-$.25793303	
			1	3	1	3		.00000000					0	7	0	3		$-$.24584461	
			1	4	0	4		.30732884					0	7	1	1		.37378047	
			1	4	1	2		$-$.27702246					0	8	0	2		$-$.04934638	
			1	5	0	3		$-$.15484193					1	1	0	7		$-$.37378047	
			1	5	1	1		.30151136					1	2	0	6		.25793303	
			1	6	0	2		$-$.05611029					1	3	0	5		.07193409	
			2	1	0	5		.29054359					1	4	0	4		$-$.22539812	
			2	2	0	4		$-$.21655843					1	5	0	3		.05985277	
			2	3	0	3		.00000000					1	6	0	2		.17620181	
			2	4	0	2		.14373989					1	7	0	1		$-$.20271093	21
			2	5	0	1		$-$.12309149	30	4	6	8	0	0	1	8	10	.11306676	
4	6	6	0	0	2	6	10	.05330017					0	1	0	9		.02585438	
			0	1	1	7		.02234950					0	1	1	7		$-$.08452249	
			0	1	2	5		$-$.04976635					0	2	0	8		.37080991	
			0	2	0	8		.01122124					0	2	1	6		$-$.04809689	
			0	2	1	6		.21947667					0	3	0	7		$-$.33983010	
			0	2	2	4		$-$.01837744					0	3	1	5		.10959664	
			0	3	0	7		.05959182					0	4	0	6		$-$.10714282	
			0	3	1	5		$-$.26601234					0	4	1	4		.00000000	
			0	3	2	3		.07651139					0	5	0	5		.38223542	
			0	4	0	6		.11309525					0	5	1	3		$-$.13171880	
			0	4	1	4		.00000000					0	6	0	4		$-$.10714282	
			0	4	2	2		$-$.02768744					0	6	1	2		.07040665	
			0	5	0	5		$-$.23294390					0	7	0	3		$-$.33983010	
			0	5	1	3		.31970707					0	7	1	1		.15585176	
			0	5	2	1		$-$.11746789					0	8	0	2		.37080991	
			0	6	0	4		.11309525					0	8	1	0		$-$.28454509	
			0	6	1	2		$-$.32128097					0	9	0	1		.02585438	
			0	6	2	0		.21976224					1	0	0	8		$-$.28454509	
			0	7	0	3		.05959182					1	1	0	7		.15585176	
			0	7	1	1		$-$.04121044					1	2	0	6		.07040664	
			0	8	0	2		.01122124					1	3	0	5		$-$.13171878	
			1	0	1	6		$-$.17943514					1	4	0	4		.00000000	
			1	1	0	7		$-$.04121044					1	5	0	3		.10959666	
			1	1	1	5		.12190217					1	6	0	2		$-$.04809690	

$n_1 = 0$, $n_2 = 0$

l_1	l_2	λ	n	l	N	L	ρ	$<\ |\ >$	τ	l_1	l_2	λ	n	l	N	L	ρ	$<\ |\ >$	τ
4	6	8	1	7	0	1	10	−.08452249		5	5	2	0	2	2	4	10	.02608202	
			1	8	0	0		.11306676	27				0	2	3	2		.22892389	
4	6	9	0	1	0	9	10	.46770716					0	2	4	0		−.11229528	
			0	2	0	8		−.33071895					0	3	1	5		.00000000	
			0	3	0	7		−.17677669					0	3	2	3		.00000001	
			0	4	0	6		.37500004					0	3	3	1		.00000000	
			0	5	0	5		.00000000					0	4	0	6		.00586152	
			0	6	0	4		−.37500002					0	4	1	4		.13555878	
			0	7	0	3		.17677669					0	4	2	2		−.03929516	
			0	8	0	2		.33071895					0	5	0	5		.00000003	
			0	9	0	1		−.46770716	9				0	5	1	3		.00000001	
4	6	10	0	0	0	10	10	.45285553					0	6	0	4		−.00586151	
			0	1	0	9		−.28641097					1	0	3	2		−.15141892	
			0	2	0	8		−.20252319					1	1	2	3		.00000000	
			0	3	0	7		.33071893					1	1	3	1		.00000000	
			0	4	0	6		.06250001					1	2	1	4		−.05026654	
			0	5	0	5		−.34232662					1	2	2	2		−.49704885	
			0	6	0	4		.06249996					1	2	3	0		.25466176	
			0	7	0	3		.33071893					1	3	0	5		.00000000	
			0	8	0	2		−.20252319					1	3	1	3		−.00000001	
			0	9	0	1		−.28641097					1	3	2	1		.00000000	
			0	10	0	0		.45285553	11				1	4	0	4		−.13555878	
5	5	0	0	0	5	0	10	.06299407					1	4	1	2		.05026654	
			0	1	4	1		.00000000					1	5	0	3		.00000000	
			0	2	3	2		.16265003					2	0	2	2		.27506612	
			0	3	2	3		.00000000					2	1	1	3		.00000000	
			0	4	1	4		.10101530					2	1	2	1		.00000001	
			0	5	0	5		.00000002					2	2	0	4		.03929516	
			1	0	4	0		−.26972452					2	2	1	2		.49704885	
			1	1	3	1		.00000000					2	2	2	0		−.27506613	
			1	2	2	2		−.35315236					2	3	0	3		.00000001	
			1	3	1	3		.00000000					2	3	1	1		.00000000	
			1	4	0	4		−.10101530					2	4	0	2		−.02608202	
			2	0	3	0		.51176629					3	0	1	2		−.25466175	
			2	1	2	1		.00000000					3	1	0	3		.00000000	
			2	2	1	2		.35315236					3	1	1	1		.00000000	
			2	3	0	3		.00000000					3	2	0	2		−.22892389	
			3	0	2	0		−.51176629					3	2	1	0		.15141892	
			3	1	1	1		.00000000					3	3	0	1		.00000000	
			3	2	0	2		−.16265003					4	0	0	2		.11229528	
			4	0	1	0		.26972452					4	1	0	1		.00000000	
			4	1	0	1		.00000000					4	2	0	0		−.03636965	45
			5	0	0	0		−.06299407	21	5	5	3	0	1	3	3	10	.11785113	
5	5	1	0	1	4	1	10	.15430335					0	2	2	4		.00000000	
			0	2	3	2		.00000000					0	2	3	2		.00000000	
			0	3	2	3		.16903083					0	3	1	5		.04695301	
			0	4	1	4		.00000003					0	3	2	3		.25337233	
			0	5	0	5		.04761910					0	3	3	1		−.23821427	
			1	1	3	1		−.45773772					0	4	0	6		.00000004	
			1	2	2	2		−.00000002					0	4	1	4		.00000000	
			1	3	1	3		−.26427497					0	4	2	2		.00000000	
			1	4	0	4		−.00000003					0	5	0	5		.07407411	
			2	1	2	1		.63567413					0	5	1	3		−.05643050	
			2	2	1	2		.00000002					0	6	0	4		−.00000001	
			2	3	0	3		.16903083					1	1	2	3		−.32914031	
			3	1	1	1		−.45773772					1	2	1	4		.00000000	
			3	2	0	2		.00000000					1	2	2	2		.00000001	
			4	1	0	1		.15430335	15				1	3	0	5		−.05643050	
5	5	2	0	0	4	2	10	.03636964					1	3	1	3		−.39614053	
			0	1	3	3		.00000000					1	3	2	1		.41259922	
			0	1	4	1		.00000000					1	4	0	4		.00000000	
													1	4	1	2		.00000000	
													1	5	0	3		.04695301	
													2	1	1	3		.41259921	
													2	2	0	4		.00000000	

$n_1 = 0, n_2 = 0$

l_1	l_2	λ	n	l	N	L	ρ	$\langle \mid \rangle$	τ	l_1	l_2	λ	n	l	N	L	ρ	$\langle \mid \rangle$	τ
5	5	3	2	2	1	2	10	−.00000001		5	5	5	0	4	1	4	10	.00000001	
			2	3	0	3		.25337233					0	4	2	2		.00000000	
			2	3	1	1		−.32914031					0	5	0	5		.11375659	
			2	4	0	2		.00000000					0	5	1	3		−.33126935	
			3	1	0	3		−.23821427					0	5	2	1		.33248191	
			3	2	0	2		.00000000					0	6	0	4		.00000001	
			3	3	0	1		.11785113	30				0	6	1	2		.00000002	
													0	7	0	3		.02203690	
5	5	4	0	0	3	4	10	.03857583					1	1	1	5		−.34503278	
			0	1	2	5		.00000000					1	2	0	6		−.00000001	
			0	1	3	3		.00000000					1	2	1	4		.00000000	
			0	2	1	6		.01226020					1	3	0	5		−.33126935	
			0	2	2	4		.21536525					1	3	1	3		.25236487	
			0	2	3	2		−.05541365					1	4	0	4		−.00000001	
			0	3	0	7		.00000000					1	4	1	2		.00000000	
			0	3	1	5		.00000000					1	5	0	3		.27563275	
			0	3	2	3		.00000000					1	5	1	1		−.34503278	
			0	3	3	1		.00000000					1	6	0	2		−.00000001	
			0	4	0	6		.04540300					2	1	0	5		.33248191	
			0	4	1	4		.20913026					2	2	0	4		.00000000	
			0	4	2	2		−.32446913					2	3	0	3		−.16141312	
			0	4	3	0		.17435499					2	4	0	2		.00000000	
			0	5	0	5		−.00000001					2	5	0	1		.14085904	30
			0	5	1	3		.00000000											
			0	5	2	1		.00000000		5	5	6	0	0	2	6	10	.05750546	
			0	6	0	4		−.04540299					0	1	1	7		.00000000	
			0	6	1	2		.01794710					0	1	2	5		.00000000	
			0	7	0	3		.00000000					0	2	0	8		.00770417	
			1	0	2	4		−.14940358					0	2	1	6		.27625848	
			1	1	1	5		.00000000					0	2	2	4		−.05948216	
			1	1	2	3		.00000000					0	3	0	7		.00000000	
			1	2	0	6		−.01794709					0	3	1	5		.00000000	
			1	2	1	4		−.41506230					0	3	2	3		.00000000	
			1	2	2	2		.12031637					0	4	0	6		.23294390	
			1	3	0	5		−.00000001					0	4	1	4		−.29001099	
			1	3	1	3		−.00000001					0	4	2	2		.08961579	
			1	3	2	1		.00000000					0	5	0	5		−.00000001	
			1	4	0	4		−.20913026					0	5	1	3		.00000000	
			1	4	1	2		.41506230					0	5	2	1		.00000000	
			1	4	2	0		−.24090603					0	6	0	4		−.23294391	
			1	5	0	3		.00000000					0	6	1	2		.40440100	
			1	5	1	1		.00000000					0	6	2	0		−.23710110	
			1	6	0	2		−.01226020					0	7	0	3		.00000000	
			2	0	1	4		.24090603					0	7	1	1		.00000000	
			2	1	0	5		.00000000					0	8	0	2		−.00770417	
			2	1	1	3		.00000000					1	0	1	6		−.19359224	
			2	2	0	4		.32446913					1	1	0	7		.00000000	
			2	2	1	2		−.12031637					1	1	1	5		.00000000	
			2	3	0	3		.00000000					1	2	0	6		−.40440100	
			2	3	1	1		.00000000					1	2	1	4		.11463690	
			2	4	0	2		−.21536525					1	3	0	5		.00000000	
			2	4	1	0		.14940358					1	3	1	3		.00000000	
			2	5	0	1		.00000000					1	4	0	4		.29001099	
			3	0	0	4		−.17435499					1	4	1	2		−.11463690	
			3	1	0	3		.00000000					1	5	0	3		.00000000	
			3	2	0	2		.05541365					1	5	1	1		.00000000	
			3	3	0	1		.00000000					1	6	0	2		−.27625848	
			3	4	0	0		−.03857583	50				1	6	1	0		.19359224	
													1	7	0	1		.00000000	
5	5	5	0	1	2	5	10	.14085904					2	0	0	6		.23710110	
			0	2	1	6		.00000001					2	1	0	5		.00000000	
			0	2	2	4		.00000000					2	2	0	4		−.08961579	
			0	3	0	7		.02203690					2	3	0	3		.00000000	
			0	3	1	5		.27563275					2	4	0	2		.05948216	
			0	3	2	3		−.16141312					2	5	0	1		.00000000	
			0	4	0	6		−.00000002					2	6	0	0		−.05750546	42

$n_1 = 0$, $n_2 = 0$

l_1	l_2	λ	n	l	N	L	ρ	$<\ \mid\ >$	τ
5	5	7	0	1	1	7	10	.22821773	
			0	2	0	8		.00000000	
			0	2	1	6		.00000000	
			0	3	0	7		.33968311	
			0	3	1	5		−.20215188	
			0	4	0	6		.00000000	
			0	4	1	4		.00000000	
			0	5	0	5		−.33333335	
			0	5	1	3		.24295634	
			0	6	0	4		.00000001	
			0	6	1	2		.00000000	
			0	7	0	3		.33968311	
			0	7	1	1		−.42081268	
			0	8	0	2		.00000000	
			1	1	0	7		−.42081268	
			1	2	0	6		−.00000001	
			1	3	0	5		.24295634	
			1	4	0	4		.00000000	
			1	5	0	3		−.20215188	
			1	6	0	2		.00000000	
			1	7	0	1		.22821773	21
5	5	8	0	0	1	8	10	.12325166	
			0	1	0	9		.00000000	
			0	1	1	7		.00000000	
			0	2	0	8		.44095854	
			0	2	1	6		−.10485880	
			0	3	0	7		.00000001	
			0	3	1	5		.00000000	
			0	4	0	6		−.38223542	
			0	4	1	4		.11616505	
			0	5	0	5		.00000002	
			0	5	1	3		.00000000	
			0	6	0	4		.38223544	
			0	6	1	2		−.15349757	
			0	7	0	3		−.00000001	
			0	7	1	1		.00000000	
			0	8	0	2		−.44095854	
			0	8	1	0		.31017655	
			0	9	0	1		.00000000	
			1	0	0	8		−.31017655	
			1	1	0	7		.00000000	
			1	2	0	6		.15349757	
			1	3	0	5		.00000000	
			1	4	0	4		−.11616505	
			1	5	0	3		.00000000	
			1	6	0	2		.10485880	
			1	7	0	1		.00000000	
			1	8	0	0		−.12325166	27
5	5	9	0	1	0	9	10	.52291249	
			0	2	0	8		.00000001	
			0	3	0	7		−.39528468	
			0	4	0	6		.00000000	
			0	5	0	5		.37500002	
			0	6	0	4		.00000000	
			0	7	0	3		−.39528468	
			0	8	0	2		.00000001	
			0	9	0	1		.52291249	9
5	5	10	0	0	0	10	10	.49607835	
			0	1	0	9		−.00000001	
			0	2	0	8		−.36975493	
			0	3	0	7		−.00000001	
			0	4	0	6		.34232664	
			0	5	0	5		.00000000	

l_1	l_2	λ	n	l	N	L	ρ	$<\ \mid\ >$	τ
5	5	10	0	6	0	4	10	−.34232662	
			0	7	0	3		.00000001	
			0	8	0	2		.36975493	
			0	9	0	1		.00000001	
			0	10	0	0		−.49607835	11
5	6	1	0	0	5	1	11	.03289758	
			0	1	4	2		.04247060	
			0	1	5	0		−.06848178	
			0	2	3	3		.06579516	
			0	2	4	1		.06848178	
			0	3	2	4		.05275350	
			0	3	3	2		−.08966370	
			0	4	1	5		.03932016	
			0	4	2	3		.06340181	
			0	5	0	6		.01530518	
			0	5	1	4		−.04274549	
			0	6	0	5		.01530534	
			1	0	4	1		−.15312992	
			1	1	3	2		−.13696358	
			1	1	4	0		.22712839	
			1	2	2	3		−.15530208	
			1	2	3	1		−.17169292	
			1	3	1	4		−.08966371	
			1	3	2	2		.17169292	
			1	4	0	5		−.04274552	
			1	4	1	3		−.08966371	
			1	5	0	4		.03932013	
			2	0	3	1		.32120805	
			2	1	2	2		.21028003	
			2	1	3	0		−.36421569	
			2	2	1	3		.17169292	
			2	2	2	1		.21028003	
			2	3	0	4		.06340181	
			2	3	1	2		−.15530208	
			2	4	0	3		.05275350	
			3	0	2	1		−.36421568	
			3	1	1	2		−.17169293	
			3	1	2	0		.32120805	
			3	2	0	3		−.08966370	
			3	2	1	1		−.13696357	
			3	3	0	2		.06579516	
			4	0	1	1		.22712839	
			4	0	2	0		.06848178	
			4	1	0	2		−.15312993	
			4	1	1	0		.04247060	
			4	2	0	1		−.06848178	
			5	0	0	1		.03289758	42
5	6	2	0	1	4	2	11	.08703882	
			0	2	3	3		.05504819	
			0	2	4	1		−.14034590	
			0	3	2	4		.08058229	
			0	3	3	2		.07501803	
			0	4	1	5		.03798685	
			0	4	2	3		−.09684787	
			0	5	0	6		.02142739	
			0	5	1	4		.04129608	
			0	6	0	5		−.02142746	
			1	1	3	2		−.28069179	
			1	2	2	3		−.12993506	
			1	2	3	1		.35186579	
			1	3	1	4		−.13696357	
			1	3	2	2		−.14364860	
			1	4	0	5		−.04129606	
			1	4	1	3		.13696357	

15

$n_1 = 0, n_2 = 0$

l_1	l_2	λ	n	l	N	L	ρ	$\langle \ | \ \rangle$	τ	l_1	l_2	λ	n	l	N	L	ρ	$\langle \ | \ \rangle$	τ
5	6	2	1	5	0	4	11	−.03798687		5	6	3	3	2	1	1	11	.06848179	
			2	1	2	2		.43094581					3	3	0	2		.14360674	
			2	2	1	3		.14364862					3	3	1	0		−.11236665	
			2	2	2	1		−.43094581					3	4	0	1		.01343038	
			2	3	0	4		.09684786					4	0	0	3		.11356419	
			2	3	1	2		.12993505					4	1	0	2		−.03424089	
			2	4	0	3		−.08058230					4	2	0	1		−.02123530	
			3	1	1	2		−.35186579					4	3	0	0		.02512594	60
			3	2	0	3		−.07501804		5	6	4	0	1	3	4	11	.08703882	
			3	2	1	1		.28069179					0	2	2	5		.02901295	
			3	3	0	2		−.05504818					0	2	3	3		−.06487491	
			4	1	0	2		.14034590					0	3	1	6		.03273101	
			4	2	0	1		−.08703882	30				0	3	2	4		.17752876	
5	6	3	0	0	4	3	11	.02512594					0	3	3	2		−.08840960	
			0	1	3	4		.01343038					0	4	0	7		.00786169	
			0	1	4	2		−.02123529					0	4	1	5		.02776390	
			0	2	2	5		.01733855					0	4	2	3		−.21336304	
			0	2	3	3		.14360675					0	4	3	1		.22712838	
			0	2	4	1		−.03424089					0	5	0	6		.04642618	
			0	3	1	6		.00739318					0	5	1	4		.03018254	
			0	3	2	4		.04909651					0	5	2	2		−.05104330	
			0	3	3	2		−.19570299					0	6	0	5		−.04642615	
			0	3	4	0		.11356420					0	6	1	3		.04225555	
			0	4	0	7		.00383612					0	7	0	4		−.00786169	
			0	4	1	5		.07454267					1	1	2	4		−.26111647	
			0	4	2	3		.05900666					1	2	1	5		−.06006251	
			0	4	3	1		−.03504667					1	2	2	3		.15312993	
			0	5	0	6		.01785618					1	3	0	6		−.04225556	
			0	5	1	4		−.08103644					1	3	1	4		−.30174087	
			0	5	2	2		.03050421					1	3	2	2		.16929151	
			0	6	0	5		.01785625					1	4	0	5		−.03018254	
			0	6	1	3		−.00954457					1	4	1	3		.30174090	
			0	7	0	4		.00383612					1	4	2	1		−.35584179	
			1	0	3	3		−.11236665					1	5	0	4		−.02776390	
			1	1	2	4		−.04029115					1	5	1	2		.06006249	
			1	1	3	2		.06848178					1	6	0	3		−.03273101	
			1	2	1	5		−.03589421					2	1	1	4		.35584179	
			1	2	2	3		−.33896755					2	2	0	5		.05104332	
			1	2	3	1		.08584646					2	2	1	3		−.16929151	
			1	3	0	6		−.00954455					2	3	0	4		.21336302	
			1	3	1	4		−.08344803					2	3	1	2		−.15312992	
			1	3	2	2		.37474272					2	4	0	3		−.17752878	
			1	3	3	0		−.22712840					2	4	1	1		.26111648	
			1	4	0	5		−.08103643					2	5	0	2		−.02901294	
			1	4	1	3		−.08344802					3	1	0	4		−.22712838	
			1	4	2	1		.05490758					3	2	0	3		.08840960	
			1	5	0	4		.07454269					3	3	0	2		.06487491	
			1	5	1	2		−.03589421					3	4	0	1		−.08703882	40
			1	6	0	3		.00739319		5	6	5	0	0	3	5	11	.03003125	
			2	0	2	3		.22190636					0	1	2	6		.00905476	
			2	1	1	4		.05490758					0	1	3	4		−.01669615	
			2	1	2	2		−.10514000					0	2	1	7		.00939657	
			2	2	0	5		.03050421					0	2	2	5		.16847449	
			2	2	1	3		.37474274					0	2	3	3		−.03048287	
			2	2	2	1		−.10514002					0	3	0	8		.00210116	
			2	3	0	4		.05900667					0	3	1	6		.03606781	
			2	3	1	2		−.33896753					0	3	2	4		−.12432814	
			2	3	2	0		.22190637					0	3	3	2		.04154115	
			2	4	0	3		.04909651					0	4	0	7		.03347086	
			2	4	1	1		−.04029115					0	4	1	5		.16486907	
			2	5	0	2		.01733855					0	4	2	3		−.14942384	
			3	0	1	3		−.22712839					0	4	3	1		.04356872	
			3	1	0	4		−.03504667					0	5	0	6		.00561197	
			3	1	1	2		.08584645					0	5	1	4		−.17923158	
			3	2	0	3		−.19570301											

16

$n_1 = 0$, $n_2 = 0$

l_1	l_2	λ	n	l	N	L	ρ	$<\ |\ >$	τ
5	6	5	0	5	2	2	11	.29640203	
			0	5	3	0		−.16874095	
			0	6	0	5		.00561203	
			0	6	1	3		−.04656335	
			0	6	2	1		.02444066	
			0	7	0	4		.03347086	
			0	7	1	2		−.01464350	
			0	8	0	3		.00210116	
			1	0	2	5		−.12382201	
			1	1	1	6		−.02361193	
			1	1	2	4		.05008846	
			1	2	0	7		−.01464350	
			1	2	1	5		−.34877533	
			1	2	2	3		.07195138	
			1	3	0	6		−.04656334	
			1	3	1	4		.21131721	
			1	3	2	2		−.07954525	
			1	4	0	5		−.17923157	
			1	4	1	3		.21131722	
			1	4	2	1		−.06825907	
			1	5	0	4		.16486908	
			1	5	1	2		−.34877533	
			1	5	2	0		.21446601	
			1	6	0	3		.03606782	
			1	6	1	1		−.02361191	
			1	7	0	2		.00939657	
			2	0	1	5		.21446602	
			2	1	0	6		.02444067	
			2	1	1	4		−.06825907	
			2	2	0	5		.29640204	
			2	2	1	3		−.07954525	
			2	3	0	4		−.14942384	
			2	3	1	2		.07195139	
			2	4	0	3		−.12432814	
			2	4	1	1		.05008847	
			2	5	0	2		.16847448	
			2	5	1	0		−.12382201	
			2	6	0	1		.00905475	
			3	0	0	5		−.16874095	
			3	1	0	4		.04356872	
			3	2	0	3		.04154115	
			3	3	0	2		−.03048287	
			3	4	0	1		−.01669615	
			3	5	0	0		.03003124	60
5	6	6	0	1	2	6	11	.11631053	
			0	2	1	7		.02281036	
			0	2	2	5		−.05948217	
			0	3	0	8		.01766887	
			0	3	1	6		.22862153	
			0	3	2	4		−.09823157	
			0	4	0	7		−.02617612	
			0	4	1	5		−.16874096	
			0	4	2	3		.11805966	
			0	5	0	6		.10254580	
			0	5	1	4		−.18344076	
			0	5	2	2		.10464870	
			0	6	0	5		−.10254573	
			0	6	1	3		.29514917	
			0	6	2	1		−.31394609	
			0	7	0	4		−.02617612	
			0	7	1	2		.03554738	
			0	8	0	3		−.01766887	
			1	1	1	6		−.30330074	
			1	2	0	7		−.03554738	
			1	2	1	5		.12313979	
			1	3	0	6		−.29514913	
			1	3	1	4		.16696157	
			1	4	0	5		.18344076	
			1	4	1	3		−.16696158	
			1	5	0	4		.16874096	
			1	5	1	2		−.12313979	
			1	6	0	3		−.22862155	
			1	6	1	1		.30330074	
			1	7	0	2		−.02281036	
			2	1	0	6		.31394609	
			2	2	0	5		−.10464870	
			2	3	0	4		−.11805965	
			2	4	0	3		.09823158	
			2	5	0	2		.05948217	
			2	6	0	1		−.11631053	36
5	6	7	0	0	2	7	11	.04865618	
			0	1	1	8		.00888337	
			0	1	2	6		−.02069760	
			0	2	0	9		.00646359	
			0	2	1	7		.23994988	
			0	2	2	5		−.04099525	
			0	3	0	8		.02873567	
			0	3	1	6		−.12646961	
			0	3	2	4		.03708159	
			0	4	0	7		.20568471	
			0	4	1	5		−.19398494	
			0	4	2	3		.04456654	
			0	5	0	6		−.15190550	
			0	5	1	4		.21088385	
			0	5	2	2		−.07212414	
			0	6	0	5		−.15190548	
			0	6	1	3		.16327159	
			0	6	2	1		−.05586711	
			0	7	0	4		.20568471	
			0	7	1	2		−.37393490	
			0	7	2	0		.22578426	
			0	8	0	3		.02873567	
			0	8	1	1		−.01731687	
			0	9	0	2		.00646359	
			1	0	1	7		−.17316862	
			1	1	0	8		−.01731687	
			1	1	1	6		.05397275	
			1	2	0	7		−.37393490	
			1	2	1	5		.08486824	
			1	3	0	6		.16327158	
			1	3	1	4		−.06302659	
			1	4	0	5		.21088386	
			1	4	1	3		−.06302661	
			1	5	0	4		−.19398494	
			1	5	1	2		.08486824	
			1	6	0	3		−.12646963	
			1	6	1	1		.05397276	
			1	7	0	2		.23994988	
			1	7	1	0		−.17316862	
			1	8	0	1		.00888337	
			2	0	0	7		.22578426	
			2	1	0	6		−.05586710	
			2	2	0	5		−.07212414	
			2	3	0	4		.04456653	
			2	4	0	3		.03708160	
			2	5	0	2		−.04099525	
			2	6	0	1		−.02069760	
			2	7	0	0		.04865618	48
5	6	8	0	1	1	8	11	.20354343	

$n_1 = 0, n_2 = 0$

l_1	l_2	λ	n	l	N	L	ρ	$\langle \mid \rangle$	τ	l_1	l_2	λ	n	l	N	L	ρ	$\langle \mid \rangle$	τ
5	6	8	0	2	0	9	11	.02207738		5	6	11	0	1	0	10	11	$-$.14320550	
			0	2	1	7		$-$.08133181					0	2	0	9		$-$.32021720	
			0	3	0	8		.30964607					0	3	0	8		.18487750	
			0	3	1	6		$-$.14996843					0	4	0	7		.26145627	
			0	4	0	7		$-$.16951197					0	5	0	6		$-$.22097089	
			0	4	1	5		.12478127					0	6	0	5		$-$.22097094	
			0	5	0	6		.24373753					0	7	0	4		.26145627	
			0	5	1	4		.13565156					0	8	0	3		.18487750	
			0	6	0	5		.24373758					0	9	0	2		$-$.32021720	
			0	6	1	3		$-$.19360841					0	10	0	1		$-$.14320550	
			0	7	0	4		.16951197					0	11	0	0		.47495894	12
			0	7	1	2		$-$.12674647		6	6	0	0	0	6	0	12	.03289758	
			0	8	0	3		$-$.30964607					0	1	5	1		.00000000	
			0	8	1	1		.39677920					0	2	4	2		.10403129	
			0	9	0	2		$-$.02207738					0	3	3	3		.00000000	
			1	1	0	8		$-$.39677920					0	4	2	4		.09137173	
			1	2	0	7		.12674647					0	5	1	5		.00000002	
			1	3	0	6		.19360842					0	6	0	6		.02164495	
			1	4	0	5		$-$.13565155					1	0	5	0		$-$.16774543	
			1	5	0	4		$-$.12478128					1	1	4	1		.00000000	
			1	6	0	3		.14996843					1	2	3	2		$-$.28354152	
			1	7	0	2		.08133181					1	3	2	3		.00000001	
			1	8	0	1		$-$.20354343	24				1	4	1	4		$-$.14047603	
5	6	9	0	0	1	9	11	.11148532					1	5	0	5		$-$.00000002	
			0	1	0	10		.01143816					2	0	4	0		.39339790	
			0	1	1	8		$-$.03906874					2	1	3	1		.00000000	
			0	2	0	9		.41190742					2	2	2	2		.38391702	
			0	2	1	7		$-$.08260600					2	3	1	3		$-$.00000001	
			0	3	0	8		.17271232					2	4	0	4		.09137173	
			0	3	1	6		.05757076					3	0	3	0		$-$.51507875	
			0	4	0	7		$-$.30337796					3	1	2	1		$-$.00000000	
			0	4	1	5		.07573937					3	2	1	2		$-$.28354152	
			0	5	0	6		.23838072					3	3	0	3		.00000000	
			0	5	1	4		$-$.08233737					4	0	2	0		.39339790	
			0	6	0	5		.23838070					4	1	1	1		$-$.00000000	
			0	6	1	3		$-$.07432354					4	2	0	2		.10403129	
			0	7	0	4		$-$.30337796					5	0	1	0		$-$.16774543	
			0	7	1	2		$-$.12873217					5	1	0	1		.00000000	
			0	8	0	3		$-$.17271232					6	0	0	0		.03289758	28
			0	8	1	1		.07615899		6	6	1	0	1	5	1	12	.08703882	
			0	9	0	2		.41190742					0	2	4	2		.00000000	
			0	9	1	0		$-$.29496244					0	3	3	3		.12309150	
			0	10	0	1		.01143816					0	4	2	4		.00000000	
			1	0	0	9		$-$.29496244					0	5	1	5		.06006250	
			1	1	0	8		.07615899					0	6	0	6		$-$.00000004	
			1	2	0	7		.12873217					1	1	4	1		$-$.31382296	
			1	3	0	6		$-$.07432354					1	2	3	2		.00000000	
			1	4	0	5		$-$.08233737					1	3	2	3		$-$.25623540	
			1	5	0	4		.07573937					1	4	1	4		.00000000	
			1	6	0	3		.05757076					1	5	0	5		$-$.06006250	
			1	7	0	2		$-$.08260600					2	1	3	1		.55634862	
			1	8	0	1		$-$.03906874					2	2	2	2		.00000000	
			1	9	0	0		.11148532	30				2	3	1	3		.25623540	
5	6	10	0	1	0	10	11	.49607835					2	4	0	4		.00000000	
			0	2	0	9		$-$.16535947					3	1	2	1		$-$.55634862	
			0	3	0	8		$-$.33071898					3	2	1	2		.00000000	
			0	4	0	7		.21650637					3	3	0	3		$-$.12309150	
			0	5	0	6		.26516503					4	1	1	1		.31382296	
			0	6	0	5		$-$.26516508					4	2	0	2		.00000000	
			0	7	0	4		$-$.21650637					5	1	0	1		$-$.08703882	21
			0	8	0	3		.33071898		6	6	2	0	0	5	2	12	.01855674	
			0	9	0	2		.16535947					0	1	4	3		.00000000	
			0	10	0	1		$-$.49607835	10				0	1	5	1		.00000000	
5	6	11	0	0	0	11	11	.47495894											

$n_1 = 0, n_2 = 0$

l_1	l_2	λ	n	l	N	L	ρ	$\langle \ | \ \rangle$	τ	l_1	l_2	λ	n	l	N	L	ρ	$\langle \ | \ \rangle$	τ
6	6	2	0	2	3	4	12	.01718020		6	6	3	0	3	4	1	12	−.15173145	
			0	2	4	2		.14027577					0	4	1	6		.00000004	
			0	2	5	0		−.06690728					0	4	2	4		.00000000	
			0	3	2	5		.00000000					0	4	3	2		.00000000	
			0	3	3	3		.00000000					0	5	0	7		.00693985	
			0	3	4	1		.00000000					0	5	1	5		.08680176	
			0	4	1	6		.00668740					0	5	2	3		−.05083195	
			0	4	2	4		.11747195					0	6	0	6		.00000000	
			1	4	2	2		.05235233					0	6	1	4		−.00000003	
			1	5	0	5		.00000002					0	7	0	5		−.00693985	
			1	5	1	3		.00000000					1	1	3	3		−.22268089	
			0	4	3	2		−.03022563					1	2	2	4		.00000000	
			0	5	0	7		−.00000002					1	2	3	2		.00000000	
			0	5	1	5		−.00000002					1	3	1	5		−.06612663	
			0	5	2	3		.00000000					1	3	2	3		−.35683884	
			0	6	0	6		.02754818					1	3	3	1		.33549086	
			0	6	1	4		−.00780920					1	4	0	6		−.00000005	
			0	7	0	5		−.00000002					1	4	1	4		−.00000001	
			1	0	4	2		−.09278370					1	4	2	2		.00000000	
			1	1	3	3		.00000000					1	5	0	5		−.08680176	
			1	1	4	1		.00000000					1	5	1	3		.06612664	
			1	2	2	4		−.04355976					1	6	0	4		.00000002	
			1	2	3	2		−.38232731					2	1	2	3		.37166462	
			1	2	4	0		.18754509					2	2	1	4		.00000000	
			1	3	1	5		.00000000					2	2	2	2		.00000000	
			1	3	2	3		.00000001					2	3	0	5		.05083194	
			1	3	3	1		.00000000					2	3	1	3		.35683884	
			1	4	0	6		−.00780920					2	3	2	1		−.37166462	
			1	4	1	4		−.18060283					2	4	0	4		.00000000	
			1	6	0	4		.00668739					2	4	1	2		.00000000	
			2	0	3	2		.21157939					2	5	0	3		−.03621905	
			2	1	2	3		.00000000					3	1	1	3		−.33549086	
			2	1	3	1		.00000000					3	2	0	4		.00000000	
			2	2	1	4		.05235232					3	2	1	2		.00000000	
			2	2	2	2		.51767362					3	3	0	3		−.17141984	
			2	2	3	0		−.26522881					3	3	1	1		.22268089	
			2	3	0	5		.00000000					3	4	0	2		.00000000	
			2	3	1	3		−.00000001					4	1	0	3		.15173145	
			2	3	2	1		.00000000					4	2	0	2		.00000000	
			2	4	0	4		.11747195					4	3	0	1		−.06428243	45
			2	4	1	2		−.04355977		6	6	4	0	0	4	4	12	.01855674	
			2	5	0	3		.00000000					0	1	3	5		.00000000	
			3	0	2	2		−.26522881					0	1	4	3		.00000000	
			3	1	1	3		.00000000					0	2	2	6		.00834062	
			3	1	2	1		.00000000					0	2	3	4		.12735328	
			3	2	0	4		−.03022562					0	2	4	2		−.03048287	
			3	2	1	2		−.38232731					0	3	1	7		.00000000	
			3	2	2	0		.21157939					0	3	2	5		.00000000	
			3	3	0	3		.00000000					0	3	3	3		.00000000	
			3	3	1	1		.00000000					0	3	4	1		.00000000	
			3	4	0	2		.01718020					0	4	0	8		.00136856	
			4	0	1	2		.18754509					0	4	1	6		.04650286	
			4	1	0	3		.00000000					0	4	2	4		.16269379	
			4	1	1	1		.00000000					0	4	3	2		−.22405632	
			4	2	0	2		.14027577					0	4	4	0		.11527202	
			4	2	1	0		−.09278370					0	5	0	7		.00000001	
			4	3	0	1		.00000000					0	5	1	5		.00000000	
			5	0	0	2		−.06690728					0	5	2	3		.00000000	
			5	1	0	1		.00000000					0	5	3	1		.00000000	
			5	2	0	0		.01855674	63				0	6	0	6		.04361804	
6	6	3	0	1	4	3	12	.06428243					0	6	1	4		−.05430363	
			0	2	3	4		.00000000					0	6	2	2		.01678026	
			0	2	4	2		.00000000					0	7	0	5		.00000001	
			0	3	2	5		.03621904					0	7	1	3		.00000000	
			0	3	3	3		.17141984					0	8	0	4		.00136856	

$n_1 = 0, n_2 = 0$

l_1	l_2	λ	n	l	N	L	ρ	$<\mid>$	τ
6	6	4	1	0	3	4	12	−.08834775	
			1	1	2	5		.00000000	
			1	1	3	3		.00000000	
			1	2	1	6		−.01838185	
			1	2	2	4		−.32289950	
			1	2	3	2		.08308230	
			1	3	0	7		.00000000	
			1	3	1	5		.00000001	
			1	3	2	3		.00000000	
			1	3	3	1		.00000000	
			1	4	0	6		−.05430364	
			1	4	1	4		−.25012743	
			1	4	2	2		.38807692	
			1	4	3	0		−.20853492	
			1	5	0	5		.00000000	
			1	5	1	3		.00000000	
			1	5	2	1		.00000000	
			1	6	0	4		.04650285	
			1	6	1	2		−.01838186	
			1	7	0	3		.00000000	
			2	0	2	4		.18741389	
			2	1	1	5		.00000000	
			2	1	2	3		.00000000	
			2	2	0	6		.01678025	
			2	2	1	4		.38807692	
			2	2	2	2		−.11249397	
			2	3	0	5		.00000000	
			2	3	1	3		.00000000	
			2	3	2	1		.00000000	
			2	4	0	4		.16269379	
			2	4	1	2		−.32289950	
			2	4	2	0		.18741389	
			2	5	0	3		.00000000	
			2	5	1	1		.00000000	
			2	6	0	2		.00834063	
			3	0	1	4		−.20853492	
			3	1	0	5		.00000000	
			3	1	1	3		.00000000	
			3	2	0	4		−.22405632	
			3	2	1	2		.08308230	
			3	3	0	3		.00000000	
			3	3	1	1		.00000000	
			3	4	0	2		.12735328	
			3	4	1	0		−.08834775	
			3	5	0	1		.00000000	
			4	0	0	4		.11527201	
			4	1	0	3		.00000000	
			4	2	0	2		−.03048287	
			4	3	0	1		.00000000	
			4	4	0	0		.01855674	75
6	6	5	0	1	3	5	12	.07186994	
			0	2	2	6		.00000000	
			0	2	3	4		.00000000	
			0	3	1	7		.01947484	
			0	3	2	5		.18336560	
			0	3	3	3		−.09417903	
			0	4	0	8		.00000001	
			0	4	1	6		.00000001	
			0	4	2	4		.00000000	
			0	4	3	2		.00000000	
			0	5	0	7		.03672212	
			0	5	1	5		.11496156	
			0	5	2	3		−.25734609	
			0	5	3	1		.23314914	
			0	6	0	6		.00000007	

l_1	l_2	λ	n	l	N	L	ρ	$<\mid>$	τ
6	6	5	0	6	1	4	12	.00000000	
			0	6	2	2		.00000000	
			0	7	0	5		−.03672212	
			0	7	1	3		−.02676561	
			0	8	0	4		−.00000001	
			1	1	2	5		−.22953419	
			1	2	1	6		.00000000	
			1	2	2	4		.00000000	
			1	3	0	7		−.02676561	
			1	3	1	5		−.33477825	
			1	3	2	3		.19604928	
			1	4	0	6		−.00000001	
			1	4	1	4		.00000000	
			1	4	2	2		.00000000	
			1	5	0	5		−.11496156	
			1	5	1	3		.33477824	
			1	5	2	1		−.33600366	
			1	6	0	4		.00000000	
			1	6	1	2		.00000000	
			1	7	0	3		−.01947484	
			2	1	1	5		.33600366	
			2	2	0	6		.00000000	
			2	2	1	4		.00000000	
			2	3	0	5		.25734609	
			2	3	1	3		−.19604928	
			2	4	0	4		.00000000	
			2	4	1	2		.00000000	
			2	5	0	3		−.18336559	
			2	5	1	1		.22953419	
			2	6	0	2		.00000000	
			3	1	0	5		−.23314914	
			3	2	0	4		.00000000	
			3	3	0	3		.09417903	
			3	4	0	2		.00000000	
			3	5	0	1		−.07186994	50
6	6	6	0	0	3	6	12	.02479748	
			0	1	2	7		.00000000	
			0	1	3	5		.00000000	
			0	2	1	8		.00575419	
			0	2	2	6		.15424537	
			0	2	3	4		−.02886798	
			0	3	0	9		.00000000	
			0	3	1	7		.00000001	
			0	3	2	5		.00000000	
			0	3	3	3		.00000000	
			0	4	0	8		.02360713	
			0	4	1	6		.19581308	
			0	4	2	4		−.18516708	
			0	4	3	2		.05078828	
			0	5	0	7		−.00000001	
			0	5	1	5		.00000000	
			0	5	2	3		.00000000	
			0	5	3	1		.00000000	
			0	6	0	6		.05155449	
			0	6	1	4		−.22866042	
			0	6	2	2		.31032155	
			0	6	3	0		−.16844570	
			0	7	0	5		−.00000001	
			0	7	1	3		−.00000002	
			0	7	2	1		.00000000	
			0	8	0	4		.02360713	
			0	8	1	2		−.00948008	
			0	9	0	3		.00000000	
			1	0	2	6		−.10808975	
			1	1	1	7		.00000000	

$n_1 = 0, n_2 = 0$

l_1	l_2	λ	n	l	N	L	ρ	$<\mid>$	τ	l_1	l_2	λ	n	l	N	L	ρ	$<\mid>$	τ
6	6	6	1	1	2	5	12	.00000000		6	6	7	1	3	1	5	12	.18881029	
			1	2	0	8		−.00948008					1	4	0	6		.00000002	
			1	2	1	6		−.33994025					1	4	1	4		.00000000	
			1	2	2	4		.07319370					1	5	0	5		.25904557	
			1	3	0	7		−.00000002					1	5	1	3		−.18881029	
			1	3	1	5		.00000000					1	6	0	4		−.00000001	
			1	3	2	3		.00000000					1	6	1	2		−.00000000	
			1	4	0	6		−.22866042					1	7	0	3		−.23084401	
			1	4	1	4		.28467815					1	7	1	1		.28597858	
			1	4	2	2		−.08796789					1	8	0	2		−.00000001	
			1	5	0	5		.00000000					2	1	0	7		.31513303	
			1	5	1	3		.00000000					2	2	0	6		.00000000	
			1	5	2	1		.00000000					2	3	0	5		−.14513963	
			1	6	0	4		.19581308					2	4	0	4		.00000000	
			1	6	1	2		−.33994022					2	5	0	3		.10341565	
			1	6	2	0		.19930764					2	6	0	2		.00000000	
			1	7	0	3		.00000001					2	7	0	1		−.10373533	42
			1	7	1	1		.00000000		6	6	8	0	0	2	8	12	.04339560	
			1	8	0	2		.00575419					0	1	1	9		.00000000	
			2	0	1	6		.19930764					0	1	2	7		.00000000	
			2	1	0	7		.00000000					0	2	0	10		.00458137	
			2	1	1	5		.00000000					0	2	1	8		.23083336	
			2	2	0	6		.31032158					0	2	2	6		−.04103392	
			2	2	1	4		−.08796789					0	3	0	9		−.00000002	
			2	3	0	5		.00000000					0	3	1	7		.00000000	
			2	3	1	3		.00000000					0	3	2	5		.00000000	
			2	4	0	4		−.18516708					0	4	0	8		.22836285	
			2	4	1	2		.07319370					0	4	1	6		−.22519712	
			2	5	0	3		.00000000					0	4	2	4		.05198360	
			2	5	1	1		.00000000					0	5	0	7		−.00000002	
			2	6	0	2		.15424536					0	5	1	5		.00000001	
			2	6	1	0		−.10808975					0	5	2	3		.00000000	
			2	7	0	1		.00000000					0	6	0	6		−.24139124	
			3	0	0	6		−.16844570					0	6	1	4		.26297358	
			3	1	0	5		.00000000					0	6	2	2		−.08255489	
			3	2	0	4		.05078828					0	7	0	5		−.00000002	
			3	3	0	3		.00000000					0	7	1	3		.00000000	
			3	4	0	2		−.02886798					0	7	2	1		.00000000	
			3	5	0	1		.00000000					0	8	0	4		.22836285	
			3	6	0	0		.02479748	70				0	8	1	2		−.38030002	
6	6	7	0	1	2	7	12	.10373533					0	8	2	0		.22381364	
			0	2	1	8		.00000001					0	9	0	3		−.00000002	
			0	2	2	6		.00000000					0	9	1	1		−.00000001	
			0	3	0	9		.01232558					0	10	0	2		.00458137	
			0	3	1	7		.23084401					1	0	1	8		−.16237148	
			0	3	2	5		−.10341565					1	1	0	9		−.00000001	
			0	4	0	8		−.00000007					1	1	1	7		.00000000	
			0	4	1	6		−.00000001					1	2	0	8		−.38030002	
			0	4	2	4		.00000000					1	2	1	6		.09043436	
			0	5	0	7		.13976537					1	3	0	7		.00000000	
			0	5	1	5		−.25904557					1	3	1	5		.00000000	
			0	5	2	3		.14513963					1	4	0	6		.26297358	
			0	6	0	6		−.00000002					1	4	1	4		−.07992022	
			0	6	1	4		−.00000001					1	5	0	5		−.00000001	
			0	6	2	2		.00000000					1	5	1	3		.00000000	
			0	7	0	5		−.13976537					1	6	0	4		−.22519712	
			0	7	1	3		.31726474					1	6	1	2		.09043436	
			0	7	2	1		−.31513303					1	7	0	3		.00000000	
			0	8	0	4		−.00000007					1	7	1	1		.00000000	
			0	8	1	2		−.00000002					1	8	0	2		.23083336	
			0	9	0	3		−.01232558					1	8	1	0		−.16237148	
			1	1	1	7		−.28597858					1	9	0	1		.00000000	
			1	2	0	8		−.00000002					2	0	0	8		.22381364	
			1	2	1	6		.00000000					2	1	0	7		.00000000	
			1	3	0	7		−.31726474					2	2	0	6		−.08255489	

21

$n_1 = 0, n_2 = 0$

l_1	l_2	λ	n	l	N	L	ρ	$\langle \ | \ \rangle$	τ
6	6	8	2	3	0	5	12	.00000000	
			2	4	0	4		.05198360	
			2	5	0	3		.00000000	
			2	6	0	2		−.04103392	
			2	7	0	1		.00000000	
			2	8	0	0		.04339560	54
6	6	9	0	1	1	9	12	.19309825	
			0	2	0	10		.00000000	
			0	2	1	8		.00000000	
			0	3	0	9		.32084445	
			0	3	1	7		−.16223497	
			0	4	0	8		.00000008	
			0	4	1	6		.00000000	
			0	5	0	7		−.31008687	
			0	5	1	5		.17600237	
			0	6	0	6		−.00000007	
			0	6	1	4		.00000000	
			0	7	0	5		.31008687	
			0	7	1	3		−.22297064	
			0	8	0	4		−.00000008	
			0	8	1	2		.00000001	
			0	9	0	3		−.32084445	
			0	9	1	1		.39573363	
			0	10	0	2		.00000000	
			1	1	0	9		−.39573363	
			1	2	0	8		−.00000001	
			1	3	0	7		.22297064	
			1	4	0	6		.00000000	
			1	5	0	5		−.17600237	
			1	6	0	4		.00000000	
			1	7	0	3		.16223497	
			1	8	0	2		.00000000	
			1	9	0	1		−.19309825	27
6	6	10	0	0	1	10	12	.10576426	
			0	1	0	11		.00000001	
			0	1	1	9		.00000000	
			0	2	0	10		.41556874	
			0	2	1	8		−.08673409	
			0	3	0	9		−.00000001	
			0	3	1	7		.00000000	
			0	4	0	8		−.35355332	
			0	4	1	6		.09037486	
			0	5	0	7		−.00000004	
			0	5	1	5		.00000000	
			0	6	0	6		.34090903	
			0	6	1	4		−.10553509	
			0	7	0	5		−.00000004	
			0	7	1	3		.00000000	
			0	8	0	4		−.35355332	
			0	8	1	2		.14289520	
			0	9	0	3		−.00000001	
			0	9	1	1		.00000000	
			0	10	0	2		.41556874	
			0	10	1	0		−.29284798	
			0	11	0	1		.00000001	
			1	0	0	10		−.29284798	
			1	1	0	9		.00000000	
			1	2	0	8		.14289520	
			1	3	0	7		.00000000	
			1	4	0	6		−.10553510	
			1	5	0	5		.00000000	
			1	6	0	4		.09037485	
			1	7	0	3		.00000000	
			1	8	0	2		−.08673409	

l_1	l_2	λ	n	l	N	L	ρ	$\langle \ | \ \rangle$	τ
6	6	10	1	9	0	1	12	.00000000	
			1	10	0	0		.10576426	33
6	6	11	0	1	0	11	12	.49607840	
			0	2	0	10		.00000002	
			0	3	0	9		−.36975498	
			0	4	0	8		.00000002	
			0	5	0	7		.34232662	
			0	6	0	6		−.00000001	
			0	7	0	5		−.34232662	
			0	8	0	4		−.00000002	
			0	9	0	3		.36975498	
			0	10	0	2		−.00000002	
			0	11	0	1		−.49607840	11
6	6	12	0	0	0	12	12	.47495888	
			0	1	0	11		.00000003	
			0	2	0	10		−.35078039	
			0	3	0	9		−.00000003	
			0	4	0	8		.32021717	
			0	5	0	7		.00000003	
			0	6	0	6		−.31250001	
			0	7	0	5		.00000003	
			0	8	0	4		.32021717	
			0	9	0	3		.00000004	
			0	10	0	2		−.35078039	
			0	11	0	1		.00000003	
			0	12	0	0		.47495888	13

$n_1 = 1, n_2 = 0$

l_1	l_2	λ	n	l	N	L	ρ	$\langle \ | \ \rangle$	τ
0	0	0	0	0	1	0	2	.50000000	
			0	1	0	1		.70710676	
			1	0	0	0		.50000000	3
0	1	1	0	0	1	1	3	.45643544	
			0	1	0	2		.52704624	
			0	1	1	0		−.11785114	
			0	2	0	1		−.52704624	
			1	0	0	1		.11785114	
			1	1	0	0		−.45643543	6
0	2	2	0	0	1	2	4	.38188130	
			0	1	0	3		.41833000	
			0	1	1	1		−.27386127	
			0	2	0	2		−.44095854	
			0	2	1	0		−.08333332	
			0	3	0	1		.41833000	
			1	0	0	2		−.08333332	
			1	1	0	1		−.27386127	
			1	2	0	0		.38188130	9
0	3	3	0	0	1	3	5	.30618623	
			0	1	0	4		.32732683	
			0	1	1	2		−.33407656	
			0	2	0	3		−.38729833	
			0	2	1	1		.07905692	
			0	3	0	2		.38729833	
			0	3	1	0		.17677670	
			0	4	0	1		−.32732683	
			1	0	0	3		−.17677670	
			1	1	0	2		−.07905692	
			1	2	0	1		.33407656	
			1	3	0	0		−.30618623	12
0	4	4	0	0	1	4	6	.23935678	
			0	1	0	5		.25230418	
			0	1	1	3		−.33678766	
			0	2	0	4		−.33034373	
			0	2	1	2		.20044595	
			0	3	0	3		.37080992	
			0	3	1	1		−.06454972	
			0	4	0	2		−.33034373	
			0	4	1	0		−.20833334	
			0	5	0	1		.25230418	
			1	0	0	4		−.20833334	
			1	1	0	3		.06454972	
			1	2	0	2		.20044595	
			1	3	0	1		−.33678766	
			1	4	0	0		.23935678	15
0	5	5	0	0	1	5	7	.18399502	
			0	1	0	6		.19217653	
			0	1	1	4		−.30964607	
			0	2	0	5		−.27428358	
			0	2	1	3		.26895719	
			0	3	0	4		.34069256	
			0	3	1	2		−.06099373	
			0	4	0	3		−.34069255	
			0	4	1	1		−.15309311	
			0	5	0	2		.27428358	
			0	5	1	0		.20623946	
			0	6	0	1		−.19217653	
			1	0	0	5		−.20623946	
			1	1	0	4		.15309311	
			1	2	0	3		.06099374	
			1	3	0	2		−.26895718	

l_1	l_2	λ	n	l	N	L	ρ	$\langle \ | \ \rangle$	τ
0	5	5	1	4	0	1	7	.30964607	
			1	5	0	0		−.18399502	18
0	6	6	0	0	1	6	8	.13975425	
			0	1	0	7		.14502983	
			0	1	1	5		−.26965970	
			0	2	0	6		−.22297065	
			0	2	1	4		.29496245	
			0	3	0	5		.30190367	
			0	3	1	3		−.16137430	
			0	4	0	4		−.33407654	
			0	4	1	2		−.05282213	
			0	5	0	3		.30190367	
			0	5	1	1		.19764235	
			0	6	0	2		−.22297064	
			0	6	1	0		−.18749999	
			0	7	0	1		.14502983	
			1	0	0	6		−.18750000	
			1	1	0	5		.19764235	
			1	2	0	4		−.05282213	
			1	3	0	3		−.16137430	
			1	4	0	2		.29496246	
			1	5	0	1		−.26965968	
			1	6	0	0		.13975425	21
1	1	0	0	0	2	0	4	.50000002	
			0	1	1	1		.50000002	
			0	2	0	2		.00000000	
			1	0	1	0		.00000000	
			1	1	0	1		−.50000002	
			2	0	0	0		−.50000002	6
1	1	1	0	1	1	1	4	.49999999	
			0	2	0	2		.70710680	
			1	1	0	1		.49999999	3
1	1	2	0	0	1	2	4	.41833002	
			0	1	0	3		.45825759	
			0	1	1	1		.20000001	
			0	2	0	2		.00000000	
			0	2	1	0		−.27386129	
			0	3	0	1		−.45825759	
			1	0	0	2		.27386129	
			1	1	0	1		−.20000001	
			1	2	0	0		−.41833002	9
1	2	1	0	0	2	1	5	.34156504	
			0	1	1	2		.41833004	
			0	1	2	0		−.22360681	
			0	2	0	3		.21602470	
			0	2	1	1		−.25927250	
			0	3	0	2		−.21602470	
			1	0	1	1		−.21081850	
			1	1	0	2		−.25927250	
			1	1	1	0		−.21081850	
			1	2	0	1		.41833004	
			2	0	0	1		−.22360681	
			2	1	0	0		.34156504	12
1	2	2	0	1	1	2	5	.41833001	
			0	2	0	3		.52915027	
			0	2	1	1		−.21213203	
			0	3	0	2		−.52915027	
			1	1	0	2		.21213203	
			1	2	0	1		−.41833001	6
1	2	3	0	0	1	3	5	.41079195	

$n_1 = 1, n_2 = 0$

l_1	l_2	λ	n	l	N	L	ρ	$\langle\ \vert\ \rangle$	τ
1	2	3	0	1	0	4	5	.43915504	
			0	1	1	2		$-$.02988071	
			0	2	0	3		$-$.17320508	
			0	2	1	1		$-$.31819807	
			0	3	0	2		$-$.17320508	
			0	3	1	0		.07905694	
			0	4	0	1		.43915504	
			1	0	0	3		.07905694	
			1	1	0	2		$-$.31819807	
			1	2	0	1		$-$.02988071	
			1	3	0	0		.41079195	12
1	3	2	0	0	2	2	6	.25980763	
			0	1	1	3		.33541021	
			0	1	2	1		$-$.27386129	
			0	2	0	4		.20283703	
			0	2	1	2		$-$.24053512	
			0	2	2	0		.05916078	
			0	3	0	3		.00000000	
			0	3	1	1		.25000001	
			0	4	0	2		$-$.20283703	
			1	0	1	2		$-$.28284271	
			1	1	0	3		$-$.25000001	
			1	1	1	1		.00000000	
			1	2	0	2		.24053512	
			1	2	1	0		.28284271	
			1	3	0	1		$-$.33541021	
			2	0	0	2		$-$.05916078	
			2	1	0	1		.27386129	
			2	2	0	0		$-$.25980763	18
1	3	3	0	1	1	3	6	.33541021	
			0	2	0	4		.40089188	
			0	2	1	2		$-$.29880715	
			0	3	0	3		$-$.51961524	
			0	3	1	1		.05000000	
			0	4	0	2		.40089188	
			1	1	0	3		.05000000	
			1	2	0	2		$-$.29880715	
			1	3	0	1		.33541021	9
1	3	4	0	0	1	4	6	.37080996	
			0	1	0	5		.39086800	
			0	1	1	3		$-$.18633900	
			0	2	0	4		$-$.25588316	
			0	2	1	2		$-$.20701967	
			0	3	0	3		.00000000	
			0	3	1	1		.24999999	
			0	4	0	2		.25588316	
			0	4	1	0		.06454971	
			0	5	0	1		$-$.39086800	
			1	0	0	4		$-$.06454971	
			1	1	0	3		$-$.25000000	
			1	2	0	2		.20701966	
			1	3	0	1		.18633900	
			1	4	0	0		$-$.37080996	15
1	4	3	0	0	2	3	7	.19820625	
			0	1	1	4		.26220224	
			0	1	2	2		$-$.27386130	
			0	2	0	5		.16751486	
			0	2	1	3		$-$.22717206	
			0	2	2	1		.15746721	
			0	3	0	4		$-$.05802884	
			0	3	1	2		.20708128	
			0	3	2	0		.04629100	
1	4	3	0	4	0	3	7	$-$.05802884	
			0	4	1	1		$-$.23738586	
			0	5	0	2		.16751486	
			1	0	1	3		$-$.29277004	
			1	1	0	4		$-$.23738586	
			1	1	1	2		.14846151	
			1	2	0	3		.20708128	
			1	2	1	1		.14846151	
			1	3	0	2		$-$.22717206	
			1	3	1	0		$-$.29277004	
			1	4	0	1		.26220224	
			2	0	0	3		.04629100	
			2	1	0	2		.15746721	
			2	2	0	1		$-$.27386130	
			2	3	0	0		.19820625	24
1	4	4	0	1	1	4	7	.26220223	
			0	2	0	5		.30276504	
			0	2	1	3		$-$.31950483	
			0	3	0	4		$-$.46058971	
			0	3	1	2		.15526477	
			0	4	0	3		.46058971	
			0	4	1	1		.03535534	
			0	5	0	2		$-$.30276504	
			1	1	0	4		$-$.03535534	
			1	2	0	3		$-$.15526477	
			1	3	0	2		.31950483	
			1	4	0	1		$-$.26220223	12
1	4	5	0	0	1	5	7	.31868873	
			0	1	0	6		.33285953	
			0	1	1	4		$-$.27412050	
			0	2	0	5		$-$.28504386	
			0	2	1	3		$-$.05590167	
			0	3	0	4		.11801937	
			0	3	1	2		.27467514	
			0	4	0	3		.11801936	
			0	4	1	1		$-$.12374367	
			0	5	0	2		$-$.28504385	
			0	5	1	0		$-$.15309307	
			0	6	0	1		.33285953	
			1	0	0	5		$-$.15309308	
			1	1	0	4		$-$.12374367	
			1	2	0	3		.27467514	
			1	3	0	2		$-$.05590168	
			1	4	0	1		$-$.27412049	
			1	5	0	0		.31868873	18
1	5	4	0	0	2	4	8	.15023131	
			0	1	1	5		.20155645	
			0	1	2	3		$-$.25000001	
			0	2	0	6		.13231938	
			0	2	1	4		$-$.20351943	
			0	2	2	2		.21323597	
			0	3	0	5		$-$.07417982	
			0	3	1	3		.19778870	
			0	3	2	1		$-$.04671767	
			0	4	0	4		.00000000	
			0	4	1	2		$-$.19364917	
			0	4	2	0		$-$.10704362	
			0	5	0	3		.07417982	
			0	5	1	1		.21388891	
			0	6	0	2		$-$.13231938	
			1	0	1	4		$-$.27216554	
			1	1	0	5		$-$.21388891	
			1	1	1	3		.23306865	

24

$n_1 = 1, n_2 = 0$

l_1	l_2	λ	n	l	N	L	ρ	$\langle \ \vert \ \rangle$	τ	l_1	l_2	λ	n	l	N	L	ρ	$\langle \ \vert \ \rangle$	τ
1	5	4	1	2	0	4	8	.19364917		1	6	5	0	6	0	3	9	−.07364478	
			1	2	1	2		.00000000					0	6	1	1		−.18481203	
			1	3	0	3		−.19778870					0	7	0	2		.10212694	
			1	3	1	1		−.23306865					1	0	1	5		−.23836565	
			1	4	0	2		.20351943					1	1	0	6		−.18481202	
			1	4	1	0		.27216554					1	1	1	4		.26929662	
			1	5	0	1		−.20155645					1	2	0	5		.18028133	
			2	0	0	4		.10704362					1	2	1	3		−.11861396	
			2	1	0	3		.04671767					1	3	0	4		−.18474711	
			2	2	0	2		−.21323597					1	3	1	2		−.11861395	
			2	3	0	1		.25000001					1	4	0	3		.18631810	
			2	4	0	0		−.15023131	30				1	4	1	1		.26929662	
1	5	5	0	1	1	5	8	.20155645					1	5	0	2		−.17496462	
			0	2	0	6		.22738635					1	5	1	0		−.23836566	
			0	2	1	4		−.30338996					1	6	0	1		.15309312	
			0	3	0	5		−.38944405					2	0	0	5		.13588934	
			0	3	1	3		.22821776					2	1	0	4		−.03978433	
			0	4	0	4		.45708708					2	2	0	3		−.12580908	
			0	4	1	2		−.04225772					2	3	0	2		.23417549	
			0	5	0	3		−.38944406					2	4	0	1		−.21650637	
			0	5	1	1		−.07500001					2	5	0	0		.11306677	36
			0	6	0	2		.22738635		1	6	6	0	1	1	6	9	.15309312	
			1	1	0	5		−.07500001					0	2	0	7		.16984157	
			1	2	0	4		−.04225772					0	2	1	5		−.26965970	
			1	3	0	3		.22821776					0	3	0	6		−.31980109	
			1	4	0	2		−.30338997					0	3	1	4		.26382245	
			1	5	0	1		.20155645	15				0	4	0	5		.42257714	
1	5	6	0	0	1	6	8	.26516506					0	4	1	3		−.12500001	
			0	1	0	7		.27517479					0	5	0	4		−.42257714	
			0	1	1	5		−.31008685					0	5	1	2		−.03340764	
			0	2	0	6		−.28203805					0	6	0	3		.31980109	
			0	2	1	4		.07995028					0	6	1	1		.08838835	
			0	3	0	5		.19094066					0	7	0	2		−.16984157	
			0	3	1	3		.20412416					1	1	0	6		−.08838835	
			0	4	0	4		.00000000					1	2	0	5		.03340764	
			0	4	1	2		−.23385359					1	3	0	4		.12500001	
			0	5	0	3		−.19094066					1	4	0	3		−.26382245	
			0	5	1	1		.00000000					1	5	0	2		.26965970	
			0	6	0	2		.28203805					1	6	0	1		−.15309312	18
			0	6	1	0		.19764236		1	6	7	0	0	1	7	9	.21560235	
			0	7	0	1		−.27517478					0	1	0	8		.22267314	
			1	0	0	6		−.19764236					0	1	1	6		−.31128933	
			1	1	0	5		.00000000					0	2	0	7		−.26097696	
			1	2	0	4		.23385360					0	2	1	5		.18039424	
			1	3	0	3		−.20412415					0	3	0	6		.22838367	
			1	4	0	2		−.07995029					0	3	1	4		.09327530	
			1	5	0	1		.31008686					0	4	0	5		−.09182886	
			1	6	0	0		−.26516505	21				0	4	1	3		−.25043366	
1	6	5	0	0	2	5	9	.11306676					0	5	0	4		−.09182886	
			0	1	1	6		.15309311					0	5	1	2		.14232602	
			0	1	2	4		−.21650637					0	6	0	3		.22838366	
			0	2	0	7		.10212693					0	6	1	1		.09722718	
			0	2	1	5		−.17496461					0	7	0	2		−.26097696	
			0	2	2	3		.23417548					0	7	1	0		−.21133260	
			0	3	0	6		−.07364477					0	8	0	1		.22267314	
			0	3	1	4		.18631810					1	0	0	7		−.21133260	
			0	3	2	2		−.12580910					1	1	0	6		.09722720	
			0	4	0	5		.02849015					1	2	0	5		.14232602	
			0	4	1	3		−.18474712					1	3	0	4		−.25043367	
			0	4	2	1		−.03978433					1	4	0	3		.09327530	
			0	5	0	4		.02849013					1	5	0	2		.18039423	
			0	5	1	2		.18028131					1	6	0	1		−.31128933	
			0	5	2	0		.13588933					1	7	0	0		.21560235	24
										2	2	0	0	0	3	0	6	.35355340	

$n_1 = 1, n_2 = 0$

l_1	l_2	λ	n	l	N	L	ρ	$\langle\ |\ \rangle$	τ	l_1	l_2	λ	n	l	N	L	ρ	$\langle\ |\ \rangle$	τ
2	2	0	0	1	2	1	6	.28867514		2	3	1	0	2	2	1	7	− .08728716	
			0	2	1	2		.16666669					0	3	0	4		.14846147	
			0	3	0	3		.31622782					0	3	1	2		.13131982	
			1	0	2	0		− .31180478					0	4	0	3		− .14846149	
			1	1	1	1		− .48304587					1	0	2	1		− .31716753	
			1	2	0	2		.16666669					1	1	1	2		− .33946738	
			2	0	1	0		− .31180478					1	1	2	0		.02886751	
			2	1	0	1		.28867514					1	2	0	3		− .13131983	
			3	0	0	0		.35355340	10				1	2	1	1		.33946737	
2	2	1	0	1	2	1	6	.50000004					1	3	0	2		− .24053512	
			0	2	1	2		.50000006					2	0	1	1		− .02886751	
			0	3	0	3		.00000002					2	1	0	2		− .08728715	
			1	1	1	1		.00000000					2	1	1	0		.31716753	
			1	2	0	2		− .50000003					2	2	0	1		− .29277002	
			2	1	0	1		− .50000004	6				3	0	0	1		.21128856	
2	2	2	0	0	2	2	6	.23145502					3	1	0	0		− .21957752	20
			0	1	1	3		.17928429		2	3	2	0	1	2	2	7	.35856859	
			0	1	2	1		.09759000					0	2	1	3		.40089187	
			0	2	0	4		.00000000					0	2	2	1		− .26726127	
			0	2	1	2		.33333335					0	3	0	4		.13552618	
			0	2	2	0		− .26352314					0	3	1	2		− .31314730	
			0	3	0	3		.52372297					0	4	0	3		.13552619	
			0	3	1	1		− .24053513					1	1	1	2		− .15118580	
			0	4	0	2		.00000000					1	2	0	3		− .31314729	
			1	0	1	2		− .12598816					1	2	1	1		− .15118580	
			1	1	0	3		− .24053513					1	3	0	2		.40089189	
			1	1	1	1		.16329930					2	1	0	2		− .26726125	
			1	2	0	2		.33333335					2	2	0	1		.35856860	12
			1	2	1	0		− .12598816		2	3	3	0	0	2	3	7	.19820624	
			1	3	0	1		.17928428					0	1	1	4		.18728730	
			2	0	0	2		− .26352314					0	1	2	2		− .03912304	
			2	1	0	1		.09759000					0	2	0	5		.05583828	
			2	2	0	0		.23145502	18				0	2	1	3		.21826336	
2	2	3	0	1	1	3	6	.40089187					0	2	2	1		− .19245992	
			0	2	0	4		.47915742					0	3	0	4		.40620194	
			0	2	1	2		.14285714					0	3	1	2		− .24748739	
			0	3	0	3		.00000000					0	3	2	0		.13887300	
			0	3	1	1		− .29880714					0	4	0	3		− .40620194	
			0	4	0	2		− .47915742					0	4	1	1		.20708125	
			1	1	0	3		.29880714					0	5	0	2		− .05583828	
			1	2	0	2		− .14285714					1	0	1	3		− .19518001	
			1	3	0	1		− .40089187	9				1	1	0	4		− .20708125	
2	2	4	0	0	1	4	6	.38382475					1	1	1	2		− .09897432	
			0	1	0	5		.40458680					1	2	0	3		.24748738	
			0	1	1	3		.15430335					1	2	1	1		.09897432	
			0	2	0	4		.00000000					1	3	0	2		− .21826336	
			0	2	1	2		− .25000000					1	3	1	0		.19518002	
			0	3	0	3		− .19820625					1	4	0	1		− .18728730	
			0	3	1	1		− .20701968					2	0	0	3		− .13887301	
			0	4	0	2		.00000000					2	1	0	2		.19245992	
			0	4	1	0		.20044593					2	2	0	1		.03912305	
			0	5	0	1		.40458680					2	3	0	0		− .19820624	24
			1	0	0	4		.20044594		2	3	4	0	1	1	4	7	.38382475	
			1	1	0	3		− .20701966					0	2	0	5		.44320262	
			1	2	0	2		− .25000001					0	2	1	3		− .06681531	
			1	3	0	1		.15430334					0	3	0	4		− .22474476	
			1	4	0	0		.38382475	15				0	3	1	2		− .27779194	
2	3	1	0	0	3	1	7	.21957752					0	4	0	3		− .22474476	
			0	1	2	2		.29277003					0	4	1	1		.15526474	
			0	1	3	0		− .21128856					0	5	0	2		.44320262	
			0	2	1	3		.24053511					1	1	0	4		.15526474	
													1	2	0	3		− .27779194	
													1	3	0	2		− .06681531	

26

$n_1 = 1, n_2 = 0$

l_1	l_2	λ	n	l	N	L	ρ	$\langle \ | \ \rangle$	τ
2	3	4	1	4	0	1	7	.38382475	12
2	3	5	0	0	1	5	7	.38090588	
			0	1	0	6		.39784323	
			0	1	1	4		− .01424507	
			0	2	0	5		− .11356419	
			0	2	1	3		− .28953302	
			0	3	0	4		− .14106013	
			0	3	1	2		.02525379	
			0	4	0	3		.14106012	
			0	4	1	1		.27467513	
			0	5	0	2		.11356419	
			0	5	1	0		− .06099376	
			0	6	0	1		− .39784322	
			1	0	0	5		.06099376	
			1	1	0	4		− .27467514	
			1	2	0	3		− .02525381	
			1	3	0	2		.28953301	
			1	4	0	1		.01424507	
			1	5	0	0		− .38090588	18
2	4	2	0	0	3	2	8	.15891854	
			0	1	2	3		.23452079	
			0	1	3	1		− .21213204	
			0	2	1	4		.20594305	
			0	2	2	2		− .13280996	
			0	2	3	0		.11134614	
			0	3	0	5		.11443442	
			0	3	1	3		− .01825742	
			0	3	2	1		.10757059	
			0	4	0	4		− .04540529	
			0	4	1	2		− .15816327	
			0	5	0	3		.11443443	
			1	0	2	2		− .30346635	
			1	1	1	3		− .31304951	
			1	1	2	1		.16431680	
			1	2	0	4		− .15816327	
			1	2	1	2		.21296974	
			1	2	2	0		.10714288	
			1	3	0	3		− .01825742	
			1	3	1	1		− .31304951	
			1	4	0	2		.20594305	
			2	0	1	2		.10714288	
			2	1	0	3		.10757059	
			2	1	1	1		.16431680	
			2	2	0	2		− .13280996	
			2	2	1	0		− .30346635	
			2	3	0	1		.23452079	
			3	0	0	2		.11134614	
			3	1	0	1		− .21213204	
			3	2	0	0		.15891854	30
2	4	3	0	1	2	3	8	.26486424	
			0	2	1	4		.31339161	
			0	2	2	2		− .29880714	
			0	3	0	5		.14621896	
			0	3	1	3		− .32076650	
			0	3	2	1		.12148858	
			0	4	0	4		.00000000	
			0	4	1	2		.24999999	
			0	5	0	3		− .14621896	
			1	1	1	3		− .20203050	
			1	2	0	4		− .24999999	
			1	2	1	2		.00000000	
			1	3	0	3		.32076650	
			1	3	1	1		.20203050	

l_1	l_2	λ	n	l	N	L	ρ	$\langle \ | \ \rangle$	τ
2	4	3	1	4	0	2	8	− .31339161	
			2	1	0	3		− .12148858	
			2	2	0	2		.29880714	
			2	3	0	1		− .26486424	18
2	4	4	0	0	2	4	8	.16624095	
			0	1	1	5		.17347216	
			0	1	2	3		− .10758287	
			0	2	0	6		.07321010	
			0	2	1	4		.12617065	
			0	2	2	2		− .09438392	
			0	3	0	5		.28729721	
			0	3	1	3		− .23570226	
			0	3	2	1		.18093672	
			0	4	0	4		− .44149608	
			0	4	1	2		.17517007	
			0	4	2	0		− .03948361	
			0	5	0	3		.28729721	
			0	5	1	1		− .19364917	
			0	6	0	2		.07321010	
			1	0	1	4		− .22587698	
			1	1	0	5		− .19364917	
			1	1	1	3		.00000001	
			1	2	0	4		.17517007	
			1	2	1	2		.15135099	
			1	3	0	3		− .23570226	
			1	3	1	1		.00000001	
			1	4	0	2		.12617065	
			1	4	1	0		− .22587698	
			1	5	0	1		.17347216	
			2	0	0	4		− .03948361	
			2	1	0	3		.18093672	
			2	2	0	2		− .09438392	
			2	3	0	1		− .10758287	
			2	4	0	0		.16624095	30
2	4	5	0	1	1	5	8	.34069258	
			0	2	0	6		.38435307	
			0	2	1	4		− .19943102	
			0	3	0	5		− .32914029	
			0	3	1	3		− .15430335	
			0	4	0	4		.00000000	
			0	4	1	2		.25000000	
			0	5	0	3		.32914029	
			0	5	1	1		− .04225770	
			0	6	0	2		− .38435307	
			1	1	0	5		.04225770	
			1	2	0	4		− .25000000	
			1	3	0	3		.15430334	
			1	4	0	2		.19943102	
			1	5	0	1		− .34069258	15
2	4	6	0	0	1	6	8	.35434169	
			0	1	0	7		.36771776	
			0	1	1	5		− .14502986	
			0	2	0	6		− .18844460	
			0	2	1	4		− .22079863	
			0	3	0	5		− .05103103	
			0	3	1	3		.19094065	
			0	4	0	4		.16940772	
			0	4	1	2		.15178570	
			0	5	0	3		− .05103103	
			0	5	1	1		− .23385761	
			0	6	0	2		− .18844461	
			0	6	1	0		− .05282215	
			0	7	0	1		.36771776	

$n_1 = 1, n_2 = 0$

l_1	l_2	λ	n	l	N	L	ρ	$\langle\,\vert\,\rangle$	τ	l_1	l_2	λ	n	l	N	L	ρ	$\langle\,\vert\,\rangle$	τ
2	4	6	1	0	0	6	8	$-.05282214$		2	5	4	1	4	0	3	9	$-.29625447$	
			1	1	0	5		$-.23385360$					1	4	1	1		$-.20701970$	
			1	2	0	4		.15178570					1	5	0	2		.24090604	
			1	3	0	3		.19094065					2	1	0	4		$-.03058389$	
			1	4	0	2		$-.22079864$					2	2	0	3		.19741813	
			1	5	0	1		$-.14502987$					2	3	0	2		$-.28347339$	
			1	6	0	0		.35434169	21				2	4	0	1		.19669895	24
2	5	3	0	0	3	3	9	.11755011		2	5	5	0	0	2	5	9	.13638619	
			0	1	2	4		.18138376					0	1	1	6		.15109180	
			0	1	3	2		$-.19209031$					0	1	2	4		$-.13770237$	
			0	2	1	5		.16442792					0	2	0	7		.07391404	
			0	2	2	3		$-.13888888$					0	2	1	5		.06074127	
			0	2	3	1		.15828664					0	2	2	3		$-.00807065$	
			0	3	0	6		.08993015					0	3	0	6		.19543399	
			0	3	1	4		$-.05815526$					0	3	1	4		$-.19879530$	
			0	3	2	2		.10446386					0	3	2	2		.15175653	
			0	3	3	0		$-.03165735$					0	4	0	5		$-.39177343$	
			0	4	0	5		$-.03358574$					0	4	1	3		.18903846	
			0	4	1	3		$-.03857583$					0	4	2	1		$-.12477304$	
			0	4	2	1		$-.12973193$					0	5	0	4		.39177340	
			0	5	0	4		.03358575					0	5	1	2		$-.13328401$	
			0	5	1	2		.15112203					0	5	2	0		$-.03278315$	
			0	6	0	3		$-.08993016$					0	6	0	3		$-.19543399$	
			1	0	2	3		.27168777					0	6	1	1		.18028132	
			1	1	1	4		$-.27998798$					0	7	0	2		$-.07391405$	
			1	1	2	2		.23760580					1	0	1	5		$-.23002186$	
			1	2	0	5		$-.15112204$					1	1	0	6		$-.18028133$	
			1	2	1	3		.19697895					1	1	1	4		.08662337	
			1	2	2	1		$-.02072460$					1	2	0	5		.13328400	
			1	3	0	4		$-.03857583$					1	2	1	3		.11446194	
			1	3	1	2		$-.19697894$					1	3	0	4		$-.18903849$	
			1	3	2	0		$-.17731036$					1	3	1	2		$-.11446194$	
			1	4	0	3		.05815527					1	4	0	3		.19879527	
			1	4	1	1		.27998798					1	4	1	1		$-.08662337$	
			1	5	0	2		$-.16442793$					1	5	0	2		$-.06074127$	
			2	0	1	3		.17731037					1	5	1	0		.23002186	
			2	1	0	4		.12973193					1	6	0	1		$-.15109181$	
			2	1	1	2		.02072462					2	0	0	5		.03278315	
			2	2	0	3		$-.10446386$					2	1	0	4		.12477304	
			2	2	1	1		$-.23760579$					2	2	0	3		$-.15175653$	
			2	3	0	2		.13888888					2	3	0	2		.00807065	
			2	3	1	0		.27168777					2	4	0	1		.13770237	
			2	4	0	1		$-.18138376$					2	5	0	0		$-.13638619$	36
			3	0	0	3		.03165734		2	5	6	0	1	1	6	9	.28931879	
			3	1	0	2		$-.15828665$					0	2	0	7		.32097039	
			3	2	0	1		.19209030					0	2	1	5		$-.26870288$	
			3	3	0	0		$-.11755011$	46				0	3	0	6		$-.36262034$	
2	5	4	0	1	2	4	9	.19669895					0	3	1	4		$-.01424506$	
			0	2	1	5		.24090602					0	4	0	5		.15971914	
			0	2	2	3		$-.28347337$					0	4	1	3		.23622782	
			0	3	0	6		.12811767					0	5	0	4		.15971915	
			0	3	1	4		$-.29625446$					0	5	1	2		$-.16414979$	
			0	3	2	2		.19741815					0	6	0	3		$-.36262034$	
			0	4	0	5		$-.06070260$					0	6	1	1		$-.03340766$	
			0	4	1	3		.27481700					0	7	0	2		.32097039	
			0	4	2	1		$-.03058389$					1	1	0	6		$-.03340766$	
			0	5	0	4		$-.06070260$					1	2	0	5		$-.16414979$	
			0	5	1	2		$-.21044844$					1	3	0	4		.23622781	
			0	6	0	3		.12811770					1	4	0	3		$-.01424505$	
			1	1	1	4		$-.20701969$					1	5	0	2		$-.26870288$	
			1	2	0	5		$-.21044845$					1	6	0	1		.28931879	18
			1	2	1	3		.11167658		2	5	7	0	0	1	7	9	.31560952	
			1	3	0	4		.27481699					0	1	0	8		.32596011	
			1	3	1	2		.11167657											

$n_1 = 1, n_2 = 0$

l_1	l_2	λ	n	l	N	L	ρ	$\langle\ \vert\ \rangle$	τ
2	5	7	0	1	1	6	9	$-.23157556$	
			0	2	0	7		$-.22921870$	
			0	2	1	5		$-.10655459$	
			0	3	0	6		.03714660	
			0	3	1	4		.25357632	
			0	4	0	5		$-.13442370$	
			0	4	1	3		$-.02156454$	
			0	5	0	4		$-.13442369$	
			0	5	1	2		$-.23359780$	
			0	6	0	3		$-.03714661$	
			0	6	1	1		.14232600	
			0	7	0	2		.22921869	
			0	7	1	0		.13258254	
			0	8	0	1		$-.32596011$	
			1	0	0	7		$-.13258255$	
			1	1	0	6		$-.14232602$	
			1	2	0	5		.23359781	
			1	3	0	4		.02156456	
			1	4	0	3		$-.25357631$	
			1	5	0	2		.10655457	
			1	6	0	1		.23157555	
			1	7	0	0		$-.31560952$	24
2	6	4	0	0	3	4	10	.08723289	
			0	1	2	5		.13802945	
			0	1	3	3		$-.16517187$	
			0	2	1	6		.12753239	
			0	2	2	4		$-.12878788$	
			0	2	3	2		.17543236	
			0	3	0	7		.06976596	
			0	3	1	5		$-.06811757$	
			0	3	2	3		.10950274	
			0	3	3	1		$-.09105392$	
			0	4	0	6		$-.03080141$	
			0	4	1	4		.00607412	
			0	4	2	2		$-.10272269$	
			0	4	3	0		$-.02628502$	
			0	5	0	5		.01794710	
			0	5	1	3		.05939379	
			0	5	2	1		.13867509	
			0	6	0	4		$-.03080140$	
			0	6	1	2		$-.13365800$	
			0	7	0	3		.06976597	
			1	0	2	4		$-.23274219$	
			1	1	1	5		$-.24100584$	
			1	1	2	3		.26559691	
			1	2	0	6		$-.13365801$	
			1	2	1	4		.18980475	
			1	2	2	2		$-.12696864$	
			1	3	0	5		.05939380	
			1	3	1	3		$-.17120447$	
			1	3	2	1		$-.08761669$	
			1	4	0	4		.00607412	
			1	4	1	2		.18980474	
			1	4	2	0		.20580173	
			1	5	0	3		$-.06811755$	
			1	5	1	1		$-.24100583$	
			1	6	0	2		.12753239	
			2	0	1	4		.20580173	
			2	1	0	5		.13867511	
			2	1	1	3		$-.08761668$	
			2	2	0	4		$-.10272267$	
			2	2	1	2		$-.12696864$	
			2	3	0	3		.10950274	
			2	3	1	1		.26559693	
			2	4	0	2		$-.12878787$	
2	6	4	2	4	1	0	10	$-.23274217$	
			2	5	0	1		.13802944	
			3	0	0	4		$-.02628500$	
			3	1	0	3		$-.09105392$	
			3	2	0	2		.17543236	
			3	3	0	1		$-.16517187$	
			3	4	0	0		.08723288	50
2	6	5	0	1	2	5	10	.14596854	
			0	2	1	6		.18298124	
			0	2	2	4		$-.25000000$	
			0	3	0	7		.10439437	
			0	3	1	5		$-.25910817$	
			0	3	2	3		.23417548	
			0	4	0	6		$-.08213709$	
			0	4	1	4		.27333537	
			0	4	2	2		$-.10272267$	
			0	5	0	5		.00000000	
			0	5	1	3		$-.24275207$	
			0	5	2	1		$-.02296948$	
			0	6	0	4		$-.08213709$	
			0	6	1	2		.17694806	
			0	7	0	3		$-.10439440$	
			1	1	1	5		$-.19069254$	
			1	2	0	6		$-.17694806$	
			1	2	1	4		.17520442	
			1	3	0	5		.24275210	
			1	3	1	3		.00000001	
			1	4	0	4		$-.27333536$	
			1	4	1	2		$-.17520441$	
			1	5	0	3		.25910814	
			1	5	1	1		.19069252	
			1	6	0	2		$-.18298126$	
			2	1	0	5		.02296951	
			2	2	0	4		.10272270	
			2	3	0	3		$-.23417549$	
			2	4	0	2		.25000000	
			2	5	0	1		$-.14596855$	30
2	6	6	0	0	2	6	10	.10988113	
			0	1	1	7		.12670540	
			0	1	2	5		$-.14484136$	
			0	2	0	8		.06729639	
			0	2	1	6		.01774362	
			0	2	2	4		.05571482	
			0	3	0	7		.12912874	
			0	3	1	5		$-.15322899$	
			0	3	2	3		.09278371	
			0	4	0	6		$-.32128096$	
			0	4	1	4		.19015002	
			0	4	2	2		$-.15109181$	
			0	5	0	5		.40440099	
			0	5	1	3		$-.14151114$	
			0	5	2	1		.05698028	
			0	6	0	4		$-.32128096$	
			0	6	1	2		.11038963	
			0	6	2	0		.07995026	
			0	7	0	3		.12912877	
			0	7	1	1		$-.16366819$	
			0	8	0	2		.06729639	
			1	0	1	6		$-.21759706$	
			1	1	0	7		$-.16366818$	
			1	1	1	5		.14782811	
			1	2	0	6		.11038961	
			1	2	1	4		.04295051	
			1	3	0	5		$-.14151114$	

$n_1 = 1, n_2 = 0$

l_1	l_2	λ	n	l	N	L	ρ	$\langle \ \vert \ \rangle$	τ	l_1	l_2	λ	n	l	N	L	ρ	$\langle \ \vert \ \rangle$	τ
2	6	6	1	3	1	3	10	$-$.14506471		3	3	0	0	1	3	1	8	.15811386	
			1	4	0	4		.19015002					0	2	2	2		.22360677	
			1	4	1	2		.04295051					0	3	1	3		.30000001	
			1	5	0	3		$-$.15322898					0	4	0	4		.00000001	
			1	5	1	1		.14782811					1	0	3	0		$-$.38729838	
			1	6	0	2		.01774365					1	1	2	1		$-$.36742351	
			1	6	1	0		$-$.21759707					1	2	1	2		.00000004	
			1	7	0	1		.12670541					1	3	0	3		$-$.30000000	
			2	0	0	6		.07995027					2	0	2	0		.00000002	
			2	1	0	5		.05698028					2	1	1	1		.36742355	
			2	2	0	4		$-$.15109181					2	2	0	2		$-$.22360682	
			2	3	0	3		.09278371					3	0	1	0		.38729835	
			2	4	0	2		.05571482					3	1	0	1		$-$.15811391	
			2	5	0	1		$-$.14484136					4	0	0	0		$-$.22360681	15
			2	6	0	0		.10988113	42	3	3	1	0	1	3	1	8	.38729834	
2	6	7	0	1	1	7	10	.23857837					0	2	2	2		.31622778	
			0	2	0	8		.26134951					0	3	1	3		.10000001	
			0	2	1	6		$-$.29277003					0	4	0	4		.20701969	
			0	3	0	7		$-$.35510408					1	1	2	1		$-$.30000003	
			0	3	1	5		.10359275					1	2	1	2		$-$.50709259	
			0	4	0	6		.25793305					1	3	0	3		.10000001	
			0	4	1	4		.15604695					2	1	1	1		$-$.30000003	
			0	5	0	5		.00000000					2	2	0	2		.31622778	
			0	5	1	3		$-$.22410537					3	1	0	1		.38729834	10
			0	6	0	4		$-$.25793305		3	3	2	0	0	3	2	8	.13540065	
			0	6	1	2		.07142858					0	1	2	3		.08563489	
			0	7	0	3		.35510410					0	1	3	1		.05163977	
			0	7	1	1		.07763239					0	2	1	4		.02288688	
			0	8	0	2		$-$.26134951					0	2	2	2		.37032805	
			1	1	0	7		$-$.07763238					0	2	3	0		$-$.22135944	
			1	2	0	6		$-$.07142857					0	3	0	5		.04178554	
			1	3	0	5		.22410537					0	3	1	3		.41333335	
			1	4	0	4		$-$.15604695					0	3	2	1		$-$.14402381	
			1	5	0	3		$-$.10359274					0	4	0	4		.00000000	
			1	6	0	2		.29277005					0	4	1	2		$-$.01825741	
			1	7	0	1		$-$.23857837	21				0	5	0	3		$-$.04178554	
2	6	8	0	0	1	8	10	.27243118					1	0	2	2		$-$.20412416	
			0	1	0	9		.28032939					1	1	1	3		$-$.17962926	
			0	1	1	7		$-$.27868517					1	1	2	1		$-$.12000001	
			0	2	0	8		$-$.24366984					1	2	0	4		.01825742	
			0	2	1	6		.01219874					1	2	1	2		.00000000	
			0	3	0	7		.10837206					1	2	2	0		.05477227	
			0	3	1	5		.23164041					1	3	0	3		$-$.41333333	
			0	4	0	6		.07040665					1	3	1	1		.17962926	
			0	4	1	4		$-$.15766407					1	4	0	2		$-$.02288688	
			0	5	0	5		$-$.15349759					2	0	1	2		$-$.05477226	
			0	5	1	3		$-$.12249475					2	1	0	3		.14402381	
			0	6	0	4		.07040664					2	1	1	1		.12000002	
			0	6	1	2		.23214285					2	2	0	2		$-$.37032805	
			0	7	0	3		.10837207					2	2	1	0		.20412416	
			0	7	1	1		$-$.03952845					2	3	0	1		$-$.08563489	
			0	8	0	2		$-$.24366984					3	0	0	2		.22135944	
			0	8	1	0		$-$.18042194					3	1	0	1		$-$.05163978	
			0	9	0	1		.28032939					3	2	0	0		$-$.13540065	30
			1	0	0	8		$-$.18042194		3	3	3	0	1	2	3	8	.30276505	
			1	1	0	7		$-$.03952845					0	2	1	4		.25588317	
			1	2	0	6		.23214285					0	2	2	2		.09759000	
			1	3	0	5		$-$.12249475					0	3	0	5		.00000000	
			1	4	0	4		$-$.15766408					0	3	1	3		.20000002	
			1	5	0	3		.23164041					0	3	2	1		$-$.32403706	
			1	6	0	2		.01219876					0	4	0	4		.34601722	
			1	7	0	1		$-$.27868517					0	4	1	2		$-$.32076652	
			1	8	0	0		.27243118	27				0	5	0	3		.00000000	
3	3	0	0	0	4	0	8	.22360681											

$n_1 = 1, n_2 = 0$

l_1	l_2	λ	n	l	N	L	ρ	$<\ \mid\ >$	τ	l_1	l_2	λ	n	l	N	L	ρ	$<\ \mid\ >$	τ
3	3	3	1	1	1	3	8	−.11547006		3	3	6	0	5	0	3	8	.15590239	
			1	2	0	4		−.32076652					0	5	1	1		.20412415	
			1	2	1	2		−.15649217					0	6	0	2		.00000000	
			1	3	0	3		.20000002					0	6	1	0		−.16137431	
			1	3	1	1		−.11547006					0	7	0	1		−.37446544	
			1	4	0	2		.25588317					1	0	0	6		.16137431	
			2	1	0	3		−.32403706					1	1	0	5		−.20412414	
			2	2	0	2		.09759000					1	2	0	4		−.19094066	
			2	3	0	1		.30276505	18				1	3	0	3		.16666666	
													1	4	0	2		.23935679	
3	3	4	0	0	2	4	8	.16457016					1	5	0	1		−.12659241	
			0	1	1	5		.12266335					1	6	0	0		−.36084392	21
			0	1	2	3		.06085806											
			0	2	0	6		.00000000		3	4	1	0	0	4	1	9	.13213750	
			0	2	1	4		.29546844					0	1	3	2		.19072405	
			0	2	2	2		−.14015298					0	1	4	0		−.16101531	
			0	3	0	5		.40629962					0	2	2	3		.20470653	
			0	3	1	3		.01666667					0	2	3	1		−.00514345	
			0	3	2	1		−.10235326					0	3	1	4		.16751484	
			0	4	0	4		.00000000					0	3	2	2		.04665693	
			0	4	1	2		−.23570226					0	4	0	5		.07063044	
			0	4	2	0		.19543400					0	4	1	3		−.12458549	
			0	5	0	3		−.40629962					0	5	0	4		.07063046	
			0	5	1	1		.19778872					1	0	3	1		−.29902842	
			0	6	0	2		.00000000					1	1	2	2		−.32962222	
			1	0	1	4		−.14907121					1	1	3	0		.15430335	
			1	1	0	5		−.19778872					1	2	1	3		−.21444439	
			1	1	1	3		−.12765695					1	2	2	1		.19192899	
			1	2	0	4		.23570227					1	3	0	4		−.12458548	
			1	2	1	2		.00000000					1	3	1	2		−.21444439	
			1	3	0	3		−.01666666					1	4	0	3		.16751485	
			1	3	1	1		.12765695					2	0	2	1		.15118579	
			1	4	0	2		−.29546844					2	1	1	2		.19192900	
			1	4	1	0		.14907121					2	1	2	0		.15118579	
			1	5	0	1		−.12266335					2	2	0	3		.04665694	
			2	0	0	4		−.19543400					2	2	1	1		−.32962222	
			2	1	0	3		.10235326					2	3	0	2		.20470653	
			2	2	0	2		.14015298					3	0	1	1		.15430335	
			2	3	0	1		−.06085806					3	1	0	2		−.00514345	
			2	4	0	0		−.16457016	30				3	1	1	0		−.29902842	
													3	2	0	1		.19072405	
3	3	5	0	1	1	5	8	.36799006					4	0	0	1		−.16101531	
			0	2	0	6		.41514878					4	1	0	0		.13213750	30
			0	2	1	4		.12309150											
			0	3	0	5		.00000000		3	4	2	0	1	3	2	9	.25588317	
			0	3	1	3		−.25000000					0	2	2	3		.28030597	
			0	4	0	4		−.27817432					0	2	3	1		−.24152295	
			0	4	1	2		−.15430335					0	3	1	4		.16751484	
			0	5	0	3		.00000000					0	3	2	2		−.15971915	
			0	5	1	1		.22821773					0	4	0	5		.11167654	
			0	6	0	2		.41514878					0	4	1	3		.08417937	
			1	1	0	5		.22821774					0	5	0	4		−.11167656	
			1	2	0	4		−.15430334					1	1	2	2		−.29880716	
			1	3	0	3		−.25000001					1	2	1	3		−.36140318	
			1	4	0	2		.12309149					1	2	2	1		.06776310	
			1	5	0	1		.36799006	15				1	3	0	4		−.08417939	
													1	3	1	2		.36140317	
3	3	6	0	0	1	6	8	.36084392					1	4	0	3		−.16751486	
			0	1	0	7		.37446544					2	1	1	2		−.06776311	
			0	1	1	5		.12659243					2	2	0	3		.15971916	
			0	2	0	6		.00000000					2	2	1	1		.29880716	
			0	2	1	4		−.23935678					2	3	0	2		−.28030596	
			0	3	0	5		−.15590239					3	1	0	2		.24152296	
			0	3	1	3		−.16666668					3	2	0	1		−.25588316	20
			0	4	0	4		.00000000											
			0	4	1	2		.19094064		3	4	3	0	0	3	3	9	.10773645	

$n_1 = 1, n_2 = 0$

l_1	l_2	λ	n	l	N	L	ρ	$\langle\ \|\ \rangle$	τ
3	4	3	0	1	2	4	9	.09974456	
			0	1	3	2		− .03260253	
			0	2	1	5		.05257000	
			0	2	2	3		.25095058	
			0	2	3	1		− .12572917	
			0	3	0	6		.03170090	
			0	3	1	4		.32741539	
			0	3	2	2		− .25987308	
			0	3	3	0		.14507212	
			0	4	0	5		.07182429	
			0	4	1	3		− .29126067	
			0	4	2	1		.10856203	
			0	5	0	4		.07182430	
			0	5	1	2		− .03857583	
			0	6	0	3		.03170091	
			1	0	2	3		− .20916500	
			1	1	1	4		− .17496356	
			1	1	2	2		− .01675148	
			1	2	0	5		− .03857584	
			1	2	1	3		− .03868591	
			1	2	2	1		.13296079	
			1	3	0	4		− .29126068	
			1	3	1	2		− .03868591	
			1	3	2	0		.04432028	
			1	4	0	3		.32741540	
			1	4	1	1		− .17496354	
			1	5	0	2		.05257001	
			2	0	1	3		.04432027	
			2	1	0	4		.10856204	
			2	1	1	2		.13296079	
			2	2	0	3		− .25987308	
			2	2	1	1		− .01675147	
			2	3	0	2		.25095058	
			2	3	1	0		− .20916499	
			2	4	0	1		.09974456	
			3	0	0	3		.14507213	
			3	1	0	2		− .12572917	
			3	2	0	1		− .03260253	
			3	3	0	0		.10773645	40
3	4	4	0	1	2	4	9	.26389934	
			0	2	1	5		.25138505	
			0	2	2	3		− .07042952	
			0	3	0	6		.05729596	
			0	3	1	4		.05736114	
			0	3	2	2		− .22954900	
			0	4	0	5		.28051935	
			0	4	1	3		− .24973216	
			0	4	2	1		.20516298	
			0	5	0	4		− .28051936	
			0	5	1	2		.27481701	
			0	6	0	3		− .05729596	
			1	1	1	4		− .18516405	
			1	2	0	5		− .27481700	
			1	2	1	3		− .09988655	
			1	3	0	4		.24973216	
			1	3	1	2		.09988656	
			1	4	0	3		− .05736115	
			1	4	1	1		.18516404	
			1	5	0	2		− .25138507	
			2	1	0	4		− .20516297	
			2	2	0	3		.22954900	
			2	3	0	2		.07042952	
			2	4	0	1		− .26389935	24
3	4	5	0	0	2	5	9	.14940358	

l_1	l_2	λ	n	l	N	L	ρ	$\langle\ \|\ \rangle$	τ
3	4	5	0	1	1	6	9	.12873217	
			0	1	2	4		− .01560470	
			0	2	0	7		.02698960	
			0	2	1	5		.24698273	
			0	2	2	3		− .13261441	
			0	3	0	6		.36978701	
			0	3	1	4		− .12030613	
			0	3	2	2		.03324819	
			0	4	0	5		− .21834776	
			0	4	1	3		− .15994083	
			0	4	2	1		.15771003	
			0	5	0	4		− .21834776	
			0	5	1	2		.18903846	
			0	5	2	0		− .10773646	
			0	6	0	3		.36978698	
			0	6	1	1		− .18474715	
			0	7	0	2		.02698958	
			1	0	1	5		− .18898225	
			1	1	0	6		− .18474712	
			1	1	1	4		− .07116834	
			1	2	0	5		.18903848	
			1	2	1	3		.09404009	
			1	3	0	4		− .15994083	
			1	3	1	2		.09404009	
			1	4	0	3		− .12030614	
			1	4	1	1		− .07116835	
			1	5	0	2		.24698270	
			1	5	1	0		− .18898225	
			1	6	0	1		.12873216	
			2	0	0	5		− .10773646	
			2	1	0	4		.15771003	
			2	2	0	3		.03324819	
			2	3	0	2		− .13261441	
			2	4	0	1		− .01560470	
			2	5	0	0		.14940358	36
3	4	6	0	1	1	6	9	.36084392	
			0	2	0	7		.40032040	
			0	2	1	5		− .03466877	
			0	3	0	6		− .15075568	
			0	3	1	4		− .26650093	
			0	4	0	5		− .19920473	
			0	4	1	3		.05892555	
			0	5	0	4		.19920477	
			0	5	1	2		.23622781	
			0	6	0	3		.15075569	
			0	6	1	1		− .12499999	
			0	7	0	2		− .40032040	
			1	1	0	6		.12499999	
			1	2	0	5		− .23622782	
			1	3	0	4		− .05892558	
			1	4	0	3		.26650092	
			1	5	0	2		.03466877	
			1	6	0	1		− .36084392	18
3	4	7	0	0	1	7	9	.35933727	
			0	1	0	8		.37112192	
			0	1	1	6		− .00850517	
			0	2	0	7		− .08699231	
			0	2	1	5		− .26900892	
			0	3	0	6		− .12687982	
			0	3	1	4		.01332503	
			0	4	0	5		.09182885	
			0	4	1	3		.25043365	
			0	5	0	4		.09182886	
			0	5	1	2		− .02156454	

$n_1 = 1, n_2 = 0$

l_1	l_2	λ	n	l	N	L	ρ	$\langle \mid \rangle$	τ
3	4	7	0	6	0	3	9	$-.12687981$	
			0	6	1	1		$-.25043365$	
			0	7	0	2		$-.08699231$	
			0	7	1	0		$.05031728$	
			0	8	0	1		$.37112192$	
			1	0	0	7		$.05031727$	
			1	1	0	6		$-.25043367$	
			1	2	0	5		$-.02156456$	
			1	3	0	4		$.25043365$	
			1	4	0	3		$.01332505$	
			1	5	0	2		$-.26900890$	
			1	6	0	1		$-.00850516$	
			1	7	0	0		$.35933727$	24
3	5	2	0	0	4	2	10	$.09272477$	
			0	1	3	3		$.15236235$	
			0	1	4	1		$-.14638500$	
			0	2	2	4		$.16624096$	
			0	2	3	2		$-.07295546$	
			0	2	4	0		$.11011458$	
			0	3	1	5		$.12876970$	
			0	3	2	3		$-.02672612$	
			0	3	3	1		$.02369018$	
			0	4	0	6		$.05977581$	
			0	4	1	4		$-.04320104$	
			0	4	2	2		$-.08862376$	
			0	5	0	5		$.00000001$	
			0	5	1	3		$-.10714286$	
			0	6	0	4		$-.05977580$	
			1	0	3	2		$-.25241339$	
			1	1	2	3		$-.29459415$	
			1	1	3	1		$.21712408$	
			1	2	1	4		$-.21687775$	
			1	2	2	2		$.15840388$	
			1	2	3	0		$-.02497163$	
			1	3	0	5		$-.10714286$	
			1	3	1	3		$.00000000$	
			1	3	2	1		$-.20516296$	
			1	4	0	4		$.04320106$	
			1	4	1	2		$.21687775$	
			1	5	0	3		$-.12876970$	
			2	0	2	2		$.21577963$	
			2	1	1	3		$.20516296$	
			2	1	2	1		$.00000000$	
			2	2	0	4		$.08862376$	
			2	2	1	2		$-.15840387$	
			2	2	2	0		$-.21577963$	
			2	3	0	3		$.02672612$	
			2	3	1	1		$.29459415$	
			2	4	0	2		$-.16624096$	
			3	0	1	2		$.02497163$	
			3	1	0	3		$-.02369018$	
			3	1	1	1		$-.21712408$	
			3	2	0	2		$.07295545$	
			3	2	1	0		$.25241339$	
			3	3	0	1		$-.15236235$	
			4	0	0	2		$-.11011458$	
			4	1	0	1		$.14638500$	
			4	2	0	0		$-.09272477$	45
3	5	3	0	1	3	3	10	$.17956075$	
			0	2	2	4		$.22303564$	
			0	2	3	2		$-.23957874$	
			0	3	1	5		$.15738517$	
			0	3	2	3		$-.19302203$	
			0	3	3	1		$.13959570$	
3	5	3	0	4	0	6	10	$.08387270$	
			0	4	1	4		$-.02229242$	
			0	4	2	2		$.12924051$	
			0	5	0	5		$-.05643049$	
			0	5	1	3		$-.11772488$	
			0	6	0	4		$.08387269$	
			1	1	2	3		$-.27003088$	
			1	2	1	4		$-.29758505$	
			1	2	2	2		$.17339434$	
			1	3	0	5		$-.11772487$	
			1	3	1	3		$.30178450$	
			1	3	2	1		$.04835737$	
			1	4	0	4		$-.02229242$	
			1	4	1	2		$-.29758505$	
			1	5	0	3		$.15738516$	
			2	1	1	3		$.04835737$	
			2	2	0	4		$.12924051$	
			2	2	1	2		$.17339434$	
			2	3	0	3		$-.19302203$	
			2	3	1	1		$-.27003088$	
			2	4	0	2		$.22303564$	
			3	1	0	3		$.13959570$	
			3	2	0	2		$-.23957874$	
			3	3	0	1		$.17956075$	30
3	5	4	0	0	3	4	10	$.08625819$	
			0	1	2	5		$.09449112$	
			0	1	3	3		$-.06681530$	
			0	2	1	6		$.06031225$	
			0	2	2	4		$.15891857$	
			0	2	3	2		$-.04956348$	
			0	3	0	7		$.02956562$	
			0	3	1	5		$.23970976$	
			0	3	2	3		$-.25987011$	
			0	3	3	1		$.13505479$	
			0	4	0	6		$.08629552$	
			0	4	1	4		$-.31747323$	
			0	4	2	2		$.16687304$	
			0	4	3	0		$-.07797392$	
			0	5	0	5		$.00000000$	
			0	5	1	3		$.20714285$	
			0	5	2	1		$-.10408331$	
			0	6	0	4		$-.08629554$	
			0	6	1	2		$.05939378$	
			0	7	0	3		$-.02956561$	
			1	0	2	4		$-.20044594$	
			1	1	1	5		$-.16973369$	
			1	1	2	3		$.06220168$	
			1	2	0	6		$-.05939380$	
			1	2	1	4		$-.04640538$	
			1	2	2	2		$.10761424$	
			1	3	0	5		$-.20714289$	
			1	3	1	3		$.00000000$	
			1	3	2	1		$-.07797392$	
			1	4	0	4		$.31747323$	
			1	4	1	2		$.04640537$	
			1	4	2	0		$-.10773647$	
			1	5	0	3		$-.23970976$	
			1	5	1	1		$.16973369$	
			1	6	0	2		$-.06031223$	
			2	0	1	4		$.10773646$	
			2	1	0	5		$.10408329$	
			2	1	1	3		$.07797392$	
			2	2	0	4		$-.16687306$	
			2	2	1	2		$-.10761423$	
			2	3	0	3		$.25987012$	

$n_1 = 1, n_2 = 0$

l_1	l_2	λ	n	l	N	L	ρ	$\langle\ \|\ \rangle$	τ	l_1	l_2	λ	n	l	N	L	ρ	$\langle\ \|\ \rangle$	τ
3	5	4	2	3	1	1	10	−.06220168		3	5	6	1	2	1	4	10	.12309151	
			2	4	0	2		−.15891855					1	3	0	5		−.18750001	
			2	4	1	0		.20044594					1	3	1	3		.00000000	
			2	5	0	1		−.09449111					1	4	0	4		.04865616	
			3	0	0	4		.07797392					1	4	1	2		−.12309151	
			3	1	0	3		−.13505480					1	5	0	3		.19067819	
			3	2	0	2		.04956347					1	5	1	1		−.00000001	
			3	3	0	1		.06681530					1	6	0	2		−.18936826	
			3	4	0	0		−.08625819	50				1	6	1	0		.20786986	
3	5	5	0	1	2	5	10	.22047930					1	7	0	1		−.12379224	
			0	2	1	6		.22613354					2	0	0	6		−.03182343	
			0	2	2	4		−.15447861					2	1	0	5		.15309313	
			0	3	0	7		.07884166					2	2	0	4		−.06014066	
			0	3	1	5		−.03543919					2	3	0	3		−.09971551	
			0	3	2	3		−.10106060					2	4	0	2		.08781993	
			0	4	0	6		.18609684					2	5	0	1		.06485932	
			0	4	1	4		−.16514459					2	6	0	0		−.13121142	42
			0	4	2	2		.23273737		3	5	7	0	1	1	7	10	.33268166	
			0	5	0	5		−.33126936					0	2	0	8		.36443451	
			0	5	1	3		.24259262					0	2	1	6		−.15309311	
			0	5	2	1		−.10408329					0	3	0	7		−.24758450	
			0	6	0	4		.18609683					0	3	1	5		−.19067820	
			0	6	1	2		−.24275208					0	4	0	6		−.07193409	
			0	7	0	3		.07884166					0	4	1	4		.19583740	
			1	1	1	5		−.21602472					0	5	0	5		.24295637	
			1	2	0	6		−.24275211					0	5	1	3		.10416668	
			1	2	1	4		.00000000					0	6	0	4		−.07193409	
			1	3	0	5		.24259261					0	6	1	2		−.22410537	
			1	3	1	3		.15800541					0	7	0	3		−.24758450	
			1	4	0	4		−.16514459					0	7	1	1		.03608439	
			1	4	1	2		.00000002					0	8	0	2		.36443451	
			1	5	0	3		−.03543920					1	1	0	7		.03608439	
			1	5	1	1		−.21602471					1	2	0	6		−.22410537	
			1	6	0	2		.22613352					1	3	0	5		.10416668	
			2	1	0	5		−.10408332					1	4	0	4		.19583740	
			2	2	0	4		.23273736					1	5	0	3		−.19067820	
			2	3	0	3		−.10106061					1	6	0	2		−.15309311	
			2	4	0	2		−.15447863					1	7	0	1		.33268166	21
			2	5	0	1		.22047928	30	3	5	8	0	0	1	8	10	.33978139	
3	5	6	0	0	2	6	10	.13121143					0	1	0	9		.34963218	
			0	1	1	7		.12379225					0	1	1	7		−.12031669	
			0	1	2	5		−.06485931					0	2	0	8		−.15195487	
			0	2	0	8		.04018002					0	2	1	6		−.22061048	
			0	2	1	6		.18936826					0	3	0	7		−.06758185	
			0	2	2	4		−.08781993					0	3	1	5		.15600946	
			0	3	0	7		.30839082					0	4	0	6		.13171880	
			0	3	1	5		−.19067820					0	4	1	4		.16854999	
			0	3	2	3		.09971550					0	5	0	5		.00000000	
			0	4	0	6		−.31970708					0	5	1	3		−.18750002	
			0	4	1	4		−.04865618					0	6	0	4		−.13171879	
			0	4	2	2		.06014066					0	6	1	2		−.12249475	
			0	5	0	5		−.00000001					0	7	0	3		.06758185	
			0	5	1	3		.18749999					0	7	1	1		.22185300	
			0	5	2	1		−.15309312					0	8	0	2		.15195487	
			0	6	0	4		.31970706					0	8	1	0		.04500515	
			0	6	1	2		−.14151116					0	9	0	1		−.34963218	
			0	6	2	0		.03182343					1	0	0	8		−.04500515	
			0	7	0	3		−.30839082					1	1	0	7		−.22185300	
			0	7	1	1		.17455301					1	2	0	6		.12249476	
			0	8	0	2		−.04018002					1	3	0	5		.18750003	
			1	0	1	6		−.20786986					1	4	0	4		−.16854998	
			1	1	0	7		−.17455302					1	5	0	3		−.15600944	
			1	1	1	5		.00000000					1	6	0	2		.22061048	
			1	2	0	6		.14151115					1	7	0	1		.12031669	

$n_1 = 1, n_2 = 0$

l_1	l_2	λ	n	l	N	L	ρ	$\langle \ | \ \rangle$	τ
3	5	8	1	8	0	0	10	$-$.33978139	27
3	6	3	0	0	4	3	11	.06715191	
			0	1	3	4		.11665618	
			0	1	4	2		$-$.12485820	
			0	2	2	5		.12974983	
			0	2	3	3		$-$.08498543	
			0	2	4	1		.12811769	
			0	3	1	6		.09978353	
			0	3	2	4		$-$.04873735	
			0	3	3	2		.04856784	
			0	3	4	0		$-$.06070260	
			0	4	0	7		$-$.04716153	
			0	4	1	5		$-$.03469239	
			0	4	2	3		$-$.01802307	
			0	4	3	1		$-$.05151638	
			0	5	0	6		$-$.00954455	
			0	5	1	4		.03099321	
			0	5	2	2		.10109216	
			0	6	0	5		$-$.00954454	
			0	6	1	3		$-$.09361767	
			0	7	0	4		$-$.04716150	
			1	0	3	3		$-$.21021873	
			1	1	2	4		$-$.25305418	
			1	1	3	2		.23793284	
			1	2	1	5		$-$.19378124	
			1	2	2	3		.16177302	
			1	2	3	1		$-$.11471716	
			1	3	0	6		$-$.09361766	
			1	3	1	4		.05416303	
			1	3	2	2		$-$.13592357	
			1	3	3	0		$-$.06070262	
			1	4	0	5		.03099320	
			1	4	1	3		.05416304	
			1	4	2	1		.21278269	
			1	5	0	4		$-$.03469239	
			1	5	1	2		$-$.19378125	
			1	6	0	3		.09978351	
			2	0	2	3		.23722786	
			2	1	1	4		.21278269	
			2	1	2	2		$-$.11239942	
			2	2	0	5		.10109216	
			2	2	1	3		$-$.13592357	
			2	2	2	1		$-$.11239942	
			2	3	0	4		$-$.01802308	
			2	3	1	2		.16177301	
			2	3	2	0		.23722786	
			2	4	0	3		$-$.04873735	
			2	4	1	1		$-$.25305418	
			2	5	0	2		.12974983	
			3	0	1	3		$-$.06070262	
			3	1	0	4		$-$.05151638	
			3	1	1	2		$-$.11471716	
			3	2	0	3		.04856784	
			3	2	1	1		.23793284	
			3	3	0	2		$-$.08498543	
			3	3	1	0		$-$.21021873	
			3	4	0	1		.11665618	
			4	0	0	3		$-$.06070260	
			4	1	0	2		.12811769	
			4	2	0	1		$-$.12485820	
			4	3	0	0		.06715191	60
3	6	4	0	1	3	4	11	.12873216	
			0	2	2	5		.17164289	
			0	2	3	3		$-$.21109285	

l_1	l_2	λ	n	l	N	L	ρ	$\langle \ | \ \rangle$	τ
3	6	4	0	3	1	6	11	.13139808	
			0	3	2	4		$-$.18972700	
			0	3	3	2		.18306340	
			0	4	0	7		.06644376	
			0	4	1	5		$-$.06734392	
			0	4	2	3		.15473022	
			0	4	3	1		$-$.06718548	
			0	5	0	6		$-$.04225555	
			0	5	1	4		$-$.04106932	
			0	5	2	2		$-$.12079051	
			0	6	0	5		.04225557	
			0	6	1	3		.11606552	
			0	7	0	4		$-$.06644378	
			1	1	2	4		$-$.23171791	
			1	2	1	5		$-$.24873417	
			1	2	2	3		.22648223	
			1	3	0	6		$-$.11606553	
			1	3	1	4		.27064773	
			1	3	2	2		$-$.05007709	
			1	4	0	5		.04106933	
			1	4	1	3		$-$.27064772	
			1	4	2	1		$-$.10525944	
			1	5	0	4		.06734391	
			1	5	1	2		.24873417	
			1	6	0	3		$-$.13139809	
			2	1	1	4		.10525944	
			2	2	0	5		.12079051	
			2	2	1	3		.05007711	
			2	3	0	4		$-$.15473022	
			2	3	1	2		$-$.22648222	
			2	4	0	3		.18972699	
			2	4	1	1		.23171791	
			2	5	0	2		$-$.17164289	
			3	1	0	4		.06718547	
			3	2	0	3		$-$.18306341	
			3	3	0	2		.21109285	
			3	4	0	1		$-$.12873216	40
3	6	5	0	0	3	5	11	.06852292	
			0	1	2	6		.08264176	
			0	1	3	4		$-$.07843288	
			0	2	1	7		.05819524	
			0	2	2	5		.09521034	
			0	2	3	3		.00409137	
			0	3	0	8		.02739547	
			0	3	1	6		.16943436	
			0	3	2	4		$-$.22326301	
			0	3	3	2		.09478531	
			0	4	0	7		.07771635	
			0	4	1	5		$-$.28767105	
			0	4	2	3		.20470441	
			0	4	3	1		$-$.11110717	
			0	5	0	6		$-$.04656334	
			0	5	1	4		.27336665	
			0	5	2	2		$-$.10887910	
			0	5	3	0		.02264820	
			0	6	0	5		$-$.04656332	
			0	6	1	3		$-$.14909954	
			0	6	2	1		.10497279	
			0	7	0	4		.07771637	
			0	7	1	2		$-$.06542085	
			0	8	0	3		.02739547	
			1	0	2	5		$-$.18281178	
			1	1	1	6		$-$.15845837	
			1	1	2	4		$-$.11428791	
			1	2	0	7		$-$.06542088	

35

$n_1 = 1, n_2 = 0$

l_1	l_2	λ	n	l	N	L	ρ	$\langle \mid \rangle$	τ
3	6	5	1	2	1	5	11	$-.03449323$	
			1	2	2	3		$.04828616$	
			1	3	0	6		$-.14909955$	
			1	3	1	4		$.04498920$	
			1	3	2	2		$-.11744122$	
			1	4	0	5		$.27336662$	
			1	4	1	3		$.04498920$	
			1	4	2	1		$.00916165$	
			1	5	0	4		$-.28767105$	
			1	5	1	2		$-.03449322$	
			1	5	2	0		$.14392695$	
			1	6	0	3		$.16943438$	
			1	6	1	1		$-.15845834$	
			1	7	0	2		$.05819523$	
			2	0	1	5		$.14392694$	
			2	1	0	6		$.10497279$	
			2	1	1	4		$.00916166$	
			2	2	0	5		$-.10887910$	
			2	2	1	3		$-.11744122$	
			2	3	0	4		$.20470439$	
			2	3	1	2		$.04828616$	
			2	4	0	3		$-.22326301$	
			2	4	1	1		$.11428792$	
			2	5	0	2		$.09521034$	
			2	5	1	0		$-.18281177$	
			2	6	0	1		$.08264174$	
			3	0	0	5		$.02264822$	
			3	1	0	4		$-.11110717$	
			3	2	0	3		$.09478531$	
			3	3	0	2		$.00409137$	
			3	4	0	1		$-.07843288$	
			3	5	0	0		$.06852291$	60
3	6	6	0	1	2	6	11	$.17943514$	
			0	2	1	7		$.19354569$	
			0	2	2	5		$-.18892718$	
			0	3	0	8		$.08177446$	
			0	3	1	6		$-.08921241$	
			0	3	2	4		$.00891438$	
			0	4	0	7		$.10872241$	
			0	4	1	5		$-.08539940$	
			0	4	2	3		$.18213358$	
			0	5	0	6		$-.29514918$	
			0	5	1	4		$.19528188$	
			0	5	2	2		$-.18043755$	
			0	6	0	5		$.29514916$	
			0	6	1	3		$-.22766694$	
			0	6	2	1		$.02849015$	
			0	7	0	4		$-.10872243$	
			0	7	1	2		$.21452059$	
			0	8	0	3		$-.08177446$	
			1	1	1	6		$-.22019276$	
			1	2	0	7		$-.21452060$	
			1	2	1	5		$.08939801$	
			1	3	0	6		$.22766694$	
			1	3	1	4		$.12121211$	
			1	4	0	5		$-.19528189$	
			1	4	1	3		$-.12121211$	
			1	5	0	4		$.08539939$	
			1	5	1	2		$-.08939801$	
			1	6	0	3		$.08921239$	
			1	6	1	1		$.22019275$	
			1	7	0	2		$-.19354568$	
			2	1	0	6		$-.02849015$	
			2	2	0	5		$.18043757$	
			2	3	0	4		$-.18213358$	

l_1	l_2	λ	n	l	N	L	ρ	$\langle \mid \rangle$	τ
3	6	6	2	4	0	3	11	$-.00891438$	
			2	5	0	2		$.18892717$	
			2	6	0	1		$-.17943513$	36
3	6	7	0	0	2	7	11	$.11222611$	
			0	1	1	8		$.11269275$	
			0	1	2	6		$-.09296598$	
			0	2	0	9		$.04472509$	
			0	2	1	7		$.13615717$	
			0	2	2	5		$-.03483644$	
			0	3	0	8		$.24494452$	
			0	3	1	6		$-.21265744$	
			0	3	2	4		$.11253841$	
			0	4	0	7		$-.34722559$	
			0	4	1	5		$-.05242043$	
			0	4	2	3		$-.02705086$	
			0	5	0	6		$.16327156$	
			0	5	1	4		$.13764560$	
			0	5	2	2		$-.11382200$	
			0	6	0	5		$.16327157$	
			0	6	1	3		$-.16418804$	
			0	6	2	1		$.11529420$	
			0	7	0	4		$-.34722555$	
			0	7	1	2		$.10640516$	
			0	7	2	0		$.02740918$	
			0	8	0	3		$.24494452$	
			0	8	1	1		$-.16291953$	
			0	9	0	2		$.04472509$	
			1	0	1	7		$-.21021874$	
			1	1	0	8		$-.16291953$	
			1	1	1	6		$.06552045$	
			1	2	0	7		$.10640514$	
			1	2	1	5		$.10302614$	
			1	3	0	6		$-.16418808$	
			1	3	1	4		$-.07651141$	
			1	4	0	5		$.13764559$	
			1	4	1	3		$-.07651140$	
			1	5	0	4		$.05242046$	
			1	5	1	2		$.10302615$	
			1	6	0	3		$-.21265741$	
			1	6	1	1		$.06552045$	
			1	7	0	2		$.13615716$	
			1	7	1	0		$-.21021874$	
			1	8	0	1		$.11269275$	
			2	0	0	7		$.02740917$	
			2	1	0	6		$.11529418$	
			2	2	0	5		$-.11382201$	
			2	3	0	4		$-.02705086$	
			2	4	0	3		$.11253841$	
			2	5	0	2		$-.03483644$	
			2	6	0	1		$-.09296599$	
			2	7	0	0		$.11222611$	48
3	6	8	0	1	1	8	11	$.29425933$	
			0	2	0	9		$.31916907$	
			0	2	1	7		$-.22897162$	
			0	3	0	8		$-.29843342$	
			0	3	1	6		$-.07987620$	
			0	4	0	7		$.05214053$	
			0	4	1	5		$.23736076$	
			0	5	0	6		$.19360839$	
			0	5	1	4		$-.05160773$	
			0	6	0	5		$-.19360845$	
			0	6	1	3		$-.19150811$	
			0	7	0	4		$-.05214054$	
			0	7	1	2		$.16394731$	

$n_1 = 1, n_2 = 0$

l_1	l_2	λ	n	l	N	L	ρ	$<\ |\ >$	τ	l_1	l_2	λ	n	l	N	L	ρ	$<\ |\ >$	τ
3	6	8	0	8	0	3	11	.29843342		4	4	1	0	2	3	2	10	.18898223	
			0	8	1	1		.03019036					0	3	2	3		.14638503	
			0	9	0	2		−.31916907					0	4	1	4		.21428574	
			1	1	0	8		−.03019036					0	5	0	5		.00000001	
			1	2	0	7		−.16394731					1	1	3	1		−.39641246	
			1	3	0	6		.19150806					1	2	2	2		−.41032590	
			1	4	0	5		.05160764					1	3	1	3		.00000000	
			1	5	0	4		−.23736083					1	4	0	4		−.21428573	
			1	6	0	3		.07987620					2	1	2	1		.00000000	
			1	7	0	2		.22897162					2	2	1	2		.41032590	
			1	8	0	1		−.29425933	24				2	3	0	3		−.14638503	
													3	1	1	1		.39641246	
3	6	9	0	0	1	9	11	.30935925					3	2	0	2		−.18898223	
			0	1	0	10		.31739590					4	1	0	1		−.26726124	15
			0	1	1	8		−.20133531											
			0	2	0	9		−.19372825		4	4	2	0	0	4	2	10	.07765104	
			0	2	1	7		−.13098421					0	1	3	3		.04253123	
			0	3	0	8		.00000000					0	1	4	1		.02724179	
			0	3	1	6		.22821775					0	2	2	4		.02784322	
			0	4	0	7		.12659242					0	2	3	2		.31017723	
			0	4	1	5		.03002400					0	2	4	0		−.16598501	
			0	5	0	6		−.07432356					0	3	1	5		.03594544	
			0	5	1	4		−.22847698					0	3	2	3		.28349790	
			0	6	0	5		−.07432357					0	3	3	1		−.08596902	
			0	6	1	3		.05892552					0	4	0	6		−.00000001	
			0	7	0	4		.12659241					0	4	1	4		.06122448	
			0	7	1	2		.20412414					0	4	2	2		−.02904133	
			0	8	0	3		.00000000					0	5	0	5		.13555879	
			0	8	1	1		−.15095184					0	5	1	3		−.04320105	
			0	9	0	2		−.19372825					0	6	0	4		.00000001	
			0	9	1	0		−.11692679					1	0	3	2		−.18651178	
			0	10	0	1		.31739590					1	1	2	3		−.11878326	
			1	0	0	9		−.11692679					1	1	3	1		−.08081221	
			1	1	0	8		−.15095184					1	2	1	4		−.00825551	
			1	2	0	7		.20412417					1	2	2	2		−.22448980	
			1	3	0	6		.05892555					1	2	3	0		.14638500	
			1	4	0	5		−.22847698					1	3	0	5		−.04320106	
			1	5	0	4		.03002398					1	3	1	3		−.44324100	
			1	6	0	3		.22821772					1	3	2	1		.14890270	
			1	7	0	2		−.13098421					1	4	0	4		.06122451	
			1	8	0	1		−.20133531					1	4	1	2		−.00825550	
			1	9	0	0		.30935925	30				1	5	0	3		.03594545	
													2	0	2	2		.09035077	
4	4	0	0	0	5	0	10	.13363062					2	1	1	3		.14890270	
			0	1	4	1		.08451544					2	1	2	1		.11222635	
			0	2	3	2		.20701967					2	2	0	4		−.02904132	
			0	3	2	3		.22677866					2	2	1	2		−.22448977	
			0	4	1	4		.04285713					2	2	2	0		.09035079	
			0	5	0	5		.10101528					2	3	0	3		.28349792	
			1	0	4	0		−.34330328					2	3	1	1		−.11878326	
			1	1	3	1		−.25071330					2	4	0	2		.02784322	
			1	2	2	2		−.14982986					3	0	1	2		.14638502	
			1	3	1	3		−.35456207					3	1	0	3		−.08596901	
			1	4	0	4		.04285717					3	1	1	1		−.08081219	
			2	0	3	0		.21712404					3	2	0	2		.31017723	
			2	1	2	1		.34651305					3	2	1	0		−.18651178	
			2	2	1	2		−.14982978					3	2	0	1		.04253122	
			2	3	0	3		.22677869					4	0	0	2		−.16598502	
			3	0	2	0		.21712408					4	1	0	1		.02724178	
			3	1	1	1		−.25071325					4	2	0	0		.07765104	45
			3	2	0	2		.20701964											
			4	0	1	0		−.34330330		4	4	3	0	1	3	3	10	.20174333	
			4	1	0	1		.08451540					0	2	2	4		.13921613	
			5	0	0	0		.13363062	21				0	2	3	2		.05981685	
													0	3	1	5		.02679215	
4	4	1	0	1	4	1	10	.26726124					0	3	2	3		.24467111	

$n_1 = 1, n_2 = 0$

l_1	l_2	λ	n	l	N	L	ρ	$\langle \| \rangle$	τ
4	4	3	0	3	3	1	10	$-$.28231395	
			0	4	0	6		.05235231	
			0	4	1	4		.30241188	
			0	4	2	2		$-$.20974292	
			0	5	0	5		.00000000	
			0	5	1	3		$-$.02229241	
			0	6	0	4		$-$.05235231	
			1	1	2	3		$-$.24560139	
			1	2	1	4		$-$.26830403	
			1	2	2	2		$-$.12987677	
			1	3	0	5		.02229241	
			1	3	1	3		.00000000	
			1	3	2	1		.09055224	
			1	4	0	4		$-$.30241188	
			1	4	1	2		.26830403	
			1	5	0	3		$-$.02679215	
			2	1	1	3		$-$.09055225	
			2	2	0	4		.20974292	
			2	2	1	2		.12987676	
			2	3	0	3		$-$.24467110	
			2	3	1	1		.24560139	
			2	4	0	2		$-$.13921613	
			3	1	0	3		.28231396	
			3	2	0	2		$-$.05981683	
			3	3	0	1		$-$.20174333	30
4	4	4	0	0	3	4	10	.08393029	
			0	1	2	5		.05107835	
			0	1	3	3		.02889428	
			0	2	1	6		.00889160	
			0	2	2	4		.27073218	
			0	2	3	2		$-$.08841411	
			0	3	0	7		.01598206	
			0	3	1	5		.26415369	
			0	3	2	3		.03980153	
			0	3	3	1		$-$.05840444	
			0	4	0	6		.00000000	
			0	4	1	4		.11122450	
			0	4	2	2		$-$.28238185	
			0	4	3	0		.17702905	
			0	5	0	5		.20913026	
			0	5	1	3		$-$.31747323	
			0	5	2	1		.12056469	
			0	6	0	4		.00000000	
			0	6	1	2		.00607412	
			0	7	0	3		.01598206	
			1	0	2	4		$-$.16614212	
			1	1	1	5		$-$.12511591	
			1	1	2	3		$-$.08069733	
			1	2	0	6		.00607412	
			1	2	1	4		$-$.08027203	
			1	2	2	2		.06398943	
			1	3	0	5		$-$.31747323	
			1	3	1	3		$-$.06222859	
			1	3	2	1		.10115946	
			1	4	0	4		.11122450	
			1	4	1	2		$-$.08027202	
			1	4	2	0		.01164766	
			1	5	0	3		.26415369	
			1	5	1	1		$-$.12511591	
			1	6	0	2		.00889160	
			2	0	1	4		.01164765	
			2	1	0	5		.12056469	
			2	1	1	3		.10115946	
			2	2	0	4		$-$.28238185	
			2	2	1	2		.06398944	
4	4	4	2	3	0	3	10	.03980153	
			2	3	1	1		$-$.08069732	
			2	4	0	2		.27073218	
			2	4	1	0		$-$.16614212	
			2	5	0	1		.05107835	
			3	0	0	4		.17702906	
			3	1	0	3		$-$.05840443	
			3	2	0	2		$-$.08841411	
			3	3	0	1		.02889427	
			3	4	0	0		.08393029	50
4	4	5	0	1	2	5	10	.23407043	
			0	2	1	6		.18672362	
			0	2	2	4		.07288943	
			0	3	0	7		.00000000	
			0	3	1	5		.19847908	
			0	3	2	3		$-$.19669895	
			0	4	0	6		.30732883	
			0	4	1	4		$-$.09415585	
			0	4	2	2		$-$.10981516	
			0	5	0	5		$-$.00000001	
			0	5	1	3		$-$.16514458	
			0	5	2	1		.25783188	
			0	6	0	4		$-$.30732883	
			0	6	1	2		.27333536	
			0	7	0	3		.00000000	
			1	1	1	5		$-$.15289416	
			1	2	0	6		$-$.27333535	
			1	2	1	4		$-$.14047602	
			1	3	0	5		.16514457	
			1	3	1	3		.00000000	
			1	4	0	4		.09415583	
			1	4	1	2		.14047602	
			1	5	0	3		$-$.19847908	
			1	5	1	1		.15289416	
			1	6	0	2		$-$.18672361	
			2	1	0	5		$-$.25783188	
			2	2	0	4		.10981516	
			2	3	0	3		.19669895	
			2	4	0	2		$-$.07288943	
			2	5	0	1		$-$.23407043	30
4	4	6	0	0	2	6	10	.13133307	
			0	1	1	7		.09637212	
			0	1	2	5		.04327963	
			0	2	0	8		.00000000	
			0	2	1	6		.27835110	
			0	2	2	4		$-$.10388343	
			0	3	0	7		.36012289	
			0	3	1	5		.04048439	
			0	3	2	3		$-$.06653864	
			0	4	0	6		.00000001	
			0	4	1	4		$-$.21428571	
			0	4	2	2		.10835355	
			0	5	0	5		$-$.29001096	
			0	5	1	3		$-$.04865617	
			0	5	2	1		.10215671	
			0	6	0	4		$-$.00000001	
			0	6	1	2		.19015000	
			0	6	2	0		$-$.15926475	
			0	7	0	3		.36012289	
			0	7	1	1		$-$.17770143	
			0	8	0	2		.00000000	
			1	0	1	6		$-$.15604695	
			1	1	0	7		$-$.17770143	
			1	1	1	5		$-$.10601302	

38

$n_1 = 1, n_2 = 0$

l_1	l_2	λ	n	l	N	L	ρ	$\langle\ |\ \rangle$	τ
4	4	6	1	2	0	6	10	.19015001	
			1	2	1	4		.03080141	
			1	3	0	5		− .04865616	
			1	3	1	3		.10403130	
			1	4	0	4		− .21428571	
			1	4	1	2		.03080140	
			1	5	0	3		.04048438	
			1	5	1	1		− .10601302	
			1	6	0	2		.27835110	
			1	6	1	0		− .15604695	
			1	7	0	1		.09637212	
			2	0	0	6		− .15926475	
			2	1	0	5		.10215671	
			2	2	0	4		.10835355	
			2	3	0	3		− .06653864	
			2	4	0	2		− .10388343	
			2	5	0	1		.04327963	
			2	6	0	0		.13133307	42
4	4	7	0	1	1	7	10	.34747465	
			0	2	0	8		.38063941	
			0	2	1	6		.10660036	
			0	3	0	7		.00000000	
			0	3	1	5		− .23536724	
			0	4	0	6		− .22539814	
			0	4	1	4		− .13636366	
			0	5	0	5		.00000000	
			0	5	1	3		.19583738	
			0	6	0	4		.22539814	
			0	6	1	2		.15604696	
			0	7	0	3		.00000000	
			0	7	1	1		− .18844458	
			0	8	0	2		− .38063941	
			1	1	0	7		.18844458	
			1	2	0	6		− .15604696	
			1	3	0	5		− .19583739	
			1	4	0	4		.13636364	
			1	5	0	3		.23536724	
			1	6	0	2		− .10660036	
			1	7	0	1		− .34747465	21
4	4	8	0	0	1	8	10	.34362084	
			0	1	0	9		.35358295	
			0	1	1	7		.10815665	
			0	2	0	8		.00000000	
			0	2	1	6		− .23079656	
			0	3	0	7		− .13669104	
			0	3	1	5		− .14024205	
			0	4	0	6		.00000000	
			0	4	1	4		.18750001	
			0	5	0	5		.11616504	
			0	5	1	3		.16854997	
			0	6	0	4		.00000000	
			0	6	1	2		− .15766406	
			0	7	0	3		− .13669104	
			0	7	1	1		− .19943103	
			0	8	0	2		.00000000	
			0	8	1	0		.13654108	
			0	9	0	1		.35358295	
			1	0	0	8		.13654108	
			1	1	0	7		− .19943103	
			1	2	0	6		− .15766406	
			1	3	0	5		.16854998	
			1	4	0	4		.18750000	
			1	5	0	3		− .14024206	
			1	6	0	2		− .23079656	
			1	7	0	1		.10815665	
			1	8	0	0		.34362084	27
4	5	1	0	0	5	1	11	.07656496	
			0	1	4	2		.11861393	
			0	1	5	0		− .11034185	
			0	2	3	3		.15312993	
			0	2	4	1		.02452041	
			0	3	2	4		.14733252	
			0	3	3	2		− .00321047	
			0	4	1	5		.09151262	
			0	4	2	3		− .07718507	
			0	5	0	6		.04274545	
			0	5	1	4		.06581297	
			0	6	0	5		− .04274550	
			1	0	4	1		− .23576603	
			1	1	3	2		− .27462861	
			1	1	4	0		.18704751	
			1	2	2	3		− .23911039	
			1	2	3	1		.07377109	
			1	3	1	4		− .17978665	
			1	3	2	2		− .12909945	
			1	4	0	5		− .06581300	
			1	4	1	3		.17978664	
			1	5	0	4		− .09151263	
			2	0	3	1		.24152294	
			2	1	2	2		.25599391	
			2	1	3	0		− .01304102	
			2	2	1	3		.12909945	
			2	2	2	1		− .25599390	
			2	3	0	4		.07718506	
			2	3	1	2		.23911040	
			2	4	0	3		− .14733251	
			3	0	2	1		.01304101	
			3	1	1	2		− .07377109	
			3	1	2	0		− .24152293	
			3	2	0	3		.00321048	
			3	2	1	1		.27462862	
			3	3	0	2		− .15312994	
			4	0	1	1		− .18704751	
			4	1	0	2		− .02452040	
			4	1	1	0		.23576603	
			4	2	0	1		− .11861394	
			5	0	0	1		.11034185	
			5	1	0	0		− .07656496	42
4	5	2	0	1	4	2	11	.16774543	
			0	2	3	3		.18566016	
			0	2	4	1		− .18725634	
			0	3	2	4		.15530208	
			0	3	3	2		− .06950883	
			0	4	1	5		.12811767	
			0	4	2	3		.02871537	
			0	5	0	6		.04129603	
			0	5	1	4		− .10560686	
			0	6	0	5		.04129606	
			1	1	3	2		− .31209390	
			1	2	2	3		− .33228422	
			1	2	3	1		.18257419	
			1	3	1	4		− .15228622	
			1	3	2	2		.25022666	
			1	4	0	5		− .10560686	
			1	4	1	3		− .15228624	
			1	5	0	4		.12811769	
			2	1	2	2		.12777531	
			2	2	1	3		.25022666	

$n_1 = 1, n_2 = 0$

l_1	l_2	λ	n	l	N	L	ρ	$<\ |\ >$	τ
4	5	2	2	2	2	1	11	.12777530	
			2	3	0	4		.02871536	
			2	3	1	2		−.33228424	
			2	4	0	3		.15530211	
			3	1	1	2		.18257418	
			3	2	0	3		−.06950884	
			3	2	1	1		−.31209390	
			3	3	0	2		.18566018	
			4	1	0	2		−.18725634	
			4	2	0	1		.16774543	30
4	5	3	0	0	4	3	11	.05898020	
			0	1	3	4		.05517092	
			0	1	4	2		−.02326210	
			0	2	2	5		.04070019	
			0	2	3	3		.20466782	
			0	2	4	1		−.08037646	
			0	3	1	6		.03037058	
			0	3	2	4		.23488703	
			0	3	3	2		−.22641353	
			0	3	4	0		.12440334	
			0	4	0	7		.00900486	
			0	4	1	5		.10307741	
			0	4	2	3		−.18072417	
			0	4	3	1		.05347416	
			0	5	0	6		.08103643	
			0	5	1	4		.04230832	
			0	5	2	2		−.01909467	
			0	6	0	5		−.08103647	
			0	6	1	3		.03099320	
			0	7	0	4		−.00900486	
			1	0	3	3		−.16705273	
			1	1	2	4		−.13083391	
			1	1	3	2		.01607530	
			1	2	1	5		−.05336303	
			1	2	2	3		−.19134362	
			1	2	3	1		.12762584	
			1	3	0	6		−.03099319	
			1	3	1	4		−.32740688	
			1	3	2	2		.11100528	
			1	3	3	0		−.05331570	
			1	4	0	5		−.04230834	
			1	4	1	3		.32740687	
			1	4	2	1		−.13103724	
			1	5	0	4		−.10307743	
			1	5	1	2		.05336303	
			1	6	0	3		−.03037058	
			2	0	2	3		.13890641	
			2	1	1	4		.13103724	
			2	1	2	2		.06581434	
			2	2	0	5		.01909468	
			2	2	1	3		−.11100527	
			2	2	2	1		−.06581434	
			2	3	0	4		.18072417	
			2	3	1	2		.19134363	
			2	3	2	0		−.13890641	
			2	4	0	3		−.23488703	
			2	4	1	1		.13083391	
			2	5	0	2		−.04070020	
			3	0	1	3		.05331570	
			3	1	0	4		−.05347416	
			3	1	1	2		−.12762583	
			3	2	0	3		.22641353	
			3	2	1	1		−.01607529	
			3	3	0	2		−.20466782	
			3	3	1	0		.16705273	

l_1	l_2	λ	n	l	N	L	ρ	$<\ |\ >$	τ
4	5	3	3	4	0	1	11	−.05517092	
			4	0	0	3		−.12440334	
			4	1	0	2		.08037646	
			4	2	0	1		.02326210	
			4	3	0	0		−.05898020	60
4	5	4	0	1	3	4	11	.16551280	
			0	2	2	5		.14712249	
			0	2	3	3		−.05757076	
			0	3	1	6		.06224120	
			0	3	2	4		.13261530	
			0	3	3	2		−.16811943	
			0	4	0	7		.03986627	
			0	4	1	5		.24145256	
			0	4	2	3		−.23733052	
			0	4	3	1		.20155645	
			0	5	0	6		.03018252	
			0	5	1	4		−.23442682	
			0	5	2	2		.16393000	
			0	6	0	5		.03018252	
			0	6	1	3		−.04106932	
			0	7	0	4		.03986628	
			1	1	2	4		−.25378628	
			1	2	1	5		−.24873418	
			1	2	2	3		−.00647092	
			1	3	0	6		−.04106934	
			1	3	1	4		.05511670	
			1	3	2	2		.16453905	
			1	4	0	5		−.23442683	
			1	4	1	3		.05511670	
			1	4	2	1		.01503705	
			1	5	0	4		.24145254	
			1	5	1	2		−.24873417	
			1	6	0	3		.06224120	
			2	1	1	4		.01503705	
			2	2	0	5		.16392999	
			2	2	1	3		.16453905	
			2	3	0	4		−.23733054	
			2	3	1	2		−.00647092	
			2	4	0	3		.13261528	
			2	4	1	1		−.25378628	
			2	5	0	2		.14712247	
			3	1	0	4		.20155646	
			3	2	0	3		−.16811943	
			3	3	0	2		−.05757076	
			3	4	0	1		.16551278	40
4	5	5	0	0	3	5	11	.07193409	
			0	1	2	6		.05783719	
			0	1	3	4		−.01176248	
			0	2	1	7		.02250768	
			0	2	2	5		.22488759	
			0	2	3	3		−.07301586	
			0	3	0	8		.01342097	
			0	3	1	6		.24901665	
			0	3	2	4		−.10309381	
			0	3	3	2		.02926584	
			0	4	0	7		.04393048	
			0	4	1	5		−.03871688	
			0	4	2	3		−.18488699	
			0	4	3	1		.10436053	
			0	5	0	6		.17923159	
			0	5	1	4		−.22728436	
			0	5	2	2		.21687550	
			0	5	3	0		−.11887840	
			0	6	0	5		−.17923162	

$n_1 = 1, n_2 = 0$

l_1	l_2	λ	n	l	N	L	ρ	$<\,|\,>$	τ
4	5	5	0	6	1	3	11	.27336664	
			0	6	2	1		−.10560688	
			0	7	0	4		−.04393045	
			0	7	1	2		.01994499	
			0	8	0	3		−.01342097	
			1	0	2	5		−.16865027	
			1	1	1	6		−.12642344	
			1	1	2	4		−.01646747	
			1	2	0	7		−.01994501	
			1	2	1	5		−.10518242	
			1	2	2	3		.09800051	
			1	3	0	6		−.27336662	
			1	3	1	4		−.04312196	
			1	3	2	2		−.02615191	
			1	4	0	5		.22728431	
			1	4	1	3		.04312196	
			1	4	2	1		−.09297145	
			1	5	0	4		.03871687	
			1	5	1	2		.10518244	
			1	5	2	0		−.07050951	
			1	6	0	3		−.24901664	
			1	6	1	1		.12642343	
			1	7	0	2		−.02250766	
			2	0	1	5		.07050950	
			2	1	0	6		.10560687	
			2	1	1	4		.09297145	
			2	2	0	5		−.21687549	
			2	2	1	3		−.02615192	
			2	3	0	4		.18488700	
			2	3	1	2		−.09800051	
			2	4	0	3		.10309381	
			2	4	1	1		.01646747	
			2	5	0	2		−.22488760	
			2	5	1	0		.16865028	
			2	6	0	1		−.05783717	
			3	0	0	5		.11887840	
			3	1	0	4		−.10436052	
			3	2	0	3		−.02926583	
			3	3	0	2		.07301586	
			3	4	0	1		.01176248	
			3	5	0	0		−.07193409	60
4	5	6	0	1	2	6	11	.21446601	
			0	2	1	7		.18927111	
			0	2	2	5		−.03225873	
			0	3	0	8		.03257972	
			0	3	1	6		.12150771	
			0	3	2	4		−.18113007	
			0	4	0	7		.27846036	
			0	4	1	5		−.16120303	
			0	4	2	3		.06402684	
			0	5	0	6		−.18344078	
			0	5	1	4		−.04362024	
			0	5	2	2		.19296267	
			0	6	0	5		−.18344078	
			0	6	1	3		.19528186	
			0	6	2	1		−.17026118	
			0	7	0	4		.27846034	
			0	7	1	2		−.25254549	
			0	8	0	3		.03257972	
			1	1	1	6		−.19738552	
			1	2	0	7		−.25254551	
			1	2	1	5		−.08013831	
			1	3	0	6		.19528187	
			1	3	1	4		.10865715	
			1	4	0	5		−.04362024	

l_1	l_2	λ	n	l	N	L	ρ	$<\,|\,>$	τ
4	5	6	1	4	1	3	11	.10865715	
			1	5	0	4		−.16120303	
			1	5	1	2		−.08013831	
			1	6	0	3		.12150770	
			1	6	1	1		−.19738550	
			1	7	0	2		.18927110	
			2	1	0	6		−.17026120	
			2	2	0	5		.19296267	
			2	3	0	4		.06402684	
			2	4	0	3		−.18113007	
			2	5	0	2		−.03225874	
			2	6	0	1		.21446600	36
4	5	7	0	0	2	7	11	.12244871	
			0	1	1	8		.10060189	
			0	1	2	6		−.00822439	
			0	2	0	9		.01626636	
			0	2	1	7		.24944607	
			0	2	2	5		−.10316913	
			0	3	0	8		.34271700	
			0	3	1	6		−.07764457	
			0	3	2	4		.01473473	
			0	4	0	7		−.15403959	
			0	4	1	5		−.19200054	
			0	4	2	3		.11215666	
			0	5	0	6		−.21088385	
			0	5	1	4		.09852814	
			0	5	2	2		−.02865924	
			0	6	0	5		.21088385	
			0	6	1	3		.13764560	
			0	6	2	1		−.14059584	
			0	7	0	4		.15403960	
			0	7	1	2		−.15608416	
			0	7	2	0		.08971757	
			0	8	0	3		−.34271700	
			0	8	1	1		.17087875	
			0	9	0	2		−.01626636	
			1	0	1	7		−.18349397	
			1	1	0	8		−.17087875	
			1	1	1	6		−.05719093	
			1	2	0	7		.15608417	
			1	2	1	5		.08992859	
			1	3	0	6		−.13764559	
			1	3	1	4		.06678462	
			1	4	0	5		−.09852815	
			1	4	1	3		−.06678463	
			1	5	0	4		.19200056	
			1	5	1	2		−.08992859	
			1	6	0	3		.07764458	
			1	6	1	1		.05719093	
			1	7	0	2		−.24944607	
			1	7	1	0		.18349397	
			1	8	0	1		−.10060189	
			2	0	0	7		−.08971757	
			2	1	0	6		.14059584	
			2	2	0	5		.02865923	
			2	3	0	4		−.11215666	
			2	4	0	3		−.01473472	
			2	5	0	2		.10316913	
			2	6	0	1		.00822439	
			2	7	0	0		−.12244871	48
4	5	8	0	1	1	8	11	.34362086	
			0	2	0	9		.37270916	
			0	2	1	7		−.02167956	
			0	3	0	8		−.11616506	

$n_1 = 1, n_2 = 0$

l_1	l_2	λ	n	l	N	L	ρ	$\langle\ \vert\ \rangle$	τ
4	5	8	0	3	1	6	11	−.25317582	
			0	4	0	7		−.18266106	
			0	4	1	5		.03326135	
			0	5	0	6		.13565156	
			0	5	1	4		.22900620	
			0	6	0	5		.13565157	
			0	6	1	3		−.05160768	
			0	7	0	4		−.18266111	
			0	7	1	2		−.21397267	
			0	8	0	3		−.11616506	
			0	8	1	1		.10576426	
			0	9	0	2		.37270916	
			1	1	0	8		.10576426	
			1	2	0	7		−.21397263	
			1	3	0	6		−.05160765	
			1	4	0	5		.22900620	
			1	5	0	4		.03326133	
			1	6	0	3		−.25317588	
			1	7	0	2		−.02167956	
			1	8	0	1		.34362086	24
4	5	9	0	0	1	9	11	.34271540	
			0	1	0	10		.35161860	
			0	1	1	8		−.00571906	
			0	2	0	9		−.07153889	
			0	2	1	7		−.25393790	
			0	3	0	8		−.11798497	
			0	3	1	6		.00842752	
			0	4	0	7		.07012103	
			0	4	1	5		.23282930	
			0	5	0	6		.08233738	
			0	5	1	4		−.01205293	
			0	6	0	5		−.08233736	
			0	6	1	3		−.22847695	
			0	7	0	4		−.07012103	
			0	7	1	2		.01884442	
			0	8	0	3		.11798497	
			0	8	1	1		.23411917	
			0	9	0	2		.07153889	
			0	9	1	0		−.04317809	
			0	10	0	1		−.35161860	
			1	0	0	9		.04317809	
			1	1	0	8		−.23411917	
			1	2	0	7		−.01884442	
			1	3	0	6		.22847697	
			1	4	0	5		.01205299	
			1	5	0	4		−.23282927	
			1	6	0	3		−.00842753	
			1	7	0	2		.25393790	
			1	8	0	1		.00571906	
			1	9	0	0		−.34271540	30
4	6	2	0	0	5	2	12	.05260341	
			0	1	4	3		.09449111	
			0	1	5	1		−.09449111	
			0	2	3	4		.12012987	
			0	2	4	2		−.03976443	
			0	2	5	0		.08851002	
			0	3	2	5		.11293849	
			0	3	3	3		−.02672612	
			0	3	4	1		−.01486904	
			0	4	1	6		.07456405	
			0	4	2	4		−.03330016	
			0	4	3	2		−.03541506	
			0	5	0	7		.03225880	
			0	5	1	5		−.00269590	

l_1	l_2	λ	n	l	N	L	ρ	$\langle\ \vert\ \rangle$	τ
4	6	2	0	5	2	3	12	.07396879	
			0	6	0	6		−.00780922	
			0	6	1	4		−.06326249	
			0	7	0	5		.03225873	
			1	0	4	2		−.18586541	
			1	1	3	3		−.24003968	
			1	1	4	1		.20441554	
			1	2	2	4		−.22006939	
			1	2	3	2		.10837961	
			1	2	4	0		−.09215101	
			1	3	1	5		−.15121078	
			1	3	2	3		.01854495	
			1	3	3	1		−.09863007	
			1	4	0	6		−.06326247	
			1	4	1	4		.05119608	
			1	4	2	2		.16291561	
			1	5	0	5		−.00269592	
			1	5	1	3		−.15121079	
			1	6	0	4		.07456402	
			2	0	3	3		.24790545	
			2	1	2	3		.25495098	
			2	1	3	1		−.12079666	
			2	2	1	4		.16291557	
			2	2	2	2		−.14674667	
			2	2	3	0		−.09022234	
			2	3	0	5		.07396878	
			2	3	1	3		.01854495	
			2	3	2	1		.25495099	
			2	4	0	4		−.03330017	
			2	4	1	2		−.22006942	
			2	5	0	3		.11293849	
			3	0	2	2		−.09022235	
			3	1	1	3		−.09863008	
			3	1	2	1		−.12079665	
			3	2	0	4		−.03541504	
			3	2	1	2		.10837962	
			3	2	2	0		.24790545	
			3	3	0	3		−.02672612	
			3	3	1	1		−.24003971	
			3	4	0	2		.12012988	
			4	0	1	2		−.09215099	
			4	1	0	3		−.01486901	
			4	1	1	1		.20441554	
			4	2	0	2		−.03976444	
			4	2	1	0		−.18586541	
			4	3	0	1		.09449112	
			5	0	0	2		.08851002	
			5	1	0	1		−.09449111	
			5	2	0	0		.05260341	63
4	6	3	0	1	4	3	12	.11363637	
			0	2	3	4		.14940359	
			0	2	4	2		−.17251639	
			0	3	2	5		.13445637	
			0	3	3	3		−.11363637	
			0	3	4	1		.12517207	
			0	4	1	6		.09731240	
			0	4	2	4		−.03405224	
			0	4	3	2		.05257000	
			0	5	0	7		.03925766	
			0	5	1	5		−.05754203	
			0	5	2	3		−.07009105	
			0	6	0	6		−.00000005	
			0	6	1	4		.08333332	
			0	7	0	5		−.03925760	
			1	1	3	3		−.24931035	

42

$n_1 = 1, n_2 = 0$

l_1	l_2	λ	n	l	N	L	ρ	$\langle\ |\ \rangle$	τ
4	6	3	1	2	2	4	12	−.27779198	
			1	2	3	2		.23510021	
			1	3	1	5		−.16833093	
			1	3	2	3		.23655296	
			1	3	3	1		−.05930696	
			1	4	0	6		−.08333331	
			1	4	1	4		.00000000	
			1	4	2	2		−.21245915	
			1	5	0	5		.05754198	
			1	5	1	3		.16833093	
			1	6	0	4		−.09731237	
			2	1	2	3		.17520437	
			2	2	1	4		.21245915	
			2	2	2	2		.00000000	
			2	3	0	5		.07009006	
			2	3	1	3		−.23655295	
			2	3	2	1		−.17520437	
			2	4	0	4		.03405223	
			2	4	1	2		.27779197	
			2	5	0	3		−.13445636	
			3	1	1	3		.05930696	
			3	2	0	4		−.05257000	
			3	2	1	2		−.23510021	
			3	3	0	3		.11363636	
			3	3	1	1		.24931035	
			3	4	0	2		−.14940359	
			4	1	0	3		−.12517207	
			4	2	0	2		.17251639	
			4	3	0	1		−.11363637	45
4	6	4	0	0	4	4	12	.04572430	
			0	1	3	5		.05301742	
			0	1	4	3		−.04066250	
			0	2	2	6		.04315824	
			0	2	3	4		.12852034	
			0	2	4	2		−.02650963	
			0	3	1	7		.02873259	
			0	3	2	5		.17647115	
			0	3	3	3		−.22068372	
			0	3	4	1		.09597925	
			0	4	0	8		.01079086	
			0	4	1	6		.10253608	
			0	4	2	4		−.20833744	
			0	4	3	2		.14898063	
			0	4	4	0		−.08353922	
			0	5	0	7		.05791954	
			0	5	1	5		−.02088235	
			0	5	2	3		.12562975	
			0	5	3	1		−.05058549	
			0	6	0	6		−.05430365	
			0	6	1	4		−.07211727	
			0	6	2	2		.03867164	
			0	7	0	5		.05791948	
			0	7	1	3		−.03019763	
			0	8	0	4		.01079086	
			1	0	3	4		−.14726172	
			1	1	2	5		−.12948310	
			1	1	3	3		.07042952	
			1	2	1	6		−.06873940	
			1	2	2	4		−.14567104	
			1	2	3	2		−.07225306	
			1	3	0	7		−.03019760	
			1	3	1	5		−.24281041	
			1	3	2	3		.15312993	
			1	3	3	1		−.10610905	
			1	4	0	6		−.07211726	

l_1	l_2	λ	n	l	N	L	ρ	$\langle\ |\ \rangle$	τ
4	6	4	1	4	1	4	12	.32030050	
			1	4	2	2		−.04148356	
			1	4	3	0		−.01511280	
			1	5	0	5		−.02088233	
			1	5	1	3		−.24281045	
			1	5	2	1		.13122266	
			1	6	0	4		.10253604	
			1	6	1	2		−.06873941	
			1	7	0	3		.02873261	
			2	0	2	4		.16298572	
			2	1	1	5		.13122266	
			2	1	2	3		.00000001	
			2	2	0	6		.03867166	
			2	2	1	4		−.04148356	
			2	2	2	2		−.09783110	
			2	3	0	5		.12562971	
			2	3	1	3		.15312992	
			2	3	2	1		.00000001	
			2	4	0	4		−.20833742	
			2	4	1	2		−.14567107	
			2	4	2	0		.16298572	
			2	5	0	3		.17647116	
			2	5	1	1		−.12948310	
			2	6	0	2		.04315825	
			3	0	1	4		−.01511280	
			3	1	0	5		−.05058549	
			3	1	1	3		−.10610906	
			3	2	0	4		.14898060	
			3	2	1	2		.07225306	
			3	3	0	3		−.22068372	
			3	3	1	1		.07042951	
			3	4	0	2		.12852035	
			3	4	1	0		−.14726172	
			3	5	0	1		.05301742	
			4	0	0	4		−.08353921	
			4	1	0	3		.09597926	
			4	2	0	2		−.02650962	
			4	3	0	1		−.04066250	
			4	4	0	0		.04572430	75
4	6	5	0	1	3	5	12	.13252164	
			0	2	2	6		.13564022	
			0	2	3	4		−.10660037	
			0	3	1	7		.07352966	
			0	3	2	5		.04901165	
			0	3	3	3		−.06129090	
			0	4	0	8		.03568931	
			0	4	1	6		.16404086	
			0	4	2	4		−.19990009	
			0	4	3	2		.18754509	
			0	5	0	7		.04111102	
			0	5	1	5		−.26968557	
			0	5	2	3		.19439482	
			0	5	3	1		−.12644287	
			0	6	0	6		.00000002	
			0	6	1	4		.15476192	
			0	6	2	2		−.14447141	
			0	7	0	5		−.04111098	
			0	7	1	3		.06760162	
			0	8	0	4		−.03568931	
			1	1	2	5		−.24066599	
			1	2	1	6		−.22859849	
			1	2	2	4		.09009376	
			1	3	0	7		−.06760164	
			1	3	1	5		.08170155	
			1	3	2	3		.12758717	

$n_1 = 1, n_2 = 0$

l_1	l_2	λ	n	l	N	L	ρ	$\langle\ |\ \rangle$	τ
4	6	5	1	4	0	6	12	−.15476190	
			1	4	1	4		.00000000	
			1	4	2	2		−.10827920	
			1	5	0	5		.26968560	
			1	5	1	3		−.08170155	
			1	5	2	1		−.08503765	
			1	6	0	4		−.16404084	
			1	6	1	2		.22859849	
			1	7	0	3		−.07352965	
			2	1	1	5		.08503765	
			2	2	0	6		.14447140	
			2	2	1	4		−.10827920	
			2	3	0	5		−.19439483	
			2	3	1	3		−.12758717	
			2	4	0	4		.19990009	
			2	4	1	2		−.09009375	
			2	5	0	3		−.04901166	
			2	5	1	1		.24066599	
			2	6	0	2		−.13564021	
			3	1	0	5		.12644286	
			3	2	0	4		−.18754510	
			3	3	0	3		.06129089	
			3	4	0	2		.10660036	
			3	5	0	1		−.13252164	50
4	6	6	0	0	3	6	12	.06066521	
			0	1	2	7		.05711709	
			0	1	3	5		−.03466876	
			0	2	1	8		.02882481	
			0	2	2	6		.17448885	
			0	2	3	4		−.04336524	
			0	3	0	9		.01314207	
			0	3	1	7		.21431076	
			0	3	2	5		−.16913240	
			0	3	3	3		.06095107	
			0	4	0	8		.06279489	
			0	4	1	6		−.12429442	
			0	4	2	4		−.05960493	
			0	4	3	2		.02833766	
			0	5	0	7		.11289736	
			0	5	1	5		−.10713861	
			0	5	2	3		.21476368	
			0	5	3	1		−.11246694	
			0	6	0	6		−.22866043	
			0	6	1	4		.25823988	
			0	6	2	2		−.15126495	
			0	6	3	0		.06506680	
			0	7	0	5		.11289736	
			0	7	1	3		−.22866075	
			0	7	2	1		.10045517	
			0	8	0	4		.06279489	
			0	8	1	2		−.03342254	
			0	9	0	3		.01314207	
			1	0	2	6		−.16237148	
			1	1	1	7		−.12431129	
			1	1	2	5		.03690771	
			1	2	0	8		−.03342254	
			1	2	1	6		−.10942612	
			1	2	2	4		.08691362	
			1	3	0	7		−.22866073	
			1	3	1	5		.01470439	
			1	3	2	3		−.04229326	
			1	4	0	6		.25823986	
			1	4	1	4		.09163736	
			1	4	2	2		−.07676973	
			1	5	0	5		−.10713861	

l_1	l_2	λ	n	l	N	L	ρ	$\langle\ |\ \rangle$	τ
4	6	6	1	5	1	3	12	.01470439	
			1	5	2	1		.05402735	
			1	6	0	4		−.12429443	
			1	6	1	2		−.10942613	
			1	6	2	0		.11120506	
			1	7	0	3		.21431078	
			1	7	1	1		−.12431126	
			1	8	0	2		.02882481	
			2	0	1	6		.11120505	
			2	1	0	7		.10045521	
			2	1	1	5		.05402737	
			2	2	0	6		−.15126493	
			2	2	1	4		−.07676973	
			2	3	0	5		.21476367	
			2	3	1	3		−.04229326	
			2	4	0	4		−.05960494	
			2	4	1	2		.08691363	
			2	5	0	3		−.16913240	
			2	5	1	1		.03690773	
			2	6	0	2		.17448886	
			2	6	1	0		−.16237145	
			2	7	0	1		.05711709	
			3	0	0	6		.06506683	
			3	1	0	5		−.11246693	
			3	2	0	4		.02833766	
			3	3	0	3		.06095107	
			3	4	0	2		−.04336525	
			3	5	0	1		−.03466877	
			3	6	0	0		.06066521	70
4	6	7	0	1	2	7	12	.18838340	
			0	2	1	8		.17834808	
			0	2	2	6		−.10022296	
			0	3	0	9		.04974063	
			0	3	1	7		.05291235	
			0	3	2	5		−.11531755	
			0	4	0	8		.22296233	
			0	4	1	6		−.17029663	
			0	4	2	4		.14660878	
			0	5	0	7		−.27057866	
			0	5	1	5		.05158190	
			0	5	2	3		.06011328	
			0	6	0	6		.00000000	
			0	6	1	4		.11607146	
			0	6	2	2		−.20163553	
			0	7	0	5		.27057871	
			0	7	1	3		−.19907036	
			0	7	2	1		.09036027	
			0	8	0	4		−.22296233	
			0	8	1	2		.23197108	
			0	9	0	3		−.04974063	
			1	1	1	7		−.21866828	
			1	2	0	8		−.23197108	
			1	2	1	6		.00000000	
			1	3	0	7		.19907038	
			1	3	1	5		.14437034	
			1	4	0	6		−.11607142	
			1	4	1	4		.00000000	
			1	5	0	5		−.05158188	
			1	5	1	3		−.14437033	
			1	6	0	4		.17029666	
			1	6	1	2		.00000000	
			1	7	0	3		−.05291235	
			1	7	1	1		.21866828	
			1	8	0	2		−.17834808	
			2	1	0	7		−.09036027	

44

$n_1 = 1, n_2 = 0$

l_1	l_2	λ	n	l	N	L	ρ	$<\ \|\ >$	τ
4	6	7	2	2	0	6	12	.20163553	
			2	3	0	5		− .06011328	
			2	4	0	4		− .14660878	
			2	5	0	3		.11531755	
			2	6	0	2		.10022296	
			2	7	0	1		− .18838340	42
4	6	8	0	0	2	8	12	.11046718	
			0	1	1	9		.09823815	
			0	1	2	7		− .04547543	
			0	2	0	10		.02591615	
			0	2	1	8		.20927625	
			0	2	2	6		− .07709797	
			0	3	0	9		.30437977	
			0	3	1	7		− .15577455	
			0	3	2	5		.06636406	
			0	4	0	8		− .25098116	
			0	4	1	6		− .11241472	
			0	4	2	4		.06301363	
			0	5	0	7		− .07496250	
			0	5	1	5		.17580274	
			0	5	2	3		− .09313926	
			0	6	0	6		.26297361	
			0	6	1	4		.02412930	
			0	6	2	2		− .04503225	
			0	7	0	5		− .07496250	
			0	7	1	3		− .16160465	
			0	7	2	1		− .13814783	
			0	8	0	4		− .25098116	
			0	8	1	2		.12005032	
			0	8	2	0		− .02713031	
			0	9	0	3		.30437977	
			0	9	1	1		− .16298006	
			0	10	0	2		.02591615	
			1	0	1	8		− .19682395	
			1	1	0	9		− .16298006	
			1	1	1	7		.00000000	
			1	2	0	8		.12005032	
			1	2	1	6		.10962299	
			1	3	0	7		− .16160466	
			1	3	1	5		.00000000	
			1	4	0	6		.02412931	
			1	4	1	4		− .09687795	
			1	5	0	5		.17580274	
			1	5	1	3		.00000000	
			1	6	0	4		− .11241471	
			1	6	1	2		.10962301	
			1	7	0	3		− .15577456	
			1	7	1	1		.00000000	
			1	8	0	2		.20927625	
			1	8	1	0		− .19682395	
			1	9	0	1		.09823815	
			2	0	0	8		− .02713031	
			2	1	0	7		.13814782	
			2	2	0	6		− .04503225	
			2	3	0	5		− .09313923	
			2	4	0	4		.06301365	
			2	5	0	3		.06636407	
			2	6	0	2		− .07709797	
			2	7	0	1		− .04547543	
			2	8	0	0		.11046718	54
4	6	9	0	1	1	9	12	.32311516	
			0	2	0	10		.34768974	
			0	2	1	8		− .12581971	
			0	3	0	9		− .20132833	

l_1	l_2	λ	n	l	N	L	ρ	$<\ \|\ >$	τ
4	6	9	0	3	1	7	12	− .20037149	
			0	4	0	8		− .09682458	
			0	4	1	6		.16056543	
			0	5	0	7		.19457796	
			0	5	1	5		.14024207	
			0	6	0	6		.00000000	
			0	6	1	4		− .18750001	
			0	7	0	5		− .19457795	
			0	7	1	3		− .07995028	
			0	8	0	4		.09682458	
			0	8	1	2		.20728906	
			0	9	0	3		.20132833	
			0	9	1	1		− .03153279	
			0	10	0	2		− .34768974	
			1	1	0	9		− .03153279	
			1	2	0	8		− .20728906	
			1	3	0	7		.07995028	
			1	4	0	6		.18750003	
			1	5	0	5		− .14024205	
			1	6	0	4		− .16056542	
			1	7	0	3		.20037149	
			1	8	0	2		.12581971	
			1	9	0	1		− .32311516	27
4	6	10	0	0	1	10	12	.32741400	
			0	1	0	11		.33511892	
			0	1	1	9		− .10364452	
			0	2	0	10		− .12864744	
			0	2	1	8		− .21713672	
			0	3	0	9		− .07449278	
			0	3	1	7		.13301509	
			0	4	0	8		.10944938	
			0	4	1	6		.17272947	
			0	5	0	7		.01959458	
			0	5	1	5		− .15744734	
			0	6	0	6		− .10553510	
			0	6	1	4		− .13920457	
			0	7	0	5		.01959457	
			0	7	1	3		.18281175	
			0	8	0	4		.10944938	
			0	8	1	2		.10385844	
			0	9	0	3		− .07449278	
			0	9	1	1		− .21240809	
			0	10	0	2		− .12864744	
			0	10	1	0		− .03941601	
			0	11	0	1		.33511892	
			1	0	0	10		− .03941601	
			1	1	0	9		− .21240809	
			1	2	0	8		.10385844	
			1	3	0	7		.18281178	
			1	4	0	6		− .13920454	
			1	5	0	5		− .15744737	
			1	6	0	4		.17272944	
			1	7	0	3		.13301509	
			1	8	0	2		− .21713672	
			1	9	0	1		− .10364452	
			1	10	0	0		.32741400	33

$n_1 = 0, n_2 = 1$

l_1	l_2	λ	n	l	N	L	ρ	$\langle \mid \rangle$	τ
0	0	0	0	0	1	0	2	.50000000	
			0	1	0	1		−.70710676	
			1	0	0	0		.50000000	3
0	1	1	0	0	1	1	3	.35355339	
			0	1	0	2		−.40824828	
			0	1	1	0		−.45643548	
			0	2	0	1		.40824828	
			1	0	0	1		.45643548	
			1	1	0	0		−.35355338	6
0	2	2	0	0	1	2	4	.25000000	
			0	1	0	3		−.27386128	
			0	1	1	1		−.41833001	
			0	2	0	2		.28867513	
			0	2	1	0		.38188130	
			0	3	0	1		−.27386128	
			1	0	0	2		.38188130	
			1	1	0	1		−.41833001	
			1	2	0	0		.25000000	9
0	3	3	0	0	1	3	5	.17677671	
			0	1	0	4		−.18898224	
			0	1	1	2		−.34718255	
			0	2	0	3		.22360680	
			0	2	1	1		.41079193	
			0	3	0	2		−.22360680	
			0	3	1	0		−.30618624	
			0	4	0	1		.18898224	
			1	0	0	3		.30618624	
			1	1	0	2		−.41079193	
			1	2	0	1		.34718255	
			1	3	0	0		−.17677671	12
0	4	4	0	0	1	4	6	.12500000	
			0	1	0	5		−.13176156	
			0	1	1	3		−.27638540	
			0	2	0	4		.17251639	
			0	2	1	2		.38382474	
			0	3	0	3		−.19364917	
			0	3	1	1		−.37080992	
			0	4	0	2		.17251639	
			0	4	1	0		.23935678	
			0	5	0	1		−.13176156	
			1	0	0	4		.23935678	
			1	1	0	3		−.37080992	
			1	2	0	2		.38382474	
			1	3	0	1		−.27638540	
			1	4	0	0		.12500000	15
1	1	0	0	0	2	0	4	.50000002	
			0	1	1	1		−.50000002	
			0	2	0	2		.00000000	
			1	0	1	0		.00000000	
			1	1	0	1		.50000002	
			2	0	0	0		−.50000002	6
1	1	1	0	1	1	1	4	.49999999	
			0	2	0	2		−.70710680	
			1	1	0	1		.49999999	3
1	1	2	0	0	1	2	4	.41833002	
			0	1	0	3		−.45825759	
			0	1	1	1		−.20000001	
			0	2	0	2		.00000000	
			0	2	1	0		−.27386129	
			0	3	0	1		.45825759	
			1	0	0	2		.27386129	
			1	1	0	1		.20000001	
			1	2	0	0		−.41833002	9
1	2	1	0	0	2	1	5	.28867514	
			0	1	1	2		−.11785114	
			0	1	2	0		−.44095855	
			0	2	0	3		.18257419	
			0	2	1	1		.41833001	
			0	3	0	2		−.18257419	
			1	0	1	1		.00000000	
			1	1	0	2		.41833001	
			1	1	1	0		.00000000	
			1	2	0	1		−.11785114	
			2	0	0	1		−.44095855	
			2	1	0	0		.28867514	12
1	2	2	0	1	1	2	5	.35355338	
			0	2	0	3		−.44721360	
			0	2	1	1		−.41832999	
			0	3	0	2		.44721360	
			1	1	0	2		.41832999	
			1	2	0	1		−.35355338	6
1	2	3	0	0	1	3	5	.34718256	
			0	1	0	4		−.37115375	
			0	1	1	2		−.32829958	
			0	2	0	3		.14638501	
			0	2	1	1		−.02988071	
			0	3	0	2		.14638501	
			0	3	1	0		.33407657	
			0	4	0	1		−.37115375	
			1	0	0	3		.33407657	
			1	1	0	2		−.02988071	
			1	2	0	1		−.32829958	
			1	3	0	0		.34718256	12
1	3	2	0	0	2	2	6	.19364917	
			0	1	1	3		−.04999999	
			0	1	2	1		−.36742348	
			0	2	0	4		−.15118580	
			0	2	1	2		.17928429	
			0	2	2	0		.39686270	
			0	3	0	3		.00000000	
			0	3	1	1		−.33541020	
			0	4	0	2		.15118580	
			1	0	1	2		.00000000	
			1	1	0	3		.33541020	
			1	1	1	1		.00000000	
			1	2	0	2		−.17928429	
			1	2	1	0		.00000000	
			1	3	0	1		.04999999	
			2	0	0	2		−.39686270	
			2	1	0	1		.36742348	
			2	2	0	0		−.19364917	18
1	3	3	0	1	1	3	6	.25000001	
			0	2	0	4		−.29880716	
			0	2	1	2		−.40089187	
			0	3	0	3		.38729833	
			0	3	1	1		.33541020	
			0	4	0	2		−.29880716	
			1	1	0	3		.33541020	
			1	2	0	2		−.40089187	
			1	3	0	1		.25000001	

$n_1 = 0, n_2 = 1$

l_1	l_2	λ	n	l	N	L	ρ	$\langle \ \| \ \rangle$	τ
1	3	4	0	0	1	4	6	.27638542	
			0	1	0	5		−.29133581	
			0	1	1	3		−.36111112	
			0	2	0	4		.19072405	
			0	2	1	2		.15430334	
			0	3	0	3		.00000000	
			0	3	1	1		.18633900	
			0	4	0	2		−.19072405	
			0	4	1	0		−.33678767	
			0	5	0	1		.29133581	
			1	0	0	4		.33678767	
			1	1	0	3		−.18633899	
			1	2	0	2		−.15430335	
			1	3	0	1		.36111112	
			1	4	0	0		−.27638542	15
1	4	3	0	0	2	3	7	.13363062	
			0	1	1	4		−.02525381	
			0	1	2	2		−.29014423	
			0	2	0	5		−.11293849	
			0	2	1	3		.09910312	
			0	2	2	1		.38926934	
			0	3	0	4		.03912304	
			0	3	1	2		−.18728730	
			0	3	2	0		−.34330329	
			0	4	0	3		.03912304	
			0	4	1	1		.26220221	
			0	5	0	2		−.11293849	
			1	0	1	3		.00000000	
			1	1	0	4		.26220221	
			1	1	1	2		.00000000	
			1	2	0	3		−.18728730	
			1	2	1	1		.00000000	
			1	3	0	2		.09910312	
			1	3	1	0		.00000000	
			1	4	0	1		−.02525381	
			2	0	0	3		−.34330329	
			2	1	0	2		.38926934	
			2	2	0	1		−.29014423	
			2	3	0	0		.13363062	24
1	4	4	0	1	1	4	7	.17677670	
			0	2	0	5		−.20412414	
			0	2	1	3		−.33850160	
			0	3	0	4		.31052951	
			0	3	1	2		.38382472	
			0	4	0	3		−.31052951	
			0	4	1	1		−.26220220	
			0	5	0	2		.20412414	
			1	1	0	4		.26220220	
			1	2	0	3		−.38382472	
			1	3	0	2		.33850160	
			1	4	0	1		−.17677670	12
1	4	5	0	0	1	5	7	.21485989	
			0	1	0	6		−.22441384	
			0	1	1	4		−.34551808	
			0	2	0	5		.19217652	
			0	2	1	3		.26382241	
			0	3	0	4		−.07956863	
			0	3	1	2		.01424506	
			0	4	0	3		−.07956863	
			0	4	1	1		−.27412047	
			0	5	0	2		.19217652	
			0	5	1	0		.30964604	
			0	6	0	1		−.22441384	

l_1	l_2	λ	n	l	N	L	ρ	$\langle \ \| \ \rangle$	τ
1	4	5	1	0	0	5	7	.30964604	
			1	1	0	4		−.27412048	
			1	2	0	3		.01424507	
			1	3	0	2		.26382241	
			1	4	0	1		−.34551808	
			1	5	0	0		.21485989	18
2	2	0	0	0	3	0	6	.35355340	
			0	1	2	1		−.28867514	
			0	2	1	2		.16666669	
			0	3	0	3		−.31622782	
			1	0	2	0		−.31180478	
			1	1	1	1		.48304587	
			1	2	0	2		.16666669	
			2	0	1	0		−.31180478	
			2	1	0	1		−.28867514	
			3	0	0	0		.35355340	10
2	2	1	0	1	2	1	6	.50000004	
			0	2	1	2		−.50000003	
			0	3	0	3		−.00000002	
			1	1	1	1		.00000000	
			1	2	0	2		.50000006	
			2	1	0	1		−.50000004	6
2	2	2	0	0	2	2	6	.23145502	
			0	1	1	3		−.17928428	
			0	1	2	1		−.09759000	
			0	2	0	4		.00000000	
			0	2	1	2		.33333335	
			0	2	2	0		−.26352314	
			0	3	0	3		−.52372297	
			0	3	1	1		.24053513	
			0	4	0	2		.00000000	
			1	0	1	2		−.12598816	
			1	1	0	3		.24053513	
			1	1	1	1		.16329930	
			1	2	0	2		.33333335	
			1	2	1	0		−.12598816	
			1	3	0	1		−.17928429	
			2	0	0	2		−.26352314	
			2	1	0	1		−.09759000	
			2	2	0	0		.23145502	18
2	2	3	0	1	1	3	6	.40089187	
			0	2	0	4		−.47915742	
			0	2	1	2		−.14285714	
			0	3	0	3		.00000000	
			0	3	1	1		−.29880714	
			0	4	0	2		.47915742	
			1	1	0	3		.29880714	
			1	2	0	2		.14285714	
			1	3	0	1		−.40089187	9
2	2	4	0	0	1	4	6	.38382475	
			0	1	0	5		−.40458680	
			0	1	1	3		−.15430334	
			0	2	0	4		.00000000	
			0	2	1	2		−.25000001	
			0	3	0	3		.19820625	
			0	3	1	1		.20701966	
			0	4	0	2		.00000000	
			0	4	1	0		.20044594	
			0	5	0	1		−.40458680	
			1	0	0	4		.20044593	
			1	1	0	3		.20701968	

48

$n_1 = 0, n_2 = 1$

l_1	l_2	λ	n	l	N	L	ρ	$<\ \|\ >$	τ
2	2	4	1	2	0	2	6	$-$ .25000000	
			1	3	0	1		$-$ .15430335	
			1	4	0	0		.38382475	15
2	3	1	0	0	3	1	7	.19364917	
			0	1	2	2		.00000000	
			0	1	3	0		$-$ .33541021	
			0	2	1	3		$-$ .07071069	
			0	2	2	1		.34641016	
			0	3	0	4		$-$ .13093071	
			0	3	1	2		$-$ .24053510	
			0	4	0	3		.13093073	
			1	0	2	1		$-$ .19364918	
			1	1	1	2		.24494899	
			1	1	2	0		.22912881	
			1	2	0	3		.24053510	
			1	2	1	1		$-$ .24494899	
			1	3	0	2		.07071068	
			2	0	1	1		$-$ .22912880	
			2	1	0	2		$-$ .34641017	
			2	1	1	0		.19364918	
			2	2	0	1		.00000000	
			3	0	0	1		.33541021	
			3	1	0	0		$-$ .19364917	20
2	3	2	0	1	2	2	7	.31622778	
			0	2	1	3		$-$ .21213204	
			0	2	2	1		$-$ .42426410	
			0	3	0	4		$-$ .11952286	
			0	3	1	2		.40089188	
			0	4	0	3		$-$ .11952287	
			1	1	1	2		.00000000	
			1	2	0	3		.40089186	
			1	2	1	1		.00000000	
			1	3	0	2		$-$ .21213205	
			2	1	0	2		$-$ .42426409	
			2	2	0	1		.31622779	12
2	3	3	0	0	2	3	7	.17480148	
			0	1	1	4		$-$ .09910312	
			0	1	2	2		$-$ .17251639	
			0	2	0	5		$-$ .04924473	
			0	2	1	3		.30248459	
			0	2	2	1		$-$ .04629102	
			0	3	0	4		$-$ .35823645	
			0	3	1	2		$-$ .21826335	
			0	3	2	0		.28577381	
			0	4	0	3		.35823645	
			0	4	1	1		$-$ .22717204	
			0	5	0	2		.04924473	
			1	0	1	3		$-$ .08606629	
			1	1	0	4		.22717204	
			1	1	1	2		.13093074	
			1	2	0	3		.21826336	
			1	2	1	1		$-$ .13093073	
			1	3	0	2		$-$ .30248459	
			1	3	1	0		.08606628	
			1	4	0	1		.09910312	
			2	0	0	3		$-$ .28577380	
			2	1	0	2		.04629100	
			2	2	0	1		.17251641	
			2	3	0	0		$-$ .17480148	24
2	3	4	0	1	1	4	7	.33850162	
			0	2	0	5		$-$ .39086798	
			0	2	1	3		$-$ .29462784	
2	3	4	0	3	0	4	7	.19820625	
			0	3	1	2		$-$ .06681531	
			0	4	0	3		.19820625	
			0	4	1	1		.31950482	
			0	5	0	2		$-$ .39086798	
			1	1	0	4		.31950482	
			1	2	0	3		$-$ .06681531	
			1	3	0	2		$-$ .29462784	
			1	4	0	1		.33850162	12
2	3	5	0	0	1	5	7	.33592742	
			0	1	0	6		$-$ .35086476	
			0	1	1	4		$-$ .26382244	
			0	2	0	5		.10015421	
			0	2	1	3		$-$ .09820929	
			0	3	0	4		.12440334	
			0	3	1	2		.28953303	
			0	4	0	3		$-$ .12440334	
			0	4	1	1		$-$ .05590170	
			0	5	0	2		$-$ .10015420	
			0	5	1	0		$-$ .26895718	
			0	6	0	1		.35086475	
			1	0	0	5		.26895719	
			1	1	0	4		.05590171	
			1	2	0	3		$-$ .28953303	
			1	3	0	2		.09820928	
			1	4	0	1		.26382244	
			1	5	0	0		$-$ .33592742	18
2	4	2	0	0	3	2	8	.12677314	
			0	1	2	3		.02672612	
			0	1	3	1		$-$ .26592158	
			0	2	1	4		$-$ .06428572	
			0	2	2	2		.10594569	
			0	2	3	0		.32568610	
			0	3	0	5		$-$ .09128708	
			0	3	1	3		$-$ .02288688	
			0	3	2	1		$-$ .31464266	
			0	4	0	4		.03622089	
			0	4	1	2		.20594304	
			0	5	0	3		$-$ .09128709	
			1	0	2	2		$-$ .14015297	
			1	1	1	3		.16818357	
			1	1	2	1		.20598199	
			1	2	0	4		.20594304	
			1	2	1	2		$-$ .16989108	
			1	2	2	0		$-$ .18803495	
			1	3	0	3		$-$ .02288688	
			1	3	1	1		.16818357	
			1	4	0	2		$-$ .06428571	
			2	0	1	2		$-$ .18803495	
			2	1	0	3		$-$ .31464266	
			2	1	1	1		.20598199	
			2	2	0	2		.10594569	
			2	2	1	0		$-$ .14015297	
			2	3	0	1		.02672612	
			3	0	0	2		.32568610	
			3	1	0	1		$-$ .26592158	
			3	2	0	0		.12677314	30
2	4	3	0	1	2	3	8	.21128857	
			0	2	1	4		$-$ .10714286	
			0	2	2	2		$-$ .37457458	
			0	3	0	5		$-$ .11664238	
			0	3	1	3		.25588315	
			0	3	2	1		.35535265	

$n_1 = 0$, $n_2 = 1$

l_1	l_2	λ	n	l	N	L	ρ	$\langle\ |\ \rangle$	τ
2	4	3	0	4	0	4	8	.00000000	
			0	4	1	2		−.31339158	
			0	5	0	3		.11664238	
			1	1	1	3		.00000000	
			1	2	0	4		.31339158	
			1	2	1	2		.00000000	
			1	3	0	3		−.25588315	
			1	3	1	1		.00000000	
			1	4	0	2		.10714286	
			2	1	0	3		−.35535265	
			2	2	0	2		.37457458	
			2	3	0	1		−.21128857	18
2	4	4	0	0	2	4	8	.13261440	
			0	1	1	5		−.05930696	
			0	1	2	3		−.18390308	
			0	2	0	6		−.05840146	
			0	2	1	4		.23268399	
			0	2	2	2		.07529232	
			0	3	0	5		−.22918389	
			0	3	1	3		−.29546842	
			0	3	2	1		.14433757	
			0	4	0	4		.35219203	
			0	4	1	2		.12617064	
			0	4	2	0		−.28347336	
			0	5	0	3		−.22918389	
			0	5	1	1		.20351942	
			0	6	0	2		−.05840146	
			1	0	1	4		−.06006250	
			1	1	0	5		.20351942	
			1	1	1	3		.10286890	
			1	2	0	4		.12617064	
			1	2	1	2		−.12073632	
			1	3	0	3		−.29546842	
			1	3	1	1		.10286890	
			1	4	0	2		.23268399	
			1	4	1	0		−.06006250	
			1	5	0	1		−.05930696	
			2	0	0	4		−.28347336	
			2	1	0	3		.14433757	
			2	2	0	2		.07529232	
			2	3	0	1		−.18390308	
			2	4	0	0		.13261440	30
2	4	5	0	1	1	5	8	.27177866	
			0	2	0	6		−.30660768	
			0	2	1	4		−.34090910	
			0	3	0	5		.26256312	
			0	3	1	3		.12309148	
			0	4	0	4		.00000000	
			0	4	1	2		.19943101	
			0	5	0	3		−.26256312	
			0	5	1	1		−.30338994	
			0	6	0	2		.30660768	
			1	1	0	5		.30338994	
			1	2	0	4		−.19943101	
			1	3	0	3		−.12309149	
			1	4	0	2		.34090910	
			1	5	0	1		−.27177866	15
2	4	6	0	0	1	6	8	.28266688	
			0	1	0	7		−.29333729	
			0	1	1	5		−.31402601	
			0	2	0	6		.15032679	
			0	2	1	4		.05113636	
			0	3	0	5		.04070868	

l_1	l_2	λ	n	l	N	L	ρ	$\langle\ |\ \rangle$	τ
2	4	6	0	3	1	3	8	.23935678	
			0	4	0	4		−.13514061	
			0	4	1	2		−.22079861	
			0	5	0	3		.04070868	
			0	5	1	1		−.07995027	
			0	6	0	2		.15032680	
			0	6	1	0		.29496246	
			0	7	0	1		−.29333729	
			1	0	0	6		.29496245	
			1	1	0	5		−.07995026	
			1	2	0	4		−.22079861	
			1	3	0	3		.23935678	
			1	4	0	2		.05113636	
			1	5	0	1		−.31402602	
			1	6	0	0		.28266688	21
3	3	0	0	0	4	0	8	.22360681	
			0	1	3	1		−.15811391	
			0	2	2	2		.22360682	
			0	3	1	3		−.30000000	
			0	4	0	4		−.00000001	
			1	0	3	0		−.38729835	
			1	1	2	1		.36742355	
			1	2	1	2		−.00000004	
			1	3	0	3		.30000001	
			2	0	2	0		−.00000000	
			2	1	1	1		−.36742351	
			2	2	0	2		−.22360677	
			3	0	1	0		.38729838	
			3	1	0	1		.15811386	
			4	0	0	0		−.22360681	15
3	3	1	0	1	3	1	8	.38729834	
			0	2	2	2		−.31622778	
			0	3	1	3		.10000001	
			0	4	0	4		−.20701969	
			1	1	2	1		−.30000003	
			1	2	1	2		.50709259	
			1	3	0	3		.10000001	
			2	1	1	1		−.30000003	
			2	2	0	2		−.31622778	
			3	1	0	1		.38729834	10
3	3	2	0	0	3	2	8	.13540065	
			0	1	2	3		−.08563489	
			0	1	3	1		−.05163978	
			0	2	1	4		.02288683	
			0	2	2	2		.37032805	
			0	2	3	0		−.22135944	
			0	3	0	5		−.04178554	
			0	3	1	3		−.41333333	
			0	3	2	1		.14402381	
			0	4	0	4		−.00000002	
			0	4	1	2		−.01825742	
			0	5	0	3		.04178554	
			1	0	2	2		−.20412416	
			1	1	1	3		.17962926	
			1	1	2	1		.12000002	
			1	2	0	4		.01825741	
			1	2	1	2		.00000000	
			1	2	2	0		.05477226	
			1	3	0	3		.41333335	
			1	3	1	1		−.17962926	
			1	4	0	2		−.02288688	
			2	0	1	2		−.05477227	
			2	1	0	3		−.14402381	

$n_1 = 0, n_2 = 1$

l_1	l_2	λ	n	l	N	L	ρ	$\langle\ \vert\ \rangle$	τ
3	3	2	2	1	1	1	8	$-$.12000001	
			2	2	0	2		$-$.37032805	
			2	2	1	0		.20412416	
			2	3	0	1		.08563489	
			3	0	0	2		.22135944	
			3	1	0	1		.05163977	
			3	2	0	0		$-$.13540065	30
3	3	3	0	1	2	3	8	.30276505	
			0	2	1	4		$-$.25588317	
			0	2	2	2		$-$.09759000	
			0	3	0	5		.00000000	
			0	3	1	3		.20000002	
			0	3	2	1		$-$.32403706	
			0	4	0	4		$-$.34601722	
			0	4	1	2		.32076652	
			0	5	0	3		.00000000	
			1	1	1	3		$-$.11547006	
			1	2	0	4		.32076652	
			1	2	1	2		.15649217	
			1	3	0	3		.20000002	
			1	3	1	1		$-$.11547006	
			1	4	0	2		$-$.25588317	
			2	1	0	3		$-$.32403706	
			2	2	0	2		$-$.09759000	
			2	3	0	1		.30276505	18
3	3	4	0	0	2	4	8	.16457016	
			0	1	1	5		$-$.12266335	
			0	1	2	3		$-$.06085806	
			0	2	0	6		.00000000	
			0	2	1	4		.29546844	
			0	2	2	2		$-$.14015298	
			0	3	0	5		.40629962	
			0	3	1	3		$-$.01666666	
			0	3	2	1		.10235326	
			0	4	0	4		.00000000	
			0	4	1	2		$-$.23570227	
			0	4	2	0		.19543400	
			0	5	0	3		.40629962	
			0	5	1	1		$-$.19778872	
			0	6	0	2		.00000000	
			1	0	1	4		$-$.14907121	
			1	1	0	5		.19778872	
			1	1	1	3		.12765695	
			1	2	0	4		.23570226	
			1	2	1	2		.00000000	
			1	3	0	3		.01666667	
			1	3	1	1		$-$.12765695	
			1	4	0	2		$-$.29546844	
			1	4	1	0		.14907121	
			1	5	0	1		.12266335	
			2	0	0	4		$-$.19543400	
			2	1	0	3		$-$.10235326	
			2	2	0	2		.14015298	
			2	3	0	1		.06085806	
			2	4	0	0		$-$.16457016	30
3	3	5	0	1	1	5	8	.36799006	
			0	2	0	6		$-$.41514878	
			0	2	1	4		$-$.12309149	
			0	3	0	5		.00000000	
			0	3	1	3		$-$.25000001	
			0	4	0	4		.27817432	
			0	4	1	2		.15430334	
			0	5	0	3		.00000000	
3	3	5	0	5	1	1	8	.22821774	
			0	6	0	2		$-$.41514878	
			1	1	0	5		.22821773	
			1	2	0	4		.15430335	
			1	3	0	3		$-$.25000000	
			1	4	0	2		$-$.12309150	
			1	5	0	1		.36799006	15
3	3	6	0	0	1	6	8	.36084392	
			0	1	0	7		$-$.37446544	
			0	1	1	5		$-$.12659241	
			0	2	0	6		.00000000	
			0	2	1	4		$-$.23935679	
			0	3	0	5		.15590239	
			0	3	1	3		.16666666	
			0	4	0	4		.00000000	
			0	4	1	2		.19094066	
			0	5	0	3		$-$.15590239	
			0	5	1	1		$-$.20412414	
			0	6	0	2		.00000000	
			0	6	1	0		$-$.16137431	
			0	7	0	1		.37446544	
			1	0	0	6		.16137431	
			1	1	0	5		.20412415	
			1	2	0	4		$-$.19094064	
			1	3	0	3		$-$.16666668	
			1	4	0	2		.23935678	
			1	5	0	1		.12659243	
			1	6	0	0		$-$.36084392	21
3	4	1	0	0	4	1	9	.11952286	
			0	1	3	2		.03450327	
			0	1	4	0		$-$.22886886	
			0	2	2	3		.00000000	
			0	2	3	1		.25588316	
			0	3	1	4		$-$.09091373	
			0	3	2	2		$-$.23211537	
			0	4	0	5		$-$.06388764	
			0	4	1	3		.16751485	
			0	5	0	4		$-$.06388765	
			1	0	3	1		$-$.22886885	
			1	1	2	2		.08864054	
			1	1	3	0		.30705978	
			1	2	1	3		.16413036	
			1	2	2	1		$-$.30152674	
			1	3	0	4		.16751483	
			1	3	1	2		.16413035	
			1	4	0	3		$-$.09091372	
			2	0	2	1		.00000000	
			2	1	1	2		$-$.30152674	
			2	1	2	0		.00000000	
			2	2	0	3		$-$.23211537	
			2	2	1	1		.08864054	
			2	3	0	2		.00000000	
			3	0	1	1		.30705978	
			3	1	0	2		.25588316	
			3	1	1	0		$-$.22886885	
			3	2	0	1		.03450327	
			4	0	0	1		$-$.22886886	
			4	1	0	0		.11952286	30
3	4	2	0	1	3	2	9	.23145503	
			0	2	2	3		$-$.08451543	
			0	2	3	1		$-$.34330327	
			0	3	1	4		$-$.05050764	
			0	3	2	2		.31783707	

$n_1 = 0, n_2 = 1$

l_1	l_2	λ	n	l	N	L	ρ	$\langle\,\mid\,\rangle$	τ
3	4	2	0	4	0	5	9	$-.10101523$	
			0	4	1	3		$-.16751485$	
			0	5	0	4		$-.10101525$	
			1	1	2	2		$-.19820624$	
			1	2	1	3		$.29965968$	
			1	2	2	1		$.22474476$	
			1	3	0	4		$.16751483$	
			1	3	1	2		$-.29965967$	
			1	4	0	3		$.05050762$	
			2	1	1	2		$-.22474477$	
			2	2	0	3		$-.31783708$	
			2	2	1	1		$.19820624$	
			2	3	0	2		$.08451542$	
			3	1	0	2		$.34330328$	
			3	2	0	1		$-.23145502$	20
3	4	3	0	0	3	3	9	$.09745127$	
			0	1	2	4		$-.03007411$	
			0	1	3	2		$-.10026634$	
			0	2	1	5		$-.01585045$	
			0	2	2	3		$.27962947$	
			0	2	3	1		$-.04374089$	
			0	3	0	6		$-.02867454$	
			0	3	1	4		$-.22544769$	
			0	3	2	2		$-.28455121$	
			0	3	3	0		$.23620080$	
			0	4	0	5		$-.06496751$	
			0	4	1	3		$.32741540$	
			0	4	2	1		$-.16366342$	
			0	5	0	4		$-.06496752$	
			0	5	1	2		$.05815526$	
			0	6	0	3		$-.02867455$	
			1	0	2	3		$-.15315936$	
			1	1	1	4		$.12660839$	
			1	1	2	2		$.14647211$	
			1	2	0	5		$.05815526$	
			1	2	1	3		$-.04665695$	
			1	2	2	1		$-.04008918$	
			1	3	0	4		$.32741539$	
			1	3	1	2		$-.04665695$	
			1	3	2	0		$-.06681529$	
			1	4	0	3		$-.22544768$	
			1	4	1	1		$.12660837$	
			1	5	0	2		$-.01585044$	
			2	0	1	3		$-.06681529$	
			2	1	0	4		$-.16366342$	
			2	1	1	2		$-.04008918$	
			2	2	0	3		$-.28455121$	
			2	2	1	1		$.14647211$	
			2	3	0	2		$.27962947$	
			2	3	1	0		$-.15315935$	
			2	4	0	1		$-.03007411$	
			3	0	0	3		$.23620080$	
			3	1	0	2		$-.04374089$	
			3	2	0	1		$-.10026634$	
			3	3	0	0		$.09745127$	40
3	4	4	0	1	2	4	9	$.23870592$	
			0	2	1	5		$-.16241882$	
			0	2	2	3		$-.21660005$	
			0	3	0	6		$-.05182614$	
			0	3	1	4		$.26126218$	
			0	3	2	2		$-.07985957$	
			0	4	0	5		$-.25373930$	
			0	4	1	3		$-.05736115$	
			0	4	2	1		$.33403838$	

l_1	l_2	λ	n	l	N	L	ρ	$\langle\,\mid\,\rangle$	τ
3	4	4	0	5	0	4	9	$.25373930$	
			0	5	1	2		$-.29625446$	
			0	6	0	3		$.05182615$	
			1	1	1	4		$-.08374359$	
			1	2	0	5		$.29625444$	
			1	2	1	3		$.13552619$	
			1	3	0	4		$.05736114$	
			1	3	1	2		$-.13552619$	
			1	4	0	3		$-.26126218$	
			1	4	1	1		$.08374359$	
			1	5	0	2		$.16241882$	
			2	1	0	4		$-.33403837$	
			2	2	0	3		$.07985957$	
			2	3	0	2		$.21660005$	
			2	4	0	1		$-.23870594$	24
3	4	5	0	0	2	5	9	$.13514062$	
			0	1	1	6		$-.08317330$	
			0	1	2	4		$-.10821483$	
			0	2	0	7		$-.02441301$	
			0	2	1	5		$.28053048$	
			0	2	2	3		$-.05597864$	
			0	3	0	6		$-.33448493$	
			0	3	1	4		$-.18412327$	
			0	3	2	2		$.15037060$	
			0	4	0	5		$.19750297$	
			0	4	1	3		$-.12030612$	
			0	4	2	1		$-.00951026$	
			0	5	0	4		$.19750297$	
			0	5	1	2		$.19879526$	
			0	5	2	0		$-.22738635$	
			0	6	0	3		$-.33448490$	
			0	6	1	1		$.18631812$	
			0	7	0	2		$-.02441299$	
			1	0	1	5		$-.11396058$	
			1	1	0	6		$.18631811$	
			1	1	1	4		$.12874841$	
			1	2	0	5		$.19879528$	
			1	2	1	3		$-.05670830$	
			1	3	0	4		$-.12030612$	
			1	3	1	2		$-.05670830$	
			1	4	0	3		$-.18412326$	
			1	4	1	1		$.12874841$	
			1	5	0	2		$.28053046$	
			1	5	1	0		$-.11396059$	
			1	6	0	1		$-.08317330$	
			2	0	0	5		$-.22738634$	
			2	1	0	4		$-.00951026$	
			2	2	0	3		$.15037060$	
			2	3	0	2		$-.05597864$	
			2	4	0	1		$-.10821483$	
			2	5	0	0		$.13514062$	36
3	4	6	0	1	1	6	9	$.32639560$	
			0	2	0	7		$-.36210342$	
			0	2	1	5		$-.24041958$	
			0	3	0	6		$.13636364$	
			0	3	1	4		$-.11249428$	
			0	4	0	5		$.18018750$	
			0	4	1	3		$.26650091$	
			0	5	0	4		$-.18018749$	
			0	5	1	2		$-.01424506$	
			0	6	0	3		$-.13636365$	
			0	6	1	1		$-.26382243$	
			0	7	0	2		$.36210342$	
			1	1	0	6		$.26382243$	

52

$n_1 = 0, n_2 = 1$

l_1	l_2	λ	n	l	N	L	ρ	$\langle \mid \rangle$	τ
3	4	6	1	2	0	5	9	.01424507	
			1	3	0	4		−.26650091	
			1	4	0	3		.11249426	
			1	5	0	2		.24041959	
			1	6	0	1		−.32639560	18
3	4	7	0	0	1	7	9	.32503278	
			0	1	0	8		−.33569240	
			0	1	1	6		−.22310332	
			0	2	0	7		.07868754	
			0	2	1	5		−.12882057	
			0	3	0	6		.11476711	
			0	3	1	4		.25311209	
			0	4	0	5		−.08306232	
			0	4	1	3		.01332504	
			0	5	0	4		−.08306232	
			0	5	1	2		−.25357629	
			0	6	0	3		.11476710	
			0	6	1	1		.09327531	
			0	7	0	2		.07868750	
			0	7	1	0		.22756846	
			0	8	0	1		−.33569240	
			1	0	0	7		.22756846	
			1	1	0	6		.09327533	
			1	2	0	5		−.25357630	
			1	3	0	4		.01332504	
			1	4	0	3		.25311209	
			1	5	0	2		−.12882055	
			1	6	0	1		−.22310332	
			1	7	0	0		.32503278	24
4	4	0	0	0	5	0	10	.13363062	
			0	1	4	1		−.08451540	
			0	2	3	2		.20701964	
			0	3	2	3		−.22677869	
			0	4	1	4		.04285717	
			0	5	0	5		−.10101528	
			1	0	4	0		−.34330330	
			1	1	3	1		.25071325	
			1	2	2	2		−.14982978	
			1	3	1	3		.35456207	
			1	4	0	4		.04285713	
			2	0	3	0		.21712408	
			2	1	2	1		−.34817305	
			2	2	1	2		−.14982986	
			2	3	0	3		−.22677866	
			3	0	2	0		.21712404	
			3	1	1	1		.25071330	
			3	2	0	2		.20701967	
			4	0	1	0		−.34330328	
			4	1	0	1		−.08451544	
			5	0	0	0		.13363062	21
4	4	1	0	1	4	1	10	.26726124	
			0	2	3	2		−.18898223	
			0	3	2	3		.14638503	
			0	4	1	4		−.21428573	
			0	5	0	5		−.00000001	
			1	1	3	1		−.39641246	
			1	2	2	2		.41032590	
			1	3	1	3		.00000000	
			1	4	0	4		.21428574	
			2	1	2	1		−.00000000	
			2	2	1	2		−.41032590	
			2	3	0	3		−.14638503	
			3	1	1	1		.39641246	

l_1	l_2	λ	n	l	N	L	ρ	$\langle \mid \rangle$	τ
4	4	1	3	2	0	2	10	.18898223	
			4	1	0	1		−.26726124	15
4	4	2	0	0	4	2	10	.07765104	
			0	1	3	3		−.04253122	
			0	1	4	1		−.02724178	
			0	2	2	4		.02784322	
			0	2	3	2		.31017723	
			0	2	4	0		−.16598502	
			0	3	1	5		−.03594545	
			0	3	2	3		−.28349792	
			0	3	3	1		.08596901	
			0	4	0	6		.00000001	
			0	4	1	4		.06122451	
			0	4	2	2		−.02904132	
			0	5	0	5		−.13555879	
			0	5	1	3		.04320106	
			0	6	0	4		−.00000001	
			1	0	3	2		−.18651178	
			1	1	2	3		.11878326	
			1	1	3	1		.08081219	
			1	2	1	4		−.00825550	
			1	2	2	2		−.22448977	
			1	2	3	0		.14638502	
			1	3	0	5		.04320105	
			1	3	1	3		.44324100	
			1	3	2	1		−.14890270	
			1	4	0	4		.06122448	
			1	4	1	2		−.00825551	
			1	5	0	3		−.03594544	
			2	0	2	2		.09035079	
			2	1	1	3		−.14890270	
			2	1	2	1		−.11222635	
			2	2	0	4		−.02904133	
			2	2	1	2		−.22448980	
			2	2	2	0		.09035077	
			2	3	0	3		−.28349790	
			2	3	1	1		.11878326	
			2	4	0	2		.02784322	
			3	0	1	2		.14638500	
			3	1	0	3		.08596902	
			3	1	1	1		.08081221	
			3	2	0	2		.31017723	
			3	2	1	0		−.18651178	
			3	3	0	1		−.04253123	
			4	0	0	2		−.16598501	
			4	1	0	1		−.02724179	
			4	2	0	0		.07765104	45
4	4	3	0	1	3	3	10	.20174333	
			0	2	2	4		−.13921613	
			0	2	3	2		−.05981683	
			0	3	1	5		.02679215	
			0	3	2	3		.24467110	
			0	3	3	1		−.28231396	
			0	4	0	6		−.05235231	
			0	4	1	4		−.30241188	
			0	4	2	2		.20974292	
			0	5	0	5		.00000000	
			0	5	1	3		−.02229241	
			0	6	0	4		.05235231	
			1	1	2	3		−.24560139	
			1	2	1	4		.26830403	
			1	2	2	2		.12987676	
			1	3	0	5		.02229241	
			1	3	1	3		.00000000	

$n_1 = 0, n_2 = 1$

l_1	l_2	λ	n	l	N	L	ρ	$\langle \ | \ \rangle$	τ
4	4	3	1	3	2	1	10	.09055225	
			1	4	0	4		.30241188	
			1	4	1	2		−.26830403	
			1	5	0	3		−.02679215	
			2	1	1	3		−.09055224	
			2	2	0	4		−.20974292	
			2	2	1	2		−.12987677	
			2	3	0	3		−.24467111	
			2	3	1	1		.24560139	
			2	4	0	2		.13921613	
			3	1	0	3		.28231395	
			3	2	0	2		.05981685	
			3	3	0	1		−.20174333	30
4	4	4	0	0	3	4	10	.08393029	
			0	1	2	5		−.05107835	
			0	1	3	3		−.02889427	
			0	2	1	6		.00889160	
			0	2	2	4		.27073218	
			0	2	3	2		−.08841411	
			0	3	0	7		−.01598206	
			0	3	1	5		−.26415369	
			0	3	2	3		−.03980153	
			0	3	3	1		.05840443	
			0	4	0	6		.00000000	
			0	4	1	4		.11122450	
			0	4	2	2		−.28238185	
			0	4	3	0		.17702906	
			0	5	0	5		−.20913026	
			0	5	1	3		.31747323	
			0	5	2	1		−.12056469	
			0	6	0	4		.00000000	
			0	6	1	2		.00607412	
			0	7	0	3		−.01598206	
			1	0	2	4		−.16614212	
			1	1	1	5		.12511591	
			1	1	2	3		.08069732	
			1	2	0	6		.00607412	
			1	2	1	4		−.08027202	
			1	2	2	2		.06398944	
			1	3	0	5		.31747323	
			1	3	1	3		.06222859	
			1	3	2	1		−.10115946	
			1	4	0	4		.11122450	
			1	4	1	2		−.08027203	
			1	4	2	0		.01164765	
			1	5	0	3		−.26415369	
			1	5	1	1		.12511591	
			1	6	0	2		.00889160	
			2	0	1	4		.01164766	
			2	1	0	5		−.12056469	
			2	1	1	3		−.10115946	
			2	2	0	4		−.28238185	
			2	2	1	2		.06398943	
			2	3	0	3		−.03980153	
			2	3	1	1		−.08069733	
			2	4	0	2		.27073218	
			2	4	1	0		−.16614212	
			2	5	0	1		−.05107835	
			3	0	0	4		.17702905	
			3	1	0	3		.05840444	
			3	2	0	2		−.08841411	
			3	3	0	1		−.02889428	
			3	4	0	0		.08393029	50
4	4	5	0	1	2	5	10	.23407043	
4	4	5	0	2	1	6	10	−.18672361	
			0	2	2	4		−.07288943	
			0	3	0	7		.00000000	
			0	3	1	5		.19847908	
			0	3	2	3		−.19669895	
			0	4	0	6		−.30732883	
			0	4	1	4		.09415583	
			0	4	2	2		.10981516	
			0	5	0	5		.00000001	
			0	5	1	3		−.16514457	
			0	5	2	1		.25783188	
			0	6	0	4		.30732883	
			0	6	1	2		−.27333535	
			0	7	0	3		.00000000	
			1	1	1	5		−.15289416	
			1	2	0	6		.27333536	
			1	2	1	4		.14047602	
			1	3	0	5		.16514458	
			1	3	1	3		.00000000	
			1	4	0	4		−.09415585	
			1	4	1	2		−.14047602	
			1	5	0	3		−.19847908	
			1	5	1	1		.15289416	
			1	6	0	2		.18672362	
			2	1	0	5		−.25783188	
			2	2	0	4		−.10981516	
			2	3	0	3		.19669895	
			2	4	0	2		.07288943	
			2	5	0	1		−.23407043	30
4	4	6	0	0	2	6	10	.13133307	
			0	1	1	7		−.09637212	
			0	1	2	5		−.04327963	
			0	2	0	8		.00000000	
			0	2	1	6		.27835110	
			0	2	2	4		−.10388343	
			0	3	0	7		−.36012289	
			0	3	1	5		−.04048438	
			0	3	2	3		.06653864	
			0	4	0	6		−.00000001	
			0	4	1	4		−.21428571	
			0	4	2	2		.10835355	
			0	5	0	5		.29001096	
			0	5	1	3		.04865616	
			0	5	2	1		−.10215671	
			0	6	0	4		−.00000001	
			0	6	1	2		.19015001	
			0	6	2	0		−.15926475	
			0	7	0	3		−.36012289	
			0	7	1	1		.17770143	
			0	8	0	1		.00000000	
			1	0	1	6		−.15604695	
			1	1	0	7		.17770143	
			1	1	1	5		.10601302	
			1	2	0	6		.19015000	
			1	2	1	4		.03080140	
			1	3	0	5		.04865617	
			1	3	1	3		−.10403130	
			1	4	0	4		−.21428571	
			1	4	1	2		.03080141	
			1	5	0	3		−.04048439	
			1	5	1	1		.10601302	
			1	6	0	2		.27835110	
			1	6	1	0		−.15604695	
			1	7	0	1		−.09637212	
			2	0	0	6		−.15926475	

$n_1 = 0, n_2 = 1$

l_1	l_2	λ	n	l	N	L	ρ	$\langle \mid \rangle$	τ
4	4	6	2	1	0	5	10	$-.10215671$	
			2	2	0	4		$-.10835355$	
			2	3	0	3		$.06653864$	
			2	4	0	2		$-.10388343$	
			2	5	0	1		$-.04327963$	
			2	6	0	0		$.13133307$	42
4	4	7	0	1	1	7	10	$.34747465$	
			0	2	0	8		$-.38063941$	
			0	2	1	6		$-.10660036$	
			0	3	0	7		$.00000000$	
			0	3	1	5		$-.23536724$	
			0	4	0	6		$.22539814$	
			0	4	1	4		$.13636364$	
			0	5	0	5		$.00000000$	
			0	5	1	3		$.19583739$	
			0	6	0	4		$-.22539814$	
			0	6	1	2		$-.15604696$	
			0	7	0	3		$.00000000$	
			0	7	1	1		$-.18844458$	
			0	8	0	2		$.38063941$	
			1	1	0	7		$.18844458$	
			1	2	0	6		$.15604696$	
			1	3	0	5		$-.19583738$	
			1	4	0	4		$-.13636366$	
			1	5	0	3		$.23536724$	
			1	6	0	2		$.10660036$	
			1	7	0	1		$-.34747465$	21
4	4	8	0	0	1	8	10	$.34362084$	
			0	1	0	9		$-.35358295$	
			0	1	1	7		$-.10815665$	
			0	2	0	8		$.00000000$	
			0	2	1	6		$-.23079655$	
			0	3	0	7		$.13669104$	
			0	3	1	5		$.14024206$	
			0	4	0	6		$.00000000$	
			0	4	1	4		$.18750000$	
			0	5	0	5		$-.11616504$	
			0	5	1	3		$-.16854998$	
			0	6	0	4		$.00000000$	
			0	6	1	2		$-.15766406$	
			0	7	0	3		$.13669104$	
			0	7	1	1		$.19943102$	
			0	8	0	2		$.00000000$	
			0	8	1	0		$.13654108$	
			0	9	0	1		$-.35358295$	
			1	0	0	8		$.13654108$	
			1	1	0	7		$.19943102$	
			1	2	0	6		$-.15766406$	
			1	3	0	5		$-.16854997$	
			1	4	0	4		$.18750001$	
			1	5	0	3		$.14024205$	
			1	6	0	2		$-.23079655$	
			1	7	0	1		$-.10815665$	
			1	8	0	0		$.34362084$	27

$n_1 = 2, n_2 = 0$

l_1	l_2	λ	n	l	N	L	ρ	$\langle\ |\ \rangle$	τ	l_1	l_2	λ	n	l	N	L	ρ	$\langle\ |\ \rangle$	τ
0	0	0	0	0	2	0	4	.25000000		0	4	4	0	1	2	3	8	− .17840601	
			0	1	1	1		.50000000					0	2	0	6		.21245914	
			0	2	0	2		.40824829					0	2	1	4		− .28347336	
			1	0	1	0		.45643545					0	2	2	2		− .00498010	
			1	1	0	1		.50000000					0	3	0	5		− .23821426	
			2	0	0	0		.25000000	6				0	3	1	3		.19543400	
													0	3	2	1		.13638619	
0	1	1	0	0	2	1	5	.27003085					0	4	0	4		.25624845	
			0	1	1	2		.44095853					0	4	1	2		− .03948362	
			0	1	2	0		.05892555					0	4	2	0		− .07083333	
			0	2	0	3		.34156501					0	5	0	3		− .23821426	
			0	2	1	1		− .22360679					0	5	1	1		− .10704362	
			0	3	0	2		− .34156501					0	6	0	2		.21245914	
			1	0	1	1		.24999999					1	0	1	4		− .13110112	
			1	1	0	2		.22360679					1	1	0	5		− .10704362	
			1	1	1	0		− .24999999					1	1	1	3		− .10206206	
			1	2	0	1		− .44095853					1	2	0	4		− .03948362	
			2	0	0	1		− .05892554					1	2	1	2		.24756469	
			2	1	0	0		− .27003085	12				1	3	0	3		.19543400	
													1	3	1	1		− .10206206	
0	2	2	0	0	2	2	6	.25617376					1	4	0	2		− .28347336	
			0	1	1	3		.39686268					1	4	1	0		− .13110112	
			0	1	2	1		− .05400617					1	5	0	1		.28767103	
			0	2	0	4		.30000000					2	0	0	4		− .07083333	
			0	2	1	2		− .26352313					2	1	0	3		.13638619	
			0	2	2	0		− .14166666					2	2	0	2		− .00498010	
			0	3	0	3		− .28982754					2	3	0	1		− .17840601	
			0	3	1	1		.05916079					2	4	0	0		.19297561	30
			0	4	0	2		.30000000											
			1	0	1	2		.06972168		0	5	5	0	0	2	5	9	.15934436	
			1	1	0	3		.05916079					0	1	1	6		.23536722	
			1	1	1	1		− .29692870					0	1	2	4		− .19416807	
			1	2	0	2		− .26352313					0	2	0	7		.17271232	
			1	2	1	0		.06972168					0	2	1	5		− .26461888	
			1	3	0	1		.39686268					0	2	2	3		.06890574	
			2	0	0	2		− .14166666					0	3	0	6		− .20757437	
			2	1	0	1		− .05400617					0	3	1	4		.22738634	
			2	2	0	0		.25617376	18				0	3	2	2		.09547034	
													0	4	0	5		.24090603	
0	3	3	0	0	2	3	7	.22707378					0	4	1	3		− .10773643	
			0	1	1	4		.34330330					0	4	2	1		− .12507438	
			0	1	2	2		− .13446322					0	5	0	4		− .24090602	
			0	2	0	5		.25588316					0	5	1	2		− .03278315	
			0	2	1	3		− .28577380					0	5	2	0		.01473138	
			0	2	2	1		− .08685991					0	6	0	3		.20757437	
			0	3	0	4		− .26592158					0	6	1	1		.13588932	
			0	3	1	2		− .13887301					0	7	0	2		− .17271232	
			0	3	2	0		.12374368					1	0	1	5		− .16796369	
			0	4	0	3		.26592158					1	1	0	6		− .13588932	
			0	4	1	1		.04629101					1	1	1	4		.00486562	
			0	5	0	2		− .25588316					1	2	0	5		− .03278315	
			1	0	1	3		− .05590170					1	2	1	3		.19930851	
			1	1	0	4		− .04629101					1	3	0	4		.10773645	
			1	1	1	2		− .21732957					1	3	1	2		− .19930849	
			1	2	0	3		− .13887301					1	4	0	3		− .22738633	
			1	2	1	1		.21732957					1	4	1	1		− .00486562	
			1	3	0	2		.28577380					1	5	0	2		− .26461888	
			1	3	1	0		.05590170					1	5	1	0		.16796369	
			1	4	0	1		− .34330330					1	6	0	1		− .23536722	
			2	0	0	3		− .12374368					2	0	0	5		− .01473138	
			2	1	0	2		.08685991					2	1	0	4		− .12507439	
			2	2	0	1		.13446322					2	2	0	3		− .09547033	
			2	3	0	0		− .22707378	24				2	3	0	2		− .06890573	
													2	4	0	1		.19416807	
0	4	4	0	0	2	4	8	.19297561					2	5	0	0		− .15934436	36
			0	1	1	5		.28767103											
										0	6	6	0	0	2	6	10	.12884705	

$n_1 = 2, n_2 = 0$

l_1	l_2	λ	n	l	N	L	ρ	$<\|>$	τ
0	6	6	0	1	1	7	10	.18909577	
			0	1	2	5		−.19107177	
			0	2	0	8		.13809602	
			0	2	1	6		−.23667121	
			0	2	2	4		.12282305	
			0	3	0	7		−.17665304	
			0	3	1	5		.23830833	
			0	3	2	3		.03263958	
			0	4	0	6		.21976227	
			0	4	1	4		−.15926475	
			0	4	2	2		−.12992528	
			0	5	0	5		−.23710109	
			0	5	1	3		.03182345	
			0	5	2	1		.08351914	
			0	6	0	4		.21976227	
			0	6	1	2		.07995026	
			0	6	2	0		.03125000	
			0	7	0	3		−.17665303	
			0	7	1	1		−.14357221	
			0	8	0	2		.13809602	
			1	0	1	6		−.17860863	
			1	1	0	7		−.14357222	
			1	1	1	5		.08667190	
			1	2	0	6		.07995025	
			1	2	1	4		.11583705	
			1	3	0	5		.03182345	
			1	3	1	3		−.22113448	
			1	4	0	4		−.15926475	
			1	4	1	2		.11583706	
			1	5	0	3		.23830834	
			1	5	1	1		.08667192	
			1	6	0	2		−.23667119	
			1	6	1	0		−.17860862	
			1	7	0	1		.18909577	
			2	0	0	6		.03124999	
			2	1	0	5		.08351914	
			2	2	0	4		−.12992528	
			2	3	0	3		.03263958	
			2	4	0	2		.12282307	
			2	5	0	1		−.19107175	
			2	6	0	0		.12884705	42
1	1	0	0	0	3	0	6	.30618624	
			0	1	2	1		.50000006	
			0	2	1	2		.28867516	
			0	3	0	3		.00000000	
			1	0	2	0		.27003088	
			1	1	1	1		.00000000	
			1	2	0	2		−.28867516	
			2	0	1	0		−.27003088	
			2	1	0	1		−.50000006	
			3	0	0	0		−.30618624	10
1	1	1	0	1	2	1	6	.25000001	
			0	2	1	2		.50000002	
			0	3	0	3		.44721361	
			1	1	1	1		.41833002	
			1	2	0	2		.50000000	
			2	1	0	1		.25000001	6
1	1	2	0	0	2	2	6	.23717083	
			0	1	1	3		.36742348	
			0	1	2	1		.20000001	
			0	2	0	4		.27774605	
			0	2	1	2		.09759001	
			0	2	2	0		.05400617	

l_1	l_2	λ	n	l	N	L	ρ	$<\|>$	τ
1	1	2	0	3	0	3	6	.00000000	
			0	3	1	1		−.27386130	
			0	4	0	2		−.27774605	
			1	0	1	2		.32274863	
			1	1	0	3		.27386130	
			1	1	1	1		.00000000	
			1	2	0	2		−.09759001	
			1	2	1	0		−.32274863	
			1	3	0	1		−.36742348	
			2	0	0	2		.05400617	
			2	1	0	1		−.20000001	
			2	2	0	0		−.23717083	18
1	2	1	0	0	3	1	7	.23717083	
			0	1	2	2		.39528473	
			0	1	3	0		−.04564354	
			0	2	1	3		.34641019	
			0	2	2	1		−.22391716	
			0	3	0	4		.16035675	
			0	3	1	2		−.08728716	
			0	4	0	3		.16035675	
			1	0	2	1		.02635232	
			1	1	1	2		−.04999999	
			1	1	2	0		−.28062430	
			1	2	0	3		−.08728716	
			1	2	1	1		−.04999999	
			1	3	0	2		.34641019	
			2	0	1	1		−.28062430	
			2	1	0	2		−.22391716	
			2	1	1	0		.02635232	
			2	2	0	1		.39528473	
			3	0	0	1		−.04564354	
			3	1	0	0		.23717083	20
1	2	2	0	1	2	2	7	.23717083	
			0	2	1	3		.42426406	
			0	2	2	1		−.03535534	
			0	3	0	4		.35856859	
			0	3	1	2		−.26726124	
			0	4	0	3		−.35856859	
			1	1	1	2		.25000000	
			1	2	0	3		.26726124	
			1	2	1	1		−.25000000	
			1	3	0	2		−.42426406	
			2	1	0	2		.03535534	
			2	2	0	1		−.23717083	12
1	2	3	0	0	2	3	7	.25747748	
			0	1	1	4		.38926939	
			0	1	2	2		.08470387	
			0	2	0	5		.29014424	
			0	2	1	3		−.04629100	
			0	2	2	1		−.16920057	
			0	3	0	4		−.10050891	
			0	3	1	2		.19245992	
			0	3	2	0		−.08685990	
			0	4	0	3		−.10050891	
			0	4	1	1		.15746720	
			0	5	0	2		.29014424	
			1	0	1	3		.19015972	
			1	1	0	4		.15746720	
			1	1	1	2		−.21071430	
			1	2	0	3		−.19245992	
			1	2	1	1		−.21071430	
			1	3	0	2		−.04629100	
			1	3	1	0		.19015972	

$n_1 = 2, n_2 = 0$

l_1	l_2	λ	n	l	N	L	ρ	$\langle \mid \rangle$	τ
1	2	3	1	4	0	1	7	.38926939	
			2	0	0	3		− .08685990	
			2	1	0	2		− .16920057	
			2	2	0	1		.08470387	
			2	3	0	0		.25747748	24
1	3	2	0	0	3	2	8	.19944119	
			0	1	2	3		.33636716	
			0	1	3	1		− .11409583	
			0	2	1	4		.31464268	
			0	2	2	2		− .21213204	
			0	2	3	0		− .06728140	
			0	3	0	5		.16413037	
			0	3	1	3		− .14402381	
			0	3	2	1		.13428572	
			0	4	0	4		.00000000	
			0	4	1	2		.10757058	
			0	5	0	3		− .16413037	
			1	0	2	2		− .10022296	
			1	1	1	3		− .14432107	
			1	1	2	1		− .19312284	
			1	2	0	4		− .10757058	
			1	2	1	2		.00000000	
			1	2	2	0		.20020079	
			1	3	0	3		.14402381	
			1	3	1	1		.14432107	
			1	4	0	2		− .31464268	
			2	0	1	2		− .20020079	
			2	1	0	3		− .13428572	
			2	1	1	1		.19312284	
			2	2	0	2		.21213204	
			2	2	1	0		.10022296	
			2	3	0	1		− .33636716	
			3	0	0	2		.06728140	
			3	1	0	1		.11409583	
			3	2	0	0		− .19944119	30
1	3	3	0	1	2	3	8	.21022948	
			0	2	1	4		.35535268	
			0	2	2	2		− .10164464	
			0	3	0	5		.29014426	
			0	3	1	3		− .32403704	
			0	3	2	1		− .04642857	
			0	4	0	4		− .36039339	
			0	4	1	2		.12148859	
			0	5	0	3		.29014426	
			1	1	1	3		.12026757	
			1	2	0	4		.12148859	
			1	2	1	2		− .25958309	
			1	3	0	3		− .32403704	
			1	3	1	1		.12026757	
			1	4	0	2		.35535268	
			2	1	0	3		− .04642857	
			2	2	0	2		− .10164464	
			2	3	0	1		.21022948	18
1	3	4	0	0	2	4	8	.25266441	
			0	1	1	5		.37664984	
			0	1	2	3		− .02335882	
			0	2	0	6		.27817434	
			0	2	1	4		− .14433757	
			0	2	2	2		− .18257419	
			0	3	0	5		− .15594784	
			0	3	1	3		− .10235327	
			0	3	2	1		.03928571	
			0	4	0	4		.00000000	
1	3	4	0	4	1	2	8	.18093672	
			0	4	2	0		.13638618	
			0	5	0	3		.15594784	
			0	5	1	1		− .04671766	
			0	6	0	2		− .27817434	
			1	0	1	4		.05721722	
			1	1	0	5		.04671766	
			1	1	1	3		− .26280689	
			1	2	0	4		− .18093672	
			1	2	1	2		.00000000	
			1	3	0	3		.10235326	
			1	3	1	1		.26280689	
			1	4	0	2		.14433757	
			1	4	1	0		− .05721722	
			1	5	0	1		− .37664984	
			2	0	0	4		− .13638619	
			2	1	0	3		− .03928572	
			2	2	0	2		.18257418	
			2	3	0	1		.02335882	
			2	4	0	0		− .25266441	30
1	4	3	0	0	3	3	9	.16540767	
			0	1	2	4		.28075255	
			0	1	3	2		− .15016392	
			0	2	1	5		.26903561	
			0	2	2	3		− .21497740	
			0	2	3	1		− .00404961	
			0	3	0	6		.14601112	
			0	3	1	4		− .16366343	
			0	3	2	2		.14031216	
			0	3	3	0		.10124049	
			0	4	0	5		− .04725933	
			0	4	1	3		.10856204	
			0	4	2	1		− .05880532	
			0	5	0	4		− .04725933	
			0	5	1	2		− .12973194	
			0	6	0	3		.14601112	
			1	0	2	3		− .16821138	
			1	1	1	4		− .20146603	
			1	1	2	2		− .07247950	
			1	2	0	5		− .12973194	
			1	2	1	3		.05984438	
			1	2	2	1		.23064556	
			1	3	0	4		.10856204	
			1	3	1	2		.05984438	
			1	3	2	0		− .09691237	
			1	4	0	3		− .16366343	
			1	4	1	1		− .20146603	
			1	5	0	2		.26903561	
			2	0	1	3		− .09691237	
			2	1	0	4		− .05880532	
			2	1	1	2		.23064556	
			2	2	0	3		.14031216	
			2	2	1	1		− .07247950	
			2	3	0	2		− .21497740	
			2	3	1	0		− .16821138	
			2	4	0	1		.28075255	
			3	0	0	3		.10124049	
			3	1	0	2		− .00404961	
			3	2	0	1		− .15016392	
			3	3	0	0		.16540767	40
1	4	4	0	1	2	4	9	.17866071	
			0	2	1	5		.29175171	
			0	2	2	3		− .14304304	
			0	3	0	6		.23273735	

$n_1 = 2, n_2 = 0$

l_1	l_2	λ	n	l	N	L	ρ	$\langle \mid \rangle$	τ	l_1	l_2	λ	n	l	N	L	ρ	$\langle \mid \rangle$	τ
1	4	4	0	3	1	4	9	−.33403840		1	5	4	0	3	2	3	10	.15778081	
			0	3	2	2		−.00326024					0	3	3	1		.07569125	
			0	4	0	5		−.33081535					0	4	0	6		−.06340181	
			0	4	1	3		.20516297					0	4	1	4		.12056470	
			0	4	2	1		.06313454					0	4	2	2		−.08364858	
			0	5	0	4		.33081535					0	4	3	0		−.09052220	
			0	5	1	2		−.03058388					0	5	0	5		.00000000	
			0	6	0	3		−.23273735					0	5	1	3		−.10408331	
			1	1	1	4		.03133915					0	5	2	1		−.00277777	
			1	2	0	5		.03058388					0	6	0	4		.06340181	
			1	2	1	3		−.19825987					0	6	1	2		.13867513	
			1	3	0	4		−.20516297					0	7	0	3		−.12309150	
			1	3	1	2		.19825987					1	0	2	4		−.19704016	
			1	4	0	3		.33403840					1	1	1	5		−.22484565	
			1	4	1	1		−.03133915					1	1	2	3		.03486083	
			1	5	0	2		−.29175171					1	2	0	6		−.13867513	
			2	1	0	4		−.06313454					1	2	1	4		.11146211	
			2	2	0	3		.00326024					1	2	2	2		.17878271	
			2	3	0	2		.14304304					1	3	0	5		.10408331	
			2	4	0	1		−.17866071	24				1	3	1	3		.00000000	
1	4	5	0	0	2	5	9	.23325627					1	3	2	1		−.18936829	
			0	1	1	6		.34454235					1	4	0	4		−.12056470	
			0	1	2	4		−.10557224					1	4	1	2		−.11146211	
			0	2	0	7		.25282497					1	4	2	0		−.00431289	
			0	2	1	5		−.20424561					1	5	0	3		.16358259	
			0	2	2	3		−.13272061					1	5	1	1		.22484565	
			0	3	0	6		.18231466					1	6	0	2		−.22256581	
			0	3	1	4		−.00951025					2	0	1	4		−.00431289	
			0	3	2	2		.13176831					2	1	0	5		.00277777	
			0	4	0	5		.07053006					2	1	1	3		.18936829	
			0	4	1	3		.15771002					2	2	0	4		.08364858	
			0	4	2	1		−.06944800					2	2	1	2		−.17878271	
			0	5	0	4		.07053006					2	3	0	3		−.15778081	
			0	5	1	2		−.12477303					2	3	1	1		−.03486083	
			0	5	2	0		−.12507436					2	4	0	2		.20717729	
			0	6	0	3		−.18231466					2	4	1	0		.19704016	
			0	6	1	1		−.03978429					2	5	0	1		−.22948212	
			0	7	0	2		.25282497					3	0	0	4		−.09052220	
			1	0	1	5		−.04917471					3	1	0	3		−.07569125	
			1	1	0	6		−.03978430					3	2	0	2		−.05654762	
			1	1	1	4		−.21794958					3	3	0	1		.16226836	
			1	2	0	5		−.12477303					3	4	0	0		−.13467057	50
			1	2	1	3		.15623160		1	5	5	0	1	2	5	10	.14752422	
			1	3	0	4		.15771002					0	2	1	6		.23536723	
			1	3	1	2		.15623160					0	2	2	4		−.16078644	
			1	4	0	3		−.00951027					0	3	0	7		.18463725	
			1	4	1	1		−.21794958					0	3	1	5		−.31754267	
			1	5	0	2		−.20424560					0	3	2	3		.04941487	
			1	5	1	0		−.04917470					0	4	0	6		−.29054360	
			1	6	0	1		.34454235					0	4	1	4		.25783191	
			2	0	0	5		−.12507437					0	4	2	2		.05590170	
			2	1	0	4		.06944800					0	5	0	5		.33248193	
			2	2	0	3		.13176830					0	5	1	3		−.10408331	
			2	3	0	2		−.13272061					0	5	2	1		−.05178572	
			2	4	0	1		−.10557223					0	6	0	4		−.29054361	
			2	5	0	0		.23325627	36				0	6	1	2		−.02296949	
1	5	4	0	0	3	4	10	.13467057					0	7	0	3		.18463725	
			0	1	2	5		.22948212					1	1	1	5		−.02409061	
			0	1	3	3		−.16226836					1	2	0	6		−.02296949	
			0	2	1	6		.22256581					1	2	1	4		−.11918283	
			0	2	2	4		−.20717729					1	3	0	5		−.10408330	
			0	2	3	2		.05654762					1	3	1	3		.20737879	
			0	3	0	7		.12309150					1	4	0	4		.25783190	
			0	3	1	5		−.16358259					1	4	1	2		−.11918284	
													1	5	0	3		−.31754267	

60

$n_1 = 2, n_2 = 0$

l_1	l_2	λ	n	l	N	L	ρ	$<\ \|\ >$	τ	l_1	l_2	λ	n	l	N	L	ρ	$<\ \|\ >$	τ
1	5	5	1	5	1	1	10	$-$ .02409061		1	6	5	0	5	1	4	11	$-$ .10560687	
			1	6	0	2		.23536723					0	5	2	2		.03406995	
			2	1	0	5		$-$ .05178572					0	5	3	0		.05943919	
			2	2	0	4		.05590170					0	6	0	5		.02444066	
			2	3	0	3		.04941487					0	6	1	3		.10497277	
			2	4	0	2		$-$ .16078645					0	6	2	1		.04763786	
			2	5	0	1		.14752422	30				0	7	0	4		$-$ .06589574	
													0	7	1	2		$-$ .13617623	
1	5	6	0	0	2	6	10	.20661495					0	8	0	3		.10065741	
			0	1	1	7		.30322785					1	0	2	5		$-$ .20063567	
			0	1	2	5		$-$ .15887224					1	1	1	6		$-$ .22456793	
			0	2	0	8		.22144631					1	1	2	4		.11409608	
			0	2	1	6		$-$ .23354970					1	2	0	7		$-$ .13617622	
			0	2	2	4		$-$ .05727060					1	2	1	5		.14699676	
			0	3	0	7		$-$ .18885005					1	2	2	3		.09293149	
			0	3	1	5		.07076732					1	3	0	6		.10497280	
			0	3	2	3		.16283476					1	3	1	4		$-$ .05287575	
			0	4	0	6		.11746789					1	3	2	2		$-$ .20734736	
			0	4	1	4		.10215672					1	4	0	5		$-$ .10560686	
			0	4	2	2		$-$ .03156726					1	4	1	3		$-$ .05287576	
			0	5	0	5		.00000000					1	4	2	1		.11380987	
			0	5	1	3		$-$ .15309312					1	5	0	4		.12670980	
			0	5	2	1		$-$ .12500001					1	5	1	2		.14699675	
			0	6	0	4		$-$ .11746789					1	5	2	0		.06547312	
			0	6	1	2		.05698029					1	6	0	3		$-$ .15245919	
			0	6	2	0		.08351913					1	6	1	1		$-$ .22456794	
			0	7	0	3		.18885005					1	7	0	2		.18006146	
			0	7	1	1		.09866903					2	0	1	5		.06547313	
			0	8	0	2		$-$ .22144631					2	1	0	6		.04763787	
			1	0	1	6		$-$ .12274756					2	1	1	4		.11380987	
			1	1	0	7		$-$ .09866903					2	2	0	5		.03406997	
			1	1	1	5		$-$ .12971862					2	2	1	3		$-$ .20734735	
			1	2	0	6		$-$ .05698029					2	3	0	4		$-$ .10998841	
			1	2	1	4		.22344147					2	3	1	2		.09293151	
			1	3	0	5		.15309312					2	4	0	3		.16782947	
			1	3	1	3		.00000000					2	4	1	1		.11409608	
			1	4	0	4		$-$ .10215671					2	5	0	2		$-$ .19052976	
			1	4	1	2		$-$ .22344147					2	5	1	0		$-$ .20063567	
			1	5	0	3		$-$ .07076732					2	6	0	1		.18435604	
			1	5	1	1		$-$ .12971862					3	0	0	5		.05943920	
			1	6	0	2		.23354970					3	1	0	4		$-$ .10129111	
			1	6	1	0		.12274757					3	2	0	3		.02633925	
			1	7	0	1		$-$ .30322784					3	3	0	2		.10093369	
			2	0	0	6		$-$ .08351914					3	4	0	1		$-$ .15879351	
			2	1	0	5		.12500001					3	5	0	0		.10790115	60
			2	2	0	4		.03156726											
			2	3	0	3		$-$ .16283475		1	6	6	0	1	2	6	11	.11928920	
			2	4	0	2		.05727060					0	2	1	7		.18715630	
			2	5	0	1		.15887225					0	2	2	5		$-$ .16148511	
			2	6	0	0		$-$ .20661494	42				0	3	0	8		.14497064	
													0	3	1	6		$-$ .28688884	
1	6	5	0	0	3	5	11	.10790114					0	3	2	4		.09284551	
			0	1	2	6		.18435603					0	4	0	7		$-$ .24781406	
			0	1	3	4		$-$ .15879352					0	4	1	5		.28191153	
			0	2	1	7		$-$ .18006145					0	4	2	3		.02136760	
			0	2	2	5		$-$ .19052976					0	5	0	6		.31394611	
			0	2	3	3		.10093368					0	5	1	4		$-$ .17026120	
			0	3	0	8		.10065740					0	5	2	2		$-$ .06944799	
			0	3	1	6		$-$ .15245917					0	6	0	5		$-$ .31394611	
			0	3	2	4		.16782947					0	6	1	3		.02849015	
			0	3	3	2		.02633923					0	6	2	1		.03156727	
			0	4	0	7		$-$ .06589573					0	7	0	4		.24781406	
			0	4	1	5		.12670981					0	7	1	2		.05146977	
			0	4	2	3		$-$ .10998843					0	8	0	3		$-$ .14497064	
			0	4	3	1		$-$ .10129113					1	1	1	6		$-$ .05489438	
			0	5	0	6		.02444067					1	2	0	7		$-$ .05146977	

$n_1 = 2, n_2 = 0$

l_1	l_2	λ	n	l	N	L	ρ	$\langle\ \|\ \rangle$	τ
1	6	6	1	2	1	5	11	$-$.04705047	
			1	3	0	6		$-$.02849015	
			1	3	1	4		.17123739	
			1	4	0	5		.17026120	
			1	4	1	3		$-$.17123739	
			1	5	0	4		$-$.28191153	
			1	5	1	2		.04705047	
			1	6	0	3		.28688884	
			1	6	1	1		.05489438	
			1	7	0	2		$-$.18715630	
			2	1	0	6		$-$.03156727	
			2	2	0	5		.06944799	
			2	3	0	4		$-$.02136760	
			2	4	0	3		$-$.09284551	
			2	5	0	2		.16148511	
			2	6	0	1		$-$.11928920	36
1	6	7	0	0	2	7	11	.17760340	
			0	1	1	8		.25940637	
			0	1	2	6		$-$.18688641	
			0	2	0	9		.18874585	
			0	2	1	7		$-$.24021606	
			0	2	2	5		.01899454	
			0	3	0	8		$-$.18241738	
			0	3	1	6		.13133310	
			0	3	2	4		.14317655	
			0	4	0	7		.14492357	
			0	4	1	5		.03403404	
			0	4	2	3		$-$.10996127	
			0	5	0	6		$-$.05586711	
			0	5	1	4		$-$.14059583	
			0	5	2	2		$-$.05786950	
			0	6	0	5		$-$.05586711	
			0	6	1	3		.11529419	
			0	6	2	1		.13195118	
			0	7	0	4		.14492356	
			0	7	1	2		.00527254	
			0	7	2	0		$-$.03317017	
			0	8	0	3		$-$.18241738	
			0	8	1	1		$-$.13307268	
			0	9	0	2		.18874585	
			1	0	1	7		$-$.16634085	
			1	1	0	8		$-$.13307268	
			1	1	1	6		$-$.03354654	
			1	2	0	7		.00527254	
			1	2	1	5		.21579357	
			1	3	0	6		.11529420	
			1	3	1	4		$-$.12701858	
			1	4	0	5		$-$.14059584	
			1	4	1	3		$-$.12701858	
			1	5	0	4		$-$.03403404	
			1	5	1	2		.21579356	
			1	6	0	3		.13133309	
			1	6	1	1		$-$.03354655	
			1	7	0	2		$-$.24021606	
			1	7	1	0		$-$.16634085	
			1	8	0	1		.25940637	
			2	0	0	7		$-$.03317017	
			2	1	0	6		.13195119	
			2	2	0	5		$-$.05786950	
			2	3	0	4		$-$.10996127	
			2	4	0	3		.14317654	
			2	5	0	2		.01899453	
			2	6	0	1		$-$.18688641	
			2	7	0	0		.17760340	48
2	2	0	0	0	4	0	8	.25000001	

l_1	l_2	λ	n	l	N	L	ρ	$\langle\ \|\ \rangle$	τ
2	2	0	0	1	3	1	8	.35355340	
			0	2	2	2		.25000002	
			0	3	1	3		.22360684	
			0	4	0	4		.23904577	
			1	0	3	0		.00000000	
			1	1	2	1		$-$.27386128	
			1	2	1	2		$-$.13363060	
			1	3	0	3		.22360684	
			2	0	2	0		$-$.41833003	
			2	1	1	1		$-$.27386128	
			2	2	0	2		.25000002	
			3	0	1	0		.00000000	
			3	1	0	1		.35355340	
			4	0	0	0		.25000001	15
2	2	1	0	1	3	1	8	.30618624	
			0	2	2	2		.50000000	
			0	3	1	3		.31622781	
			0	4	0	4		.00000001	
			1	1	2	1		.23717085	
			1	2	1	2		.00000001	
			1	3	0	3		$-$.31622778	
			2	1	1	1		$-$.23717084	
			2	2	0	2		$-$.50000003	
			3	1	0	1		$-$.30618624	10
2	2	2	0	0	3	2	8	.15669579	
			0	1	2	3		.19820624	
			0	1	3	1		.11952286	
			0	2	1	4		.10594570	
			0	2	2	2		.21428572	
			0	2	3	0		$-$.10978876	
			0	3	0	5		.00000000	
			0	3	1	3		.37032807	
			0	3	2	1		$-$.21213204	
			0	4	0	4		.35816183	
			0	4	1	2		$-$.13280996	
			0	5	0	3		.00000000	
			1	0	2	2		.04724555	
			1	1	1	3		$-$.07559290	
			1	1	2	1		.09258200	
			1	2	0	4		$-$.13280996	
			1	2	1	2		.19090090	
			1	2	2	0		$-$.23241742	
			1	3	0	3		.37032807	
			1	3	1	1		$-$.07559290	
			1	4	0	2		.10594569	
			2	0	1	2		$-$.23241742	
			2	1	0	3		$-$.21213204	
			2	1	1	1		$-$.09258200	
			2	2	0	2		.21428572	
			2	2	1	0		.04724555	
			2	3	0	1		.19820624	
			3	0	0	2		$-$.10978876	
			3	1	0	1		.11952286	
			3	2	0	0		.15669579	30
2	2	3	0	1	2	3	8	.22160132	
			0	2	1	4		.37457460	
			0	2	2	2		.14285714	
			0	3	0	5		.30583888	
			0	3	1	3		.09759000	
			0	3	2	1		$-$.10164464	
			0	4	0	4		.00000000	
			0	4	1	2		$-$.29880715	
			0	5	0	3		$-$.30583888	

$n_1 = 2, n_2 = 0$

l_1	l_2	λ	n	l	N	L	ρ	$<\ \mid\ >$	τ
2	2	3	1	1	1	3	8	.29580399	
			1	2	0	4		.29880715	
			1	2	1	2		.00000000	
			1	3	0	3		−.09759000	
			1	3	1	1		−.29580399	
			1	4	0	2		−.37457460	
			2	1	0	3		.10164464	
			2	2	0	2		−.14285714	
			2	3	0	1		−.22160132	18
2	2	4	0	0	2	4	8	.23064998	
			0	1	1	5		.34383267	
			0	1	2	3		.17058877	
			0	2	0	6		.25393726	
			0	2	1	4		.07529233	
			0	2	2	2		−.07738095	
			0	3	0	5		.00000000	
			0	3	1	3		−.14015298	
			0	3	2	1		−.18257419	
			0	4	0	4		−.10209183	
			0	4	1	2		−.09438393	
			0	4	2	0		−.00498013	
			0	5	0	3		.00000000	
			0	5	1	1		.21323597	
			0	6	0	2		.25393726	
			1	0	1	4		.26115967	
			1	1	0	5		.21323597	
			1	1	1	3		−.06506000	
			1	2	0	4		−.09438392	
			1	2	1	2		−.27680629	
			1	3	0	3		−.14015298	
			1	3	1	1		−.06506002	
			1	4	0	2		.07529232	
			1	4	1	0		.26115966	
			1	5	0	1		.34383267	
			2	0	0	4		−.00498011	
			2	1	0	3		−.18257419	
			2	2	0	2		−.07738096	
			2	3	0	1		.17058877	
			2	4	0	0		.23064998	30
2	3	1	0	0	4	1	9	.17165164	
			0	1	3	2		.29730937	
			0	1	4	0		−.08964214	
			0	2	2	3		.31024184	
			0	2	3	1		−.14699369	
			0	3	1	4		.23211537	
			0	3	2	2		.01515227	
			0	4	0	5		.12233553	
			0	4	1	3		.04665694	
			0	5	0	4		−.12233554	
			1	0	3	1		−.11952286	
			1	1	2	2		−.20830954	
			1	1	3	0		−.16035674	
			1	2	1	3		−.16428573	
			1	2	2	1		.14871902	
			1	3	0	4		−.04665695	
			1	3	1	2		.16428572	
			1	4	0	3		−.23211539	
			2	0	2	1		−.22912880	
			2	1	1	2		−.14871903	
			2	1	2	0		.22912879	
			2	2	0	3		−.01515229	
			2	2	1	1		.20830954	
			2	3	0	2		−.31024184	
			3	0	1	1		.16035674	
2	3	1	3	1	0	2	9	.14699369	
			3	1	1	0		.11952286	
			3	2	0	1		−.29730936	
			4	0	0	1		.08964214	
			4	1	0	0		−.17165164	30
2	3	2	0	1	3	2	9	.24275208	
			0	2	2	3		.39888237	
			0	2	3	1		−.09819806	
			0	3	1	4		.31783709	
			0	3	2	2		−.26769045	
			0	4	0	5		.10594569	
			0	4	1	3		−.15971915	
			0	5	0	4		.10594570	
			1	1	2	2		.05669466	
			1	2	1	3		−.06428572	
			1	2	2	1		−.23571430	
			1	3	0	4		−.15971914	
			1	3	1	2		−.06428572	
			1	4	0	3		.31783711	
			2	1	1	2		−.23571429	
			2	2	0	3		−.26769043	
			2	2	1	1		.05669466	
			2	3	0	2		.39888240	
			3	1	0	2		−.09819805	
			3	2	0	1		.24275209	20
2	3	3	0	0	3	3	9	.14587584	
			0	1	2	4		.20258219	
			0	1	3	2		.02648642	
			0	2	1	5		.14236025	
			0	2	2	3		.12557409	
			0	2	3	1		−.13214287	
			0	3	0	6		.04292323	
			0	3	1	4		.28455123	
			0	3	2	2		−.15741545	
			0	3	3	0		−.00357144	
			0	4	0	5		.29175171	
			0	4	1	3		−.25987309	
			0	4	2	1		.14031213	
			0	5	0	4		−.29175171	
			0	5	1	2		.10446385	
			0	6	0	3		−.04292323	
			1	0	2	3		−.04045867	
			1	1	1	4		−.10660579	
			1	1	2	2		−.14227560	
			1	2	0	5		−.10446385	
			1	2	1	3		.12738096	
			1	2	2	1		−.04909903	
			1	3	0	4		.25987309	
			1	3	1	2		−.12738097	
			1	3	2	0		.20185154	
			1	4	0	3		−.28455123	
			1	4	1	1		.10660579	
			1	5	0	2		−.14236025	
			2	0	1	3		−.20185154	
			2	1	0	4		−.14031214	
			2	1	1	2		.04909902	
			2	2	0	3		.15741544	
			2	2	1	1		.14227560	
			2	3	0	2		−.12557408	
			2	3	1	0		.04045868	
			2	4	0	1		−.20258219	
			3	0	0	3		.00357143	
			3	1	0	2		.13214287	
			3	2	0	1		−.02648641	

$n_1 = 2, n_2 = 0$

l_1	l_2	λ	n	l	N	L	ρ	$\langle\ \vert\ \rangle$	τ
2	3	3	3	3	0	0	9	$-.14587584$	40
2	3	4	0	1	2	4	9	.23064998	
			0	2	1	5		.37664983	
			0	2	2	3		.03693355	
			0	3	0	6		.30046261	
			0	3	1	4		$-.07985958$	
			0	3	2	2		.15573185	
			0	4	0	5		$-.14236025$	
			0	4	1	3		$-.22954900$	
			0	4	2	1		$-.00326025$	
			0	5	0	4		$-.14236025$	
			0	5	1	2		.19741814	
			0	6	0	3		.30046261	
			1	1	1	4		.20229340	
			1	2	0	5		.19741814	
			1	2	1	3		$-.17261905$	
			1	3	0	4		$-.22954900$	
			1	3	1	2		$-.17261905$	
			1	4	0	3		$-.07985958$	
			1	4	1	1		.20229340	
			1	5	0	2		.37664983	
			2	1	0	4		$-.00326025$	
			2	2	0	3		.15573185	
			2	3	0	2		.03693355	
			2	4	0	1		.23064998	24
2	3	5	0	0	2	5	9	.24587369	
			0	1	1	6		.36317953	
			0	1	2	4		.07704200	
			0	2	0	7		.26650091	
			0	2	1	5		$-.02227177$	
			0	2	2	3		.16452220	
			0	3	0	6		$-.06405884$	
			0	3	1	4		.15037060	
			0	3	2	2		$-.09680629$	
			0	4	0	5		$-.07434522$	
			0	4	1	3		.03324818	
			0	4	2	1		.13176829	
			0	5	0	4		$-.07434521$	
			0	5	1	2		.15175653	
			0	5	2	0		.09547032	
			0	6	0	3		$-.06405884$	
			0	6	1	1		$-.12580908$	
			0	7	0	2		.26650090	
			1	0	1	5		.15550418	
			1	1	0	6		.12580908	
			1	1	1	4		$-.20271094$	
			1	2	0	5		$-.15175654$	
			1	2	1	3		$-.17261906$	
			1	3	0	4		$-.03324819$	
			1	3	1	2		.17261904	
			1	4	0	3		.15037060	
			1	4	1	1		.20271093	
			1	5	0	2		.02227177	
			1	5	1	0		$-.15550418$	
			1	6	0	1		$-.36317950$	
			2	0	0	5		$-.09547033$	
			2	1	0	4		$-.13176830$	
			2	2	0	3		.09680628	
			2	3	0	2		.16452219	
			2	4	0	1		$-.07704200$	
			2	5	0	0		$-.24587369$	36
2	4	2	0	0	4	2	10	.13505479	
			0	1	3	3		.24657518	
2	4	2	0	1	4	1	10	$-.11845089$	
			0	2	2	4		.27441631	
			0	2	3	2		$-.14712999$	
			0	2	4	0		$-.00291605$	
			0	3	1	5		.20839407	
			0	3	2	3		$-.08217909$	
			0	3	3	1		.11641096	
			0	4	0	6		.10157489	
			0	4	1	4		$-.02904132$	
			0	4	2	2		$-.00289115$	
			0	5	0	5		$-.03929516$	
			0	5	1	3		$-.08862377$	
			0	6	0	4		.10157490	
			1	0	3	2		$-.17300858$	
			1	1	2	3		$-.24367508$	
			1	1	3	1		$-.05111009$	
			1	2	1	4		$-.19862475$	
			1	2	2	2		.10648489	
			1	2	3	0		.18516406	
			1	3	0	5		$-.08862378$	
			1	3	1	3		.10266481	
			1	3	2	1		$-.04950187$	
			1	4	0	4		$-.02904132$	
			1	4	1	2		$-.19862475$	
			1	5	0	3		.20839408	
			2	0	2	2		$-.09285711$	
			2	1	1	3		$-.04950187$	
			2	1	2	1		.25729593	
			2	2	0	4		$-.00289115$	
			2	2	1	2		.10648489	
			2	2	2	0		$-.09285711$	
			2	3	0	3		$-.08217909$	
			2	3	1	1		$-.24367508$	
			2	4	0	2		.27441631	
			3	0	1	2		.18516406	
			3	1	0	3		.11641096	
			3	1	1	1		$-.05111009$	
			3	2	0	2		$-.14712999$	
			3	2	1	0		$-.17300858$	
			3	3	0	1		.24657518	
			4	0	0	2		$-.00291605$	
			4	1	0	1		$-.11845089$	
			4	2	0	0		.13505479	45
2	4	3	0	1	3	3	10	.19493480	
			0	2	2	4		.32284272	
			0	2	3	2		$-.14449528$	
			0	3	1	5		.27959000	
			0	3	2	3		$-.29014421$	
			0	3	3	1		$-.00275541$	
			0	4	0	6		.12140524	
			0	4	1	4		$-.20974290$	
			0	4	2	2		.15646259	
			0	5	0	5		.00000000	
			0	5	1	3		.12924050	
			0	6	0	4		$-.12140524$	
			1	1	2	3		$-.04187870$	
			1	2	1	4		$-.11965345$	
			1	2	2	2		$-.16542339$	
			1	3	0	5		$-.12924050$	
			1	3	1	3		.00000000	
			1	3	2	1		.17658332	
			1	4	0	4		.20974290	
			1	4	1	2		.11965345	
			1	5	0	3		$-.27959000$	
			2	1	1	3		$-.17658332$	

64

$n_1 = 2, n_2 = 0$

l_1	l_2	λ	n	l	N	L	ρ	$<\ \mid\ >$	τ	l_1	l_2	λ	n	l	N	L	ρ	$<\ \mid\ >$	τ
2	4	3	2	2	0	4	10	−.15646259		2	4	5	0	4	0	6	10	−.21655841	
			2	2	1	2		−.16542339					0	4	1	4		−.10981516	
			2	3	0	3		.29014421					0	4	2	2		.07738095	
			2	3	1	1		.04187870					0	5	0	5		.00000000	
			2	4	0	2		−.32284272					0	5	1	3		.23273734	
			3	1	0	3		.00275541					0	5	2	1		.05590170	
			3	2	0	2		.14449528					0	6	0	4		.21655841	
			3	3	0	1		−.19493480	30				0	6	1	2		−.10272268	
2	4	4	0	0	3	4	10	.13142501					0	7	0	3		−.27524095	
			0	1	2	5		.19195852					1	1	1	5		.10773645	
			0	1	3	3		−.03393379					1	2	0	6		.10272267	
			0	2	1	6		.15037060					1	2	1	4		−.22081504	
			0	2	2	4		.05869868					1	3	0	5		−.23273734	
			0	2	3	2		−.10456072					1	3	1	3		.00000000	
			0	3	0	7		.06006250					1	4	0	4		.10981515	
			0	3	1	5		.19921495					1	4	1	2		.22081504	
			0	3	2	3		−.13705760					1	5	0	3		.19364917	
			0	3	3	1		.06859088					1	5	1	1		−.10773645	
			0	4	0	6		.21655842					1	6	0	2		−.35086477	
			0	4	1	4		−.28238185					2	1	0	5		−.05590170	
			0	4	2	2		.10544218					2	2	0	4		−.07738096	
			0	4	3	0		.06397080					2	3	0	3		.13957263	
			0	5	0	5		−.32446913					2	4	0	2		.05136134	
			0	5	1	3		.16687306					2	5	0	1		−.21991612	30
			0	5	2	1		−.08364857		2	4	6	0	0	2	6	10	.24349803	
			0	6	0	4		.21655842					0	1	1	7		.35735743	
			0	6	1	2		−.10272268					0	1	2	5		−.01337378	
			0	7	0	3		.06006250					0	2	0	8		.26097697	
			1	0	2	4		−.10180139					0	2	1	6		−.10321537	
			1	1	1	5		−.14106014					0	2	2	4		−.17877698	
			1	1	2	3		−.10935221					0	3	0	7		−.11128096	
			1	2	0	6		−.10272268					0	3	1	5		−.11008811	
			1	2	1	4		.08919623					0	3	2	3		.02056098	
			1	2	2	2		.07567550					0	4	0	6		−.02768744	
			1	3	0	5		.16687306					0	4	1	4		−.10835355	
			1	3	1	3		−.11904762					0	4	2	2		.15922619	
			1	3	2	1		.13708028					0	5	0	5		.08961578	
			1	4	0	4		−.28238185					0	5	1	3		.06014064	
			1	4	1	2		.08919622					0	5	2	1		−.03156728	
			1	4	2	0		−.13889597					0	6	0	4		−.02768744	
			1	5	0	3		.19921495					0	6	1	2		−.15109182	
			1	5	1	1		−.14106014					0	6	2	0		−.12992531	
			1	6	0	2		.15037060					0	7	0	3		−.11128096	
			2	0	1	4		−.13889597					0	7	1	1		.03876084	
			2	1	0	5		−.08364857					0	8	0	2		.26097697	
			2	1	1	3		.13708028					1	0	1	6		.04821979	
			2	2	0	4		.10544218					1	1	0	7		.03876084	
			2	2	1	2		.07567550					1	1	1	5		−.24241588	
			2	3	0	3		−.13705760					1	2	0	6		−.15109181	
			2	3	1	1		−.10935221					1	2	1	4		−.00951789	
			2	4	0	2		.05869868					1	3	0	5		.06014064	
			2	4	1	0		−.10180139					1	3	1	3		.23788432	
			2	5	0	1		.19195852					1	4	0	4		−.10835355	
			3	0	0	4		.06397080					1	4	1	2		−.00951790	
			3	1	0	3		.06859088					1	5	0	3		−.11008812	
			3	2	0	2		−.10456072					1	5	1	1		−.24241590	
			3	3	0	1		−.03393379					1	6	0	2		−.10321537	
			3	4	0	0		.13142501	50				1	6	1	0		.04821978	
2	4	5	0	1	2	5	10	.21991612					1	7	0	1		.35735743	
			0	2	1	6		.35086477					2	0	0	6		−.12992530	
			0	2	2	4		−.05136134					2	1	0	5		−.03156728	
			0	3	0	7		.27524095					2	2	0	4		.15922619	
			0	3	1	5		−.19364917					2	3	0	3		.02056097	
			0	3	2	3		−.13957264					2	4	0	2		−.17877699	
													2	5	0	1		−.01337379	

65

$n_1 = 2, n_2 = 0$

l_1	l_2	λ	n	l	N	L	ρ	$<\,|\,>$	τ
2	4	6	2	6	0	0	10	.24349803	42
2	5	3	0	0	4	3	11	.10730808	
			0	1	3	4		.20075504	
			0	1	4	2		−.12696863	
			0	2	2	5		.22955379	
			0	2	3	3		−.14894834	
			0	2	4	1		.04274597	
			0	3	1	6		.17681920	
			0	3	2	4		−.11083180	
			0	3	3	2		.10562432	
			0	3	4	0		.05223191	
			0	4	0	7		.08519362	
			0	4	1	5		−.05708479	
			0	4	2	3		.04015482	
			0	4	3	1		−.08404973	
			0	5	0	6		−.03050421	
			0	5	1	4		−.01909467	
			0	5	2	2		−.02866108	
			0	6	0	5		.03050421	
			0	6	1	3		.10109216	
			0	7	0	4		−.08519363	
			1	0	3	3		−.19195850	
			1	1	2	4		−.25811362	
			1	1	3	2		.04499577	
			1	2	1	5		−.21155022	
			1	2	2	3		.12885811	
			1	2	3	1		.14665347	
			1	3	0	6		−.10109217	
			1	3	1	4		.10613388	
			1	3	2	2		−.05452096	
			1	3	3	0		−.14923410	
			1	4	0	5		.01909467	
			1	4	1	3		−.10613387	
			1	4	2	1		−.03427303	
			1	5	0	4		.05708479	
			1	5	1	2		.21155021	
			1	6	0	3		−.17681921	
			2	0	2	3		.01458031	
			2	1	1	4		.03427303	
			2	1	2	2		.20033771	
			2	2	0	5		.02866107	
			2	2	1	3		.05452098	
			2	2	2	1		−.20033768	
			2	3	0	4		−.04015482	
			2	3	1	2		−.12885810	
			2	3	2	0		−.01458030	
			2	4	0	3		.11083180	
			2	4	1	1		.25811361	
			2	5	0	2		−.22955379	
			3	0	1	3		.14923412	
			3	1	0	4		.08404973	
			3	1	1	2		−.14665346	
			3	2	0	3		−.10562432	
			3	2	1	1		−.04499577	
			3	3	0	2		.14894834	
			3	3	1	0		.19195850	
			3	4	0	1		−.20075504	
			4	0	0	3		−.05223192	
			4	1	0	2		−.04274598	
			4	2	0	1		.12696862	
			4	3	0	0		−.10730808	6
2	5	4	0	1	3	4	11	.15550418	
			0	2	2	5		.25917362	
			0	2	3	3		−.16226836	
2	5	4	0	3	1	6	11	.23390982	
			0	3	2	4		−.28443360	
			0	3	3	2		.04617094	
			0	4	0	7		.11236663	
			0	4	1	5		−.22222223	
			0	4	2	3		.20298917	
			0	4	3	1		.04370037	
			0	5	0	6		−.05104330	
			0	5	1	4		.16393000	
			0	5	2	2		−.08277638	
			0	6	0	5		−.05104330	
			0	6	1	3		−.12079050	
			0	7	0	4		.11236666	
			1	1	2	4		−.09330252	
			1	2	1	5		−.15023132	
			1	2	2	3		−.07155247	
			1	3	0	6		−.12079052	
			1	3	1	4		.06447706	
			1	3	2	2		.19078081	
			1	4	0	5		.16392999	
			1	4	1	3		.06447705	
			1	4	2	1		−.10758838	
			1	5	0	4		−.22222224	
			1	5	1	2		−.15023132	
			1	6	0	3		.23390984	
			2	1	1	4		−.10758838	
			2	2	0	5		−.08277639	
			2	2	1	3		.19078080	
			2	3	0	4		.20298915	
			2	3	1	2		−.07155249	
			2	4	0	3		−.28443361	
			2	4	1	1		−.09330253	
			2	5	0	2		.25917364	
			3	1	0	4		.04370036	
			3	2	0	3		.04617092	
			3	3	0	2		−.16226837	
			3	4	0	1		.15550418	40
2	5	5	0	0	3	5	11	.11478609	
			0	1	2	6		.17304652	
			0	1	3	4		−.07132422	
			0	2	1	7		.14366308	
			0	2	2	5		.00996822	
			0	2	3	3		−.05894151	
			0	3	0	8		.06424808	
			0	3	1	6		.12974983	
			0	3	2	4		−.11007902	
			0	3	3	2		.09900366	
			0	4	0	7		.15422090	
			0	4	1	5		−.26150212	
			0	4	2	3		.10449493	
			0	4	3	1		.00195916	
			0	5	0	6		−.29640207	
			0	5	1	4		.21687549	
			0	5	2	2		−.06804500	
			0	5	3	0		−.08346609	
			0	6	0	5		.29640204	
			0	6	1	3		−.10887909	
			0	6	2	1		.03406997	
			0	7	0	4		−.15422090	
			0	7	1	2		.10535659	
			0	8	0	3		−.06424809	
			1	0	2	5		−.13919857	
			1	1	1	6		−.16457359	
			1	1	2	4		−.04729921	
			1	2	0	7		−.10535661	

$n_1 = 2, n_2 = 0$

l_1	l_2	λ	n	l	N	L	ρ	$\langle\,|\,\rangle$	τ	l_1	l_2	λ	n	l	N	L	ρ	$\langle\,|\,\rangle$	τ
2	5	5	1	2	1	5	11	.07676654		2	5	6	2	4	0	3	11	− .08494374	
			1	2	2	3		.12618294					2	5	0	2		− .11363767	
			1	3	0	6		.10887909					2	6	0	1		.19881532	36
			1	3	1	4		− .09404069		2	5	7	0	0	2	7	11	.22928500	
			1	3	2	2		.02503854					0	1	1	8		.33489220	
			1	4	0	5		− .21687552					0	1	2	6		− .08726763	
			1	4	1	3		.09404065					0	2	0	9		.24366985	
			1	4	2	1		− .16267964					0	2	1	7		− .16161059	
			1	5	0	4		.26150209					0	2	2	5		− .14294423	
			1	5	1	2		− .07676655					0	3	0	8		− .14129990	
			1	5	2	0		.06750771					0	3	1	6		− .04747407	
			1	6	0	3		− .12974983					0	3	2	4		.11090409	
			1	6	1	1		.16457358					0	4	0	7		.02078839	
			1	7	0	2		− .14366310					0	4	1	5		.13181329	
			2	0	1	5		− .06750771					0	4	2	3		.10078035	
			2	1	0	6		− .03406998					0	5	0	6		.07212414	
			2	1	1	4		.16267964					0	5	1	4		− .02865922	
			2	2	0	5		.06804498					0	5	2	2		− .12732132	
			2	2	1	3		− .02503855					0	6	0	5		− .07212414	
			2	3	0	4		− .10449495					0	6	1	3		− .11382201	
			2	3	1	2		− .12618294					0	6	2	1		− .05786952	
			2	4	0	3		.11007900					0	7	0	4		− .02078839	
			2	4	1	1		.04729921					0	7	1	2		.11571573	
			2	5	0	2		− .00996822					0	7	2	0		.12187945	
			2	5	1	0		.13919857					0	8	0	3		.14129989	
			2	6	0	1		− .17304653					0	8	1	1		.03435922	
			3	0	0	5		.08346609					0	9	0	2		− .24366985	
			3	1	0	4		− .00195916					1	0	1	7		− .04294903	
			3	2	0	3		− .09900366					1	1	0	8		− .03435923	
			3	3	0	2		.05894151					1	1	1	6		− .21181760	
			3	4	0	1		.07132422					1	2	0	7		− .11571574	
			3	5	0	0		− .11478609	60				1	2	1	5		.12505521	
2	5	6	0	1	2	6	11	.19881532					1	3	0	6		− .11382202	
			0	2	1	7		.31192715					1	3	1	4		− .17011040	
			0	2	2	5		− .11363767					1	4	0	5		.02865924	
			0	3	0	8		.24161774					1	4	1	3		− .17011037	
			0	3	1	6		− .25746433					1	5	0	4		− .13181328	
			0	3	2	4		− .08494374					1	5	1	2		− .12505522	
			0	4	0	7		− .24781405					1	6	0	3		.04747406	
			0	4	1	5		.01044117					1	6	1	1		.21181757	
			0	4	2	3		.12583149					1	7	0	2		.16161058	
			0	5	0	6		.10464870					1	7	1	0		.04294903	
			0	5	1	4		.19296269					1	8	0	1		− .33489220	
			0	5	2	2		.00210449					2	0	0	7		− .12187947	
			0	6	0	5		.10464871					2	1	0	6		.05786952	
			0	6	1	3		− .18043759					2	2	0	5		.12732134	
			0	6	2	1		− .06944799					2	3	0	4		− .10078032	
			0	7	0	4		− .24781405					2	4	0	3		− .11090409	
			0	7	1	2		.02859431					2	5	0	2		.14294421	
			0	8	0	3		.24161774					2	6	0	1		.08726762	
			1	1	1	6		.03049688					2	7	0	0		− .22928500	48
			1	2	0	7		.02859431		2	6	4	0	0	4	4	12	.08477514	
			1	2	1	5		− .19563088					0	1	3	5		.16084952	
			1	3	0	6		− .18043759					0	1	4	3		− .12336594	
			1	3	1	4		.12423106					0	2	2	6		.18670759	
			1	4	0	5		.19296268					0	2	3	4		− .14202871	
			1	4	1	3		.12423106					0	2	4	2		.07700192	
			1	5	0	4		.01044117					0	3	1	7		.14528644	
			1	5	1	2		− .19563087					0	3	2	5		− .11639039	
			1	6	0	3		− .25746433					0	3	3	3		.11158869	
			1	6	1	1		.03049688					0	3	4	1		.01941275	
			1	7	0	2		.31192715					0	4	0	8		.07002388	
			2	1	0	6		− .06944799					0	4	1	6		− .06685768	
			2	2	0	5		.00210449					0	4	2	4		.06325488	
			2	3	0	4		.12583148											

$n_1 = 2, n_2 = 0$

l_1	l_2	λ	n	l	N	L	ρ	$<\mid>$	τ	l_1	l_2	λ	n	l	N	L	ρ	$<\mid>$	τ
2	6	4	0	4	3	2	12	−.07887628		2	6	5	0	3	1	7	12	.19022458	
			0	4	4	0		−.06814979					0	3	2	5		−.26339152	
			0	5	0	7		−.02928700					0	3	3	3		.08901514	
			0	5	1	5		.01055915					0	4	0	8		.09624685	
			0	5	2	3		−.03557382					0	4	1	6		−.21369461	
			0	5	3	1		.04706452					0	4	2	4		.22742877	
			0	6	0	6		.01678027					0	4	3	2		.01896643	
			0	6	1	4		.03867163					0	5	0	7		−.07173820	
			0	6	2	2		.05528498					0	5	1	5		.18279952	
			0	7	0	5		−.02928699					0	5	2	3		−.13159864	
			0	7	1	3		−.10101313					0	5	3	1		−.05157489	
			0	8	0	4		.07002388					0	6	0	6		.00000000	
			1	0	3	4		−.18993431					0	6	1	4		−.14447139	
			1	1	2	5		−.25181969					0	6	2	2		.03084416	
			1	1	3	3		.11396055					0	7	0	5		.07173820	
			1	2	1	6		−.20697670					0	7	1	3		.11380275	
			1	2	2	4		.15358844					0	8	0	4		−.09624688	
			1	2	3	2		.07144572					1	1	2	5		−.11539831	
			1	3	0	7		−.10101314					1	2	1	6		−.16004883	
			1	3	1	5		.11616600					1	2	2	4		.00911118	
			1	3	2	3		−.07743014					1	3	0	7		−.11380277	
			1	3	3	1		−.17169295					1	3	1	5		.11445062	
			1	4	0	6		.03867164					1	3	2	3		.14587435	
			1	4	1	4		−.08947879					1	4	0	6		.14447141	
			1	4	2	2		.00521439					1	4	1	4		.00000001	
			1	4	3	0		.08966369					1	4	2	2		−.16425412	
			1	5	0	5		.01055915					1	5	0	5		−.18279950	
			1	5	1	3		.11616600					1	5	1	3		−.11445060	
			1	5	2	1		.09535133					1	5	2	1		.04729921	
			1	6	0	4		−.06685765					1	6	0	4		.21369459	
			1	6	1	2		−.20697668					1	6	1	2		.16004880	
			1	7	0	3		.14528645					1	7	0	3		−.19022461	
			2	0	2	4		.09065509					2	1	1	5		−.04729920	
			2	1	1	5		.09535133					2	2	0	6		−.03084414	
			2	1	2	3		.11095317					2	2	1	4		.16425415	
			2	2	0	6		.05528499					2	3	0	5		.13159867	
			2	2	1	4		.00521442					2	3	1	3		−.14587432	
			2	2	2	2		−.22370665					2	4	0	4		−.22742877	
			2	3	0	5		−.03557380					2	4	1	2		−.00911120	
			2	3	1	3		−.07743014					2	5	0	3		.26339148	
			2	3	2	1		.11095316					2	5	1	1		.11539828	
			2	4	0	4		.06325488					2	6	0	2		−.20575938	
			2	4	1	2		.15358845					3	1	0	5		.05157492	
			2	4	2	0		.09065511					3	2	0	4		−.01896641	
			2	5	0	3		−.11639037					3	3	0	3		−.08901516	
			2	5	1	1		−.25181967					3	4	0	2		.16170739	
			2	6	0	2		.18670758					3	5	0	1		−.12285084	50
			3	0	1	4		.08966371		2	6	6	0	0	3	6	12	.09776745	
			3	1	0	5		.04706454					0	1	2	7		.15062619	
			3	1	1	3		−.17169294					0	1	3	5		−.09142663	
			3	2	0	4		−.07887627					0	2	1	8		.12963839	
			3	2	1	2		.07144573					0	2	2	6		−.02286216	
			3	3	0	3		.11158869					0	2	3	4		−.01233298	
			3	3	1	1		.11396058					0	3	0	9		.06161334	
			3	4	0	2		−.14202870					0	3	1	7		.07750888	
			3	4	1	0		−.18993430					0	3	2	5		−.07871065	
			3	5	0	1		.16084950					0	3	3	3		.09455118	
			4	0	0	4		−.06814978					0	4	0	8		.10637038	
			4	1	0	3		.01941275					0	4	1	6		−.22241010	
			4	2	0	2		.07700192					0	4	2	4		.10170925	
			4	3	0	1		−.12336595					0	4	3	2		−.05269466	
			4	4	0	0		.08477513	75				0	5	0	7		−.25071741	
2	6	5	0	1	3	5	12	.12285084					0	5	1	5		.23792869	
			0	2	2	6		.20575937					0	5	2	3		−.07189133	
			0	2	3	4		−.16170741					0	5	3	1		−.05233974	

68

$n_1 = 2, n_2 = 0$

l_1	l_2	λ	n	l	N	L	ρ	$<\ \|\ >$	τ
2	6	6	0	6	0	6	12	.31032158	
			0	6	1	4		−.15126494	
			0	6	2	2		.03841992	
			0	6	3	0		.07607566	
			0	7	0	5		−.25071741	
			0	7	1	3		.07608987	
			0	7	2	1		.00708329	
			0	8	0	4		.10637040	
			0	8	1	2		−.10566609	
			0	9	0	3		.06161334	
			1	0	2	6		−.15700574	
			1	1	1	7		−.17484116	
			1	1	2	5		.01717609	
			1	2	0	8		−.10566609	
			1	2	1	6		.07883886	
			1	2	2	4		.12061234	
			1	3	0	7		.07608984	
			1	3	1	5		−.07299318	
			1	3	2	3		−.06560798	
			1	4	0	6		−.15126494	
			1	4	1	4		.08687170	
			1	4	2	2		−.10200746	
			1	5	0	5		.23792869	
			1	5	1	3		−.07299317	
			1	5	2	1		.14247812	
			1	6	0	4		−.22241009	
			1	6	1	2		.07883888	
			1	6	2	0		−.00243280	
			1	7	0	3		.07750891	
			1	7	1	1		−.17484116	
			1	8	0	2		.12963840	
			2	0	1	6		−.00243279	
			2	1	0	7		.00708330	
			2	1	1	5		.14247812	
			2	2	0	6		.03841991	
			2	2	1	4		−.10200746	
			2	3	0	5		−.07189133	
			2	3	1	3		−.06560798	
			2	4	0	4		.10170926	
			2	4	1	2		.12061234	
			2	5	0	3		−.07871064	
			2	5	1	1		.01717609	
			2	6	0	2		−.02286214	
			2	6	1	0		−.15700575	
			2	7	0	1		.15062620	
			3	0	0	6		.07607567	
			3	1	0	5		−.05233974	
			3	2	0	4		−.05269466	
			3	3	0	3		.09455118	
			3	4	0	2		−.01233298	
			3	5	0	1		−.09142663	
			3	6	0	0		.09776745	70
2	6	7	0	1	2	7	12	.17332317	
			0	2	1	8		.26851109	
			0	2	2	6		−.15089022	
			0	3	0	9		.20593861	
			0	3	1	7		−.28419929	
			0	3	2	5		−.01872326	
			0	4	0	8		−.25175990	
			0	4	1	6		.10988114	
			0	4	2	4		.12983892	
			0	5	0	7		.17323659	
			0	5	1	5		.11389969	
			0	5	2	3		−.06381640	
			0	6	0	6		.00000000	

l_1	l_2	λ	n	l	N	L	ρ	$<\ \|\ >$	τ
2	6	7	0	6	1	4	12	−.20163554	
			0	6	2	2		−.05357142	
			0	7	0	5		−.17323659	
			0	7	1	3		.11159846	
			0	7	2	1		.06031470	
			0	8	0	4		.25175992	
			0	8	1	2		.02328288	
			0	9	0	3		−.20593861	
			1	1	1	7		−.02514837	
			1	2	0	8		−.02328287	
			1	2	1	6		−.13693065	
			1	3	0	7		−.11159845	
			1	3	1	5		.18068613	
			1	4	0	6		.20163554	
			1	4	1	4		.00000000	
			1	5	0	5		−.11389969	
			1	5	1	3		−.18068612	
			1	6	0	4		−.10988114	
			1	6	1	2		.13693066	
			1	7	0	3		.28419931	
			1	7	1	1		.02514838	
			1	8	0	2		−.26851109	
			2	1	0	7		−.06031469	
			2	2	0	6		.05357143	
			2	3	0	5		.06381640	
			2	4	0	4		−.12983891	
			2	5	0	3		.01872327	
			2	6	0	2		.15089024	
			2	7	0	1		−.17332317	42
2	6	8	0	0	2	8	12	.20807276	
			0	1	1	9		.30279034	
			0	1	2	7		−.14016467	
			0	2	0	10		.21966720	
			0	2	1	8		−.19764233	
			0	2	2	6		−.08136236	
			0	3	0	9		−.15636024	
			0	3	1	7		.01858565	
			0	3	2	5		.15430799	
			0	4	0	8		.06256863	
			0	4	1	6		.11568993	
			0	4	2	4		.00937031	
			0	5	0	7		.03850834	
			0	5	1	5		−.09031006	
			0	5	2	3		−.14605543	
			0	6	0	6		−.08255490	
			0	6	1	4		−.04503225	
			0	6	2	2		.05059522	
			0	7	0	5		.03850834	
			0	7	1	3		.12771771	
			0	7	2	1		.11205269	
			0	8	0	4		.06256864	
			0	8	1	2		−.06512349	
			0	8	2	0		−.08875585	
			0	9	0	3		−.15636024	
			0	9	1	1		−.08864791	
			0	10	0	2		.21966720	
			1	0	1	8		−.11121954	
			1	1	0	9		−.08864791	
			1	1	1	7		−.14236059	
			1	2	0	8		−.06512350	
			1	2	1	6		.19887545	
			1	3	0	7		.12771771	
			1	3	1	5		.04586245	
			1	4	0	6		−.04503225	
			1	4	1	4		−.21609061	

$n_1 = 2, n_2 = 0$

l_1	l_2	λ	n	l	N	L	ρ	$\langle\,\vert\,\rangle$	τ
2	6	8	1	5	0	5	12	−.09031006	
			1	5	1	3		.04586244	
			1	6	0	4		.11568994	
			1	6	1	2		.19887546	
			1	7	0	3		.01858566	
			1	7	1	1		−.14236059	
			1	8	0	2		−.19764233	
			1	8	1	0		−.11121954	
			1	9	0	1		.30279034	
			2	0	0	8		−.08875585	
			2	1	0	7		.11205269	
			2	2	0	6		.05059522	
			2	3	0	5		−.14605543	
			2	4	0	4		.00937030	
			2	5	0	3		.15430799	
			2	6	0	2		−.08136235	
			2	7	0	1		−.14016467	
			2	8	0	0		.20807276	54

$n_1 = 1, n_2 = 1$

l_1	l_2	λ	n	l	N	L	ρ	$<\ \|\ >$	τ	l_1	l_2	λ	n	l	N	L	ρ	$<\ \|\ >$	τ
0	0	0	0	0	2	0	4	.45643546		0	4	4	0	1	2	3	8	−.30618622	
			0	1	1	1		−.00000000					0	2	0	6		−.20257184	
			0	2	0	2		−.74535598					0	2	1	4		−.06006249	
			1	0	1	0		.16666671					0	2	2	2		.26115966	
			1	1	0	1		−.00000000					0	3	0	5		.22712838	
			2	0	0	0		.45643546	6				0	3	1	3		.14907119	
0	1	1	0	0	2	1	5	.38188131					0	3	2	1		−.05721722	
			0	1	1	2		−.00000000					0	4	0	4		−.24432331	
			0	1	2	0		−.25000001					0	4	1	2		−.22587697	
			0	2	0	3		.48304588					0	4	2	0		−.13110111	
			0	2	1	1		−.21081851					0	5	0	3		.22712838	
			0	3	0	2		.48304588					0	5	1	1		.27216554	
			1	0	1	1		.11785115					0	6	0	2		−.20257184	
			1	1	0	2		.21081851					1	0	1	4		.04166668	
			1	1	1	0		−.11785114					1	1	0	5		.27216554	
			1	2	0	1		.00000000					1	1	1	3		−.07136241	
			2	0	0	1		.25000001					1	2	0	4		−.22587697	
			2	1	0	0		−.38188130	12				1	2	1	2		.08375745	
0	2	2	0	0	2	2	6	.30618621					1	3	0	3		.14907119	
			0	1	1	3		.00000000					1	3	1	1		−.07136241	
			0	1	2	1		−.32274861					1	4	0	2		−.06006249	
			0	2	0	4		−.35856859					1	4	1	0		.04166668	
			0	2	1	2		−.12598816					1	5	0	1		.00000000	
			0	2	2	0		.06972167					2	0	0	4		−.13110111	
			0	3	0	3		.34641017					2	1	0	3		−.05721722	
			0	3	1	1		.28284271					2	2	0	2		.26115966	
			0	4	0	2		−.35856859					2	3	0	1		−.30618622	
			1	0	1	2		.08333334					2	4	0	0		.18399503	30
			1	1	0	3		.28284271		1	1	0	0	0	3	0	6	.51234758	
			1	1	1	1		−.10801235					0	1	2	1		.00000000	
			1	2	0	2		−.12598816					0	2	1	2		−.48304594	
			1	2	1	0		.08333334					0	3	0	3		.00000000	
			1	3	0	1		.00000000					1	0	2	0		−.06454972	
			2	0	0	2		.06972167					1	1	1	1		.00000000	
			2	1	0	1		−.32274861					1	2	0	2		.48304594	
			2	2	0	0		.30618621	18				2	0	1	0		.06454972	
0	3	3	0	0	2	3	7	.23935679					2	1	0	1		.00000000	
			0	1	1	4		.00000000					3	0	0	0		−.51234758	10
			0	1	2	2		−.33071893		1	1	1	0	1	2	1	6	.41833003	
			0	2	0	5		−.26972454					0	2	1	2		.00000000	
			0	2	1	3		−.08606630					0	3	0	3		−.74833152	
			0	2	2	1		.19015971					1	1	1	1		.29999997	
			0	3	0	4		.28030597					1	2	0	2		.00000000	
			0	3	1	2		.19518003					2	1	0	1		.41833003	6
			0	3	2	0		.05590170		1	1	2	0	0	2	2	6	.39686271	
			0	4	0	3		−.28030597					0	1	1	3		.00000000	
			0	4	1	1		−.29277004					0	1	2	1		.00000000	
			0	5	0	2		.26972454					0	2	0	4		−.46475805	
			1	0	1	3		.05892558					0	2	1	2		−.16329933	
			1	1	0	4		.29277004					0	2	2	0		−.29692875	
			1	1	1	2		−.08964214					0	3	0	3		.00000000	
			1	2	0	3		−.19518003					0	3	1	1		.00000000	
			1	2	1	1		−.08964214					0	4	0	2		.46475805	
			1	3	0	2		.08606630					1	0	1	2		.10801235	
			1	3	1	0		−.05892558					1	1	0	3		−.00000000	
			1	4	0	1		.00000000					1	1	1	1		.00000000	
			2	0	0	3		−.05590170					1	2	0	2		.16329933	
			2	1	0	2		−.19015971					1	2	1	0		−.10801235	
			2	2	0	1		.33071893					1	3	0	1		−.00000000	
			2	3	0	0		−.23935679	24				2	0	0	2		.29692875	
0	4	4	0	0	2	4	8	.18399503					2	1	0	1		.00000000	
			0	1	1	5		.00000000					2	2	0	0		−.39686271	18
										1	2	1	0	0	3	1	7	.33541021	

71

$n_1 = 1, n_2 = 1$

l_1	l_2	λ	n	l	N	L	ρ	$\langle \mid \rangle$	τ		l_1	l_2	λ	n	l	N	L	ρ	$\langle \mid \rangle$	τ
1	2	1	0	1	2	2	7	.11180341			1	3	2	0	3	2	1	8	.14432109	
			0	1	3	0		−.32274863						0	4	0	4		.00000000	
			0	2	1	3		−.24494900						0	4	1	2		−.31304953	
			0	2	2	1		−.05000001						0	5	0	3		.20470654	
			0	3	0	4		−.22677869						1	0	2	2		−.12500001	
			0	3	1	2		.33946738						1	1	1	3		.18000001	
			0	4	0	3		−.22677869						1	1	2	1		.03674235	
			1	0	2	1		−.11180339						1	2	0	4		.31304953	
			1	1	1	2		.16499158						1	2	1	2		.00000000	
			1	1	2	0		−.04409585						1	2	2	0		.10062306	
			1	2	0	3		.33946738						1	3	0	3		−.17962926	
			1	2	1	1		.16499158						1	3	1	1		−.18000001	
			1	3	0	2		−.24494900						1	4	0	2		.16818359	
			2	0	1	1		−.04409585						2	0	1	2		−.10062306	
			2	1	0	2		−.05000001						2	1	0	3		−.14432109	
			2	1	1	0		−.11180339						2	1	1	1		−.03674235	
			2	2	0	1		.11180341						2	2	0	2		.07559290	
			3	0	0	1		−.32274863						2	2	1	0		.12500001	
			3	1	0	0		.33541021	20					2	3	0	1		−.10488089	
1	2	2	0	1	2	2	7	.33541020						3	0	0	2		−.17428425	
			0	2	1	3		.00000000						3	1	0	1		.33203918	
			0	2	2	1		−.25000000						3	2	0	0		−.24874687	30
			0	3	0	4		−.50709255			1	3	3	0	1	2	3	8	.26220223	
			0	3	1	2		−.15118579						0	2	1	4		.00000000	
			0	4	0	3		.50709255						0	2	2	2		−.29580401	
			1	1	1	2		.21213202						0	3	0	5		−.36187347	
			1	2	0	3		.15118579						0	3	1	3		−.11547006	
			1	2	1	1		−.21213202						0	3	2	1		.12026757	
			1	3	0	2		−.00000000						0	4	0	4		.44948953	
			2	1	0	2		.25000000						0	4	1	2		.20203051	
			2	2	0	1		−.33541020	12					0	5	0	3		−.36187347	
1	2	3	0	0	2	3	7	.36412815						1	1	1	3		.15000001	
			0	1	1	4		−.00000000						1	2	0	4		.20203051	
			0	1	2	2		−.16770510						1	2	1	2		−.20328929	
			0	2	0	5		−.41032593						1	3	0	3		−.11547006	
			0	2	1	3		−.13093074						1	3	1	1		.15000001	
			0	2	2	1		−.21071430						1	4	0	2		.00000000	
			0	3	0	4		.14214107						2	1	0	3		.12026757	
			0	3	1	2		.09897434						2	2	0	2		−.29580401	
			0	3	2	0		.21732959						2	3	0	1		.26220223	18
			0	4	0	3		.14214107			1	3	4	0	0	2	4	8	.31512789	
			0	4	1	1		.14846151						0	1	1	5		.00000000	
			0	5	0	2		−.41032593						0	1	2	3		−.26220222	
			1	0	1	3		.08964216						0	2	0	6		−.34694437	
			1	1	0	4		.14846151						0	2	1	4		−.10286891	
			1	1	1	2		−.04545686						0	2	2	2		−.06506002	
			1	2	0	3		.09897434						0	3	0	5		.19450114	
			1	2	1	1		−.04545686						0	3	1	3		.12765695	
			1	3	0	2		−.13093074						0	3	2	1		.26280690	
			1	3	1	0		.08964216						0	4	0	4		.00000000	
			1	4	0	1		−.00000000						0	4	1	2		.00000000	
			2	0	0	3		.21732959						0	4	2	0		−.10206208	
			2	1	0	2		−.21071430						0	5	0	3		−.19450114	
			2	2	0	1		−.16770510						0	5	1	1		−.23306865	
			2	3	0	0		.36412815	24					0	6	0	2		.34694437	
1	3	2	0	0	3	2	8	.24874687						1	0	1	4		.07136243	
			0	1	2	3		.10488089						1	1	0	5		.23306865	
			0	1	3	1		−.33203918						1	1	1	3		−.06111112	
			0	2	1	4		−.16818359						1	2	0	4		.00000000	
			0	2	2	2		−.07559290						1	2	1	2		.00000000	
			0	2	3	0		.17428425						1	3	0	3		−.12765695	
			0	3	0	5		−.20470654						1	3	1	1		.06111112	
			0	3	1	3		.17962925						1	4	0	2		.10286891	
														1	4	1	0		−.07136243	

$n_1 = 1, n_2 = 1$

l_1	l_2	λ	n	l	N	L	ρ	$<\ \|\ >$	τ	l_1	l_2	λ	r	l	N	L	ρ	$<\ \|\ >$	τ
1	3	4	1	5	0	1	8	.00000000		1	4	4	1	4	1	1	9	−.10606602	
			2	0	0	4		.10206209					1	5	0	2		.00000000	
			2	1	0	3		−.26280689					2	1	0	4		.03133917	
			2	2	0	2		.06506001					2	2	0	3		−.20229340	
			2	3	0	1		.26220222					2	3	0	2		.29047376	
			2	4	0	0		−.31512789	30				2	4	0	1		−.20155646	24
1	4	3	0	0	3	3	9	.18660501		1	4	5	0	0	2	5	9	.26314856	
			0	1	2	4		.08638135					0	1	1	6		.00000000	
			0	1	3	2		−.30493393					0	1	2	4		−.30233468	
			0	2	1	5		−.12140524					0	2	0	7		−.28522502	
			0	2	2	3		−.07874260					0	2	1	5		−.07945522	
			0	2	3	1		.25127229					0	2	2	3		.07067212	
			0	3	0	6		−.16472275					0	3	0	6		.20567868	
			0	3	1	4		.12660840					0	3	1	4		.12874840	
			0	3	2	2		.10660580					0	3	2	2		.20271092	
			0	3	3	0		−.05025446					0	4	0	5		−.07956865	
			0	4	0	5		.05331572					0	4	1	3		−.07116836	
			0	4	1	3		−.17496356					0	4	2	1		−.21794960	
			0	4	2	1		−.20146603					0	5	0	4		−.07956864	
			0	5	0	4		.05331572					0	5	1	2		−.08662337	
			0	5	1	2		.27998799					0	5	2	0		−.00486561	
			0	6	0	3		−.16472275					0	6	0	3		.20567867	
			1	0	2	3		−.12076148					0	6	1	1		.26929659	
			1	1	1	4		.16667518					0	7	0	2		−.28522502	
			1	1	2	2		.08704328					1	0	1	5		.05547660	
			1	2	0	5		.27998799					1	1	0	6		.26929660	
			1	2	1	3		−.06142212					1	1	1	4		−.06267539	
			1	2	2	1		.03289927					1	2	0	5		−.08662337	
			1	3	0	4		−.17496356					1	2	1	3		.02760589	
			1	3	1	2		−.06142212					1	3	0	4		−.07116836	
			1	3	2	0		−.12794160					1	3	1	2		.02760589	
			1	4	0	3		.12660840					1	4	0	3		.12874840	
			1	4	1	1		.16667518					1	4	1	1		−.06267539	
			1	5	0	2		−.12140524					1	5	0	2		−.07945522	
			2	0	1	3		−.12794160					1	5	1	0		.05547660	
			2	1	0	4		−.20146603					1	6	0	1		.00000000	
			2	1	1	2		.03289927					2	0	0	5		−.00486562	
			2	2	0	3		.10660580					2	1	0	4		−.21794960	
			2	2	1	1		.08704328					2	2	0	3		.20271092	
			2	3	0	2		−.07874260					2	3	0	2		.07067212	
			2	3	1	0		−.12076148					2	4	0	1		−.30233468	
			2	4	0	1		.08638135					2	5	0	0		.26314856	36
			3	0	0	3		−.05025446		2	2	0	0	0	4	0	8	.40089188	
			3	1	0	2		.25127229					0	1	3	1		.00000000	
			3	2	0	1		−.30493393					0	2	2	2		−.13363060	
			3	3	0	0		.18660501	40				0	3	1	3		.00000000	
1	4	4	0	1	2	4	9	.20155646					0	4	0	4		−.38332601	
			0	2	1	5		−.00000000					1	0	3	0		−.30860670	
			0	2	2	3		−.29047376					1	1	2	1		.00000000	
			0	3	0	6		−.26256314					1	2	1	2		.54761903	
			0	3	1	4		−.08374358					1	3	0	3		.00000000	
			0	3	2	2		.20229340					2	0	2	0		−.07453560	
			0	4	0	5		.37321004					2	1	1	1		.00000000	
			0	4	1	3		.18516402					2	2	0	2		−.13363060	
			0	4	2	1		−.03133917					3	0	1	0		−.30860670	
			0	5	0	4		−.37321004					3	1	0	1		.00000000	
			0	5	1	2		−.20701967					4	0	0	0		.40089188	15
			0	6	0	3		.26256314		2	2	1	0	1	3	1	8	.49099029	
			1	1	1	4		.10606602					0	2	2	2		.00000000	
			1	2	0	5		.20701967					0	3	1	3		−.50709260	
			1	2	1	3		−.17165164					0	4	0	4		−.00000000	
			1	3	0	4		−.18516402					1	1	2	1		.04225770	
			1	3	1	2		.17165164					1	2	1	2		.00000000	
			1	4	0	3		.08374358											

$n_1 = 1, n_2 = 1$

l_1	l_2	λ	n	l	N	L	ρ	$<\ \mid\ >$	τ
2	2	1	1	3	0	3	8	.50709260	
			2	1	1	1		−.04225770	
			2	2	0	2		.00000000	
			3	1	0	1		−.49099029	10
2	2	2	0	0	3	2	8	.25127227	
			0	1	2	3		.00000000	
			0	1	3	1		.00000000	
			0	2	1	4		−.16989106	
			0	2	2	2		.19090090	
			0	2	3	0		−.28038179	
			0	3	0	5		.00000000	
			0	3	1	3		.00000000	
			0	3	2	1		−.00000000	
			0	4	0	4		−.57433666	
			0	4	1	2		.21296973	
			0	5	0	3		.00000000	
			1	0	2	2		−.12626906	
			1	1	1	3		−.00000000	
			1	1	2	1		.00000000	
			1	2	0	4		.21296973	
			1	2	1	2		.36054423	
			1	2	2	0		−.04141078	
			1	3	0	3		.00000000	
			1	3	1	1		−.00000000	
			1	4	0	2		−.16989106	
			2	0	1	2		−.04141078	
			2	1	0	3		−.00000000	
			2	1	1	1		.00000000	
			2	2	0	2		.19090090	
			2	2	1	0		−.12626906	
			2	3	0	1		−.00000000	
			3	0	0	2		−.28038179	
			3	1	0	1		.00000000	
			3	2	0	0		.25127227	30
2	2	3	0	1	2	3	8	.35535266	
			0	2	1	4		.00000000	
			0	2	2	2		.00000000	
			0	3	0	5		−.49043328	
			0	3	1	3		−.15649216	
			0	3	2	1		−.25958309	
			0	4	0	4		.00000000	
			0	4	1	2		−.00000000	
			0	5	0	3		.49043328	
			1	1	1	3		.20328928	
			1	2	0	4		.00000000	
			1	2	1	2		.00000000	
			1	3	0	3		.15649216	
			1	3	1	1		−.20328928	
			1	4	0	2		.00000000	
			2	1	0	3		.25958309	
			2	2	0	2		.00000000	
			2	3	0	1		−.35535266	18
2	2	4	0	0	2	4	8	.36986279	
			0	1	1	5		.00000000	
			0	1	2	3		.00000000	
			0	2	0	6		−.40720552	
			0	2	1	4		−.12073632	
			0	2	2	2		−.27680629	
			0	3	0	5		.00000000	
			0	3	1	3		−.00000000	
			0	3	2	1		−.00000000	
			0	4	0	4		.16371114	
			0	4	1	2		.15135100	

l_1	l_2	λ	n	l	N	L	ρ	$<\ \mid\ >$	τ
2	2	4	0	4	2	0	8	.24756468	
			0	5	0	3		.00000000	
			0	5	1	1		−.00000000	
			0	6	0	2		−.40720552	
			1	0	1	4		.08375743	
			1	1	0	5		−.00000000	
			1	1	1	3		.00000000	
			1	2	0	4		.15135100	
			1	2	1	2		−.05612245	
			1	3	0	3		.00000000	
			1	3	1	1		−.00000000	
			1	4	0	2		−.12073632	
			1	4	1	0		.08375743	
			1	5	0	1		.00000000	
			2	0	0	4		.24756468	
			2	1	0	3		.00000000	
			2	2	0	2		−.27680629	
			2	3	0	1		−.00000000	
			2	4	0	0		.36986279	30
2	3	1	0	0	4	1	9	.24275209	
			0	1	3	2		.14015298	
			0	1	4	0		−.29580401	
			0	2	2	3		−.06267833	
			0	2	3	1		.05669466	
			0	3	1	4		−.16413037	
			0	3	2	2		.16428572	
			0	4	0	5		−.17300856	
			0	4	1	3		−.21444438	
			0	5	0	4		.17300859	
			1	0	3	1		−.25354629	
			1	1	2	2		.03273269	
			1	1	3	0		.11338936	
			1	2	1	3		.31314730	
			1	2	2	1		.13608973	
			1	3	0	4		.21444438	
			1	3	1	2		−.31314730	
			1	4	0	3		.16413037	
			2	0	2	1		−.04629101	
			2	1	1	2		−.13608972	
			2	1	2	0		.04629102	
			2	2	0	3		−.16428573	
			2	2	1	1		−.03273269	
			2	3	0	2		.06267833	
			3	0	1	1		−.11338936	
			3	1	0	2		−.05669467	
			3	1	1	0		.25354630	
			3	2	0	1		−.14015297	
			4	0	0	1		.29580401	
			4	1	0	0		−.24275209	30
2	3	2	0	1	3	2	9	.34330330	
			0	2	2	3		.06267832	
			0	2	3	1		−.32403706	
			0	3	1	4		−.29965970	
			0	3	2	2		−.06428572	
			0	4	0	5		−.14982984	
			0	4	1	3		.36140319	
			0	5	0	4		−.14982985	
			1	1	2	2		−.02672612	
			1	2	1	3		.13131984	
			1	2	2	1		−.09091376	
			1	3	0	4		.36140317	
			1	3	1	2		.13131984	
			1	4	0	3		−.29965971	
			2	1	1	2		−.09091375	

$n_1 = 1, n_2 = 1$

l_1	l_2	λ	n	l	N	L	ρ	$\langle\ \vert\ \rangle$	τ
2	3	2	2	2	0	3	9	$-$.06428573	
			2	2	1	1		$-$.02672612	
			2	3	0	2		.06267833	
			3	1	0	2		$-$.32403705	
			3	2	0	1		.34330331	20
2	3	3	0	0	3	3	9	.20629960	
			0	1	2	4		.03183272	
			0	1	3	2		$-$.11237238	
			0	2	1	5		$-$.13421854	
			0	2	2	3		.16366007	
			0	2	3	1		$-$.14647213	
			0	3	0	6		$-$.06070262	
			0	3	1	4		.04665695	
			0	3	2	2		$-$.12738097	
			0	3	3	0		.21718280	
			0	4	0	5		$-$.41259924	
			0	4	1	3		$-$.03868589	
			0	4	2	1		.05984439	
			0	5	0	4		.41259924	
			0	5	1	2		$-$.19697894	
			0	6	0	3		.06070262	
			1	0	2	3		$-$.13350683	
			1	1	1	4		.06142211	
			1	1	2	2		.03207666	
			1	2	0	5		.19697894	
			1	2	1	3		.25983370	
			1	2	2	1		.02314550	
			1	3	0	4		.03868590	
			1	3	1	2		$-$.25983369	
			1	3	2	0		.05914963	
			1	4	0	3		$-$.04665695	
			1	4	1	1		$-$.06142212	
			1	5	0	2		.13421854	
			2	0	1	3		$-$.05914963	
			2	1	0	4		$-$.05984438	
			2	1	1	2		$-$.02314549	
			2	2	0	3		.12738096	
			2	2	1	1		$-$.03207666	
			2	3	0	2		$-$.16366007	
			2	3	1	0		.13350684	
			2	4	0	1		$-$.03183272	
			3	0	0	3		$-$.21718281	
			3	1	0	2		.14647213	
			3	2	0	1		.11237240	
			3	3	0	0		$-$.20629960	40
2	3	4	0	1	2	4	9	.32618833	
			0	2	1	5		$-$.00000000	
			0	2	2	3		$-$.15669581	
			0	3	0	6		$-$.42491831	
			0	3	1	4		$-$.13552619	
			0	3	2	2		$-$.17261905	
			0	4	0	5		.20132781	
			0	4	1	3		.09988656	
			0	4	2	1		.19825986	
			0	5	0	4		.20132781	
			0	5	1	2		.11167657	
			0	6	0	3		$-$.42491831	
			1	1	1	4		.17165165	
			1	2	0	5		.11167657	
			1	2	1	3		$-$.09259733	
			1	3	0	4		.09988656	
			1	3	1	2		$-$.09259733	
			1	4	0	3		$-$.13552619	
			1	4	1	1		.17165165	

l_1	l_2	λ	n	l	N	L	ρ	$\langle\ \vert\ \rangle$	τ
2	3	4	1	5	0	2	9	$-$.00000000	
			2	1	0	4		.19825986	
			2	2	0	3		$-$.17261905	
			2	3	0	2		$-$.15669581	
			2	4	0	1		.32618833	24
2	3	5	0	0	2	5	9	.34771792	
			0	1	1	6		.00000000	
			0	1	2	4		$-$.13316583	
			0	2	0	7		$-$.37688921	
			0	2	1	5		$-$.10499014	
			0	2	2	3		$-$.22000724	
			0	3	0	6		.09059289	
			0	3	1	4		.05670830	
			0	3	2	2		.17261905	
			0	4	0	5		.10514002	
			0	4	1	3		.09404010	
			0	4	2	1		.15623159	
			0	5	0	4		$-$.10514002	
			0	5	1	2		$-$.11446195	
			0	5	2	0		$-$.19930851	
			0	6	0	3		$-$.09059288	
			0	6	1	1		$-$.11861394	
			0	7	0	2		.37688920	
			1	0	1	5		.07330538	
			1	1	0	6		.11861394	
			1	1	1	4		$-$.02760590	
			1	2	0	5		.11446196	
			1	2	1	3		$-$.03647773	
			1	3	0	4		$-$.09404009	
			1	3	1	2		.03647773	
			1	4	0	3		$-$.05670831	
			1	4	1	1		.02760590	
			1	5	0	2		.10499014	
			1	5	1	0		$-$.07330538	
			1	6	0	1		.00000000	
			2	0	0	5		.19930852	
			2	1	0	4		$-$.15623158	
			2	2	0	3		$-$.17261906	
			2	3	0	2		.22000724	
			2	4	0	1		.13316583	
			2	5	0	0		$-$.34771792	36
2	4	2	0	0	4	2	10	.17276267	
			0	1	3	3		.12616801	
			0	1	4	1		$-$.27274119	
			0	2	2	4		$-$.03441515	
			0	2	3	2		$-$.04182429	
			0	2	4	0		.20516297	
			0	3	1	5		$-$.14217526	
			0	3	2	3		.07930395	
			0	3	3	1		.01961734	
			0	4	0	6		$-$.12993504	
			0	4	1	4		$-$.00825551	
			0	4	2	2		$-$.19862477	
			0	5	0	5		.05026654	
			0	5	1	3		.21687776	
			0	6	0	4		$-$.12993505	
			1	0	3	2		$-$.22131332	
			1	1	2	3		.02710523	
			1	1	3	1		.17979582	
			1	2	1	4		.26020407	
			1	2	2	2		.03027019	
			1	2	3	0		.00000000	
			1	3	0	5		.21687775	
			1	3	1	3		$-$.16435818	

$n_1 = 1, n_2 = 1$

l_1	l_2	λ	n	l	N	L	ρ	$\langle \vert \rangle$	τ	l_1	l_2	λ	n	l	N	L	ρ	$\langle \vert \rangle$	τ
2	4	2	1	3	2	1	10	−.19254322		2	4	4	0	4	2	2	10	.08919622	
			1	4	0	4		−.00825551					0	4	3	0		−.13638619	
			1	4	1	2		.26020408					0	5	0	5		.41506230	
			1	5	0	3		−.14217525					0	5	1	3		.04640538	
			2	0	2	2		−.03350296					0	5	2	1		−.11146211	
			2	1	1	3		−.19254322					0	6	0	4		−.27702246	
			2	1	2	1		.04161467					0	6	1	2		.18980475	
			2	2	0	4		−.19862477					0	7	0	3		−.07683221	
			2	2	1	2		.03027019					1	0	2	4		−.13022476	
			2	2	2	0		−.03350296					1	1	1	5		.08688079	
			2	3	0	3		.07930395					1	1	2	3		.06735148	
			2	3	1	1		.02710523					1	2	0	6		.18980475	
			2	4	0	2		−.03441515					1	2	1	4		.16171924	
			3	0	1	2		.00000000					1	2	2	2		.02151209	
			3	1	0	3		.01961734					1	3	0	5		.04640538	
			3	1	1	1		.17979582					1	3	1	3		−.27411522	
			3	2	0	2		−.04182429					1	3	2	1		−.01169024	
			3	2	1	0		.22131332					1	4	0	4		−.08027202	
			3	3	0	1		.12616801					1	4	1	2		.16171924	
			4	0	0	2		.20516297					1	4	2	0		−.07717256	
			4	1	0	1		−.27274119					1	5	0	3		.05748839	
			4	2	0	0		.17276267	45				1	5	1	1		.08688079	
2	4	3	0	1	3	3	10	.24936144					1	6	0	2		−.10686373	
			0	2	2	4		.06883031					2	0	1	4		−.07717256	
			0	2	3	2		−.33271017					2	1	0	5		−.11146211	
			0	3	1	5		−.19869596					2	1	1	3		−.01169024	
			0	3	2	3		−.08247861					2	2	0	4		.08919622	
			0	3	3	1		.19386077					2	2	1	2		−.02151209	
			0	4	0	6		−.15530210					2	3	0	3		−.15800866	
			0	4	1	4		.26830402					2	3	1	1		.06735148	
			0	4	2	2		.11965346					2	4	0	2		.11888871	
			0	5	0	5		.00000000					2	4	1	0		−.13022476	
			0	5	1	3		−.29758503					2	5	0	1		−.04092569	
			0	6	0	4		.15530210					3	0	0	4		−.13638619	
			1	1	2	3		−.05357142					3	1	0	3		.19573160	
			1	2	1	4		.15306122					3	2	0	2		−.02972322	
			1	2	2	2		−.02675533					3	3	0	1		−.15916359	
			1	3	0	5		.29758503					3	4	0	0		.16811944	50
			1	3	1	3		.00000000		2	4	5	0	1	2	5	10	.28131764	
			1	3	2	1		.11192558					0	2	1	6		.00000000	
			1	4	0	4		−.26830402					0	2	2	4		−.24090605	
			1	4	1	2		−.15306122					0	3	0	7		−.35208940	
			1	5	0	3		.19869596					0	3	1	5		−.11009638	
			2	1	1	3		−.11192558					0	3	2	3		−.03967599	
			2	2	0	4		−.11965346					0	4	0	6		.27702245	
			2	2	1	2		.02675533					0	4	1	4		.14047602	
			2	3	0	3		.08247861					0	4	2	2		.22081503	
			2	3	1	1		.05357142					0	5	0	5		.00000000	
			2	4	0	2		−.06883031					0	5	1	3		.00000000	
			3	1	0	3		−.19386077					0	5	2	1		−.11918283	
			3	2	0	2		.33271017					0	6	0	4		−.27702245	
			3	3	0	1		−.24936144	30				0	6	1	2		−.17520439	
2	4	4	0	0	3	4	10	.16811944					0	7	0	3		.35208940	
			0	1	2	5		.04092569					1	1	1	5		.13781693	
			0	1	3	3		−.15916359					1	2	0	6		.17520439	
			0	2	1	6		−.10686373					1	2	1	4		−.12662340	
			0	2	2	4		.11888871					1	3	0	5		.00000000	
			0	2	3	2		−.02972322					1	3	1	3		.00000000	
			0	3	0	7		−.07683221					1	4	0	4		−.14047602	
			0	3	1	5		.05748839					1	4	1	2		.12662339	
			0	3	2	3		−.15800866					1	5	0	3		.11009638	
			0	3	3	1		.19573160					1	5	1	1		−.13781693	
			0	4	0	6		−.27702246					1	6	0	2		.00000000	
			0	4	1	4		−.08027202					2	1	0	5		.11918283	
													2	2	0	4		−.22081503	

76

$n_1 = 1, n_2 = 1$

l_1	l_2	λ	n	l	N	L	ρ	$<\ \mid\ >$	τ
2	4	5	2	3	0	3	10	.03967598	
			2	4	0	2		.24090605	
			2	5	0	1		− .28131764	30
2	4	6	0	0	2	6	10	.31148373	
			0	1	1	7		.00000000	
			0	1	2	5		− .22240114	
			0	2	0	8		− .33384285	
			0	2	1	6		− .08802235	
			0	2	2	4		− .11076624	
			0	3	0	7		.14235108	
			0	3	1	5		.08534860	
			0	3	2	3		.24372916	
			0	4	0	6		.03541790	
			0	4	1	4		.03080141	
			0	4	2	2		− .00951789	
			0	5	0	5		− .11463690	
			0	5	1	3		− .12309148	
			0	5	2	1		− .22344145	
			0	6	0	4		.03541790	
			0	6	1	2		.04295052	
			0	6	2	0		.11583706	
			0	7	0	3		.14235109	
			0	7	1	1		.19833223	
			0	8	0	2		− .33384285	
			1	0	1	6		.06168298	
			1	1	0	7		.19833223	
			1	1	1	5		− .04190533	
			1	2	0	6		.04295052	
			1	2	1	4		− .01217533	
			1	3	0	5		− .12309148	
			1	3	1	3		.04112200	
			1	4	0	4		.03080141	
			1	4	1	2		− .01217533	
			1	5	0	3		.08534860	
			1	5	1	1		− .04190534	
			1	6	0	2		− .08802235	
			1	6	1	0		.06168298	
			1	7	0	1		.00000000	
			2	0	0	6		.11583706	
			2	1	0	5		− .22344145	
			2	2	0	4		− .00951789	
			2	3	0	3		.24372917	
			2	4	0	2		− .11076624	
			2	5	0	1		− .22240115	
			2	6	0	0		.31148373	42
3	3	0	0	0	5	0	10	.27638542	
			0	1	4	1		− .00000000	
			0	2	3	2		.07136239	
			0	3	2	3		.00000000	
			0	4	1	4		− .35456212	
			0	5	0	5		− .00000000	
			1	0	4	0		− .40881496	
			1	1	3	1		.00000000	
			1	2	2	2		.35214769	
			1	3	1	3		− .00000000	
			1	4	0	4		.35456212	
			2	0	3	0		.04082486	
			2	1	2	1		− .00000000	
			2	2	1	2		− .35214769	
			2	3	0	3		.00000000	
			3	0	2	0		− .04082486	
			3	1	1	1		.00000000	
			3	2	0	2		− .07136239	
			4	0	1	0		.40881496	
			4	1	0	1		− .00000000	
			5	0	0	0		− .27638542	21
3	3	1	0	1	4	1	10	.42817444	
			0	2	3	2		.00000000	
			0	3	2	3		− .23452080	
			0	4	1	4		.00000000	
			0	5	0	5		− .26427502	
			1	1	3	1		− .23094014	
			1	2	2	2		.00000000	
			1	3	1	3		.56666671	
			1	4	0	4		.00000000	
			2	1	2	1		− .16035678	
			2	2	1	2		.00000000	
			2	3	0	3		− .23452080	
			3	1	1	1		− .23094014	
			3	2	0	2		.00000000	
			4	1	0	1		.42817444	15
3	3	2	0	0	4	2	10	.16273133	
			0	1	3	3		.00000000	
			0	1	4	1		.00000000	
			0	2	2	4		− .05835034	
			0	2	3	2		.31516633	
			0	2	4	0		− .24946859	
			0	3	1	5		.00000000	
			0	3	2	3		.00000000	
			0	3	3	1		.00000000	
			0	4	0	6		− .05245305	
			0	4	1	4		− .44324103	
			0	4	2	2		.10266480	
			0	5	0	5		− .00000000	
			0	5	1	3		.00000000	
			0	6	0	4		.05245305	
			1	0	3	2		− .20846294	
			1	1	2	3		.00000000	
			1	1	3	1		.00000000	
			1	2	1	4		.16435818	
			1	2	2	2		.15552318	
			1	2	3	0		.06374554	
			1	3	0	5		.00000000	
			1	3	1	3		.00000000	
			1	3	2	1		.00000000	
			1	4	0	4		.44324103	
			1	4	1	2		− .16435818	
			1	5	0	3		.00000000	
			2	0	2	2		− .00860663	
			2	1	1	3		.00000000	
			2	2	0	4		− .10266480	
			2	2	1	2		− .15552318	
			2	2	2	0		.00860663	
			2	3	0	3		.00000000	
			2	3	1	1		.00000000	
			2	4	0	2		.05835034	
			3	0	1	2		− .06374554	
			3	1	0	3		.00000000	
			3	1	1	1		.00000000	
			3	2	0	2		− .31516633	
			3	2	1	0		.20846294	
			3	3	0	1		.00000000	
			4	0	0	2		.24946859	
			4	1	0	1		.00000000	
			4	2	0	0		− .16273133	45
3	3	3	0	1	3	3	10	.31512786	

$n_1 = 1, n_2 = 1$

l_1	l_2	λ	n	l	N	L	ρ	$<\ \mid\ >$	τ
3	3	3	0	2	2	4	10	.00000000	
			0	2	3	2		.00000000	
			0	3	1	5		$-$.25109989	
			0	3	2	3		.05211574	
			0	3	3	1		$-$.31625916	
			0	4	0	6		.00000000	
			0	4	1	4		.00000000	
			0	4	2	2		.00000000	
			0	5	0	5		$-$.39614056	
			0	5	1	3		.30178450	
			0	6	0	4		.00000000	
			1	1	2	3		$-$.06770032	
			1	2	1	4		.00000000	
			1	2	2	2		.00000000	
			1	3	0	5		.30178450	
			1	3	1	3		.31851855	
			1	3	2	1		$-$.10029720	
			1	4	0	4		.00000000	
			1	4	1	2		.00000000	
			1	5	0	3		$-$.25109989	
			2	1	1	3		$-$.10029720	
			2	2	0	4		.00000000	
			2	2	1	2		.00000000	
			2	3	0	3		.05211574	
			2	3	1	1		$-$.06770032	
			2	4	0	2		.00000000	
			3	1	0	3		$-$.31625916	
			3	2	0	2		.00000000	
			3	3	0	1		.31512786	30
3	3	4	0	0	3	4	10	.18399504	
			0	1	2	5		.00000000	
			0	1	3	3		.00000000	
			0	2	1	6		$-$.11695492	
			0	2	2	4		.20544538	
			0	2	3	2		$-$.16671627	
			0	3	0	7		.00000000	
			0	3	1	5		.00000000	
			0	3	2	3		.00000000	
			0	3	3	1		.00000000	
			0	4	0	6		$-$.43311686	
			0	4	1	4		$-$.06222859	
			0	4	2	2		$-$.11904763	
			0	4	3	0		.21750070	
			0	5	0	5		.00000000	
			0	5	1	3		.00000000	
			0	5	2	1		.00000000	
			0	6	0	4		.43311686	
			0	6	1	2		$-$.17120448	
			0	7	0	3		.00000000	
			1	0	2	4		$-$.14252194	
			1	1	1	5		.00000000	
			1	1	2	3		.00000000	
			1	2	0	6		.17120448	
			1	2	1	4		.27411523	
			1	2	2	2		.04414403	
			1	3	0	5		.00000000	
			1	3	1	3		.00000000	
			1	3	2	1		.00000000	
			1	4	0	4		.06222859	
			1	4	1	2		$-$.27411523	
			1	4	2	0		.05303301	
			1	5	0	3		.00000000	
			1	5	1	1		.00000000	
			1	6	0	2		.11695492	
			2	0	1	4		$-$.05303301	

l_1	l_2	λ	n	l	N	L	ρ	$<\ \mid\ >$	τ
3	3	4	2	1	0	5	10	$-$.00000000	
			2	1	1	3		.00000000	
			2	2	0	4		.11904763	
			2	2	1	2		$-$.04414403	
			2	3	0	3		.00000000	
			2	3	1	1		.00000000	
			2	4	0	2		$-$.20544538	
			2	4	1	0		.14252194	
			2	5	0	1		.00000000	
			3	0	0	4		$-$.21750070	
			3	1	0	3		.00000000	
			3	2	0	2		.16671627	
			3	3	0	1		.00000000	
			3	4	0	0		$-$.18399504	50
3	3	5	0	1	2	5	10	.33592744	
			0	2	1	6		.00000000	
			0	2	2	4		.00000000	
			0	3	0	7		$-$.42043752	
			0	3	1	5		$-$.13146845	
			0	3	2	3		$-$.24281194	
			0	4	0	6		.00000000	
			0	4	1	4		.00000000	
			0	4	2	2		.00000000	
			0	5	0	5		.25236487	
			0	5	1	3		.15800540	
			0	5	2	1		.20737877	
			0	6	0	4		.00000000	
			0	6	1	2		.00000000	
			0	7	0	3		$-$.42043752	
			1	1	1	5		.16457015	
			1	2	0	6		.00000000	
			1	2	1	4		.00000000	
			1	3	0	5		.15800540	
			1	3	1	3		$-$.12037039	
			1	4	0	4		.00000000	
			1	4	1	2		.00000000	
			1	5	0	3		$-$.13146845	
			1	5	1	1		.16457015	
			1	6	0	2		.00000000	
			2	1	0	5		.20737877	
			2	2	0	4		.00000000	
			2	3	0	3		$-$.24281194	
			2	4	0	2		.00000000	
			2	5	0	1		.33592744	30
3	3	6	0	0	2	6	10	.35067726	
			0	1	1	7		.00000000	
			0	1	2	5		.00000000	
			0	2	0	8		$-$.37584980	
			0	2	1	6		$-$.09909807	
			0	2	2	4		$-$.26031323	
			0	3	0	7		.00000000	
			0	3	1	5		.00000000	
			0	3	2	3		.00000000	
			0	4	0	6		.11962343	
			0	4	1	4		.10403130	
			0	4	2	2		.23788434	
			0	5	0	5		.00000000	
			0	5	1	3		.00000000	
			0	5	2	1		.00000000	
			0	6	0	4		$-$.11962343	
			0	6	1	2		$-$.14506471	
			0	6	2	0		$-$.22113451	
			0	7	0	3		.00000000	
			0	7	1	1		.00000000	

$n_1 = 1, n_2 = 1$

l_1	l_2	λ	n	l	N	L	ρ	$\langle\ |\ \rangle$	τ
3	3	6	0	8	0	2	10	.37584980	
			1	0	1	6		.06944446	
			1	1	0	7		.00000000	
			1	1	1	5		.00000000	
			1	2	0	6		.14506471	
			1	2	1	4		$-$ .04112198	
			1	3	0	5		.00000000	
			1	3	1	3		.00000000	
			1	4	0	4		$-$ .10403130	
			1	4	1	2		.04112198	
			1	5	0	3		.00000000	
			1	5	1	1		.00000000	
			1	6	0	2		.09909807	
			1	6	1	0		$-$ .06944446	
			1	7	0	1		.00000000	
			2	0	0	6		.22113451	
			2	1	0	5		.00000000	
			2	2	0	4		$-$ .23788434	
			2	3	0	3		$-$ .00000000	
			2	4	0	2		.26031323	
			2	5	0	1		.00000000	
			2	6	0	0		$-$ .35067726	42
3	4	1	0	0	5	1	11	.16060403	
			0	1	4	2		.12440334	
			0	1	5	0		$-$ .23145504	
			0	2	3	3		.03212080	
			0	2	4	1		.09772546	
			0	3	2	4		$-$ .07726183	
			0	3	3	2		.03703894	
			0	4	1	5		$-$ .15356681	
			0	4	2	3		.14047619	
			0	5	0	6		$-$ .08966369	
			0	5	1	4		.17978665	
			0	6	0	5		$-$ .08966371	
			1	0	4	1		.28752732	
			1	1	3	2		$-$ .07200823	
			1	1	4	0		.22176541	
			1	2	2	3		.18079571	
			1	2	3	1		.03868590	
			1	3	1	4		.22560074	
			1	3	2	2		$-$ .25145835	
			1	4	0	5		.17978663	
			1	4	1	3		.22560073	
			1	5	0	4		$-$ .15356682	
			2	0	3	1		.07237470	
			2	1	2	2		$-$ .11055416	
			2	1	3	0		.02735505	
			2	2	1	3		$-$ .25145835	
			2	2	2	1		$-$ .11055417	
			2	3	0	4		$-$ .14047619	
			2	3	1	2		.18079570	
			2	4	0	3		$-$ .07726182	
			3	0	2	1		.02735505	
			3	1	1	2		.03868590	
			3	1	2	0		.07237470	
			3	2	0	3		.03703894	
			3	2	1	1		$-$ .07200823	
			3	3	0	2		.03212080	
			4	0	1	1		.22176541	
			4	1	0	2		.09772546	
			4	1	1	0		$-$ .28752732	
			4	2	0	1		.12440334	
			5	0	0	1		$-$ .23145504	
			5	1	0	0		.16060403	42
3	4	2	0	1	4	2	11	.27817434	
3	4	2	0	2	3	3	11	.08796645	
			0	2	4	1		$-$ .31052950	
			0	3	2	4		$-$ .12876971	
			0	3	3	2		.00922138	
			0	4	1	5		$-$ .12140524	
			0	4	2	3		.20238096	
			0	5	0	6		$-$ .13696354	
			0	5	1	4		$-$ .15228623	
			0	6	0	5		.13696356	
			1	1	3	2		$-$ .20701968	
			1	2	2	3		.04791575	
			1	2	3	1		.08650430	
			1	3	1	4		.35355341	
			1	3	2	2		$-$ .12360332	
			1	4	0	5		.15228623	
			1	4	1	3		$-$ .35355342	
			1	5	0	4		.12140524	
			2	1	2	2		$-$ .10594571	
			2	2	1	3		$-$ .12360331	
			2	2	2	1		.10594571	
			2	3	0	4		$-$ .20238098	
			2	3	1	2		$-$ .04791575	
			2	4	0	3		.12876970	
			3	1	1	2		$-$ .08650431	
			3	2	0	3		$-$ .00922139	
			3	2	1	1		.20701967	
			3	3	0	2		$-$ .08796645	
			4	1	0	2		.31052951	
			4	2	0	1		$-$ .27817432	30
3	4	3	0	0	4	3	11	.12580907	
			0	1	3	4		.03362389	
			0	1	4	2		$-$ .07797392	
			0	2	2	5		$-$ .04340825	
			0	2	3	3		.23626216	
			0	2	4	1		$-$ .10814467	
			0	3	1	6		$-$ .03701868	
			0	3	2	4		.05033724	
			0	3	3	2		$-$ .22290304	
			0	3	4	0		.20704022	
			0	4	0	7		$-$ .03841610	
			0	4	1	5		$-$ .28915804	
			0	4	2	3		$-$ .03257576	
			0	4	3	1		.01484860	
			0	5	0	6		$-$ .08344803	
			0	5	1	4		.32740690	
			0	5	2	2		$-$ .10613388	
			0	6	0	5		$-$ .08344805	
			0	6	1	3		.05416304	
			0	7	0	4		$-$ .03841611	
			1	0	3	3		$-$ .18754508	
			1	1	2	4		.00672477	
			1	1	3	2		.06857955	
			1	2	1	5		.13779090	
			1	2	2	3		.07398300	
			1	2	3	1		.06392567	
			1	3	0	6		.05416304	
			1	3	1	4		.05096679	
			1	3	2	2		$-$ .14502490	
			1	3	3	0		$-$ .01749634	
			1	4	0	5		.32740690	
			1	4	1	3		.05096680	
			1	4	2	1		$-$ .06274040	
			1	5	0	4		$-$ .28915804	
			1	5	1	2		.13779087	
			1	6	0	3		$-$ .03701868	

$n_1 = 1, n_2 = 1$

l_1	l_2	λ	n	l	N	L	ρ	$<\ \mid\ >$	τ
3	4	3	2	0	2	3	11	.00569804	
			2	1	1	4		−.06274040	
			2	1	2	2		−.00269975	
			2	2	0	5		−.10613388	
			2	2	1	3		−.14502490	
			2	2	2	1		−.00269974	
			2	3	0	4		−.03257577	
			2	3	1	2		.07398299	
			2	3	2	0		.00569804	
			2	4	0	3		.05033725	
			2	4	1	1		.00672477	
			2	5	0	2		−.04340825	
			3	0	1	3		−.01749635	
			3	1	0	4		.01484860	
			3	1	1	2		.06392567	
			3	2	0	3		−.22290304	
			3	2	1	1		.06857955	
			3	3	0	2		.23626216	
			3	3	1	0		−.18754507	
			3	4	0	1		−.03362389	
			4	0	0	3		.20704022	
			4	1	0	2		−.10814467	
			4	2	0	1		−.07797392	
			4	3	0	0		.12580907	60
3	4	4	0	1	3	4	11	.26688135	
			0	2	2	5		.02965347	
			0	2	3	3		−.14587585	
			0	3	1	6		−.20072185	
			0	3	2	4		.04877640	
			0	3	3	2		−.17099174	
			0	4	0	7		−.06428243	
			0	4	1	5		.09761641	
			0	4	2	3		−.04231602	
			0	4	3	1		.25357145	
			0	5	0	6		−.30174089	
			0	5	1	4		.05511671	
			0	5	2	2		.06447705	
			0	6	0	5		.30174089	
			0	6	1	3		−.27064773	
			0	7	0	4		.06428243	
			1	1	2	4		−.08896047	
			1	2	1	5		.06957368	
			1	2	2	3		.01043406	
			1	3	0	6		.27064772	
			1	3	1	4		.24177339	
			1	3	2	2		−.00621131	
			1	4	0	5		−.05511671	
			1	4	1	3		−.24177340	
			1	4	2	1		.11004197	
			1	5	0	4		−.09761641	
			1	5	1	2		−.06957368	
			1	6	0	3		.20072186	
			2	1	1	4		−.11004197	
			2	2	0	5		−.06447705	
			2	2	1	3		.00621131	
			2	3	0	4		.04231602	
			2	3	1	2		−.01043405	
			2	4	0	3		−.04877640	
			2	4	1	1		.08896047	
			2	5	0	2		−.02965348	
			3	1	0	4		−.25357144	
			3	2	0	3		.17099174	
			3	3	0	2		.14587584	
			3	4	0	1		−.26688137	40
3	4	5	0	0	3	5	11	.16084952	

l_1	l_2	λ	n	l	N	L	ρ	$<\ \mid\ >$	τ
3	4	5	0	1	2	6	11	.01616599	
			0	1	3	4		−.06838445	
			0	2	1	7		−.10065741	
			0	2	2	5		.19276453	
			0	2	3	3		−.11716912	
			0	3	0	8		−.03001024	
			0	3	1	6		.02272727	
			0	3	2	4		−.10310582	
			0	3	3	2		.10732727	
			0	4	0	7		−.37327999	
			0	4	1	5		−.07618476	
			0	4	2	3		−.08971862	
			0	4	3	1		.10157903	
			0	5	0	6		.21131722	
			0	5	1	4		.04312197	
			0	5	2	2		.09404065	
			0	5	3	0		−.18075774	
			0	6	0	5		.21131722	
			0	6	1	3		.04498921	
			0	6	2	1		−.05287576	
			0	7	0	4		−.37327995	
			0	7	1	2		.16301478	
			0	8	0	3		−.03001023	
			1	0	2	5		−.14304305	
			1	1	1	6		.03719624	
			1	1	2	4		.03682240	
			1	2	0	7		.16301476	
			1	2	1	5		.22864045	
			1	2	2	3		.04684972	
			1	3	0	6		.04498921	
			1	3	1	4		−.14188053	
			1	3	2	2		−.01837863	
			1	4	0	5		.04312197	
			1	4	1	3		−.14188053	
			1	4	2	1		−.01003609	
			1	5	0	4		−.07618475	
			1	5	1	2		.22864043	
			1	5	2	0		−.05856094	
			1	6	0	3		.02272728	
			1	6	1	1		.03719623	
			1	7	0	2		−.10065741	
			2	0	1	5		−.05856094	
			2	1	0	6		−.05287575	
			2	1	1	4		−.01003609	
			2	2	0	5		.09404067	
			2	2	1	3		−.01837863	
			2	3	0	4		−.08971862	
			2	3	1	2		.04684973	
			2	4	0	3		−.10310582	
			2	4	1	1		.03682240	
			2	5	0	2		.19276451	
			2	5	1	0		−.14304305	
			2	6	0	1		.01616598	
			3	0	0	5		−.18075774	
			3	1	0	4		.10157903	
			3	2	0	3		.10732727	
			3	3	0	2		−.11716912	
			3	4	0	1		−.06838445	
			3	5	0	0		.16084952	60
3	4	6	0	1	2	6	11	.31719951	
			0	2	1	7		.00000000	
			0	2	2	5		−.12404943	
			0	3	0	8		−.38548854	
			0	3	1	6		−.11736314	
			0	3	2	4		−.19225407	

$n_1 = 1, n_2 = 1$

l_1	l_2	λ	n	l	N	L	ρ	$<\ \|\ >$	τ	l_1	l_2	λ	n	l	N	L	ρ	$<\ \|\ >$	τ
3	4	6	0	4	0	7	11	.13179149		3	4	7	1	6	0	3	11	.03951031	
			0	4	1	5		.06663336					1	6	1	1		−.01949623	
			0	4	2	3		.15530304					1	7	0	2		−.08906112	
			0	5	0	6		.16696158					1	7	1	0		.06255260	
			0	5	1	4		.10865717					1	8	0	1		−.00000000	
			0	5	2	2		.12423106					2	0	0	7		.18710504	
			0	6	0	5		−.16696157					2	1	0	6		−.12701856	
			0	6	1	3		−.12121213					2	2	0	5		−.17011037	
			0	6	2	1		−.17123738					2	3	0	4		.16950758	
			0	7	0	4		−.13179150					2	4	0	3		.14419055	
			0	7	1	2		−.09124150					2	5	0	2		−.21864245	
			0	8	0	3		.38548854					2	6	0	1		−.11214696	
			1	1	1	6		.14596855					2	7	0	0		.33393945	48
			1	2	0	7		.09124150		4	4	0	0	0	6	0	12	.17792089	
			1	2	1	5		−.05926308					0	1	5	1		.00000000	
			1	3	0	6		.12121214					0	2	4	2		.15003606	
			1	3	1	4		−.08035307					0	3	3	3		.00000000	
			1	4	0	5		−.10865716					0	4	2	4		−.23061181	
			1	4	1	3		.08035306					0	5	1	5		.00000000	
			1	5	0	4		−.06663337					0	6	0	6		−.14047606	
			1	5	1	2		.05926309					1	0	5	0		−.39545580	
			1	6	0	3		.11736314					1	1	4	1		−.00000000	
			1	6	1	1		−.14596855					1	2	3	2		.11009640	
			1	7	0	2		.00000000					1	3	2	3		.00000000	
			2	1	0	6		.17123739					1	4	1	4		.44025969	
			2	2	0	5		−.12423105					1	5	0	5		−.00000000	
			2	3	0	4		−.15530305					2	0	4	0		.20730701	
			2	4	0	3		.19225406					2	1	3	1		−.00000000	
			2	5	0	2		.12404943					2	2	2	2		−.38332590	
			2	6	0	1		−.31719951	36				2	3	1	3		−.00000000	
3	4	7	0	0	2	7	11	.33393945					2	4	0	4		−.23061181	
			0	1	1	8		−.00000000					3	0	3	0		.04285716	
			0	1	2	6		−.11214696					3	1	2	1		−.00000000	
			0	2	0	9		−.35489008					3	2	1	2		.11009640	
			0	2	1	7		−.08906112					3	3	0	3		−.00000000	
			0	2	2	5		−.21864247					4	0	2	0		.20730701	
			0	3	0	8		.06859819					4	1	1	1		−.00000000	
			0	3	1	6		.03951032					4	2	0	2		.15003606	
			0	3	2	4		.14419054					5	0	1	0		−.39545580	
			0	4	0	7		.09083102					5	1	0	1		−.00000000	
			0	4	1	5		.07679116					6	0	0	0		.17792089	28
			0	4	2	3		.16950759		4	4	1	0	1	5	1	12	.32483762	
			0	5	0	6		−.06302661					0	2	4	2		.00000000	
			0	5	1	4		−.06678463					0	3	3	3		−.04593895	
			0	5	2	2		−.17011036					0	4	2	4		.00000000	
			0	6	0	5		−.06302661					0	5	1	5		−.26899113	
			0	6	1	3		−.07651141					0	6	0	6		−.00000000	
			0	6	2	1		−.12701856					1	1	4	1		−.37839371	
			0	7	0	4		.09083102					1	2	3	2		−.00000000	
			0	7	1	2		.11896434					1	3	2	3		.41929904	
			0	7	2	0		.18710503					1	4	1	4		.00000000	
			0	8	0	3		.06859818					1	5	0	5		.26899113	
			0	8	1	1		.10008414					2	1	3	1		−.03194382	
			0	9	0	2		−.35489008					2	2	2	2		.00000000	
			1	0	1	7		.06255260					2	3	1	3		−.41929904	
			1	1	0	8		.10008414					2	4	0	4		.00000000	
			1	1	1	6		−.01949623					3	1	2	1		.03194382	
			1	2	0	7		.11896435					3	2	1	2		.00000000	
			1	2	1	5		−.03065641					3	3	0	3		.04593895	
			1	3	0	6		−.07651141					4	1	1	1		.37839371	
			1	3	1	4		−.02276670					4	2	0	2		.00000000	
			1	4	0	5		−.06678463					5	1	0	1		−.32483762	21
			1	4	1	3		.02276670		4	4	2	0	0	5	2	12	.10137984	
			1	5	0	4		.07679116											
			1	5	1	2		−.03065641											

$n_1 = 1, n_2 = 1$

l_1	l_2	λ	n	l	N	L	ρ	$\langle\ |\ \rangle$	τ
4	4	2	0	1	4	3	12	.00000000	
			0	1	5	1		.00000000	
			0	2	3	4		$-$.00938595	
			0	2	4	2		.31676195	
			0	2	5	0		$-$.20057300	
			0	3	2	5		.00000000	
			0	3	3	3		.00000000	
			0	3	4	1		.00000000	
			0	4	1	6		$-$.04384171	
			0	4	2	4		$-$.25243226	
			0	4	3	2		.03886900	
			0	5	0	7		.00000000	
			0	5	1	5		.00000000	
			0	5	2	3		.00000000	
			0	6	0	6		$-$.18060284	
			0	6	1	4		.05119610	
			0	7	0	5		$-$.00000000	
			1	0	4	2		$-$.20951834	
			1	1	3	3		.00000000	
			1	1	4	1		.00000000	
			1	2	2	4		.09360439	
			1	2	3	2		$-$.08569206	
			1	2	4	0		.14607160	
			1	3	1	5		.00000000	
			1	3	2	3		.00000000	
			1	3	3	1		.00000000	
			1	4	0	6		.05119610	
			1	4	1	4		.51054139	
			1	4	2	2		$-$.12540573	
			1	5	0	5		$-$.00000000	
			1	5	1	3		.00000000	
			1	6	0	4		$-$.04384171	
			2	0	3	2		.08654490	
			2	1	2	3		.00000000	
			2	1	3	1		.00000000	
			2	2	1	4		$-$.12540573	
			2	2	2	2		$-$.23495589	
			2	2	3	0		.02229241	
			2	3	0	5		$-$.00000000	
			2	3	1	3		$-$.00000000	
			2	3	2	1		$-$.00000000	
			2	4	0	4		$-$.25243226	
			2	4	1	2		.09360439	
			2	5	0	3		.00000000	
			3	0	2	2		.02229241	
			3	1	1	3		.00000000	
			3	1	2	1		.00000000	
			3	2	0	4		.03886900	
			3	2	1	2		$-$.08569206	
			3	2	2	0		.08654490	
			3	3	0	3		.00000000	
			3	3	1	1		.00000000	
			3	4	0	2		$-$.00938595	
			4	0	1	2		.14607160	
			4	1	0	3		.00000000	
			4	1	1	1		.00000000	
			4	2	0	2		.31676195	
			4	2	1	0		$-$.20951834	
			4	3	0	1		.00000000	
			5	0	0	2		$-$.20057300	
			5	1	0	1		.00000000	
			5	2	0	0		.10137984	6
4	4	3	0	1	4	3	12	.23558545	
			0	2	3	4		.00000000	
			0	2	4	2		.00000000	
4	4	3	0	3	2	5	12	$-$.11061448	
			0	3	3	3		.16752744	
			0	3	4	1		$-$.30512720	
			0	4	1	6		.00000000	
			0	4	2	4		.00000000	
			0	4	3	2		$-$.00000000	
			0	5	0	7		$-$.06782245	
			0	5	1	5		$-$.34285788	
			0	5	2	3		.16925455	
			0	6	0	6		.00000000	
			0	6	1	4		.00000000	
			0	7	0	5		.06782245	
			1	1	3	3		$-$.21762453	
			1	2	2	4		.00000000	
			1	2	3	2		$-$.00000000	
			1	3	1	5		.26119315	
			1	3	2	3		.19225200	
			1	3	3	1		.05044200	
			1	4	0	6		.00000000	
			1	4	1	4		.00000000	
			1	4	2	2		$-$.00000000	
			1	5	0	5		.34285788	
			1	5	1	3		$-$.26119315	
			1	6	0	4		$-$.00000000	
			2	1	2	3		$-$.07217941	
			2	2	1	4		.00000000	
			2	2	2	2		.00000000	
			2	3	0	5		$-$.16925455	
			2	3	1	3		$-$.19225200	
			2	3	2	1		.07217941	
			2	4	0	4		.00000000	
			2	4	1	2		.00000000	
			2	5	0	3		.11061448	
			3	1	1	3		$-$.05044200	
			3	2	0	4		.00000000	
			3	2	1	2		.00000000	
			3	3	0	3		$-$.16752744	
			3	3	1	1		.21762453	
			3	4	0	2		.00000000	
			4	1	0	3		.30512720	
			4	2	0	2		.00000000	
			4	3	0	1		$-$.23558545	45
4	4	4	0	0	4	4	12	.10433905	
			0	1	3	5		.00000000	
			0	1	4	3		.00000000	
			0	2	2	6		$-$.03908076	
			0	2	3	4		.25273053	
			0	2	4	2		$-$.11224769	
			0	3	1	7		.00000000	
			0	3	2	5		.00000000	
			0	3	3	3		.00000000	
			0	3	4	1		.00000000	
			0	4	0	8		$-$.02051991	
			0	4	1	6		$-$.27428898	
			0	4	2	4		.01338957	
			0	4	3	2		$-$.22725845	
			0	4	4	0		.20079645	
			0	5	0	7		.00000000	
			0	5	1	5		.00000000	
			0	5	2	3		.00000000	
			0	5	3	1		.00000000	
			0	6	0	6		$-$.25012743	
			0	6	1	4		.32030052	
			0	6	2	2		$-$.08947877	
			0	7	0	5		.00000000	

$n_1 = 1, n_2 = 1$

l_1	l_2	λ	n	l	N	L	ρ	$\langle \| \rangle$	τ	l_1	l_2	λ	n	l	N	L	ρ	$\langle \| \rangle$	τ
4	4	4	0	7	1	3	12	.00000000		4	4	5	0	5	3	1	12	.25326705	
			0	8	0	4		−.02051991					0	6	0	6		.00000000	
			1	0	3	4		−.17532469					0	6	1	4		.00000000	
			1	1	2	5		.00000000					0	6	2	2		−.00000000	
			1	1	3	3		.00000000					0	7	0	5		.34336371	
			1	2	1	6		.10842223					0	7	1	3		−.25026715	
			1	2	2	4		.03797266					0	8	0	4		.00000000	
			1	2	3	2		.08426968					1	1	2	5		−.11046717	
			1	3	0	7		.00000000					1	2	1	6		.00000000	
			1	3	1	5		.00000000					1	2	2	4		.00000000	
			1	3	2	3		.00000000					1	3	0	7		.25026715	
			1	3	3	1		.00000000					1	3	1	5		.27773611	
			1	4	0	6		.32030052					1	3	2	3		.01527603	
			1	4	1	4		.20186374					1	4	0	6		.00000000	
			1	4	2	2		−.17114052					1	4	1	4		.00000000	
			1	4	3	0		−.00919630					1	4	2	2		.00000000	
			1	5	0	5		.00000000					1	5	0	5		−.04656550	
			1	5	1	3		.00000000					1	5	1	3		−.27773611	
			1	5	2	1		−.00000000					1	5	2	1		.10934501	
			1	6	0	4		−.27428898					1	6	0	4		.00000000	
			1	6	1	2		.10842223					1	6	1	2		.00000000	
			1	7	0	3		.00000000					1	7	0	3		.18209612	
			2	0	2	4		.02341716					2	1	1	5		−.10934501	
			2	1	1	5		.00000000					2	2	0	6		.00000000	
			2	1	2	3		.00000000					2	2	1	4		.00000000	
			2	2	0	6		−.08947877					2	3	0	5		.02005225	
			2	2	1	4		−.17114052					2	3	1	3		−.01527603	
			2	2	2	2		−.01405600					2	4	0	4		.00000000	
			2	3	0	5		.00000000					2	4	1	2		.00000000	
			2	3	1	3		.00000000					2	5	0	3		−.08824777	
			2	3	2	1		.00000000					2	5	1	1		.11046717	
			2	4	0	4		.01338957					2	6	0	2		.00000000	
			2	4	1	2		.03797266					3	1	0	5		−.25326705	
			2	4	2	0		.02341716					3	2	0	4		.00000000	
			2	5	0	3		.00000000					3	3	0	3		.21626610	
			2	5	1	1		.00000000					3	4	0	2		.00000000	
			2	6	0	2		−.03908076					3	5	0	1		−.25200277	50
			3	0	1	4		−.00919630											
			3	1	0	5		−.00000000		4	4	6	0	0	3	6	12	.14948072	
			3	1	1	3		.00000000					0	1	2	7		.00000000	
			3	2	0	4		−.22725845					0	1	3	5		.00000000	
			3	2	1	2		.08426968					0	2	1	8		−.09249777	
			3	3	0	3		.00000000					0	2	2	6		.21205970	
			3	3	1	1		.00000000					0	2	3	4		−.12660750	
			3	4	0	2		.25273053					0	3	0	9		.00000000	
			3	4	1	0		−.17532469					0	3	1	7		.00000000	
			3	5	0	1		−.00000000					0	3	2	5		.00000000	
			4	0	0	4		.20079645					0	3	3	3		.00000000	
			4	1	0	3		.00000000					0	4	0	8		−.37947958	
			4	2	0	2		−.11224769					0	4	1	6		−.07847355	
			4	3	0	1		−.00000000					0	4	2	4		−.15320367	
			4	4	0	0		.10433905	75				0	4	3	2		.13933362	
													0	5	0	7		−.00000000	
4	4	5	0	1	3	5	12	.25200277					0	5	1	5		.00000000	
			0	2	2	6		.00000000					0	5	2	3		.00000000	
			0	2	3	4		.00000000					0	5	3	1		.00000000	
			0	3	1	7		−.18209612					0	6	0	6		.28467811	
			0	3	2	5		.08824777					0	6	1	4		.09163735	
			0	3	3	3		−.21626610					0	6	2	2		.08687167	
			0	4	0	8		.00000000					0	6	3	0		−.18547567	
			0	4	1	6		.00000000					0	7	0	5		.00000000	
			0	4	2	4		.00000000					0	7	1	3		.00000000	
			0	4	3	2		.00000000					0	7	2	1		.00000000	
			0	5	0	7		−.34336371					0	8	0	4		−.37947958	
			0	5	1	5		−.04656550					0	8	1	2		.15239091	
			0	5	2	3		−.02005225					0	9	0	3		.00000000	

$n_1 = 1, n_2 = 1$

l_1	l_2	λ	n	l	N	L	ρ	$<\ \vert\ >$	τ
4	4	6	1	0	2	6	12	$-$.14860401	
			1	1	1	7		.00000000	
			1	1	2	5		.00000000	
			1	2	0	8		.15239091	
			1	2	1	6		.23050631	
			1	2	2	4		.06055907	
			1	3	0	7		.00000000	
			1	3	1	5		.00000000	
			1	3	2	3		$-$.00000000	
			1	4	0	6		.09163735	
			1	4	1	4		$-$.19303426	
			1	4	2	2		$-$.02462581	
			1	5	0	5		.00000000	
			1	5	1	3		.00000000	
			1	5	2	1		.00000000	
			1	6	0	4		$-$.07847355	
			1	6	1	2		.23050631	
			1	6	2	0		$-$.05331460	
			1	7	0	3		.00000000	
			1	7	1	1		.00000000	
			1	8	0	2		$-$.09249777	
			2	0	1	6		$-$.05331460	
			2	1	0	7		.00000000	
			2	1	1	5		.00000000	
			2	2	0	6		.08687167	
			2	2	1	4		$-$.02462581	
			2	3	0	5		.00000000	
			2	3	1	3		.00000000	
			2	4	0	4		$-$.15320367	
			2	4	1	2		.06055907	
			2	5	0	3		.00000000	
			2	5	1	1		.00000000	
			2	6	0	2		.21205970	
			2	6	1	0		$-$.14860401	
			2	7	0	1		.00000000	
			3	0	0	6		$-$.18547567	
			3	1	0	5		.00000000	
			3	2	0	4		.13933362	
			3	3	0	3		.00000000	
			3	4	0	2		$-$.12660750	
			3	5	0	1		.00000000	
			3	6	0	0		.14948072	70
4	4	7	0	1	2	7	12	.32291527	
			0	2	1	8		.00000000	
			0	2	2	6		.00000000	
			0	3	0	9		$-$.38368052	
			0	3	1	7		$-$.11346140	
			0	3	2	5		$-$.23421438	
			0	4	0	8		.00000000	
			0	4	1	6		.00000000	
			0	4	2	4		.00000000	
			0	5	0	7		.19365239	
			0	5	1	5		.12732268	
			0	5	2	3		.20561877	
			0	6	0	6		.00000000	
			0	6	1	4		.00000000	
			0	6	2	2		.00000000	
			0	7	0	5		$-$.19365239	
			0	7	1	3		$-$.15593780	
			0	7	2	1		$-$.17918652	
			0	8	0	4		.00000000	
			0	8	1	2		.00000000	
			0	9	0	3		.38368052	
			1	1	1	7		.14056041	
			1	2	0	8		.00000000	
4	4	7	1	2	1	6	12	.00000000	
			1	3	0	7		.15593780	
			1	3	1	5		$-$.09280156	
			1	4	0	6		.00000000	
			1	4	1	4		.00000000	
			1	5	0	5		$-$.12732268	
			1	5	1	3		.09280156	
			1	6	0	4		.00000000	
			1	6	1	2		.00000000	
			1	7	0	3		.11346140	
			1	7	1	1		$-$.14056041	
			1	8	0	2		.00000000	
			2	1	0	7		.17918652	
			2	2	0	6		.00000000	
			2	3	0	5		$-$.20561877	
			2	4	0	4		.00000000	
			2	5	0	3		.23421438	
			2	6	0	2		.00000000	
			2	7	0	1		$-$.32291527	42
4	4	8	0	0	2	8	12	.33572046	
			0	1	1	9		.00000000	
			0	1	2	7		.00000000	
			0	2	0	10		$-$.35442783	
			0	2	1	8		$-$.08503766	
			0	2	2	6		$-$.24743586	
			0	3	0	9		.00000000	
			0	3	1	7		.00000000	
			0	3	2	5		.00000000	
			0	4	0	8		.10095302	
			0	4	1	6		.08296132	
			0	4	2	4		.22476592	
			0	5	0	7		.00000000	
			0	5	1	5		.00000000	
			0	5	2	3		.00000000	
			0	6	0	6		$-$.07992022	
			0	6	1	4		$-$.09687795	
			0	6	2	2		$-$.21609059	
			0	7	0	5		.00000000	
			0	7	1	3		.00000000	
			0	7	2	1		.00000000	
			0	8	0	4		.10095302	
			0	8	1	2		.14010033	
			0	8	2	0		.20395935	
			0	9	0	3		.00000000	
			0	9	1	1		.00000000	
			0	10	0	2		$-$.35442783	
			1	0	1	8		.05981671	
			1	1	0	9		.00000000	
			1	1	1	7		.00000000	
			1	2	0	8		.14010033	
			1	2	1	6		$-$.03331550	
			1	3	0	7		.00000000	
			1	3	1	5		.00000000	
			1	4	0	6		$-$.09687795	
			1	4	1	4		.02944214	
			1	5	0	5		.00000000	
			1	5	1	3		.00000000	
			1	6	0	4		.08296132	
			1	6	1	2		$-$.03331550	
			1	7	0	3		.00000000	
			1	7	1	1		.00000000	
			1	8	0	2		$-$.08503766	
			1	8	1	0		.05981671	
			1	9	0	1		.00000000	
			2	0	0	8		.20395935	

$n_1 = 1, n_2 = 1$

l_1	l_2	λ	n	l	N	L	ρ	$\langle \ \vert \ \rangle$	τ
4	4	8	2	1	0	7	12	.00000000	
			2	2	0	6		− .21609059	
			2	3	0	5		.00000000	
			2	4	0	4		.22476592	
			2	5	0	3		.00000000	
			2	6	0	2		− .24743586	
			2	7	0	1		.00000000	
			2	8	0	0		.33572046	54

$n_1 = 0, n_2 = 2$

l_1	l_2	λ	n	l	N	L	ρ	$\langle \mid \rangle$	τ
0	0	0	0	0	2	0	4	.25000000	
			0	1	1	1		−.50000000	
			0	2	0	2		.40824829	
			1	0	1	0		.45643545	
			1	1	0	1		−.50000000	
			2	0	0	0		.25000000	6
0	1	1	0	0	2	1	5	.17677670	
			0	1	1	2		−.28867514	
			0	1	2	0		−.27003087	
			0	2	0	3		.22360680	
			0	2	1	1		.34156503	
			0	3	0	2		−.22360680	
			1	0	1	1		.38188132	
			1	1	0	2		−.34156503	
			1	1	1	0		−.38188132	
			1	2	0	1		.28867513	
			2	0	0	1		.27003087	
			2	1	0	0		−.17677670	12
0	2	2	0	0	2	2	6	.12500000	
			0	1	1	3		−.19364917	
			0	1	2	1		−.23717083	
			0	2	0	4		.14638502	
			0	2	1	2		.23145502	
			0	2	2	0		.25617377	
			0	3	0	3		−.14142136	
			0	3	1	1		−.25980762	
			0	4	0	2		.14638502	
			1	0	1	2		.30618622	
			1	1	0	3		−.25980762	
			1	1	1	1		−.39686270	
			1	2	0	2		.23145502	
			1	2	1	0		.30618622	
			1	3	0	1		−.19364917	
			2	0	0	2		.25617377	
			2	1	0	1		−.23717083	
			2	2	0	0		.12500000	18
1	1	0	0	0	3	0	6	.30618624	
			0	1	2	1		−.50000006	
			0	2	1	2		.28867516	
			0	3	0	3		.00000000	
			1	0	2	0		.27003088	
			1	1	1	1		.00000000	
			1	2	0	2		−.28867516	
			2	0	1	0		−.27003088	
			2	1	0	1		.50000006	
			3	0	0	0		−.30618624	10
1	1	1	0	1	2	1	6	.25000001	
			0	2	1	2		−.50000002	
			0	3	0	3		.44721361	
			1	1	1	1		.41833002	
			1	2	0	2		−.50000002	
			2	1	0	1		.25000001	6
1	1	2	0	0	2	2	6	.23717083	
			0	1	1	3		−.36742348	
			0	1	2	1		−.20000001	
			0	2	0	4		.27774605	
			0	2	1	2		.09759001	
			0	2	2	0		−.05400617	
			0	3	0	3		.00000000	
			0	3	1	1		.27386130	
			0	4	0	2		−.27774605	
1	1	2	1	0	1	2	6	.32274863	
			1	1	0	3		−.27386130	
			1	1	1	1		.00000000	
			1	2	0	2		−.09759001	
			1	2	1	0		−.32274863	
			1	3	0	1		.36742348	
			2	0	0	2		.05400617	
			2	1	0	1		.20000001	
			2	2	0	0		−.23717083	18
1	2	1	0	0	3	1	7	.17677670	
			0	1	2	2		−.17677671	
			0	1	3	0		−.30618622	
			0	2	1	3		.00000000	
			0	2	2	1		.39528470	
			0	3	0	4		.11952286	
			0	3	1	2		−.29277002	
			0	4	0	3		.11952286	
			1	0	2	1		.17677670	
			1	1	1	2		.11180339	
			1	1	2	0		−.20916500	
			1	2	0	3		−.29277002	
			1	2	1	1		.11180339	
			1	3	0	2		.00000000	
			2	0	1	1		−.20916500	
			2	1	0	2		.39528470	
			2	1	1	0		.17677670	
			2	2	0	1		−.17677671	
			3	0	0	1		−.30618622	
			3	1	0	0		.17677670	20
1	2	2	0	1	2	2	7	.17677669	
			0	2	1	3		−.31622777	
			0	2	2	1		−.23717082	
			0	3	0	4		.26726124	
			0	3	1	2		.35856857	
			0	4	0	3		−.26726124	
			1	1	1	2		.33541020	
			1	2	0	3		−.35856857	
			1	2	1	1		−.33541020	
			1	3	0	2		.31622777	
			2	1	0	2		.23717082	
			2	2	0	1		−.17677669	12
1	2	3	0	0	2	3	7	.19191238	
			0	1	1	4		−.29014425	
			0	1	2	2		−.23991123	
			0	2	0	5		.21626075	
			0	2	1	3		.17251639	
			0	2	2	1		.08470387	
			0	3	0	4		−.07491492	
			0	3	1	2		.03912304	
			0	3	2	0		.13446322	
			0	4	0	3		−.07491492	
			0	4	1	1		−.27386129	
			0	5	0	2		.21626075	
			1	0	1	3		.33071893	
			1	1	0	4		−.27386129	
			1	1	1	2		−.16770510	
			1	2	0	3		.03912304	
			1	2	1	1		−.16770510	
			1	3	0	2		.17251639	
			1	3	1	0		.33071893	
			1	4	0	1		−.29014425	
			2	0	0	3		.13446322	
			2	1	0	2		.08470387	

87

$n_1 = 0$, $n_2 = 2$

l_1	l_2	λ	n	l	N	L	ρ	$<\ \vert\ >$	τ
1	2	3	2	2	0	1	7	$-$ .23991123	
			2	3	0	0		.19191238	24
2	2	0	0	0	4	0	8	.25000001	
			0	1	3	1		$-$ .35355340	
			0	2	2	2		.25000002	
			0	3	1	3		$-$ .22360684	
			0	4	0	4		.23904577	
			1	0	3	0		.00000000	
			1	1	2	1		.27386128	
			1	2	1	2		$-$ .13363060	
			1	3	0	3		$-$ .22360684	
			2	0	2	0		$-$ .41833003	
			2	1	1	1		.27386128	
			2	2	0	2		.25000002	
			3	0	1	0		.00000000	
			3	1	0	1		$-$ .35355340	
			4	0	0	0		.25000001	15
2	2	1	0	1	3	1	8	.30618624	
			0	2	2	2		$-$ .50000003	
			0	3	1	3		.31622778	
			0	4	0	4		.00000001	
			1	1	2	1		.23717084	
			1	2	1	2		.00000001	
			1	3	0	3		$-$ .31622781	
			2	1	1	1		$-$ .23717085	
			2	2	0	2		.50000007	
			3	1	0	1		$-$ .30618624	10
2	2	2	0	0	3	2	8	.15669579	
			0	1	2	3		$-$ .19820624	
			0	1	3	1		$-$ .11952286	
			0	2	1	4		.10594569	
			0	2	2	2		.21428572	
			0	2	3	0		$-$ .10978876	
			0	3	0	5		.00000000	
			0	3	1	3		$-$ .37032807	
			0	3	2	1		.21213204	
			0	4	0	4		.35816183	
			0	4	1	2		$-$ .13280996	
			0	5	0	3		.00000000	
			1	0	2	2		.04724555	
			1	1	1	3		.07559290	
			1	1	2	1		.09258200	
			1	2	0	4		$-$ .13280996	
			1	2	1	2		.19090090	
			1	2	2	0		$-$ .23241742	
			1	3	0	3		$-$ .37032807	
			1	3	1	1		.07559290	
			1	4	0	2		.10594570	
			2	0	1	2		$-$ .23241742	
			2	1	0	3		.21213204	
			2	1	1	1		.09258200	
			2	2	0	2		.21428572	
			2	2	1	0		.04724555	
			2	3	0	1		$-$ .19820624	
			3	0	0	2		$-$ .10978876	
			3	1	0	1		$-$ .11952286	
			3	2	0	0		.15669579	30
2	2	3	0	1	2	3	8	.22160132	
			0	2	1	4		$-$ .37457460	
			0	2	2	2		$-$ .14285714	
			0	3	0	5		.30583888	
			0	3	1	3		.09759000	
			0	3	2	1		$-$ .10164464	
			0	4	0	4		.00000000	
			0	4	1	2		.29880715	
			0	5	0	3		$-$ .30583888	
			1	1	1	3		.29580399	
			1	2	0	4		$-$ .29880715	
			1	2	1	2		.00000000	
			1	3	0	3		$-$ .09759000	
			1	3	1	1		$-$ .29580399	
			1	4	0	2		.37457460	
			2	1	0	3		.10164464	
			2	2	0	2		.14285714	
			2	3	0	1		$-$ .22160132	18
2	2	4	0	0	2	4	8	.23064998	
			0	1	1	5		$-$ .34383267	
			0	1	2	3		$-$ .17058877	
			0	2	0	6		.25393726	
			0	2	1	4		.07529232	
			0	2	2	2		$-$ .07738096	
			0	3	0	5		.00000000	
			0	3	1	3		.14015298	
			0	3	2	1		.18257419	
			0	4	0	4		$-$ .10209183	
			0	4	1	2		$-$ .09438392	
			0	4	2	0		$-$ .00498011	
			0	5	0	3		.00000000	
			0	5	1	1		$-$ .21323597	
			0	6	0	2		.25393726	
			1	0	1	4		.26115966	
			1	1	0	5		$-$ .21323597	
			1	1	1	3		.06506002	
			1	2	0	4		$-$ .09438393	
			1	2	1	2		$-$ .27680629	
			1	3	0	3		.14015298	
			1	3	1	1		.06506000	
			1	4	0	2		.07529233	
			1	4	1	0		.26115967	
			1	5	0	1		$-$ .34383267	
			2	0	0	4		$-$ .00498013	
			2	1	0	3		.18257419	
			2	2	0	2		$-$ .07738095	
			2	3	0	1		$-$ .17058877	
			2	4	0	0		.23064998	30

$n_1 = 3, n_2 = 0$

l_1	l_2	λ	n	l	N	L	ρ	$\langle\ \vert\ \rangle$	τ	l_1	l_2	λ	n	l	N	L	ρ	$\langle\ \vert\ \rangle$	τ
0	0	0	0	0	3	0	6	.12500000		0	3	3	0	2	1	5	9	.30199170	
			0	1	2	1		.30618622					0	2	2	3		−.15669579	
			0	2	1	2		.35355341					0	2	3	1		−.09470180	
			0	3	0	3		.22360680					0	3	0	6		.18210784	
			1	0	2	0		.33071892					0	3	1	4		−.23620080	
			1	1	1	1		.51234754					0	3	2	2		−.00357143	
			1	2	0	2		.35355341					0	3	3	0		.02904188	
			2	0	1	0		.33071892					0	4	0	5		−.17682823	
			2	1	0	1		.30618622					0	4	1	3		.14507212	
			3	0	0	0		.12500000	10				0	4	2	1		.10124048	
0	1	1	0	0	3	1	7	.15309310					0	5	0	4		.17682823	
			0	1	2	2		.30618620					0	5	1	2		−.03165732	
			0	1	3	0		.08838834					0	6	0	3		−.18210784	
			0	2	1	3		.33541017					1	0	2	3		.04291291	
			0	2	2	1		−.04564355					1	1	1	4		.05025444	
			0	3	0	4		.20701965					1	1	2	2		−.20339513	
			0	3	1	2		−.21128855					1	2	0	5		.03165732	
			0	4	0	3		−.20701965					1	2	1	3		−.21718279	
			1	0	2	1		.25515517					1	2	2	1		.03554488	
			1	1	1	2		.32274860					1	3	0	4		−.14507212	
			1	1	2	0		−.06038073					1	3	1	2		.21718279	
			1	2	0	3		.21128855					1	3	2	0		.14465939	
			1	2	1	1		−.32274860					1	4	0	3		−.23620080	
			1	3	0	2		−.33541017					1	4	1	1		−.05025444	
			2	0	1	1		.06038073					1	5	0	2		−.30199170	
			2	1	0	2		.04564355					2	0	1	3		−.14465939	
			2	1	1	0		−.25515516					2	1	0	4		.10124048	
			2	2	0	1		−.30618620					2	1	1	2		−.03554488	
			3	0	0	1		−.08838833					2	2	0	3		.00357143	
			3	1	0	0		−.15309310	20				2	2	1	1		.20339513	
0	2	2	0	0	3	2	8	.16056540					2	3	0	2		.15669579	
			0	1	2	3		.30465143					2	3	1	0		−.04291291	
			0	1	3	1		.03061862					2	4	0	1		−.28649449	
			0	2	1	4		.32568610					3	0	0	3		−.02904188	
			0	2	2	2		−.10978875					3	1	0	2		.09470180	
			0	2	3	0		−.08749999					3	2	0	1		.02809309	
			0	3	0	5		.19820624					3	3	0	0		−.15472470	40
			0	3	1	3		−.22135943		0	4	4	0	0	3	4	10	.14124369	
			0	3	2	1		−.06728138					0	1	2	5		.25787449	
			0	4	0	4		−.18350333					0	1	3	3		−.07293791	
			0	4	1	2		.11134612					0	2	1	6		.26934111	
			0	5	0	3		.19820624					0	2	2	4		−.18399503	
			1	0	2	2		.14523687					0	2	3	2		−.06555054	
			1	1	1	3		.17428425					0	3	0	7		.16137430	
			1	1	2	1		−.18183095					0	3	1	5		−.23788682	
			1	2	0	4		.11134612					0	3	2	3		.05182676	
			1	2	1	2		−.28038178					0	3	3	1		.07526173	
			1	2	2	0		−.09381940					0	4	0	6		−.16624096	
			1	3	0	3		−.22135943					0	4	1	4		.17702907	
			1	3	1	1		.17428425					0	4	2	2		.06397079	
			1	4	0	2		.32568610					0	4	3	0		.02410714	
			2	0	1	2		−.09381940					0	5	0	5		.17435499	
			2	1	0	3		−.06728138					0	5	1	3		−.07797391	
			2	1	1	1		−.18183095					0	5	2	1		−.09052219	
			2	2	0	2		−.10978875					0	6	0	4		−.16624096	
			2	2	1	0		.14523687					0	6	1	2		−.02628501	
			2	3	0	1		.30465143					0	7	0	3		.16137430	
			3	0	0	2		−.08749999					1	0	2	4		−.03646897	
			3	1	0	1		.03061862					1	1	1	5		−.04211075	
			3	2	0	0		.16056540	30				1	1	2	3		−.16191898	
													1	2	0	6		−.02628501	
													1	2	1	4		−.13638618	
0	3	3	0	0	3	3	9	.15472470					1	2	2	2		.13370022	
			0	1	2	4		.28649449					1	3	0	5		−.07797391	
			0	1	3	2		−.02809309					1	3	1	3		.21750071	

89

$n_1 = 3, n_2 = 0$

l_1	l_2	λ	n	l	N	L	ρ	$\langle \mid \rangle$	τ
0	4	4	1	3	2	1	10	.07797620	
			1	4	0	4		.17702907	
			1	4	1	2		$-$.13638618	
			1	4	2	0		$-$.13117912	
			1	5	0	3		$-$.23788682	
			1	5	1	1		$-$.04211075	
			1	6	0	2		.26934111	
			2	0	1	4		$-$.13117912	
			2	1	0	5		$-$.09052219	
			2	1	1	3		.07797620	
			2	2	0	4		.06397079	
			2	2	1	2		.13370022	
			2	3	0	3		.05182676	
			2	3	1	1		$-$.16191898	
			2	4	0	2		$-$.18399503	
			2	4	1	0		$-$.03646897	
			2	5	0	1		.25787449	
			3	0	0	4		.02410714	
			3	1	0	3		.07526173	
			3	2	0	2		$-$.06555054	
			3	3	0	1		$-$.07293791	
			3	4	0	0		.14124369	50
0	5	5	0	0	3	5	11	.12416013	
			0	1	2	6		.22461412	
			0	1	3	4		$-$.10151177	
			0	2	1	7		.23309309	
			0	2	2	5		$-$.19408095	
			0	2	3	3		$-$.02224012	
			0	3	0	8		.13898986	
			0	3	1	6		$-$.22806207	
			0	3	2	4		.09800746	
			0	3	3	2		.08937023	
			0	4	0	7		$-$.15165037	
			0	4	1	5		.19683400	
			0	4	2	3		.02255560	
			0	4	3	1		$-$.02526695	
			0	5	0	6		.16874096	
			0	5	1	4		$-$.11887839	
			0	5	2	2		$-$.08346608	
			0	5	3	0		$-$.05366436	
			0	6	0	5		$-$.16874095	
			0	6	1	3		.02264822	
			0	6	2	1		.05943919	
			0	7	0	4		.15165037	
			0	7	1	2		.06410282	
			0	8	0	3		$-$.13898986	
			1	0	2	5		$-$.09033975	
			1	1	1	6		$-$.10336269	
			1	1	2	4		$-$.09339081	
			1	2	0	7		$-$.06410282	
			1	2	1	5		$-$.05654761	
			1	2	2	3		.17184354	
			1	3	0	6		$-$.02264821	
			1	3	1	4		.18075773	
			1	3	2	2		$-$.02529760	
			1	4	0	5		.11887840	
			1	4	1	3		$-$.18075771	
			1	4	2	1		$-$.13322937	
			1	5	0	4		$-$.19683399	
			1	5	1	2		.05654762	
			1	5	2	0		.08692946	
			1	6	0	3		.22806207	
			1	6	1	1		.10336269	
			1	7	0	2		$-$.23309309	
			2	0	1	5		$-$.08692946	
0	5	5	2	1	0	6	11	$-$.05943919	
			2	1	1	4		.13322939	
			2	2	0	5		.08346609	
			2	2	1	3		.02529763	
			2	3	0	4		$-$.02255558	
			2	3	1	2		$-$.17184352	
			2	4	0	3		$-$.09800745	
			2	4	1	1		.09339081	
			2	5	0	2		.19408095	
			2	5	1	0		.09033975	
			2	6	0	1		$-$.22461412	
			3	0	0	5		.05366436	
			3	1	0	4		.02526696	
			3	2	0	3		$-$.08937022	
			3	3	0	2		.02224012	
			3	4	0	1		.10151177	
			3	5	0	0		$-$.12416013	60
0	6	6	0	0	3	6	12	.10613833	
			0	1	2	7		.19077665	
			0	1	3	5		$-$.11579706	
			0	2	1	8		.19703328	
			0	2	2	6		$-$.19111107	
			0	2	3	4		$-$.02103978	
			0	3	0	9		.11705521	
			0	3	1	7		$-$.21036308	
			0	3	2	5		.13133963	
			0	3	3	3		.07584449	
			0	4	0	8		$-$.13472416	
			0	4	1	6		.20430631	
			0	4	2	4		$-$.02249247	
			0	4	3	2		$-$.06528257	
			0	5	0	7		.15877395	
			0	5	1	5		$-$.15067512	
			0	5	2	3		$-$.06440437	
			0	5	3	1		$-$.02209708	
			0	6	0	6		$-$.16844569	
			0	6	1	4		.06506683	
			0	6	2	2		.07607566	
			0	6	3	0		.06026786	
			0	7	0	5		.15877395	
			0	7	1	3		.01927442	
			0	7	2	1		$-$.02332562	
			0	8	0	4		$-$.13472416	
			0	8	1	2		$-$.08542476	
			0	9	0	3		.11705521	
			1	0	2	6		$-$.12174903	
			1	1	1	7		$-$.13840395	
			1	1	2	5		$-$.02175447	
			1	2	0	8		$-$.08542477	
			1	2	1	6		.01126170	
			1	2	2	4		.15939017	
			1	3	0	7		.01927441	
			1	3	1	5		.12422973	
			1	3	2	3		$-$.10802511	
			1	4	0	6		.06506683	
			1	4	1	4		$-$.18547566	
			1	4	2	2		$-$.06644481	
			1	5	0	5		$-$.15067512	
			1	5	1	3		.12422973	
			1	5	2	1		.13799628	
			1	6	0	4		.20430632	
			1	6	1	2		.01126172	
			1	6	2	0		$-$.03433437	
			1	7	0	3		$-$.21036307	
			1	7	1	1		$-$.13840393	

$n_1 = 3, n_2 = 0$

l_1	l_2	λ	n	l	N	L	ρ	$<\ \|\ >$	τ
0	6	6	1	8	0	2	12	.19703328	
			2	0	1	6		− .03433439	
			2	1	0	7		− .02332563	
			2	1	1	5		.13799627	
			2	2	0	6		.07607566	
			2	2	1	4		− .06644481	
			2	3	0	5		− .06440437	
			2	3	1	3		.10802511	
			2	4	0	4		− .02249247	
			2	4	1	2		.15939019	
			2	5	0	3		.13133965	
			2	5	1	1		− .02175445	
			2	6	0	2		− .19111105	
			2	6	1	0		− .12174902	
			2	7	0	1		.19077665	
			3	0	0	6		.06026785	
			3	1	0	5		− .02209708	
			3	2	0	4		− .06528257	
			3	3	0	3		.07584451	
			3	4	0	2		.02103980	
			3	5	0	1		− .11579704	
			3	6	0	0		.10613833	70

$n_1 = 2, n_2 = 1$

l_1	l_2	λ	n	l	N	L	ρ	$<\ \|\ >$	τ
0	0	0	0	0	3	0	6	.33071891	
			0	1	2	1		.27003087	
			0	2	1	2		−.31180479	
			0	3	0	3		−.59160800	
			1	0	2	0		.20833334	
			1	1	1	1		−.06454972	
			1	2	0	2		−.31180479	
			2	0	1	0		.20833334	
			2	1	0	1		.27003087	
			3	0	0	0		.33071891	10
0	1	1	0	0	3	1	7	.31374751	
			0	1	2	2		.20916501	
			0	1	3	0		−.06038075	
			0	2	1	3		−.22912878	
			0	2	2	1		−.28062430	
			0	3	0	4		−.42426406	
			0	3	1	2		.02886751	
			0	4	0	3		.42426406	
			1	0	2	1		.10458252	
			1	1	1	2		.04409586	
			1	1	2	0		−.17088414	
			1	2	0	3		−.02886751	
			1	2	1	1		−.04409585	
			1	3	0	2		.22912878	
			2	0	1	1		.17088415	
			2	1	0	2		.28062430	
			2	1	1	0		−.10458252	
			2	2	0	1		−.20916500	
			3	0	0	1		.06038075	
			3	1	0	0		−.31374750	20
0	2	2	0	0	3	2	8	.27810743	
			0	1	2	3		.17589059	
			0	1	3	1		−.15909903	
			0	2	1	4		−.18803495	
			0	2	2	2		−.23241742	
			0	2	3	0		−.09381942	
			0	3	0	5		−.34330329	
			0	3	1	3		.05477225	
			0	3	2	1		.20020080	
			0	4	0	4		.31783710	
			0	4	1	2		.10714286	
			0	5	0	3		−.34330329	
			1	0	2	2		.02795086	
			1	1	1	3		.10062305	
			1	1	2	1		−.15062370	
			1	2	0	4		−.10714286	
			1	2	1	2		−.04141078	
			1	2	2	0		.10416667	
			1	3	0	3		.05477225	
			1	3	1	1		.10062305	
			1	4	0	2		−.18803495	
			2	0	1	2		.10416667	
			2	1	0	3		.20020080	
			2	1	1	1		−.15062370	
			2	2	0	2		−.23241742	
			2	2	1	0		.02795086	
			2	3	0	1		.17589059	
			3	0	0	2		−.09381942	
			3	1	0	1		−.15909903	
			3	2	0	0		.27810743	30
0	3	3	0	0	3	3	9	.23634589	
			0	1	2	4		.14587586	
			0	1	3	2		−.21456456	
			0	2	1	5		−.15376666	
			0	2	2	3		−.20744255	
			0	2	3	1		−.00578638	
			0	3	0	6		−.27817433	
			0	3	1	4		.06681532	
			0	3	2	2		.20185156	
			0	3	3	0		.14465939	
			0	4	0	5		.27010960	
			0	4	1	3		.04432027	
			0	4	2	1		−.09681237	
			0	5	0	4		−.27010960	
			0	5	1	2		−.17731038	
			0	6	0	3		.27817433	
			1	0	2	3		−.02185019	
			1	1	1	4		.12794160	
			1	1	2	2		−.09688219	
			1	2	0	5		.17731038	
			1	2	1	3		−.05914961	
			1	2	2	1		.14015867	
			1	3	0	4		−.04432027	
			1	3	1	2		.05914961	
			1	3	2	0		−.03830162	
			1	4	0	3		−.06681532	
			1	4	1	1		−.12794160	
			1	5	0	2		.15376666	
			2	0	1	3		.03830162	
			2	1	0	4		.09681237	
			2	1	1	2		−.14015867	
			2	2	0	3		−.20185156	
			2	2	1	1		.09688219	
			2	3	0	2		.20744255	
			2	3	1	0		.02185019	
			2	4	0	1		−.14587586	
			3	0	0	3		−.14465939	
			3	1	0	2		.00578638	
			3	2	0	1		.21456456	
			3	3	0	0		−.23634589	40
0	4	4	0	0	3	4	10	.19515620	
			0	1	2	5		.11876827	
			0	1	3	3		−.23514918	
			0	2	1	6		−.12404941	
			0	2	2	4		−.18158976	
			0	2	3	2		.08194529	
			0	3	0	7		−.22297064	
			0	3	1	5		.06972168	
			0	3	2	3		.20477646	
			0	3	3	1		.10968706	
			0	4	0	6		.22969489	
			0	4	1	4		.01164765	
			0	4	2	2		−.13889598	
			0	4	3	0		−.13117912	
			0	5	0	5		−.24090604	
			0	5	1	3		−.10773646	
			0	5	2	1		.00431291	
			0	6	0	4		.22969489	
			0	6	1	2		.20580173	
			0	7	0	3		−.22297064	
			1	0	2	4		−.05038911	
			1	1	1	5		.13576346	
			1	1	2	3		−.04089563	
			1	2	0	6		.20580173	
			1	2	1	4		−.07717255	
			1	2	2	2		.12797966	
			1	3	0	5		−.10773646	
			1	3	1	3		.05303301	

$n_1 = 2, n_2 = 1$

l_1	l_2	λ	n	l	N	L	ρ	$<\ |\ >$	τ
0	4	4	1	3	2	1	10	$-$.09951519	
			1	4	0	4		.01164765	
			1	4	1	2		$-$.07717255	
			1	4	2	0		$-$.01458334	
			1	5	0	3		.06972168	
			1	5	1	1		.13576346	
			1	6	0	2		$-$.12404941	
			2	0	1	4		$-$.01458334	
			2	1	0	5		.00431291	
			2	1	1	3		$-$.09951519	
			2	2	0	4		$-$.13889598	
			2	2	1	2		.12797966	
			2	3	0	3		.20477646	
			2	3	1	1		$-$.04089563	
			2	4	0	2		$-$.18158976	
			2	4	1	0		$-$.05038911	
			2	5	0	1		.11876827	
			3	0	0	4		$-$.13117912	
			3	1	0	3		.10968706	
			3	2	0	2		.08194529	
			3	3	0	1		$-$.23514918	
			3	4	0	0		.19515620	50
1	1	0	0	0	4	0	8	.41079197	
			0	1	3	1		.29047379	
			0	2	2	2		$-$.27386132	
			0	3	1	3		$-$.36742351	
			0	4	0	4		.00000000	
			1	0	3	0		.07905695	
			1	1	2	1		$-$.17500002	
			1	2	1	2		.00000000	
			1	3	0	3		.36742351	
			2	0	2	0		.00000000	
			2	1	1	1		.17500002	
			2	2	0	2		$-$.27386132	
			3	0	1	0		$-$.07905695	
			3	1	0	1		$-$.29047379	
			4	0	0	0		$-$.41079197	15
1	1	1	0	1	3	1	8	.29047376	
			0	2	2	2		.23717084	
			0	3	1	3		$-$.30000002	
			0	4	0	4		$-$.62105905	
			1	1	2	1		.27500000	
			1	2	1	2		.04225771	
			1	3	0	3		$-$.30000002	
			2	1	1	1		.27500000	
			2	2	0	2		.23717084	
			3	1	0	1		.29047376	10
1	1	2	0	0	3	2	8	.30465145	
			0	1	2	3		.19267850	
			0	1	3	1		.11618951	
			0	2	1	4		$-$.20598200	
			0	2	2	2		$-$.09258202	
			0	2	3	0		$-$.18183099	
			0	3	0	5		$-$.37606994	
			0	3	1	3		$-$.12000001	
			0	3	2	1		$-$.19312286	
			0	4	0	4		.00000000	
			0	4	1	2		.16431679	
			0	5	0	3		.37606994	
			1	0	2	2		.15309312	
			1	1	1	3		$-$.03674235	
			1	1	2	1		$-$.07000001	
			1	2	0	4		$-$.16431679	
1	1	2	1	2	1	2	8	.00000000	
			1	2	2	0		$-$.15062372	
			1	3	0	3		.12000001	
			1	3	1	1		.03674235	
			1	4	0	2		.20598200	
			2	0	1	2		.15062372	
			2	1	0	3		.19312286	
			2	1	1	1		.07000001	
			2	2	0	2		.09258202	
			2	2	1	0		$-$.15309312	
			2	3	0	1		$-$.19267850	
			3	0	0	2		.18183099	
			3	1	0	1		$-$.11618951	
			3	2	0	0		$-$.30465145	30
1	2	1	0	0	4	1	9	.29730938	
			0	1	3	2		.25747748	
			0	1	4	0		$-$.15526476	
			0	2	2	3		$-$.07676495	
			0	2	3	1		$-$.21988229	
			0	3	1	4		$-$.30152676	
			0	3	2	2		.14871902	
			0	4	0	5		$-$.21189139	
			0	4	1	3		.19192900	
			0	5	0	4		$-$.21189139	
			1	0	3	1		$-$.05175492	
			1	1	2	2		$-$.00668153	
			1	1	3	0		$-$.17744885	
			1	2	1	3		.13608971	
			1	2	2	1		.13721239	
			1	3	0	4		.19192900	
			1	3	1	2		.13608971	
			1	4	0	3		$-$.30152676	
			2	0	2	1		$-$.02519763	
			2	1	1	2		.13721239	
			2	1	2	0		$-$.02519763	
			2	2	0	3		.14871902	
			2	2	1	1		$-$.00668153	
			2	3	0	2		$-$.07676495	
			3	0	1	1		$-$.17744885	
			3	1	0	2		$-$.21988229	
			3	1	1	0		$-$.05175492	
			3	2	0	1		.25747748	
			4	0	0	1		$-$.15526476	
			4	1	0	0		.29730938	30
1	2	2	0	1	3	2	9	.25747747	
			0	2	2	3		.18803495	
			0	2	3	1		$-$.10415476	
			0	3	1	4		$-$.22474476	
			0	3	2	2		$-$.23571429	
			0	4	0	5		$-$.44948953	
			0	4	1	3		.06776309	
			0	5	0	4		.44948953	
			1	1	2	2		.18040134	
			1	2	1	3		.09091373	
			1	2	2	1		$-$.18435285	
			1	3	0	4		$-$.06776309	
			1	3	1	2		$-$.09091373	
			1	4	0	3		.22474476	
			2	1	1	2		.18435285	
			2	2	0	3		.23571429	
			2	2	1	1		$-$.18040134	
			2	3	0	2		$-$.18803495	
			3	1	0	2		.10415476	
			3	2	0	1		$-$.25747747	20

$n_1 = 2, n_2 = 1$

l_1	l_2	λ	n	l	N	L	ρ	$\langle\,\|\,\rangle$	τ	l_1	l_2	λ	n	l	N	L	ρ	$\langle\,\|\,\rangle$	τ
1	2	3	0	0	3	3	9	.30387330		1	3	2	1	4	1	2	10	−.19254322	
			0	1	2	4		.18755470					1	5	0	3		.24657522	
			0	1	3	2		−.01839124					2	0	2	2		−.03380617	
			0	2	1	5		−.19770000					2	1	1	3		.04464286	
			0	2	2	3		−.14361407					2	1	2	1		.00000000	
			0	2	3	1		−.21574917					2	2	0	4		.04950189	
			0	3	0	6		−.35765273					2	2	1	2		−.06204280	
			0	3	1	4		−.04008919					2	2	2	0		−.03380617	
			0	3	2	2		−.04909903					2	3	0	3		−.05117664	
			0	3	3	0		.03554489					2	3	1	1		−.01566957	
			0	4	0	5		.11576126					2	4	0	2		.03819926	
			0	4	1	3		.13296081					3	0	1	2		−.18192214	
			0	4	2	1		.23064556					3	1	0	3		−.20722753	
			0	5	0	4		.11576126					3	1	1	1		.08504202	
			0	5	1	2		−.02072458					3	2	0	2		.18859376	
			0	6	0	3		−.35765273					3	2	1	0		.11514743	
			1	0	2	3		.08427930					3	3	0	1		−.21881378	
			1	1	1	4		.03289928					4	0	0	2		.00517551	
			1	1	2	2		−.13315337					4	1	0	1		.21022949	
			1	2	0	5		−.02072458					4	2	0	0		−.23969849	45
			1	2	1	3		.02314551		1	3	3	0	1	3	3	10	.21881378	
			1	2	2	1		−.04347264					0	2	2	4		.15099587	
			1	3	0	4		.13296081					0	2	3	2		−.16219557	
			1	3	1	2		.02314551					0	3	1	5		−.17435500	
			1	3	2	0		.14015868					0	3	2	3		−.23521775	
			1	4	0	3		−.04008919					0	3	3	1		−.00309295	
			1	4	1	1		.03289928					0	4	0	6		−.34069261	
			1	5	0	2		−.19770000					0	4	1	4		.09055225	
			2	0	1	3		.14015868					0	4	2	2		.17658334	
			2	1	0	4		.23064556					0	5	0	5		.41259923	
			2	1	1	2		−.04347264					0	5	1	3		.04835737	
			2	2	0	3		−.04909903					0	6	0	4		−.34069261	
			2	2	1	1		−.13315337					1	1	2	3		.10968706	
			2	3	0	2		−.14361407					1	2	1	4		.11192558	
			2	3	1	0		.08427930					1	2	2	2		−.18141864	
			2	4	0	1		.18755470					1	3	0	5		.04835737	
			3	0	0	3		.03554489					1	3	1	3		−.10029719	
			3	1	0	2		−.21574917					1	3	2	1		.10892858	
			3	2	0	1		−.01839124					1	4	0	4		.09055225	
			3	3	0	0		.30387330	40				1	4	1	2		.11192558	
1	3	2	0	0	4	2	10	.23969849					1	5	0	3		−.17435500	
			0	1	3	3		.21881378					2	1	1	3		.10892858	
			0	1	4	1		−.21022949					2	2	0	4		.17658334	
			0	2	2	4		−.03819926					2	2	1	2		−.18141864	
			0	2	3	2		−.18859376					2	3	0	3		−.23521775	
			0	2	4	0		−.00517551					2	3	1	1		.10968706	
			0	3	1	5		−.24657522					2	4	0	2		.15099587	
			0	3	2	3		.05117664					3	1	0	3		−.00309295	
			0	3	3	1		.20722753					3	2	0	2		−.16219557	
			0	4	0	6		−.20603152					3	3	0	1		.21881378	30
			0	4	1	4		.14890270		1	3	4	0	0	3	4	10	.28248741	
			0	4	2	2		−.04950189					0	1	2	5		.17191635	
			0	5	0	5		.00000000					0	1	3	3		−.12156321	
			0	5	1	3		−.20516297					0	2	1	6		−.17956078	
			0	6	0	4		−.20603152					0	2	2	4		−.16647170	
			1	0	3	2		−.11514743					0	2	3	2		−.16231567	
			1	1	2	3		.01566957					0	3	0	7		−.32274865	
			1	1	3	1		−.08504202					0	3	1	5		.00720869	
			1	2	1	4		.19254322					0	3	2	3		.03636964	
			1	2	2	2		.06204280					0	3	3	1		.14949249	
			1	2	3	0		.18192214					0	4	0	6		.16624097	
			1	3	0	5		.20516297					0	4	1	4		.10115947	
			1	3	1	3		.00000000					0	4	2	2		.13708027	
			1	3	2	1		−.04464286					0	4	3	0		.07797620	
			1	4	0	4		−.14890271											

$n_1 = 2, n_2 = 1$

l_1	l_2	λ	n	l	N	L	ρ	$\langle\,\mid\,\rangle$	τ
1	3	4	0	5	0	5	10	.00000000	
			0	5	1	3		−.07797393	
			0	5	2	1		−.18936828	
			0	6	0	4		−.16624097	
			0	6	1	2		−.08761668	
			0	7	0	3		.32274865	
			1	0	2	4		.02431266	
			1	1	1	5		.08422147	
			1	1	2	3		−.13057983	
			1	2	0	6		.08761668	
			1	2	1	4		.01169024	
			1	2	2	2		.05339793	
			1	3	0	5		.07797393	
			1	3	1	3		.00000000	
			1	3	2	1		.10813493	
			1	4	0	4		−.10115946	
			1	4	1	2		−.01169024	
			1	4	2	0		−.09951521	
			1	5	0	3		−.00720869	
			1	5	1	1		−.08422147	
			1	6	0	2		.17956078	
			2	0	1	4		.09951521	
			2	1	0	5		.18936829	
			2	1	1	3		−.10813493	
			2	2	0	4		−.13708027	
			2	2	1	2		−.05339792	
			2	3	0	3		−.03636964	
			2	3	1	1		.13057983	
			2	4	0	2		.16647170	
			2	4	1	0		−.02431266	
			2	5	0	1		−.17191635	
			3	0	0	4		−.07797619	
			3	1	0	3		−.14949249	
			3	2	0	2		.16231566	
			3	3	0	1		.12156321	
			3	4	0	0		−.28243741	5
1	4	3	0	0	4	3	11	.19315454	
			0	1	3	4		.18067955	
			0	1	4	2		−.22854355	
			0	2	2	5		−.02221489	
			0	2	3	3		−.17610953	
			0	2	4	1		.07694278	
			0	3	1	6		−.19892163	
			0	3	2	4		.02336454	
			0	3	3	2		.17441791	
			0	3	4	0		.09401749	
			0	4	0	7		−.17694062	
			0	4	1	5		.13239281	
			0	4	2	3		−.01844352	
			0	4	3	1		−.15854311	
			0	5	0	6		.05490759	
			0	5	1	4		−.13103725	
			0	5	2	2		−.03427303	
			0	6	0	5		.05490759	
			0	6	1	3		.21278271	
			0	7	0	4		−.17694062	
			1	0	3	3		−.14396889	
			1	1	2	4		.01892833	
			1	1	3	2		.00404963	
			1	2	1	5		.21155022	
			1	2	2	3		.03483942	
			1	2	3	1		.15737048	
			1	3	0	6		.21278271	
			1	3	1	4		−.06274041	
			1	3	2	2		−.04590313	

l_1	l_2	λ	n	l	N	L	ρ	$\langle\,\mid\,\rangle$	τ
1	4	3	1	3	3	0	11	−.13878772	
			1	4	0	5		−.13103725	
			1	4	1	3		−.06274041	
			1	4	2	1		−.03770035	
			1	5	0	4		.13239281	
			1	5	1	2		.21155022	
			1	6	0	3		−.19892163	
			2	0	2	3		−.03499272	
			2	1	1	4		−.03770035	
			2	1	2	2		.01657967	
			2	2	0	5		−.03427303	
			2	2	1	3		−.04590313	
			2	2	2	1		.01657967	
			2	3	0	4		−.01844352	
			2	3	1	2		.03483942	
			2	3	2	0		−.03499272	
			2	4	0	3		.02336454	
			2	4	1	1		.01892833	
			2	5	0	2		−.02221489	
			3	0	1	3		−.13878772	
			3	1	0	4		−.15854311	
			3	1	1	2		.15737048	
			3	2	0	3		.17441791	
			3	2	1	1		.00404963	
			3	3	0	2		−.17610953	
			3	3	1	0		−.14396889	
			3	4	0	1		.18067955	
			4	0	0	3		.09401749	
			4	1	0	2		.07694278	
			4	2	0	1		−.22854355	
			4	3	0	0		.19315454	60
1	4	4	0	1	3	4	11	.18067954	
			0	2	2	5		.12045302	
			0	2	3	3		−.18853880	
			0	3	1	6		−.13588934	
			0	3	2	4		−.21398114	
			0	3	3	2		.05364579	
			0	4	0	7		−.26111650	
			0	4	1	5		.09682460	
			0	4	2	3		.21497051	
			0	4	3	1		.05077524	
			0	5	0	6		.35584182	
			0	5	1	4		.01503706	
			0	5	2	2		−.10758837	
			0	6	0	5		−.35584182	
			0	6	1	3		−.10525943	
			0	7	0	4		.26111650	
			1	1	2	4		.06022651	
			1	2	1	5		.11636868	
			1	2	2	3		−.14508127	
			1	3	0	6		.10525943	
			1	3	1	4		−.11004196	
			1	3	2	2		.14597601	
			1	4	0	5		−.01503706	
			1	4	1	3		.11004196	
			1	4	2	1		−.05177033	
			1	5	0	4		−.09682460	
			1	5	1	2		−.11636868	
			1	6	0	3		.13588934	
			2	1	1	4		.05177033	
			2	2	0	5		.10758837	
			2	2	1	3		−.14597601	
			2	3	0	4		−.21497051	
			2	3	1	2		.14508127	
			2	4	0	3		.21398114	

$n_1 = 2, n_2 = 1$

l_1	l_2	λ	n	l	N	L	ρ	$\langle\ \vert\ \rangle$	τ	l_1	l_2	λ	n	l	N	L	ρ	$\langle\ \vert\ \rangle$	τ
1	4	4	2	4	1	1	11	$-$.06022651		1	4	5	3	5	0	0	11	.25112623	60
			2	5	0	2		$-$.12045302		2	2	0	0	0	5	0	10	.35038246	
			3	1	0	4		$-$.05077524					0	1	4	1		.22160133	
			3	2	0	3		$-$.05364579					0	2	3	2		$-$.09046836	
			3	3	0	2		.18853880					0	3	2	3		$-$.09910311	
			3	4	0	1		$-$.18067954	40				0	4	1	4		$-$.14982986	
1	4	5	0	0	3	5	11	.25112623					0	5	0	5		$-$.35315238	
			0	1	2	6		.15143482					1	0	4	0		$-$.13638619	
			0	1	3	4		$-$.18889224					1	1	3	1		$-$.23904573	
			0	2	1	7		$-$.15715134					1	2	2	2		.23214287	
			0	2	2	5		$-$.17155803					1	3	1	3		.35214760	
			0	2	3	3		$-$.07297216					1	4	0	4		$-$.14982986	
			0	3	0	8		$-$.28112086					2	0	3	0		$-$.15526476	
			0	3	1	6		.03548294					2	1	2	1		.13832083	
			0	3	2	4		.09419433					2	2	1	2		.23214287	
			0	3	3	2		.19270608					2	3	0	3		$-$.09910311	
			0	4	0	7		.18403679					3	0	2	0		$-$.15526476	
			0	4	1	5		.06782723					3	1	1	1		$-$.23904573	
			0	4	2	3		.06184170					3	2	0	2		$-$.09046836	
			0	4	3	1		$-$.03264123					4	0	1	0		$-$.13638619	
			0	5	0	6		$-$.06825909					4	1	0	1		.22160133	
			0	5	1	4		$-$.09297146					5	0	0	0		.35038246	21
			0	5	2	2		$-$.16267964		2	2	1	0	1	4	1	10	.38382477	
			0	5	3	0		$-$.13322937					0	2	3	2		.27140511	
			0	6	0	5		$-$.06825908					0	3	2	3		$-$.28030599	
			0	6	1	3		.00916165					0	4	1	4		$-$.41032594	
			0	6	2	1		.11380988					0	5	0	5		$-$.00000000	
			0	7	0	4		.18403678					1	1	3	1		.15526476	
			0	7	1	2		.15846641					1	2	2	2		$-$.08928572	
			0	8	0	3		$-$.28112086					1	3	1	3		$-$.00000000	
			1	0	2	5		$-$.02030234					1	4	0	4		.41032593	
			1	1	1	6		.11614520					2	1	2	1		.00000000	
			1	1	2	4		$-$.09581491					2	2	1	2		.08928574	
			1	2	0	7		.15846642					2	3	0	3		.28030598	
			1	2	1	5		$-$.01324322					3	1	1	1		$-$.15526476	
			1	2	2	3		.10581393					3	2	0	2		$-$.27140511	
			1	3	0	6		.00916165					4	1	0	1		$-$.38382477	15
			1	3	1	4		$-$.01003609		2	2	2	0	0	4	2	10	.21354037	
			1	3	2	2		.02949625					0	1	3	3		.11696088	
			1	4	0	5		$-$.09297145					0	1	4	1		.07491492	
			1	4	1	3		$-$.01003609					0	2	2	4		$-$.10209182	
			1	4	2	1		$-$.12529336					0	2	3	2		.12924052	
			1	5	0	4		.06782724					0	2	4	0		$-$.19825987	
			1	5	1	2		$-$.01324322					0	3	1	5		$-$.13179999	
			1	5	2	0		.04923059					0	3	2	3		.10942025	
			1	6	0	3		.03548294					0	3	3	1		$-$.14383277	
			1	6	1	1		.11614519					0	4	0	6		.00000000	
			1	7	0	2		$-$.15715134					0	4	1	4		$-$.22448982	
			2	0	1	5		.04923059					0	4	2	2		.10648487	
			2	1	0	6		.11380988					0	5	0	5		$-$.49704889	
			2	1	1	4		$-$.12529336					0	5	1	3		.15840387	
			2	2	0	5		$-$.16267964					0	6	0	4		.00000000	
			2	2	1	3		.02949624					1	0	3	2		$-$.03419382	
			2	3	0	4		.06184170					1	1	2	3		$-$.09213317	
			2	3	1	2		.10581394					1	1	3	1		$-$.08081220	
			2	4	0	3		.09419432					1	2	1	4		.03027020	
			2	4	1	1		$-$.09581491					1	2	2	2		.23979593	
			2	5	0	2		$-$.17155803					1	2	3	0		$-$.10978877	
			2	5	1	0		$-$.02030234					1	3	0	5		.15840387	
			2	6	0	1		.15143482					1	3	1	3		.15552317	
			3	0	0	5		$-$.13322937					1	3	2	1		.06204279	
			3	1	0	4		$-$.03264123					1	4	0	4		$-$.22448982	
			3	2	0	3		.19270607					1	4	1	2		.03027020	
			3	3	0	2		$-$.07297217											
			3	4	0	1		$-$.18889224											

$n_1 = 2, n_2 = 1$

l_1	l_2	λ	n	l	N	L	ρ	$\langle\,\vert\,\rangle$	τ
2	2	2	1	5	0	3	10	$-.13179998$	
			2	0	2	2		$-.06776309$	
			2	1	1	3		.06204279	
			2	1	2	1		.04676097	
			2	2	0	4		.10648487	
			2	2	1	2		.23979593	
			2	2	2	0		$-.06776309$	
			2	3	0	3		.10942026	
			2	3	1	1		$-.09213317$	
			2	4	0	2		$-.10209183$	
			3	0	1	2		$-.10978877$	
			3	1	0	3		$-.14383277$	
			3	1	1	1		$-.08081220$	
			3	2	0	2		.12924052	
			3	2	1	0		$-.03419382$	
			3	3	0	1		.11696088	
			4	0	0	2		$-.19825987$	
			4	1	0	1		.07491492	
			4	2	0	0		.21354037	45
2	2	3	0	1	3	3	10	.26153247	
			0	2	2	4		.18047456	
			0	2	3	2		.07754431	
			0	3	1	5		$-.20839408$	
			0	3	2	3		$-.08650430$	
			0	3	3	1		$-.15896153$	
			0	4	0	6		$-.40720553$	
			0	4	1	4		$-.12987676$	
			0	4	2	2		$-.16542340$	
			0	5	0	5		$-.00000000$	
			0	5	1	3		.17339434	
			0	6	0	4		.40720553	
			1	1	2	3		.20601603	
			1	2	1	4		.02675533	
			1	2	2	2		$-.02551021$	
			1	3	0	5		$-.17339434$	
			1	3	1	3		.00000000	
			1	3	2	1		$-.18141864$	
			1	4	0	4		.12987676	
			1	4	1	2		$-.02675533$	
			1	5	0	3		.20839408	
			2	1	1	3		.18141864	
			2	2	0	4		.16542340	
			2	2	1	2		.02551021	
			2	3	0	3		.08650430	
			2	3	1	1		$-.20601603$	
			2	4	0	2		$-.18047456$	
			3	1	0	3		.15896153	
			3	2	0	2		$-.07754431$	
			3	3	0	1		$-.26153247$	30
2	2	4	0	0	3	4	10	.29240222	
			0	1	2	5		.17795031	
			0	1	3	3		.10066389	
			0	2	1	6		$-.18586304$	
			0	2	2	4		$-.07255350$	
			0	2	3	2		$-.18739874$	
			0	3	0	7		$-.33407657$	
			0	3	1	5		$-.08954046$	
			0	3	2	3		$-.10729156$	
			0	3	3	1		$-.12379154$	
			0	4	0	6		.00000000	
			0	4	1	4		.06398944	
			0	4	2	2		.07567550	
			0	4	3	0		.13370021	
			0	5	0	5		.12031638	

l_1	l_2	λ	n	l	N	L	ρ	$\langle\,\vert\,\rangle$	τ
2	2	4	0	5	1	3	10	.10761425	
			0	5	2	1		.17878273	
			0	6	0	4		.00000000	
			0	6	1	2		$-.12696863$	
			0	7	0	3		$-.33407657$	
			1	0	2	4		.12582990	
			1	1	1	5		$-.02905917$	
			1	1	2	3		$-.07929560$	
			1	2	0	6		$-.12696863$	
			1	2	1	4		.02151209	
			1	2	2	2		$-.11437075$	
			1	3	0	5		.10761424	
			1	3	1	3		.04414404	
			1	3	2	1		.05339793	
			1	4	0	4		.06398944	
			1	4	1	2		.02151210	
			1	4	2	0		.12797967	
			1	5	0	3		$-.08954045$	
			1	5	1	1		$-.02905916$	
			1	6	0	2		$-.18586304$	
			2	0	1	4		.12797967	
			2	1	0	5		.17878272	
			2	1	1	3		.05339793	
			2	2	0	4		.07567551	
			2	2	1	2		$-.11437075$	
			2	3	0	3		$-.10729156$	
			2	3	1	1		$-.07929561$	
			2	4	0	2		$-.07255351$	
			2	4	1	0		.12582990	
			2	5	0	1		.17795031	
			3	0	0	4		.13370021	
			3	1	0	3		$-.12379154$	
			3	2	0	2		$-.18739875$	
			3	3	0	1		.10066389	
			3	4	0	0		.29240222	50
2	3	1	0	0	5	1	11	.23064998	
			0	1	4	2		.23821427	
			0	1	5	0		$-.18466777$	
			0	2	3	3		.04612998	
			0	2	4	1		$-.11818739$	
			0	3	2	4		$-.14794513$	
			0	3	3	2		.14990785	
			0	4	1	5		$-.22054355$	
			0	4	2	3		.01367754	
			0	5	0	6		$-.17169290$	
			0	5	1	4		$-.12909944$	
			0	6	0	5		$-.17169292$	
			1	0	4	1		$-.18168907$	
			1	1	3	2		$-.10341396$	
			1	1	4	0		$-.06904249$	
			1	2	2	3		.14238764	
			1	2	3	1		.22054999	
			1	3	1	4		.25145835	
			1	3	2	2		$-.03956430$	
			1	4	0	5		.12909945	
			1	4	1	3		$-.25145835$	
			1	5	0	4		.22054357	
			2	0	3	1		$-.07244319$	
			2	1	2	2		.02886751	
			2	1	3	0		.11071431	
			2	2	1	3		.03956430	
			2	2	2	1		$-.02886750$	
			2	3	0	4		$-.01367754$	
			2	3	1	2		$-.14238764$	
			2	4	0	3		.14794511	

$n_1 = 2, n_2 = 1$

l_1	l_2	λ	n	l	N	L	ρ	$\langle \mid \rangle$	τ	l_1	l_2	λ	n	l	N	L	ρ	$\langle \mid \rangle$	τ
2	3	1	3	0	2	1	11	−.11071430		2	3	3	1	1	3	2	11	−.07501890	
			3	1	1	2		−.22054999					1	2	1	5		.08071068	
			3	1	2	0		.07244319					1	2	2	3		.20520571	
			3	2	0	3		−.14990787					1	2	3	1		.02114801	
			3	2	1	1		.10341397					1	3	0	6		.13592355	
			3	3	0	2		−.04612999					1	3	1	4		.14502491	
			4	0	1	1		.06904249					1	3	2	2		−.12304221	
			4	1	0	2		.11818739					1	3	3	0		.13452382	
			4	1	1	0		.18168907					1	4	0	5		−.11100529	
			4	2	0	1		−.23821426					1	4	1	3		−.14502490	
			5	0	0	1		.18466777					1	4	2	1		−.04590313	
			5	1	0	0		−.23064998	42				1	5	0	4		.14064209	
2	3	2	0	1	4	2	11	.29175171					1	5	1	2		−.08071068	
			0	2	3	3		.23064997					1	6	0	3		.13853414	
			0	2	4	1		−.18093674					2	0	2	3		−.05117664	
			0	3	2	4		−.13505480					2	1	1	4		.04590313	
			0	3	3	2		−.22727966					2	1	2	2		.03747367	
			0	4	1	5		.31832722					2	2	0	5		.05452095	
			0	4	2	3		.13734404					2	2	1	3		.12304221	
			0	5	0	6		−.14364860					2	2	2	1		−.03747367	
			0	5	1	4		.25022668					2	3	0	4		.09866002	
			0	6	0	5		−.14364861					2	3	1	2		−.20520571	
			1	1	3	2		.03618734					2	3	2	0		.05117664	
			1	2	2	3		.00837574					2	4	0	3		−.12091104	
			1	2	3	1		−.17732903					2	4	1	1		.04529875	
			1	3	1	4		.12360333					2	5	0	2		.06497827	
			1	3	2	2		.07660323					3	0	1	3		−.13452382	
			1	4	0	5		.25022666					3	1	0	4		−.15917126	
			1	4	1	3		.12360333					3	1	1	2		−.02114801	
			1	5	0	4		−.31832724					3	2	0	3		.11202791	
			2	1	2	2		−.04040611					3	2	1	1		.07501890	
			2	2	1	3		.07660322					3	3	0	2		−.08457166	
			2	2	2	1		−.04040612					3	3	1	0		.08422147	
			2	3	0	4		.13734402					3	4	0	1		−.12582988	
			2	3	1	2		.00837574					4	0	0	3		−.08452382	
			2	4	0	3		−.13505481					4	1	0	2		.16188290	
			3	1	1	2		−.17732903					4	2	0	1		.03183274	
			3	2	0	3		−.22727966					4	3	0	0		−.18832491	60
			3	2	1	1		.03618734		2	3	4	0	1	3	4	11	.25787453	
			3	3	0	2		.23064999					0	2	2	5		.17191634	
			4	1	0	2		−.18093673					0	2	3	3		−.03844167	
			4	2	0	1		.29175172	30				0	3	1	6		−.19394780	
2	3	3	0	0	4	3	11	.18832491					0	3	2	4		−.15609546	
			0	1	3	4		.12582988					0	3	3	2		−.16522103	
			0	1	4	2		−.03183272					0	4	0	7		−.37267803	
			0	2	2	5		−.06497827					0	4	1	5		−.03290302	
			0	2	3	3		.08457167					0	4	2	3		−.05207720	
			0	2	4	1		−.16188289					0	4	3	1		.06682194	
			0	3	1	6		−.13853414					0	5	0	6		.16929152	
			0	3	2	4		.12091103					0	5	1	4		.16453906	
			0	3	3	2		−.11202792					0	5	2	2		.19078080	
			0	3	4	0		−.08452381					0	6	0	5		.16929152	
			0	4	0	7		−.05750547					0	6	1	3		−.05007711	
			0	4	1	5		−.14064209					0	7	0	4		−.37267803	
			0	4	2	3		−.09866001					1	1	2	4		.15472471	
			0	4	3	1		.15917126					1	2	1	5		.07118013	
			0	5	0	6		−.37474276					1	2	2	3		−.11865636	
			0	5	1	4		.11100529					1	3	0	6		−.05007711	
			0	5	2	2		−.05452095					1	3	1	4		−.00621131	
			0	6	0	5		.37474276					1	3	2	2		−.08347790	
			0	6	1	3		−.13592355					1	4	0	5		.16453906	
			0	7	0	4		−.05750547					1	4	1	3		−.00621131	
			1	0	3	3		−.08422146					1	4	2	1		.14597601	
			1	1	2	4		−.04529875					1	5	0	4		−.03290302	
													1	5	1	2		.07118013	

$n_1 = 2, n_2 = 1$

l_1	l_2	λ	n	l	N	L	ρ	$<\ |\ >$	τ	l_1	l_2	λ	n	l	N	L	ρ	$<\ |\ >$	τ
2	3	4	1	6	0	3	11	$-$.19394780		2	3	5	2	5	1	0	11	$-$.07097762	
			2	1	1	4		.14597601					2	6	0	1		$-$.17647352	
			2	2	0	5		.19078080					3	0	0	5		.02529763	
			2	2	1	3		$-$.08347790					3	1	0	4		$-$.18481202	
			2	3	0	4		$-$.05207720					3	2	0	3		$-$.01502010	
			2	3	1	2		$-$.11865636					3	3	0	2		.21317650	
			2	4	0	3		$-$.15609546					3	4	0	1		.00957062	
			2	4	1	1		.15472471					3	5	0	0		$-$.29264825	60
			2	5	0	2		.17191634											
			3	1	0	4		.06682194		2	4	2	0	0	5	2	12	.17632516	
			3	2	0	3		$-$.16522103					0	1	4	3		.20155645	
			3	3	0	2		$-$.03844167					0	1	5	1		$-$.20155645	
			3	4	0	1		.25787453	40				0	2	3	4		.05985665	
													0	2	4	2		$-$.13328930	
2	3	5	0	0	3	5	11	.29264825					0	2	5	0		.06194483	
			0	1	2	6		.17647354					0	3	2	5		$-$.12045303	
			0	1	3	4		$-$.00957063					0	3	3	3		.02850438	
			0	2	1	7		$-$.18313525					0	3	4	1		.14394528	
			0	2	2	5		$-$.11182189					0	4	1	6		$-$.19486576	
			0	2	3	3		$-$.21317650					0	4	2	4		.05581062	
			0	3	0	8		$-$.32760228					0	4	3	2		$-$.11384995	
			0	3	1	6		$-$.04134981					0	5	0	7		$-$.13762046	
			0	3	2	4		$-$.05209918					0	5	1	5		.01150110	
			0	3	3	2		.01502009					0	5	2	3		$-$.05808415	
			0	4	0	7		.07148867					0	6	0	6		.05235233	
			0	4	1	5		.08591523					0	6	1	4		.16291560	
			0	4	2	3		.11932373					0	7	0	5		$-$.13762047	
			0	4	3	1		.18481202					1	0	4	2		$-$.19983517	
			0	5	0	6		.07954526					1	1	3	3		$-$.09309494	
			0	5	1	4		.02615192					1	1	4	1		$-$.03354105	
			0	5	2	2		.02503855					1	2	2	4		.13704773	
			0	5	3	0		$-$.02529762					1	2	3	2		.11178012	
			0	6	0	5		$-$.07954526					1	2	4	0		.15170218	
			0	6	1	3		$-$.11744122					1	3	1	5		.24923825	
			0	6	2	1		$-$.20734733					1	3	2	3		$-$.03803630	
			0	7	0	4		$-$.07148867					1	3	3	1		$-$.16183474	
			0	7	1	2		.01678798					1	4	0	6		.16291559	
			0	8	0	3		.32760227					1	4	1	4		$-$.12540575	
			1	0	2	5		.07097763					1	4	2	2		$-$.05977894	
			1	1	1	6		.02706981					1	5	0	5		.01150109	
			1	1	2	4		$-$.12058984					1	5	1	3		.24923827	
			1	2	0	7		$-$.01678798					1	6	0	4		$-$.19486576	
			1	2	1	5		.03788073					2	0	3	2		$-$.02268161	
			1	2	2	3		$-$.03616799					2	1	2	3		$-$.02988072	
			1	3	0	6		.11744123					2	1	3	1		.09910315	
			1	3	1	4		.01837863					2	2	1	4		$-$.05977894	
			1	3	2	2		.11855263					2	2	2	2		$-$.03783775	
			1	4	0	5		$-$.02615191					2	2	3	0		$-$.06978988	
			1	4	1	3		$-$.01837862					2	3	0	5		$-$.05808416	
			1	4	2	1		.02949625					2	3	1	3		$-$.03803630	
			1	5	0	4		$-$.08591523					2	3	2	1		$-$.02988072	
			1	5	1	2		$-$.03788072					2	4	0	4		.05581062	
			1	5	2	0		$-$.12293686					2	4	1	2		.13704774	
			1	6	0	3		.04134981					2	5	0	3		$-$.12045302	
			1	6	1	1		$-$.02706981					3	0	2	2		$-$.06978988	
			1	7	0	2		.18313523					3	1	1	3		$-$.16183474	
			2	0	1	5		$-$.12293686					3	1	2	1		.09910315	
			2	1	0	6		.20734734					3	2	0	4		$-$.11384995	
			2	1	1	4		$-$.02949625					3	2	1	2		.11178012	
			2	2	0	5		$-$.02503855					3	2	2	0		$-$.02268161	
			2	2	1	3		$-$.11855263					3	3	0	3		.02850438	
			2	3	0	4		$-$.11932373					3	3	1	1		$-$.09309494	
			2	3	1	2		.03616798					3	4	0	2		.05985665	
			2	4	0	3		$-$.05209919					4	0	1	2		.15170218	
			2	4	1	1		.12058983					4	1	0	3		.14394528	
			2	5	0	2		.11182189					4	1	1	1		.03354105	

100

$n_1 = 2, n_2 = 1$

l_1	l_2	λ	n	l	N	L	ρ	$<\|>$	τ	l_1	l_2	λ	n	l	N	L	ρ	$<\|>$	τ
2	4	2	4	2	0	2	12	$-$ .13328930		2	4	4	0	4	3	2	12	.09959471	
			4	2	1	0		$-$ .19983517					0	4	4	0		.01010320	
			4	3	0	1		.20155645					0	5	0	7		$-$ .26340212	
			5	0	0	2		.06194483					0	5	1	5		.09496716	
			5	1	0	1		$-$ .20155645					0	5	2	3		.07508905	
			5	2	0	0		.17632516	63				0	5	3	1		$-$ .14900103	
2	4	3	0	1	4	3	12	.22763481					0	6	0	6		.38807693	
			0	2	3	4		.19045297					0	6	1	4		$-$ .04148359	
			0	2	4	2		$-$ .21991611					0	6	2	2		.00521441	
			0	3	2	5		$-$ .07695462					0	7	0	5		$-$ .26340212	
			0	3	3	3		$-$ .22763479					0	7	1	3		.13733056	
			0	3	4	1		.05235293					0	8	0	4		$-$ .07711625	
			0	4	1	6		$-$ .24809886					1	0	3	4		$-$ .11439080	
			0	4	2	4		.08681650					1	1	2	5		$-$ .02264823	
			0	4	3	2		.19073178					1	1	3	3		$-$ .03202941	
			0	5	0	7		$-$ .15728055					1	2	1	6		.11424214	
			0	5	1	5		.23053472					1	2	2	4		.15343653	
			0	5	2	3		$-$ .04818580					1	2	3	2		.07943867	
			0	6	0	6		.00000000					1	3	0	7		.13733056	
			0	6	1	4		$-$ .21245914					1	3	1	5		.11042357	
			0	7	0	5		.15728055					1	3	2	3		$-$ .16606296	
			1	1	3	3		$-$ .02628500					1	3	3	1		.04825550	
			1	2	2	4		.03219243					1	4	0	6		$-$ .04148359	
			1	2	3	2		$-$ .11526736					1	4	1	4		$-$ .17114053	
			1	3	1	5		.16859910					1	4	2	2		.04703927	
			1	3	2	3		.03645073					1	4	3	0		$-$ .12877238	
			1	3	3	1		.15535764					1	5	0	5		.09496716	
			1	4	0	6		.21245914					1	5	1	3		.11042357	
			1	4	1	4		.00000000					1	5	2	1		.00663071	
			1	4	2	2		$-$ .02083333					1	6	0	4		$-$ .08248694	
			1	5	0	5		$-$ .23053472					1	6	1	2		.11424214	
			1	5	1	3		$-$ .16859910					1	7	0	3		$-$ .13066809	
			1	6	0	4		.24809886					2	0	2	4		$-$ .03882553	
			2	1	2	3		$-$ .05399493					2	1	1	5		.00663071	
			2	2	1	4		$-$ .02083333					2	1	2	3		.03289759	
			2	2	2	2		.00000000					2	2	0	6		.00521441	
			2	3	0	5		.04818580					2	2	1	4		.04703927	
			2	3	1	3		$-$ .03645073					2	2	2	2		$-$ .02689012	
			2	3	2	1		.05399493					2	3	0	5		.07508905	
			2	4	0	4		$-$ .08681650					2	3	1	3		$-$ .16606296	
			2	4	1	2		$-$ .03219243					2	3	2	1		.03289759	
			2	5	0	3		.07695462					2	4	0	4		$-$ .13914659	
			3	1	1	3		$-$ .15535764					2	4	1	2		.15343662	
			3	2	0	4		$-$ .19073178					2	4	2	0		$-$ .03882553	
			3	2	1	2		.11526736					2	5	0	3		.10467949	
			3	3	0	3		.22763479					2	5	1	1		$-$ .02264823	
			3	3	1	1		.02628500					2	6	0	2		$-$ .04406105	
			3	4	0	2		$-$ .19045297					3	0	1	4		$-$ .12877238	
			4	1	0	3		$-$ .05235293					3	1	0	5		$-$ .14900103	
			4	2	0	2		.21991611					3	1	1	3		.04825550	
			4	3	0	1		$-$ .22763481	45				3	2	0	4		.09959471	
2	4	4	0	0	4	4	12	.16338273					3	2	1	2		.07943867	
			0	1	3	5		.12055437					3	3	0	3		$-$ .10036091	
			0	1	4	3		$-$ .09246097					3	3	1	1		$-$ .03202941	
			0	2	2	6		$-$ .04406105					3	4	0	2		.04369701	
			0	2	3	4		.04369701					3	4	1	0		$-$ .11439080	
			0	2	4	2		$-$ .09472458					3	5	0	1		.12055437	
			0	3	1	7		$-$ .13066809					4	0	0	4		.01010320	
			0	3	2	5		.10467949					4	1	0	3		.13766143	
			0	3	3	3		$-$ .10036091					4	2	0	2		$-$ .09472458	
			0	3	4	1		.13766143					4	3	0	1		$-$ .09246097	
			0	4	0	8		$-$ .07711625					4	4	0	0		.16338273	75
			0	4	1	6		$-$ .08248894		2	4	5	0	1	3	5	12	.23676408	
			0	4	2	4		$-$ .13914659					0	2	2	6		.15421368	
													0	2	3	4		$-$ .12119734	

101

$n_1 = 2, n_2 = 1$

l_1	l_2	λ	n	l	N	L	ρ	$\langle\ \|\ \rangle$	τ
2	4	5	0	3	1	7	12	− .17108471	
			0	3	2	5		− .18655064	
			0	3	3	3		− .10950275	
			0	4	0	8		− .32461040	
			0	4	1	6		.02528857	
			0	4	2	4		.04545455	
			0	4	3	2		.13449637	
			0	5	0	7		.24195029	
			0	5	1	5		.12434119	
			0	5	2	3		.14212877	
			0	5	3	1		.00764597	
			0	6	0	6		.00000000	
			0	6	1	4		− .10827921	
			0	6	2	2		− .16425412	
			0	7	0	5		− .24195029	
			0	7	1	3		− .04149414	
			0	8	0	4		.32461040	
			1	1	2	5		.10378719	
			1	2	1	6		.09996188	
			1	2	2	4		− .14340263	
			1	3	0	7		− .04149414	
			1	3	1	5		− .02919372	
			1	3	2	3		.01753446	
			1	4	0	6		.10827921	
			1	4	1	4		.00000000	
			1	4	2	2		.12689395	
			1	5	0	5		− .12434118	
			1	5	1	3		.02919372	
			1	5	2	1		− .09983898	
			1	6	0	4		− .02528857	
			1	6	1	2		− .09996188	
			1	7	0	3		.17108471	
			2	1	1	5		.09983899	
			2	2	0	6		.16425412	
			2	2	1	4		− .12689396	
			2	3	0	5		− .14212876	
			2	3	1	3		− .01753447	
			2	4	0	4		− .04545455	
			2	4	1	2		.14340263	
			2	5	0	3		.18655064	
			2	5	1	1		− .10378719	
			2	6	0	2		− .15421368	
			3	1	0	5		− .00764597	
			3	2	0	4		− .13449637	
			3	3	0	3		.10950274	
			3	4	0	2		.12119734	
			3	5	0	1		− .23676408	50
2	4	6	0	0	3	6	12	.27714468	
			0	1	2	7		.16604977	
			0	1	3	5		− .10078841	
			0	2	1	8		− .17149547	
			0	2	2	6		− .13609705	
			0	2	3	4		− .17413793	
			0	3	0	9		− .30565048	
			0	3	1	7		− .00406883	
			0	3	2	5		.00413193	
			0	3	3	3		.12716410	
			0	4	0	8		.11726234	
			0	4	1	6		.08082993	
			0	4	2	4		.11212391	
			0	4	3	2		.12383508	
			0	5	0	7		.02763899	
			0	5	1	5		− .02622917	
			0	5	2	3		− .06224240	
			0	5	3	1		− .14232455	

l_1	l_2	λ	n	l	N	L	ρ	$\langle\ \|\ \rangle$	τ
2	4	6	0	6	0	6	12	− .08796790	
			0	6	1	4		− .07676972	
			0	6	2	2		− .10200746	
			0	6	3	0		− .06644482	
			0	7	0	5		.02763899	
			0	7	1	3		.08388119	
			0	7	2	1		.17959775	
			0	8	0	4		.11726235	
			0	8	1	2		.07435274	
			0	9	0	3		− .30565048	
			1	0	2	6		.02119378	
			1	1	1	7		.07227911	
			1	1	2	5		− .11992067	
			1	2	0	8		.07435273	
			1	2	1	6		.02940621	
			1	2	2	4		.03979028	
			1	3	0	7		.08388118	
			1	3	1	5		− .00854966	
			1	3	2	3		.10270293	
			1	4	0	6		− .07676972	
			1	4	1	4		− .02462579	
			1	4	2	2		− .06743777	
			1	5	0	5		− .02622917	
			1	5	1	3		− .00854966	
			1	5	2	1		− .08684902	
			1	6	0	4		.08082993	
			1	6	1	2		.02940621	
			1	6	2	0		.09425034	
			1	7	0	3		− .00406882	
			1	7	1	1		.07227911	
			1	8	0	2		− .17149547	
			2	0	1	6		.09425034	
			2	1	0	7		.17959774	
			2	1	1	5		− .08684902	
			2	2	0	6		− .10200746	
			2	2	1	4		− .06743777	
			2	3	0	5		− .06224240	
			2	3	1	3		.10270293	
			2	4	0	4		.11212391	
			2	4	1	2		.03979029	
			2	5	0	3		− .00413193	
			2	5	1	1		− .11992067	
			2	6	0	2		− .13609706	
			2	6	1	0		.02119377	
			2	7	0	1		.16604977	
			3	0	0	6		− .06644482	
			3	1	0	5		− .14232455	
			3	2	0	4		.12383508	
			3	3	0	3		.12716410	
			3	4	0	2		− .17413793	
			3	5	0	1		− .10078842	
			3	6	0	0		.27714468	70

$n_1 = 1, n_2 = 2$

l_1	l_2	λ	n	l	N	L	ρ	$\langle\|\rangle$	τ	l_1	l_2	λ	n	l	N	L	ρ	$\langle\|\rangle$	τ
0	0	0	0	0	3	0	6	.33071891		1	1	0	0	3	1	3	8	.36742351	
			0	1	2	1		−.27003087					0	4	0	4		.00000000	
			0	2	1	2		−.31180479					1	0	3	0		.07905695	
			0	3	0	3		.59160800					1	1	2	1		.17500002	
			1	0	2	0		.20833334					1	2	1	2		.00000000	
			1	1	1	1		.06454972					1	3	0	3		−.36742351	
			1	2	0	2		−.31180479					2	0	2	0		.00000000	
			2	0	1	0		.20833334					2	1	1	1		−.17500002	
			2	1	0	1		−.27003087					2	2	0	2		.27386132	
			3	0	0	0		.33071891	10				3	0	1	0		−.07905695	
0	1	1	0	0	3	1	7	.26516504					3	1	0	1		.29047379	
			0	1	2	2		−.17677670					4	0	0	0		−.41079197	15
			0	1	3	0		−.25515519		1	1	1	0	1	3	1	8	.29047376	
			0	2	1	3		−.19364918					0	2	2	2		−.23717084	
			0	2	2	1		.02635232					0	3	1	3		−.30000002	
			0	3	0	4		.35856857					0	4	0	4		.62105905	
			0	3	1	2		.31716752					1	1	2	1		.27500000	
			0	4	0	3		−.35856857					1	2	1	2		−.04225771	
			1	0	2	1		.20623950					1	3	0	3		−.30000002	
			1	1	1	2		.11180341					2	1	1	1		.27500000	
			1	1	2	0		−.10458252					2	2	0	2		−.23717084	
			1	2	0	3		−.31716752					3	1	0	1		.29047376	10
			1	2	1	1		−.11180341		1	1	2	0	0	3	2	8	.30465145	
			1	3	0	2		.19364917					0	1	2	3		−.19267850	
			2	0	1	1		.10458252					0	1	3	1		−.11618951	
			2	1	0	2		−.02635232					0	2	1	4		−.20598200	
			2	1	1	0		−.20623950					0	2	2	2		−.09258202	
			2	2	0	1		.17677669					0	2	3	0		−.18183099	
			3	0	0	1		.25515519					0	3	0	5		.37606994	
			3	1	0	0		−.26516504	20				0	3	1	3		.12000001	
0	2	2	0	0	3	2	8	.20728904					0	3	2	1		.19312286	
			0	1	2	3		−.13110111					0	4	0	4		.00000000	
			0	1	3	1		−.27669929					0	4	1	2		.16431679	
			0	2	1	4		−.14015298					0	5	0	3		−.37606994	
			0	2	2	2		.04724555					1	0	2	2		.15309312	
			0	2	3	0		.14523688					1	1	1	3		.03674235	
			0	3	0	5		.25588317					1	1	2	1		.07000001	
			0	3	1	3		.20412414					1	2	0	4		−.16431679	
			0	3	2	1		.10022297					1	2	1	2		.00000000	
			0	4	0	4		−.23690179					1	2	2	0		−.15062372	
			0	4	1	2		−.30346636					1	3	0	3		−.12000001	
			0	5	0	3		.25588317					1	3	1	1		−.03674235	
			1	0	2	2		.18750000					1	4	0	2		.20598200	
			1	1	1	3		.12500001					2	0	1	2		.15062372	
			1	1	2	1		−.15309311					2	1	0	3		−.19312286	
			1	2	0	4		−.30346636					2	1	1	1		−.07000001	
			1	2	1	2		−.12626907					2	2	0	2		.09258202	
			1	2	2	0		.02795085					2	2	1	0		−.15309312	
			1	3	0	3		.20412414					2	3	0	1		.19267850	
			1	3	1	1		.12500001					3	0	0	2		.18183099	
			1	4	0	2		−.14015298					3	1	0	1		.11618951	
			2	0	1	2		.02795085					3	2	0	0		−.30465145	30
			2	1	0	3		.10022297		1	2	1	0	0	4	1	9	.26220222	
			2	1	1	1		−.15309311					0	1	3	2		−.07569127	
			2	2	0	2		.04724555					0	1	4	0		−.31950485	
			2	2	1	0		.18750000					0	2	2	3		−.20310098	
			2	3	0	1		−.13110111					0	2	3	1		.13268069	
			3	0	0	2		.14523688					0	3	1	4		.08864054	
			3	1	0	1		−.27669929					0	3	2	2		.20830953	
			3	2	0	0		.20728904	30				0	4	0	5		.18687064	
1	1	0	0	0	4	0	8	.41079197					0	4	1	3		−.32962221	
			0	1	3	1		−.29047379					0	5	0	4		.18687064	
			0	2	2	2		−.27386132					1	0	3	1		.04564355	

$n_1 = 1, n_2 = 2$

l_1	l_2	λ	n	l	N	L	ρ	$\langle\ \vert\ \rangle$	τ	l_1	l_2	λ	n	l	N	L	ρ	$\langle\ \vert\ \rangle$	τ
1	2	1	1	1	2	2	9	.22980971		1	2	3	1	4	0	3	9	.14647213	
			1	1	3	0		−.06123725					1	4	1	1		.08704327	
			1	2	1	3		−.03273269					1	5	0	2		−.17435500	
			1	2	2	1		−.00668153					2	0	1	3		.09688222	
			1	3	0	4		.32962221					2	1	0	4		−.07247953	
			1	3	1	2		−.03273269					2	1	1	2		−.13315338	
			1	4	0	3		.08864054					2	2	0	3		.14227561	
			2	0	2	1		−.10000000					2	2	1	1		−.01641497	
			2	1	1	2		−.00668153					2	3	0	2		−.01809368	
			2	1	2	0		−.10000000					2	3	1	0		.17343048	
			2	2	0	3		.20830953					2	4	0	1		−.16540769	
			2	2	1	1		.22980971					3	0	0	3		.20339515	
			2	3	0	2		−.20310098					3	1	0	2		−.06779838	
			3	0	1	1		−.06123725					3	2	0	1		−.21085422	
			3	1	0	2		.13268069					3	3	0	0		.26799106	40
			3	1	1	0		.04564355		2	2	0	0	0	5	0	10	.35038246	
			3	2	0	1		−.07569127					0	1	4	1		−.22160133	
			4	0	0	1		−.31950485					0	2	3	2		−.09046836	
			4	1	0	0		.26220222	30				0	3	2	3		.09910311	
1	2	2	0	1	3	2	9	.22707378					0	4	1	4		−.14982986	
			0	2	2	3		−.16583125					0	5	0	5		.35315238	
			0	2	3	1		−.21433035					1	0	4	0		−.13638619	
			0	3	1	4		−.19820625					1	1	3	1		.23904573	
			0	3	2	2		.05669467					1	2	2	2		.23214287	
			0	4	0	5		.39641250					1	3	1	3		−.35214760	
			0	4	1	3		.29880715					1	4	0	4		−.14982986	
			0	5	0	4		−.39641250					2	0	3	0		−.15526476	
			1	1	2	2		.22980971					2	1	2	1		−.13832083	
			1	2	1	3		.02672613					2	2	1	2		.23214287	
			1	2	2	1		−.18040135					2	3	0	3		.09910311	
			1	3	0	4		.29880715					3	0	2	0		−.15526476	
			1	3	1	2		−.02672613					3	1	1	1		.23904573	
			1	4	0	3		.19820625					3	2	0	2		−.09046836	
			2	1	1	2		.18040135					4	0	1	0		−.13638619	
			2	2	0	3		−.05669467					4	1	0	1		−.22160133	
			2	2	1	1		−.22980971					5	0	0	0		.35038246	21
			2	3	0	2		.16583125		2	2	1	0	1	4	1	10	.38382477	
			3	1	0	2		.21433035					0	2	3	2		−.27140511	
			3	2	0	1		−.22707378	20				0	3	2	3		−.28030598	
1	2	3	0	0	3	3	9	.26799106					0	4	1	4		.41032593	
			0	1	2	4		−.16540769					0	5	0	5		.00000000	
			0	1	3	2		−.21085422					1	1	3	1		.15526476	
			0	2	1	5		−.17435500					1	2	2	2		.08928574	
			0	2	2	3		−.01809368					1	3	1	3		.00000000	
			0	2	3	1		−.06779838					1	4	0	4		−.41032594	
			0	3	0	6		.31542006					2	1	2	1		.00000000	
			0	3	1	4		.14647213					2	2	1	2		−.08928572	
			0	3	2	2		.14227561					2	3	0	3		.28030599	
			0	3	3	0		.20339515					3	1	1	1		−.15526476	
			0	4	0	5		−.10209183					3	2	0	2		.27140511	
			0	4	1	3		−.01675149					4	1	0	1		−.38382477	15
			0	4	2	1		−.07247953		2	2	2	0	0	4	2	10	.21354037	
			0	5	0	4		−.10209183					0	1	3	3		−.11696088	
			0	5	1	2		−.23760581					0	1	4	1		−.07491492	
			0	6	0	3		.31542006					0	2	2	4		−.10209183	
			1	0	2	3		.17343048					0	2	3	2		.12924052	
			1	1	1	4		.08704327					0	2	4	0		−.19825987	
			1	1	2	2		−.01641497					0	3	1	5		.13179998	
			1	2	0	5		−.23760581					0	3	2	3		−.10942026	
			1	2	1	3		−.03207665					0	3	3	1		.14383277	
			1	2	2	1		−.13315338					0	4	0	6		.00000000	
			1	3	0	4		−.01675149					0	4	1	4		−.22448982	
			1	3	1	2		−.03207665					0	4	2	2		.10648487	
			1	3	2	0		.09688222											

$n_1 = 1, n_2 = 2$

l_1	l_2	λ	n	l	N	L	ρ	$\langle\ \|\ \rangle$	τ	l_1	l_2	λ	n	l	N	L	ρ	$\langle\ \|\ \rangle$	τ
2	2	2	0	5	0	5	10	.49704889		2	2	4	0	1	2	5	10	−.17795031	
			0	5	1	3		−.15840387					0	1	3	3		−.10066389	
			0	6	0	4		.00000000					0	2	1	6		−.18586304	
			1	0	3	2		−.03419382					0	2	2	4		−.07255351	
			1	1	2	3		.09213317					0	2	3	2		−.18739875	
			1	1	3	1		.08081220					0	3	0	7		.33407657	
			1	2	1	4		.03027020					0	3	1	5		.08954045	
			1	2	2	2		.23979593					0	3	2	3		.10729156	
			1	2	3	0		−.10978877					0	3	3	1		.12379154	
			1	3	0	5		−.15840387					0	4	0	6		.00000000	
			1	3	1	3		−.15552317					0	4	1	4		.06398944	
			1	3	2	1		−.06204279					0	4	2	2		.07567551	
			1	4	0	4		−.22448982					0	4	3	0		.13370021	
			1	4	1	2		.03027020					0	5	0	5		−.12031638	
			1	5	0	3		.13179999					0	5	1	3		−.10761424	
			2	0	2	2		−.06776309					0	5	2	1		−.17878272	
			2	1	1	3		−.06204279					0	6	0	4		.00000000	
			2	1	2	1		−.04676097					0	6	1	2		−.12696863	
			2	2	0	4		.10648487					0	7	0	3		.33407657	
			2	2	1	2		.23979593					1	0	2	4		.12582990	
			2	2	2	0		−.06776309					1	1	1	5		.02905916	
			2	3	0	3		−.10942025					1	1	2	3		.07929561	
			2	3	1	1		.09213317					1	2	0	6		−.12696863	
			2	4	0	2		−.10209182					1	2	1	4		.02151210	
			3	0	1	2		−.10978877					1	2	2	2		−.11437075	
			3	1	0	3		.14383277					1	3	0	5		−.10761425	
			3	1	1	1		.08081220					1	3	1	3		−.04414404	
			3	2	0	2		.12924052					1	3	2	1		−.05339793	
			3	2	1	0		−.03419382					1	4	0	4		.06398944	
			3	3	0	1		−.11696088					1	4	1	2		.02151209	
			4	0	0	2		−.19825987					1	4	2	0		.12797967	
			4	1	0	1		−.07491492					1	5	0	3		.08954046	
			4	2	0	0		.21354037	45				1	5	1	1		−.02905917	
													1	6	0	2		−.18586304	
2	2	3	0	1	3	3	10	.26153247					2	0	1	4		.12797967	
			0	2	2	4		−.18047456					2	1	0	5		−.17878273	
			0	2	3	2		−.07754431					2	1	1	3		−.05339793	
			0	3	1	5		−.20839408					2	2	0	4		.07567550	
			0	3	2	3		−.08650430					2	2	1	2		−.11437075	
			0	3	3	1		−.15896153					2	3	0	3		.10729156	
			0	4	0	6		.40720553					2	3	1	1		.07929560	
			0	4	1	4		.12987676					2	4	0	2		−.07255350	
			0	4	2	2		.16542340					2	4	1	0		.12582990	
			0	5	0	5		.00000000					2	5	0	1		−.17795031	
			0	5	1	3		.17339434					3	0	0	4		.13370021	
			0	6	0	4		−.40720553					3	1	0	3		−.12379154	
			1	1	2	3		.20601603					3	2	0	2		−.18739874	
			1	2	1	4		−.02675533					3	3	0	1		−.10066389	
			1	2	2	2		.02551021					3	4	0	0		.29240222	50
			1	3	0	5		−.17339434											
			1	3	1	3		.00000000											
			1	3	2	1		−.18141864											
			1	4	0	4		−.12987676											
			1	4	1	2		.02675533											
			1	5	0	3		.20839408											
			2	1	1	3		.18141864											
			2	2	0	4		−.16542340											
			2	2	1	2		−.02551021											
			2	3	0	3		.08650430											
			2	3	1	1		−.20601603											
			2	4	0	2		.18047456											
			3	1	0	3		.15896153											
			3	2	0	2		.07754431											
			3	3	0	1		−.26153247	30										
2	2	4	0	0	3	4	10	.29240222											

$n_1 = 0, n_2 = 3$

l_1	l_2	λ	n	l	N	L	ρ	$<\ \|\ >$	τ
0	0	0	0	0	3	0	6	.12500000	
			0	1	2	1		− .30618622	
			0	2	1	2		.35355341	
			0	3	0	3		− .22360680	
			1	0	2	0		.33071892	
			1	1	1	1		− .51234754	
			1	2	0	2		.35355341	
			2	0	1	0		.33071892	
			2	1	0	1		− .30618622	
			3	0	0	0		.12500000	10

$n_1 = 3, n_2 = 1$

l_1	l_2	λ	n	l	N	L	ρ	$<\ \|\ >$	τ
0	0	0	0	0	4	0	8	.21650635	
			0	1	3	1		.30618622	
			0	2	2	2		.00000000	
			0	3	1	3		−.38729836	
			0	4	0	4		−.41403935	
			1	0	3	0		.25000001	
			1	1	2	1		.07905693	
			1	2	1	2		−.30860669	
			1	3	0	3		−.38729836	
			2	0	2	0		.12076148	
			2	1	1	1		.07905693	
			2	2	0	2		.00000000	
			3	0	1	0		.25000001	
			3	1	0	1		.30618622	
			4	0	0	0		.21650635	15
0	1	1	0	0	4	1	9	.22707378	
			0	1	3	2		.26220221	
			0	1	4	0		.03952847	
			0	2	2	3		.00000000	
			0	2	3	1		−.17677670	
			0	3	1	4		−.30705978	
			0	3	2	2		−.16035674	
			0	4	0	5		−.32366942	
			0	4	1	3		.15430335	
			0	5	0	4		.32366942	
			1	0	3	1		.15811389	
			1	1	2	2		.06123725	
			1	1	3	0		−.14142135	
			1	2	1	3		−.11338934	
			1	2	2	1		−.17744886	
			1	3	0	4		−.15430335	
			1	3	1	2		.11338934	
			1	4	0	3		.30705978	
			2	0	2	1		.07216879	
			2	1	1	2		.17744886	
			2	1	2	0		−.07216879	
			2	2	0	3		.16035674	
			2	2	1	1		−.06123725	
			2	3	0	2		.00000000	
			3	0	1	1		.14142136	
			3	1	0	2		.17677670	
			3	1	1	0		−.15811388	
			3	2	0	1		−.26220220	
			4	0	0	1		−.03952845	
			4	1	0	0		−.22707377	30
0	2	2	0	0	4	2	10	.21881376	
			0	1	3	3		.23969846	
			0	1	4	1		−.03838248	
			0	2	2	4		.00000000	
			0	2	3	2		−.18540496	
			0	2	4	0		−.11811390	
			0	3	1	5		−.27010959	
			0	3	2	3		−.11212239	
			0	3	3	1		.03726970	
			0	4	0	6		−.28212026	
			0	4	1	4		.14638501	
			0	4	2	2		.18516402	
			0	5	0	5		.25466177	
			0	5	1	3		−.02497164	
			0	6	0	4		−.28212026	
			1	0	3	2		.07007649	
			1	1	2	3		.05149549	
			1	1	3	1		−.17596671	
			1	2	1	4		.00000000	
0	2	2	1	2	2	2	10	−.10978876	
			1	2	3	0		.01785715	
			1	3	0	5		−.02497164	
			1	3	1	3		.06374553	
			1	3	2	1		.18192214	
			1	4	0	4		.14638501	
			1	4	1	2		.00000000	
			1	5	0	3		−.27010959	
			2	0	2	2		.03471826	
			2	1	1	3		.18192214	
			2	1	2	1		−.06867923	
			2	2	0	4		.18516402	
			2	2	1	2		−.10978876	
			2	2	2	0		.03471826	
			2	3	0	3		−.11212239	
			2	3	1	1		.05149549	
			2	4	0	2		.00000000	
			3	0	1	2		.01785715	
			3	1	0	3		.03726970	
			3	1	1	1		−.17596671	
			3	2	0	2		−.18540496	
			3	2	1	0		.07007649	
			3	3	0	1		.23969846	
			4	0	0	2		−.11811390	
			4	1	0	1		−.03838248	
			4	2	0	0		.21881376	45
0	3	3	0	0	4	3	11	.19974873	
			0	1	3	4		.21354039	
			0	1	4	2		−.10129110	
			0	2	2	5		.00000000	
			0	2	3	3		−.19571299	
			0	2	4	1		−.08794531	
			0	3	1	6		−.23510023	
			0	3	2	4		−.08921427	
			0	3	3	2		.08890395	
			0	3	4	0		.09217642	
			0	4	0	7		−.24397502	
			0	4	1	5		.14712999	
			0	4	2	3		.14846151	
			0	4	3	1		.06156862	
			0	5	0	6		.22712840	
			0	5	1	4		−.05331572	
			0	5	2	2		−.14926329	
			0	6	0	5		−.22712840	
			0	6	1	3		−.06070263	
			0	7	0	4		.24397502	
			1	0	3	3		.00000000	
			1	1	2	4		.04270808	
			1	1	3	2		−.15076337	
			1	2	1	5		.07609477	
			1	2	2	3		−.07501889	
			1	2	3	1		.10308649	
			1	3	0	6		.06070263	
			1	3	1	4		.01749635	
			1	3	2	2		.13452382	
			1	3	3	0		.06565992	
			1	4	0	5		.05331572	
			1	4	1	3		−.01749635	
			1	4	2	1		−.13878772	
			1	5	0	4		−.14712999	
			1	5	1	2		−.07609477	
			1	6	0	3		.23510023	
			2	0	2	3		.00904684	
			2	1	1	4		.13878772	
			2	1	2	2		−.05026805	

$n_1 = 3, n_2 = 1$

l_1	l_2	λ	n	l	N	L	ρ	$<\ \mid\ >$	τ
0	3	3	2	2	0	5	11	.14923409	
			2	2	1	3		−.13452382	
			2	2	2	1		.05026805	
			2	3	0	4		−.14846151	
			2	3	1	2		.07501889	
			2	3	2	0		−.00904684	
			2	4	0	3		.08921427	
			2	4	1	1		−.04270808	
			2	5	0	2		.00000000	
			3	0	1	3		−.06565992	
			3	1	0	4		−.06156862	
			3	1	1	2		−.10308649	
			3	2	0	3		−.08890395	
			3	2	1	1		.15076337	
			3	3	0	2		.19571299	
			3	3	1	0		.00000000	
			3	4	0	1		−.21354039	
			4	0	0	3		−.09217642	
			4	1	0	2		.08794531	
			4	2	0	1		.10129110	
			4	3	0	0		−.19974873	60
0	4	4	0	0	4	4	12	.17558895	
			0	1	3	5		.18508699	
			0	1	4	3		−.14195524	
			0	2	2	6		.00000000	
			0	2	3	4		−.19493481	
			0	2	4	2		−.03054040	
			0	3	1	7		−.20061457	
			0	3	2	5		−.07142857	
			0	3	3	3		.12840335	
			0	3	4	1		.11856301	
			0	4	0	8		−.20719384	
			0	4	1	6		.14236026	
			0	4	2	4		.13159706	
			0	4	3	2		.00047965	
			0	4	4	0		−.03059981	
			0	5	0	7		.20220050	
			0	5	1	5		−.07290149	
			0	5	2	3		−.14034590	
			0	5	3	1		−.10813174	
			0	6	0	6		−.20853494	
			0	6	1	4		−.01511282	
			0	6	2	2		.08966370	
			0	7	0	5		.20220050	
			0	7	1	3		.11353111	
			0	8	0	4		−.20719384	
			1	0	3	4		−.04917474	
			1	1	2	5		.03477179	
			1	1	3	3		−.09834946	
			1	2	1	6		.12277710	
			1	2	2	4		−.05092272	
			1	2	3	2		.14300058	
			1	3	0	7		.11353111	
			1	3	1	5		−.02608203	
			1	3	2	3		.10280496	
			1	3	3	1		−.01139794	
			1	4	0	6		−.01511282	
			1	4	1	4		−.00919632	
			1	4	2	2		−.12877237	
			1	4	3	0		−.10178572	
			1	5	0	5		−.07290149	
			1	5	1	3		−.02608203	
			1	5	2	1		.07804772	
			1	6	0	4		.14236026	
			1	6	1	2		.12277710	

l_1	l_2	λ	n	l	N	L	ρ	$<\ \mid\ >$	τ
0	4	4	1	7	0	3	12	−.20061457	
			2	0	2	4		−.00695435	
			2	1	1	5		.07804772	
			2	1	2	3		−.02946278	
			2	2	0	6		.08966370	
			2	2	1	4		−.12877238	
			2	2	2	2		.04912841	
			2	3	0	5		−.14034590	
			2	3	1	3		.10280496	
			2	3	2	1		−.02946278	
			2	4	0	4		.13159706	
			2	4	1	2		−.05092272	
			2	4	2	0		−.00695435	
			2	5	0	3		−.07142857	
			2	5	1	1		.03477179	
			2	6	0	2		.00000000	
			3	0	1	4		−.10178572	
			3	1	0	5		−.10813174	
			3	1	1	3		−.01139794	
			3	2	0	4		.00047965	
			3	2	1	2		.14300058	
			3	3	0	3		.12840335	
			3	3	1	1		−.09834946	
			3	4	0	2		−.19493481	
			3	4	1	0		−.04917474	
			3	5	0	1		.18508699	
			4	0	0	4		−.03059981	
			4	1	0	3		.11856301	
			4	2	0	2		−.03054040	
			4	3	0	1		−.14195524	
			4	4	0	0		.17558895	75

$n_1 = 2, n_2 = 2$

l_1	l_2	λ	n	l	N	L	ρ	$\langle \mid \rangle$	τ
0	0	0	0	0	4	0	8	.31374751	
			0	1	3	1		.00000000	
			0	2	2	2		−.41833002	
			0	3	1	3		.00000000	
			0	4	0	4		.60000004	
			1	0	3	0		.12076148	
			1	1	2	1		.00000000	
			1	2	1	2		−.07453560	
			1	3	0	3		.00000000	
			2	0	2	0		.24166668	
			2	1	1	1		.00000000	
			2	2	0	2		−.41833002	
			3	0	1	0		.12076148	
			3	1	0	1		.00000000	
			4	0	0	0		.31374751	15
0	1	1	0	0	4	1	9	.27810745	
			0	1	3	2		.00000000	
			0	1	4	0		−.14523689	
			0	2	2	3		−.28722814	
			0	2	3	1		−.17320508	
			0	3	1	4		.00000000	
			0	3	2	2		.22912878	
			0	4	0	5		.39641247	
			0	4	1	3		.15118579	
			0	5	0	4		−.39641247	
			1	0	3	1		.09682459	
			1	1	2	2		.10000001	
			1	1	3	0		−.07216879	
			1	2	1	3		−.04629101	
			1	2	2	1		−.02519764	
			1	3	0	4		−.15118579	
			1	3	1	2		−.04629100	
			1	4	0	3		.00000000	
			2	0	2	1		.17088416	
			2	1	1	2		.02519764	
			2	1	2	0		−.17088416	
			2	2	0	3		−.22912878	
			2	2	1	1		−.10000001	
			2	3	0	2		.28722813	
			3	0	1	1		.07216880	
			3	1	0	2		.17320508	
			3	1	1	0		−.09682460	
			3	2	0	1		.00000000	
			4	0	0	1		.14523689	
			4	1	0	0		−.27810744	30
0	2	2	0	0	4	2	10	.23634587	
			0	1	3	3		.00000000	
			0	1	4	1		−.20728905	
			0	2	2	4		−.22598990	
			0	2	3	2		−.11443443	
			0	2	4	0		−.00510310	
			0	3	1	5		.00000000	
			0	3	2	3		.18165902	
			0	3	3	1		.20493902	
			0	4	0	6		.30472471	
			0	4	1	4		.09035079	
			0	4	2	2		−.09285714	
			0	5	0	5		−.27506615	
			0	5	1	3		−.21577963	
			0	6	0	4		.30472471	
			1	0	3	2		.07569127	
			1	1	2	3		.14832397	
			1	1	3	1		−.07826238	
			1	2	1	4		−.03350296	

l_1	l_2	λ	n	l	N	L	ρ	$\langle \mid \rangle$	τ
0	2	2	1	2	2	2	10	−.06776310	
			1	2	3	0		.03471825	
			1	3	0	5		−.21577963	
			1	3	1	3		.00860662	
			1	3	2	1		.03380618	
			1	4	0	4		.09035079	
			1	4	1	2		−.03350296	
			1	5	0	3		.00000000	
			2	0	2	2		.08750001	
			2	1	1	3		.03380618	
			2	1	2	1		−.19149321	
			2	2	0	4		−.09285714	
			2	2	1	2		−.06776310	
			2	2	2	0		.08750001	
			2	3	0	3		.18165902	
			2	3	1	1		.14832397	
			2	4	0	2		−.22598990	
			3	0	1	2		.03471825	
			3	1	0	3		.20493902	
			3	1	1	1		−.07826238	
			3	2	0	2		−.11443443	
			3	2	1	0		.07569127	
			3	3	0	1		.00000000	
			4	0	0	2		−.00510310	
			4	1	0	1		−.20728905	
			4	2	0	0		.23634587	45
1	1	0	0	0	5	0	10	.40710765	
			0	1	4	1		.00000000	
			0	2	3	2		−.42045902	
			0	3	2	3		.00000000	
			0	4	1	4		.34817313	
			0	5	0	5		.00000000	
			1	0	4	0		.03169328	
			1	1	3	1		.00000000	
			1	2	2	2		.13832085	
			1	3	1	3		.00000000	
			1	4	0	4		−.34817313	
			2	0	3	0		.12694911	
			2	1	2	1		.00000000	
			2	2	1	2		−.13832085	
			2	3	0	3		.00000000	
			3	0	2	0		−.12694911	
			3	1	1	1		.00000000	
			3	2	0	2		.42045902	
			4	0	1	0		−.03169328	
			4	1	0	1		.00000000	
			5	0	0	0		−.40710765	21
1	1	1	0	1	4	1	10	.25747747	
			0	2	3	2		.00000000	
			0	3	2	3		−.37606993	
			0	4	1	4		−.00000000	
			0	5	0	5		.63567422	
			1	1	3	1		.20830952	
			1	2	2	2		.00000000	
			1	3	1	3		−.16035675	
			1	4	0	4		−.00000000	
			2	1	2	1		.26071430	
			2	2	1	2		.00000000	
			2	3	0	3		−.37606993	
			3	1	1	1		.20830952	
			3	2	0	2		.00000000	
			4	1	0	1		.25747747	15
1	1	2	0	0	4	2	10	.29356949	

$n_1 = 2, n_2 = 2$

l_1	l_2	λ	n	l	N	L	ρ	$\langle \mid \rangle$	τ
1	1	2	0	1	3	3	10	.00000000	
			0	1	4	1		.00000000	
			0	2	2	4		−.28070615	
			0	2	3	2		−.14214108	
			0	2	4	0		−.19649840	
			0	3	1	5		.00000000	
			0	3	2	3		.00000000	
			0	3	3	1		.00000000	
			0	4	0	6		.37850409	
			0	4	1	4		.11222636	
			0	4	2	2		.25729591	
			0	5	0	5		.00000000	
			0	5	1	3		.00000000	
			0	6	0	4		−.37850409	
			1	0	3	2		.09401748	
			1	1	2	3		.00000000	
			1	1	3	1		.00000000	
			1	2	1	4		−.04161465	
			1	2	2	2		.04676098	
			1	2	3	0		−.06867924	
			1	3	0	5		.00000000	
			1	3	1	3		.00000000	
			1	3	2	1		.00000000	
			1	4	0	4		−.11222636	
			1	4	1	2		.04161465	
			1	5	0	3		−.00000000	
			2	0	2	2		.19149321	
			2	1	1	3		.00000000	
			2	1	2	1		.00000000	
			2	2	0	4		−.25729591	
			2	2	1	2		−.04676098	
			2	2	2	0		−.19149321	
			2	3	0	3		.00000000	
			2	3	1	1		.00000000	
			2	4	0	2		.28070615	
			3	0	1	2		.06867924	
			3	1	0	3		.00000000	
			3	1	1	1		.00000000	
			3	2	0	2		.14214108	
			3	2	1	0		−.09401748	
			3	3	0	1		.00000000	
			4	0	0	2		.19649840	
			4	1	0	1		.00000000	
			4	2	0	0		−.29356949	45
1	2	1	0	0	5	1	11	.28248738	
			0	1	4	2		.07293793	
			0	1	5	0		−.22617091	
			0	2	3	3		−.22598991	
			0	2	4	1		−.09951521	
			0	3	2	4		−.12079670	
			0	3	3	2		.26059196	
			0	4	1	5		.18007307	
			0	4	2	3		−.01116765	
			0	5	0	6		.21028003	
			0	5	1	4		−.25599393	
			0	6	0	5		−.21028003	
			1	0	4	1		−.02022934	
			1	1	3	2		.12665571	
			1	1	4	0		−.07910399	
			1	2	2	3		.12309778	
			1	2	3	1		.08454057	
			1	3	1	4		−.11055417	
			1	3	2	2		−.02886751	
			1	4	0	5		−.25599393	
			1	4	1	3		−.11055417	
1	2	1	1	5	0	4	11	.18007307	
			2	0	3	1		.02700309	
			2	1	2	2		.02777920	
			2	1	3	0		−.13559676	
			2	2	1	3		−.02886751	
			2	2	2	1		.02777920	
			2	3	0	4		−.01116765	
			2	3	1	2		.12309778	
			2	4	0	3		−.12079670	
			3	0	2	1		−.13559676	
			3	1	1	2		.08454057	
			3	1	2	0		.02700309	
			3	2	0	3		.26059196	
			3	2	1	1		.12665571	
			3	3	0	2		−.22598991	
			4	0	1	1		−.07910399	
			4	1	0	2		−.09951521	
			4	1	1	0		−.02022934	
			4	2	0	1		.07293793	
			5	0	0	1		−.22617091	
			5	1	0	0		.28248738	42
1	2	2	0	1	4	2	11	.21881378	
			0	2	3	3		−.00000000	
			0	2	4	1		−.13570254	
			0	3	2	4		−.27010960	
			0	3	3	2		−.11605770	
			0	4	1	5		.00000000	
			0	4	2	3		.22474476	
			0	5	0	6		.43094583	
			0	5	1	4		.12777532	
			0	6	0	5		−.43094583	
			1	1	3	2		.16284305	
			1	2	2	3		.06700594	
			1	2	3	1		−.12990382	
			1	3	1	4		−.10594569	
			1	3	2	2		−.04040611	
			1	4	0	5		−.12777532	
			1	4	1	3		.10594569	
			1	5	0	4		.00000000	
			2	1	2	2		.18435286	
			2	2	1	3		.04040611	
			2	2	2	1		−.18435286	
			2	3	0	4		−.22474476	
			2	3	1	2		−.06700594	
			2	4	0	3		.27010960	
			3	1	1	2		.12990382	
			3	2	0	3		.11605770	
			3	2	1	1		−.16284305	
			3	3	0	2		.00000000	
			4	1	0	2		.13570254	
			4	2	0	1		−.21881378	30
1	2	3	0	0	4	3	11	.27739710	
			0	1	3	4		.00000000	
			0	1	4	2		−.10940689	
			0	2	2	5		−.25522961	
			0	2	3	3		−.12079669	
			0	2	4	1		−.16090445	
			0	3	1	6		.00000000	
			0	3	2	4		.07571333	
			0	3	3	2		.07597760	
			0	3	4	0		.12683917	
			0	4	0	7		.33881550	
			0	4	1	5		.09081060	
			0	4	2	3		.10881352	

$n_1 = 2, n_2 = 2$

l_1	l_2	λ	n	l	N	L	ρ	$\langle \mid \rangle$	τ
1	2	3	0	4	3	1	11	.12554754	
			0	5	0	6		−.10514002	
			0	5	1	4		−.06581436	
			0	5	2	2		−.20033770	
			0	6	0	5		−.10514002	
			0	6	1	3		−.11239942	
			0	7	0	4		.33881550	
			1	0	3	3		.08270384	
			1	1	2	4		.07908000	
			1	1	3	2		−.03489493	
			1	2	1	5		−.03522504	
			1	2	2	3		.02924379	
			1	2	3	1		−.03844093	
			1	3	0	6		−.11239942	
			1	3	1	4		−.00269975	
			1	3	2	2		−.03747367	
			1	3	3	0		.05026806	
			1	4	0	5		−.06581436	
			1	4	1	3		−.00269975	
			1	4	2	1		.01657968	
			1	5	0	4		.09081060	
			1	5	1	2		−.03522504	
			1	6	0	3		.00000000	
			2	0	2	3		.15495126	
			2	1	1	4		.01657968	
			2	1	2	2		−.11382256	
			2	2	0	5		−.20033770	
			2	2	1	3		−.03747367	
			2	2	2	1		−.11382256	
			2	3	0	4		.10881352	
			2	3	1	2		.02924379	
			2	3	2	0		.15495126	
			2	4	0	3		.07571333	
			2	4	1	1		.07908000	
			2	5	0	2		−.25522961	
			3	0	1	3		.05026806	
			3	1	0	4		.12554754	
			3	1	1	2		−.03844093	
			3	2	0	3		.07597760	
			3	2	1	1		−.03489493	
			3	3	0	2		−.12079669	
			3	3	1	0		.08270384	
			3	4	0	1		.00000000	
			4	0	0	3		.12683917	
			4	1	0	2		−.16090445	
			4	2	0	1		−.10940689	
			4	3	0	0		.27739710	60
2	2	0	0	0	6	0	12	.36468963	
			0	1	5	1		.00000000	
			0	2	4	2		−.23064997	
			0	3	3	3		.00000000	
			0	4	2	4		−.00000000	
			0	5	1	5		.00000000	
			0	6	0	6		.38391713	
			1	0	5	0		−.14304304	
			1	1	4	1		.00000000	
			1	2	3	2		.33850163	
			1	3	2	3		.00000000	
			1	4	1	4		−.38332593	
			1	5	0	5		.00000000	
			2	0	4	0		−.03049688	
			2	1	3	1		.00000000	
			2	2	2	2		.00595240	
			2	3	1	3		.00000000	
			2	4	0	4		−.00000000	
2	2	0	3	0	3	0	12	−.24756468	
			3	1	2	1		.00000000	
			3	2	1	2		.33850163	
			3	3	0	3		.00000000	
			4	0	2	0		−.03049688	
			4	1	1	1		.00000000	
			4	2	0	2		−.23064997	
			5	0	1	0		−.14304304	
			5	1	0	1		.00000000	
			6	0	0	0		.36468963	28
2	2	1	0	1	5	1	12	.36468963	
			0	2	4	2		.00000000	
			0	3	3	3		−.41259925	
			0	4	2	4		.00000000	
			0	5	1	5		.40265562	
			0	6	0	6		.00000000	
			1	1	4	1		.14160538	
			1	2	3	2		.00000000	
			1	3	2	3		.06606875	
			1	4	1	4		.00000000	
			1	5	0	5		−.40265562	
			2	1	3	1		.10106787	
			2	2	2	2		.00000000	
			2	3	1	3		−.06606875	
			2	4	0	4		.00000000	
			3	1	2	1		−.10106787	
			3	2	1	2		.00000000	
			3	3	0	3		.41259925	
			4	1	1	1		−.14160538	
			4	2	0	2		.00000000	
			5	1	0	1		−.36468963	21
2	2	2	0	0	5	2	12	.21794373	
			0	1	4	3		.00000000	
			0	1	5	1		.00000000	
			0	2	3	4		−.16142136	
			0	2	4	2		.06589999	
			0	2	5	0		−.20551884	
			0	3	2	5		−.00000000	
			0	3	3	3		.00000000	
			0	3	4	1		.00000000	
			0	4	1	6		.12566636	
			0	4	2	4		−.22074807	
			0	4	3	2		.17913420	
			0	5	0	7		.00000000	
			0	5	1	5		.00000000	
			0	5	2	3		.00000000	
			0	6	0	6		.51767370	
			0	6	1	4		−.14674669	
			0	7	0	5		.00000000	
			1	0	4	2		−.04358874	
			1	1	3	3		−.00000000	
			1	1	4	1		.00000000	
			1	2	2	4		.08185558	
			1	2	3	2		.23487867	
			1	2	4	0		−.05976462	
			1	3	1	5		.00000000	
			1	3	2	3		.00000000	
			1	3	3	1		.00000000	
			1	4	0	6		−.14674669	
			1	4	1	4		−.23495593	
			1	4	2	2		−.03783774	
			1	5	0	5		.00000000	
			1	5	1	3		.00000000	
			1	6	0	4		.12566636	

113

$n_1 = 2, n_2 = 2$

l_1	l_2	λ	n	l	N	L	ρ	$\langle\ |\ \rangle$	τ
2	2	2	2	0	3	2	12	.00764597	
			2	1	2	3		.00000000	
			2	1	3	1		.00000000	
			2	2	1	4		−.03783774	
			2	2	2	2		.16156464	
			2	2	3	0		−.13505761	
			2	3	0	5		.00000000	
			2	3	1	3		.00000000	
			2	3	2	1		.00000000	
			2	4	0	4		−.22074807	
			2	4	1	2		.08185558	
			2	5	0	3		.00000000	
			3	0	2	2		−.13505761	
			3	1	1	3		.00000000	
			3	1	2	1		.00000000	
			3	2	0	4		.17913420	
			3	2	1	2		.23487867	
			3	2	2	0		.00764597	
			3	3	0	3		.00000000	
			3	3	1	1		.00000000	
			3	4	0	2		−.16142136	
			4	0	1	2		−.05976462	
			4	1	0	3		.00000000	
			4	1	1	1		.00000000	
			4	2	0	2		.06589999	
			4	2	1	0		−.04358874	
			4	3	0	1		.00000000	
			5	0	0	2		−.20551884	
			5	1	0	1		.00000000	
			5	2	0	0		.21794373	63
2	2	3	0	1	4	3	12	.23874539	
			0	2	3	4		.00000000	
			0	2	4	2		.00000000	
			0	3	2	5		−.26903560	
			0	3	3	3		−.12733087	
			0	3	4	1		−.14738519	
			0	4	1	6		.00000000	
			0	4	2	4		.00000000	
			0	4	3	2		.00000000	
			0	5	0	7		.41239307	
			0	5	1	5		.12895300	
			0	5	2	3		.23816609	
			0	6	0	6		.00000000	
			0	6	1	4		.00000000	
			0	7	0	5		−.41239307	
			1	1	3	3		.16540766	
			1	2	2	4		.00000000	
			1	2	3	2		.00000000	
			1	3	1	5		−.09823791	
			1	3	2	3		.02038925	
			1	3	3	1		−.12373020	
			1	4	0	6		−.00000000	
			1	4	1	4		.00000000	
			1	4	2	2		.00000000	
			1	5	0	5		−.12895300	
			1	5	1	3		.09823791	
			1	6	0	4		.00000000	
			2	1	2	3		.19112746	
			2	2	1	4		.00000000	
			2	2	2	2		.00000000	
			2	3	0	5		−.23816609	
			2	3	1	3		−.02038925	
			2	3	2	1		−.19112746	
			2	4	0	4		.00000000	
			2	4	1	2		.00000000	
2	2	3	2	5	0	3	12	.26903560	
			3	1	1	3		.12373020	
			3	2	0	4		.00000000	
			3	2	1	2		.00000000	
			3	3	0	3		.12733087	
			3	3	1	1		−.16540766	
			3	4	0	2		−.00000000	
			4	1	0	3		.14738519	
			4	2	0	2		.00000000	
			4	3	0	1		−.23874539	45
2	2	4	0	0	4	4	12	.28416388	
			0	1	3	5		−.00000000	
			0	1	4	3		−.00000000	
			0	2	2	6		−.25544431	
			0	2	3	4		−.11471716	
			0	2	4	2		−.20319164	
			0	3	1	7		.00000000	
			0	3	2	5		.00000000	
			0	3	3	3		.00000000	
			0	3	4	1		.00000000	
			0	4	0	8		.33531160	
			0	4	1	6		.08377757	
			0	4	2	4		.11562750	
			0	4	3	2		.12730514	
			0	4	4	0		.16192391	
			0	5	0	7		.00000000	
			0	5	1	5		.00000000	
			0	5	2	3		.00000000	
			0	5	3	1		.00000000	
			0	6	0	6		−.11249398	
			0	6	1	4		−.09783113	
			0	6	2	2		−.22370665	
			0	7	0	5		.00000000	
			0	7	1	3		.00000000	
			0	8	0	4		.33531160	
			1	0	3	4		.07958183	
			1	1	2	5		−.00000000	
			1	1	3	3		−.00000000	
			1	2	1	6		−.03311599	
			1	2	2	4		.05817221	
			1	2	3	2		−.04720600	
			1	3	0	7		.00000000	
			1	3	1	5		.00000000	
			1	3	2	3		.00000000	
			1	3	3	1		.00000000	
			1	4	0	6		−.09783113	
			1	4	1	4		−.01405600	
			1	4	2	2		−.02689012	
			1	4	3	0		.04912841	
			1	5	0	5		.00000000	
			1	5	1	3		.00000000	
			1	5	2	1		.00000000	
			1	6	0	4		.08377757	
			1	6	1	2		−.03311599	
			1	7	0	3		.00000000	
			2	0	2	4		.16881852	
			2	1	1	5		.00000000	
			2	1	2	3		−.00000000	
			2	2	0	6		−.22370665	
			2	2	1	4		−.02689012	
			2	2	2	2		−.16482426	
			2	3	0	5		.00000000	
			2	3	1	3		.00000000	
			2	3	2	1		−.00000000	
			2	4	0	4		.11562750	

114

$n_1 = 2, n_2 = 2$

l_1	l_2	λ	n	l	N	L	ρ	$\langle\,\|\,\rangle$	τ
2	2	4	2	4	1	2	12	.05817222	
			2	4	2	0		.16881852	
			2	5	0	3		.00000000	
			2	5	1	1		$-$.00000000	
			2	6	0	2		$-$.25544431	
			3	0	1	4		.04912841	
			3	1	0	5		.00000000	
			3	1	1	3		.00000000	
			3	2	0	4		.12730514	
			3	2	1	2		$-$.04720600	
			3	3	0	3		.00000000	
			3	3	1	1		$-$.00000000	
			3	4	0	2		$-$.11471716	
			3	4	1	0		.07958183	
			3	5	0	1		$-$.00000000	
			4	0	0	4		.16192391	
			4	1	0	3		.00000000	
			4	2	0	2		$-$.20319164	
			4	3	0	1		$-$.00000000	
			4	4	0	0		.28416388	75

$n_1 = 1, n_2 = 3$

l_1	l_2	λ	n	l	N	L	ρ	$\langle\ |\ \rangle$	τ
0	0	0	0	0	4	0	8	.21650635	
			0	1	3	1		− .30618622	
			0	2	2	2		.00000000	
			0	3	1	3		.38729836	
			0	4	0	4		− .41403935	
			1	0	3	0		.25000001	
			1	1	2	1		− .07905693	
			1	2	1	2		− .30860669	
			1	3	0	3		.38729836	
			2	0	2	0		.12076148	
			2	1	1	1		− .07905693	
			2	2	0	2		.00000000	
			3	0	1	0		.25000001	
			3	1	0	1		− .30618622	
			4	0	0	0		.21650635	15

$n_1 = 3, n_2 = 2$

l_1	l_2	λ	n	l	N	L	ρ	$\langle\ \|\ \rangle$	τ	l_1	l_2	λ	n	l	N	L	ρ	$\langle\ \|\ \rangle$	τ
0	0	0	0	0	5	0	10	.25387620		0	2	2	0	1	4	3	12	.10940688	
			0	1	4	1		.16056541					0	1	5	1		− .10940689	
			0	2	3	2		− .26220222					0	2	3	4		− .16540766	
			0	3	2	3		− .28722815					0	2	4	2		− .16881849	
			0	4	1	4		.21712408					0	2	5	0		− .08671523	
			0	5	0	5		.51176635					0	3	2	5		− .17435499	
			1	0	4	0		.13834965					0	3	3	3		.04125991	
			1	1	3	1		− .04330128					0	3	4	1		.13110780	
			1	2	2	2		− .15526474					0	4	1	6		.12876970	
			1	3	1	3		.04082481					0	4	2	4		.18849953	
			1	4	0	4		.21712408					0	4	3	2		.10297153	
			2	0	3	0		.16250001					0	5	0	7		.29880717	
			2	1	2	1		.12694908					0	5	1	5		− .02497164	
			2	2	1	2		− .15526474					0	5	2	3		− .18446620	
			2	3	0	3		− .28722815					0	6	0	6		− .26522883	
			3	0	2	0		.16250001					0	6	1	4		− .09022237	
			3	1	1	1		− .04330128					0	7	0	5		.29880717	
			3	2	0	2		− .26220222					1	0	4	2		.04466518	
			4	0	1	0		.13834965					1	1	3	3		.07579931	
			4	1	0	1		.16056541					1	1	4	1		− .10316963	
			5	0	0	0		.25387620	21				1	2	2	4		.02795900	
													1	2	3	2		− .03539398	
0	1	1	0	0	5	1	11	.24464124					1	2	4	0		.04482552	
			0	1	4	2		.12633219					1	3	1	5		− .06366544	
			0	1	5	0		− .03917396					1	3	2	3		.03303437	
			0	2	3	3		− .19571298					1	3	3	1		.07586660	
			0	2	4	1		− .20370454					1	4	0	6		− .09022237	
			0	3	2	4		− .20922598					1	4	1	4		.02229242	
			0	3	3	2		.02051630					1	4	2	2		− .06978987	
			0	4	1	5		.15594784					1	5	0	5		− .02497164	
			0	4	2	3		.25145832					1	5	1	3		− .06366544	
			0	5	0	6		.36421568					1	6	0	4		.12876970	
			0	5	1	4		− .01304102					2	0	3	2		.10185227	
			0	6	0	5		− .36421568					2	1	2	3		.11353690	
			1	0	4	1		.08759562					2	1	3	1		− .11247875	
			1	1	3	2		.03133916					2	2	1	4		− .06978987	
			1	1	4	0		− .10157796					2	2	2	2		− .13505761	
			1	2	2	3		− .03553527					2	2	3	0		− .00803571	
			1	2	3	1		− .03928572					2	3	0	5		− .18446620	
			1	3	1	4		− .02735507					2	3	1	3		.03303437	
			1	3	2	2		.11071429					2	3	2	1		.11353690	
			1	4	0	5		.01304102					2	4	0	4		.18849953	
			1	4	1	3		.02735507					2	4	1	2		.02795900	
			1	5	0	4		− .15594784					2	5	0	3		− .17435499	
			2	0	3	1		.14365293					3	0	2	2		− .00803571	
			2	1	2	2		.13559677					3	1	1	3		.07586660	
			2	1	3	0		− .06692261					3	1	2	1		− .11247875	
			2	2	1	3		− .11071429					3	2	0	4		.10297153	
			2	2	2	1		− .13559677					3	2	1	2		− .03539398	
			2	3	0	4		− .25145832					3	2	2	0		.10185227	
			2	3	1	2		.03553526					3	3	0	3		.04125991	
			2	4	0	3		.20922598					3	3	1	1		.07579931	
			3	0	2	1		.06692262					3	4	0	2		− .16540766	
			3	1	1	2		.03928572					4	0	1	2		.04482552	
			3	1	2	0		− .14365293					4	1	0	3		.13110780	
			3	2	0	3		− .02051630					4	1	1	1		− .10316963	
			3	2	1	1		− .03133917					4	2	0	2		− .16881849	
			3	3	0	2		.19571298					4	2	1	0		.04466518	
			4	0	1	1		.10157796					4	3	0	1		.10940688	
			4	1	0	2		.20370454					5	0	0	2		− .08671523	
			4	1	1	0		− .08759562					5	1	0	1		− .10940689	
			4	2	0	1		− .12633219					5	2	0	0		.22332586	63
			5	0	0	1		.03917396											
			5	1	0	0		− .24464123	42										
0	2	2	0	0	5	2	12	.22332586											

$n_1 = 2, n_2 = 3$

l_1	l_2	λ	n	l	N	L	ρ	$<\ \|\ >$	τ
0	0	0	0	0	5	0	10	.25387620	
			0	1	4	1		$-$.16056541	
			0	2	3	2		$-$.26220222	
			0	3	2	3		.28722815	
			0	4	1	4		.21712408	
			0	5	0	5		$-$.51176635	
			1	0	4	0		.13834965	
			1	1	3	1		.04330128	
			1	2	2	2		$-$.15526474	
			1	3	1	3		$-$.04082481	
			1	4	0	4		.21712408	
			2	0	3	0		.16250001	
			2	1	2	1		$-$.12694908	
			2	2	1	2		$-$.15526474	
			2	3	0	3		.28722815	
			3	0	2	0		.16250001	
			3	1	1	1		.04330128	
			3	2	0	2		$-$.26220222	
			4	0	1	0		.13834965	
			4	1	0	1		$-$.16056541	
			5	0	0	0		.25387620	21

$n_1 = 3, n_2 = 3$

l_1	l_2	λ	n	l	N	L	ρ	$<\ \mid\ >$	τ
0	0	0	0	0	6	0	12	.24464122	
			0	1	5	1		.00000000	
			0	2	4	2		− .30944941	
			0	3	3	3		.00000000	
			0	4	2	4		.36239005	
			0	5	1	5		.00000000	
			0	6	0	6		− .51507880	
			1	0	5	0		.09595618	
			1	1	4	1		.00000000	
			1	2	3	2		− .06487820	
			1	3	2	3		− .00000000	
			1	4	1	4		.04285717	
			1	5	0	5		.00000000	
			2	0	4	0		.17593819	
			2	1	3	1		− .00000000	
			2	2	2	2		− .24756464	
			2	3	1	3		− .00000000	
			2	4	0	4		.36239005	
			3	0	3	0		.09464287	
			3	1	2	1		− .00000000	
			3	2	1	2		− .06487820	
			3	3	0	3		.00000000	
			4	0	2	0		.17593819	
			4	1	1	1		.00000000	
			4	2	0	2		− .30944941	
			5	0	1	0		.09595618	
			5	1	0	1		.00000000	
			6	0	0	0		.24464122	28

II

**Tablas abreviadas del coeficiente $B(nl, n'l', p)$
para elementos de matriz diagonales**

**Shortened Tables of the Coefficient $B(nl, n'l', p)$
for Diagonal Matrix Elements**

$n' = n$
$l' = l$

p	n	l	B(nl,nl,p)	p	n	l	B(nl,nl,p)
0	0	0	1.0000000	4	4	0	613.26560
	1	0	1.5000000		5	0	1976.1328
	2	0	1.8750000		6	0	4970.7861
	3	0	2.1875000		2	1	−31.500000
	4	0	2.4609374		3	1	−225.74998
	5	0	2.7070312		4	1	−851.81250
	6	0	2.9326171		5	1	−2346.0938
					1	2	4.5000001
1	1	0	−3.0000001		2	2	56.250003
	2	0	−7.5000000		3	2	253.68750
	3	0	−13.125000		4	2	764.15622
	4	0	−19.687499		5	2	1834.9806
	5	0	−27.070313		1	3	−9.0000006
	6	0	−35.191406		2	3	−49.500000
	0	1	1.0000000		3	3	−160.87500
	1	1	2.5000000		4	3	−402.18752
	2	1	4.3750001		0	4	.99999999
	3	1	6.5625000		1	4	5.5000002
	4	1	9.0234378		2	4	17.875000
	5	1	11.730469		3	4	44.687504
					4	4	94.960939
2	1	0	2.5000001	5	3	0	−86.625004
	2	0	16.250002		4	0	−851.81250
	3	0	45.937501		5	0	−4074.9848
	4	0	95.156252		6	0	−13583.883
	5	0	166.93360		2	1	12.375000
	6	0	263.93556		3	1	253.68750
	1	1	−5.0000000		4	1	1572.1406
	2	1	−17.500000		5	1	6016.0545
	3	1	−39.375000		2	2	−49.500001
	4	1	−72.187499		3	2	−437.25002
	5	1	−117.30469		4	2	−1957.3125
	0	2	1.0000000		5	2	−6233.9064
	1	2	3.5000000		1	3	5.5000002
	2	2	7.8750000		2	3	85.249998
	3	2	14.437500		3	3	455.81249
	4	2	23.460938		4	3	1586.4063
	5	2	35.191409		1	4	−11.000000
					2	4	−71.499998
3	2	0	−17.500000		3	4	−268.12501
	3	0	−96.250004		4	4	−759.68752
	4	0	−295.31249		0	5	.99999998
	5	0	−685.78126		1	5	6.4999998
	6	0	−1349.0039		2	5	24.375002
	1	1	3.5000000		3	5	69.062499
	2	1	33.250000				
	3	1	122.06251	6	3	0	26.812500
	4	1	310.40624		4	0	764.15621
	5	1	645.17579		5	0	6016.0548
	1	2	−7.0000001		6	0	27879.972
	2	2	−31.500001		3	1	−160.87500
	3	2	−86.625000		4	1	−1957.3125
	4	2	−187.68751		5	1	−11133.892
	5	2	−351.91408		2	2	17.874999
	0	3	1.0000000		3	2	455.81251
	1	3	4.5000001		4	2	3358.2655
	2	3	12.375000		5	2	14875.352
	3	3	26.812500		2	3	−71.499998
	4	3	50.273440		3	3	−750.74999
					4	3	−3887.8127
4	2	0	7.8750000		1	4	6.5000003
	3	0	122.06250		2	4	120.25000
					3	4	743.43747
					4	4	2935.1562

$n' = n$
$l' = l$

p	n	l	$B(nl,nl,p)$
6	1	5	−13.000001
	2	5	−97.500002
	3	5	−414.37500
	0	6	1.0000001
	1	6	7.5000007
	2	6	31.875000
	3	6	100.93750
7	4	0	−402.18749
	5	0	−6233.9067
	6	0	−42983.790
	3	1	44.687502
	4	1	1586.4062
	5	1	14875.352
	3	2	−268.12502
	4	2	−3887.8126
	5	2	−25626.048
	2	3	24.375000
	3	3	743.43755
	4	3	6346.6408
	2	4	−97.499999
	3	4	−1186.2500
	4	4	−6975.3128
	1	5	7.5000004
	2	5	161.25002
	3	5	1131.5626
	1	6	−15.000001
	2	6	−127.50000
	3	6	−605.62498
	0	7	1.0000000
	1	7	8.5000000
	2	7	40.374999
8	4	0	94.960936
	5	0	4320.7227
	6	0	49177.895
	4	1	−759.68749
	5	1	−14054.218
	3	2	69.062498
	4	2	2935.1563
	5	2	31932.776
	3	3	−414.37500
	4	3	−6975.3129
	2	4	31.874998
	3	4	1131.5625
	4	4	10982.266
	2	5	−127.50000
	3	5	−1763.7501
	1	6	8.5000002
	2	6	208.25001
	3	6	1635.1874
	1	7	−16.999999
	2	7	−161.49999
	0	8	.99999999
	1	8	9.4999997
	2	8	49.875004
9	5	0	−1804.2578
	6	0	−40595.799
	4	1	164.02343
	5	1	8939.2770
	4	2	−1312.1875

p	n	l	$B(nl,nl,p)$
9	5	2	−28212.033
	3	3	100.93750
	4	3	4996.4064
	3	4	−605.62496
	4	4	−11607.813
	2	5	40.375000
	3	5	1635.1875
	2	6	−161.50000
	3	6	−2503.2498
	1	7	9.4999997
	2	7	261.24999
	1	8	−19.000000
	2	8	−199.50000
	0	9	.99999997
	1	9	10.500000
10	5	0	344.44921
	6	0	22905.872
	5	1	−3444.4923
	4	2	264.96093
	5	2	16825.019
	4	3	−2119.6875
	3	4	141.31249
	4	4	7984.1562
	3	5	−847.87498
	2	6	49.875002
	3	6	2269.3125
	2	7	−199.50000
	1	8	10.500000
	2	8	320.25001
	1	9	−21.000000
	0	10	1.0000000
	1	10	11.500000
11	6	0	−7922.3319
	5	1	609.41012
	5	2	−6094.1014
	4	3	406.27340
	4	4	−3250.1873
	3	5	191.18750
	3	6	−1147.1250
	2	7	60.375000
	2	8	−241.50000
	1	9	11.500000
	1	10	−23.000000
	0	11	1.0000000
12	6	0	1269.6045
	5	2	1015.6835
	4	4	597.46094
	3	6	251.56249
	2	8	71.875003
	1	10	12.500001
	0	12	.99999998

$$n' = n - 1$$
$$l' = l + 2$$

p	n	l	$B(nl, n-1\,l+2, p)$	p	n	l	$B(nl, n-1\,l+2, p)$
1	1	0	.94868334	5	2	2	24.045529
	2	0	1.9843136		3	2	185.89158
	3	0	3.2149552		4	2	769.12229
	4	0	4.6171280		5	2	2323.8920
	5	0	6.1729812		1	3	-2.3452079
	6	0	7.8690378		2	3	-26.694946
					3	3	-123.92176
2	1	0	-1.5811388		4	3	-395.86695
	2	0	-8.0317451		1	4	2.1572775
	3	0	-20.667570		2	4	10.650704
	4	0	-40.674700		3	4	34.717049
	5	0	-69.078598		4	4	90.058236
	6	0	-106.79408				
	1	1	1.3363062	6	3	0	-21.892314
	2	1	3.7500000		4	0	-591.65201
	3	1	7.6162864		5	0	-4510.9793
	4	1	13.145910		6	0	-20451.255
	5	1	20.524045		3	1	107.81276
					4	1	1224.3224
3	2	0	11.244443		5	1	6661.6488
	3	0	56.440324		2	2	-10.779030
	4	0	164.67756		3	2	-238.82555
	5	0	370.37887		4	2	-1624.4140
	6	0	712.58509		5	2	-6822.8757
	1	1	-1.8708287		2	3	31.548572
	2	1	-13.416667		3	3	286.73953
	3	1	-43.835958		4	3	1360.8896
	4	1	-104.29089		1	4	-2.5495098
	5	1	-207.52090		2	4	-34.405004
	1	2	1.6499159		3	4	-183.26394
	2	2	5.8040932		4	4	-659.88125
	3	2	14.167616		1	5	2.3734645
	4	2	28.555744		2	5	13.400094
	5	2	50.982201		3	5	49.159048
4	2	0	-5.9529404	7	4	0	328.69555
	3	0	-83.588838		5	0	4932.5060
	4	0	-399.17170		6	0	33271.041
	5	0	-1245.8198		3	1	-33.003905
	6	0	-3065.3480		4	1	-1091.1105
	2	1	17.250000		5	1	-9783.1280
	3	1	109.95147		3	2	162.83559
	4	1	387.92384		4	2	2177.2828
	5	1	1022.4706		5	2	13603.484
	1	2	-2.1213203		2	3	-13.520817
	2	2	-19.673615		3	3	-354.57041
	3	2	-77.829893		4	3	-2770.4791
	4	2	-216.74808		2	4	39.698080
	5	2	-494.59357		3	4	414.74808
	1	3	1.9188064		4	4	2220.6340
	2	3	8.1124901		1	5	-2.7386128
	3	3	23.124156		2	5	-42.746905
	4	3	53.298544		3	5	-256.91721
					1	6	2.5724789
					2	6	16.345871
					3	6	66.648271
5	3	0	65.676943				
	4	0	613.63833	8	4	0	-80.982960
	5	0	2843.4153		5	0	-3564.6518
	6	0	9272.4938		6	0	-39686.181
	2	1	-8.2499998		4	1	562.08723
	3	1	-149.27920		5	1	9938.6132
	4	1	-864.19185		3	2	-46.918729
	5	1	-3163.8604				

$n' = n - 1$
$l' = l + 2$

p	n	l	$B(nl, n-1\,l+2, p)$	p	n	l	$B(nl, n-1\,l+2, p)$
8	4	2	−1834.6138	12	5	2	−778.99370
	5	2	−18911.085		4	4	−387.68385
	3	3	231.83449		3	6	−134.46582
	4	3	3567.3582		2	8	−29.973948
	2	4	−16.460178		1	10	−3.5355338
	3	4	−498.66304
	4	4	−4400.7879
	2	5	48.446492
	3	5	571.99636
	1	6	−2.9154759
	2	6	−51.675895
	3	6	−345.86945
	1	7	2.7577643
	2	7	19.475947
9	5	0	1539.2814
	6	0	33870.982
	4	1	−128.67057
	5	1	−6696.2288
	4	2	893.78622
	5	2	18196.521
	3	3	−63.838480
	4	3	−2882.2213
	3	4	315.81994
	4	4	5496.8270
	2	5	−19.584752
	3	5	−673.10080
	2	6	57.755410
	3	6	760.42504
	1	7	−3.0822071
	2	7	−61.155563
	1	8	2.9317636
	2	8	22.780199
10	5	0	−302.10195
	6	0	−19640.402
	5	1	2704.2462
	4	2	−193.50011
	5	2	−11623.941
	4	3	1345.0365
	3	4	−83.952135
	4	4	−4298.2337
	3	5	415.73874
	2	6	−22.884219
	3	6	−879.75715
	2	7	67.592989
	1	8	−3.2403702
	2	8	−71.155540
	1	9	3.0962811
11	6	0	6949.6809
	5	1	−497.58127
	5	2	4455.8442
	4	3	−278.70125
	4	4	1938.4191
	3	5	−107.43809
	3	6	532.48460
	2	7	−26.349809
	2	8	77.932257
	1	9	−3.3911648
	1	10	3.2526911
12	6	0	−1135.5688

III

Tabla de los valores posibles del índice *p*

Table of the Possible Values of the Index *p*

ρ	λ	n	l	N	L	p
0	0	0	0	0	0	0
1	1	0	0	0	1	0
		0	1	0	0	1
2	0	0	0	1	0	0
		0	1	0	1	1
		1	0	0	0	0 1 2
2	1	0	1	0	1	1
2	2	0	0	0	2	0
		0	1	0	1	1
		0	2	0	0	2
3	1	0	0	1	1	0
		0	1	0	2	1
		0	1	1	0	1
		0	2	0	1	2
		1	0	0	1	0 1 2
		1	1	0	0	1 2 3
3	2	0	1	0	2	1
		0	2	0	1	2
3	3	0	0	0	3	0
		0	1	0	2	1
		0	2	0	1	2
		0	3	0	0	3
4	0	0	0	2	0	0
		0	1	1	1	1
		0	2	0	2	2
		1	0	1	0	0 1 2
		1	1	0	1	1 2 3
		2	0	0	0	0 1 2 3 4
4	1	0	1	1	1	1
		0	2	0	2	2
		1	1	0	1	1 2 3
4	2	0	0	1	2	0
		0	1	0	3	1
		0	1	1	1	1
		0	2	0	2	2
		0	2	1	0	2
		0	3	0	1	3
		1	0	0	2	0 1 2
		1	1	0	1	1 2 3
		1	2	0	0	2 3 4
4	3	0	1	0	3	1
		0	2	0	2	2
		0	3	0	1	3
4	4	0	0	0	4	0
		0	1	0	3	1
		0	2	0	2	2
		0	3	0	1	3
		0	4	0	0	4
5	1	0	0	2	1	0
		0	1	1	2	1
		0	1	2	0	1
		0	2	0	3	2
		0	2	1	1	2
		0	3	0	2	3
		1	0	1	1	0 1 2
		1	1	0	2	1 2 3
		1	1	1	0	1 2 3
		1	2	0	1	2 3 4
		2	0	0	1	0 1 2 3 4
		2	1	0	0	1 2 3 4 5
5	2	0	1	1	2	1
		0	2	0	3	2
		0	2	1	1	2
		0	3	0	2	3
		1	1	0	2	1 2 3
		1	2	0	1	2 3 4
5	3	0	0	1	3	0
		0	1	0	4	1
		0	1	1	2	1
		0	2	0	3	2
		0	2	1	1	2
		0	3	0	2	3
		0	3	1	0	3
		0	4	0	1	4
		1	0	0	3	0 1 2
		1	1	0	2	1 2 3
		1	2	0	1	2 3 4
		1	3	0	0	3 4 5
5	4	0	1	0	4	1
		0	2	0	3	2
		0	3	0	2	3
		0	4	0	1	4
5	5	0	0	0	5	0
		0	1	0	4	1
		0	2	0	3	2
		0	3	0	2	3
		0	4	0	1	4
		0	5	0	0	5
6	0	0	0	3	0	0
		0	1	2	1	1
		0	2	1	2	2
		0	3	0	3	3
		1	0	2	0	0 1 2
		1	1	1	1	1 2 3
		1	2	0	2	2 3 4
		2	0	1	0	0 1 2 3 4
		2	1	0	1	1 2 3 4 5

ρ	λ	n	l	N	L	p
6	0	3	0	0	0	0 1 2 3 4 5 6
6	1	0	1	2	1	1
		0	2	1	2	2
		0	3	0	3	3
		1	1	1	1	1 2 3
		1	2	0	2	2 3 4
		2	1	0	1	1 2 3 4 5
6	2	0	0	2	2	0
		0	1	1	3	1
		0	1	2	1	1
		0	2	0	4	2
		0	2	1	2	2
		0	2	2	0	2
		0	3	0	3	3
		0	3	1	1	3
		0	4	0	2	4
		1	0	1	2	0 1 2
		1	1	0	3	1 2 3
		1	1	1	1	1 2 3
		1	2	0	2	2 3 4
		1	2	1	0	2 3 4
		1	3	0	1	3 4 5
		2	0	0	2	0 1 2 3 4
		2	1	0	1	1 2 3 4 5
		2	2	0	0	2 3 4 5 6
6	3	0	1	1	3	1
		0	2	0	4	2
		0	2	1	2	2
		0	3	0	3	3
		0	3	1	1	3
		0	4	0	2	4
		1	1	0	3	1 2 3
		1	2	0	2	2 3 4
		1	3	0	1	3 4 5
6	4	0	0	1	4	0
		0	1	0	5	1
		0	1	1	3	1
		0	2	0	4	2
		0	2	1	2	2
		0	3	0	3	3
		0	3	1	1	3
		0	4	0	2	4
		0	4	1	0	4
		0	5	0	1	5
		1	0	0	4	0 1 2
		1	1	0	3	1 2 3
		1	2	0	2	2 3 4
		1	3	0	1	3 4 5
		1	4	0	0	4 5 6
6	5	0	1	0	5	1
		0	2	0	4	2
		0	3	0	3	3
		0	4	0	2	4
		0	5	0	1	5
6	6	0	0	0	6	0
6	6	0	1	0	5	1
		0	2	0	4	2
		0	3	0	3	3
		0	4	0	2	4
		0	5	0	1	5
		0	6	0	0	6
7	1	0	0	3	1	0
		0	1	2	2	1
		0	1	3	0	1
		0	2	1	3	2
		0	2	2	1	2
		0	3	0	4	3
		0	3	1	2	3
		0	4	0	3	4
		1	0	2	1	0 1 2
		1	1	1	2	1 2 3
		1	1	2	0	1 2 3
		1	2	0	3	2 3 4
		1	2	1	1	2 3 4
		1	3	0	2	3 4 5
		2	0	1	1	0 1 2 3 4
		2	1	0	2	1 2 3 4 5
		2	1	1	0	1 2 3 4 5
		2	2	0	1	2 3 4 5 6
		3	0	0	1	0 1 2 3 4 5 6
		3	1	0	0	1 2 3 4 5 6 7
7	2	0	1	2	2	1
		0	2	1	3	2
		0	2	2	1	2
		0	3	0	4	3
		0	3	1	2	3
		0	4	0	3	4
		1	1	1	2	1 2 3
		1	2	0	3	2 3 4
		1	2	1	1	2 3 4
		1	3	0	2	3 4 5
		2	1	0	2	1 2 3 4 5
		2	2	0	1	2 3 4 5 6
7	3	0	0	2	3	0
		0	1	1	4	1
		0	1	2	2	1
		0	2	0	5	2
		0	2	1	3	2
		0	2	2	1	2
		0	3	0	4	3
		0	3	1	2	3
		0	3	2	0	3
		0	4	0	3	4
		0	4	1	1	4
		0	5	0	2	5
		1	0	1	3	0 1 2
		1	1	0	4	1 2 3
		1	1	1	2	1 2 3
		1	2	0	3	2 3 4
		1	2	1	1	2 3 4
		1	3	0	2	3 4 5
		1	3	1	0	3 4 5
		1	4	0	1	4 5 6
		2	0	0	3	0 1 2 3 4 5
		2	1	0	2	1 2 3 4 5

ρ	λ	n	l	N	L	p
7	3	2	2	0	1	2 3 4 5 6
		2	3	0	0	3 4 5 6 7
7	4	0	1	1	4	1
		0	2	0	5	2
		0	2	1	3	2
		0	3	0	4	3
		0	3	1	2	3
		0	4	0	3	4
		0	4	1	1	4
		0	5	0	2	5
		1	1	0	4	1 2 3
		1	2	0	3	2 3 4
		1	3	0	2	3 4 5
		1	4	0	1	4 5 6
7	5	0	0	1	5	0
		0	1	0	6	1
		0	1	1	4	1
		0	2	0	5	2
		0	2	1	3	2
		0	3	0	4	3
		0	3	1	2	3
		0	4	0	3	4
		0	4	1	1	4
		0	5	0	2	5
		0	5	1	0	5
		0	6	0	1	6
		1	0	0	5	0 1 2
		1	1	0	4	1 2 3
		1	2	0	3	2 3 4
		1	3	0	2	3 4 5
		1	4	0	1	4 5 6
		1	5	0	0	5 6 7
7	6	0	1	0	6	1
		0	2	0	5	2
		0	3	0	4	3
		0	4	0	3	4
		0	5	0	2	5
		0	6	0	1	6
7	7	0	0	0	7	0
		0	1	0	6	1
		0	2	0	5	2
		0	3	0	4	3
		0	4	0	3	4
		0	5	0	2	5
		0	6	0	1	6
		0	7	0	0	7
8	0	0	0	4	0	0
		0	1	3	1	1
		0	2	2	2	2
		0	3	1	3	3
		0	4	0	4	4
		1	0	3	0	0 1 2
		1	1	2	1	1 2 3
		1	2	1	2	2 3 4
		1	3	0	3	3 4 5
		2	0	2	0	0 1 2 3 4
8	0	2	1	1	1	1 2 3 4 5
		2	2	0	2	2 3 4 5 6
		3	0	1	0	0 1 2 3 4 5 6
		3	1	0	1	1 2 3 4 5 6 7
		4	0	0	0	0 1 2 3 4 5 6 7 8
8	1	0	1	3	1	1
		0	2	2	2	2
		0	3	1	3	3
		0	4	0	4	4
		1	1	2	1	1 2 3
		1	2	1	2	2 3 4
		1	3	0	3	3 4 5
		2	1	1	1	1 2 3 4 5
		2	2	0	2	2 3 4 5 6
		3	1	0	1	1 2 3 4 5 6 7
8	2	0	0	3	2	0
		0	1	2	3	1
		0	1	3	1	1
		0	2	1	4	2
		0	2	2	2	2
		0	2	3	0	2
		0	3	0	5	3
		0	3	1	3	3
		0	3	2	1	3
		0	4	0	4	4
		0	4	1	2	4
		0	5	0	3	5
		1	0	2	2	0 1 2
		1	1	1	3	1 2 3
		1	1	2	1	1 2 3
		1	2	0	4	2 3 4
		1	2	1	2	2 3 4
		1	2	2	0	2 3 4
		1	3	0	3	3 4 5
		1	3	1	1	3 4 5
		1	4	0	2	4 5 6
		2	0	1	2	0 1 2 3 4
		2	1	0	3	1 2 3 4 5
		2	1	1	1	1 2 3 4 5
		2	2	0	2	2 3 4 5 6
		2	2	1	0	2 3 4 5 6
		2	3	0	1	3 4 5 6 7
		3	0	0	2	0 1 2 3 4 5 6
		3	1	0	1	1 2 3 4 5 6 7
		3	2	0	0	2 3 4 5 6 7 8
8	3	0	1	2	3	1
		0	2	1	4	2
		0	2	2	2	2
		0	3	0	5	3
		0	3	1	3	3
		0	3	2	1	3
		0	4	0	4	4
		0	4	1	2	4
		0	5	0	3	5
		1	1	1	3	1 2 3
		1	2	0	4	2 3 4
		1	2	1	2	2 3 4
		1	3	0	3	3 4 5
		1	3	1	1	3 4 5
		1	4	0	2	4 5 6

ρ	λ	n	l	N	L	p
8	3	2	1	0	3	1 2 3 4 5
		2	2	0	2	2 3 4 5 6
		2	3	0	1	3 4 5 6 7
8	4	0	0	2	4	0
		0	1	1	5	1
		0	1	2	3	1
		0	2	0	6	2
		0	2	1	4	2
		0	2	2	2	2
		0	3	0	5	3
		0	3	1	3	3
		0	3	2	1	3
		0	4	0	4	4
		0	4	1	2	4
		0	4	2	0	4
		0	5	0	3	5
		0	5	1	1	5
		0	6	0	2	6
		1	0	1	4	0 1 2
		1	1	0	5	1 2 3
		1	1	1	3	1 2 3
		1	2	0	4	2 3 4
		1	2	1	2	2 3 4
		1	3	0	3	3 4 5
		1	3	1	1	3 4 5
		1	4	0	2	4 5 6
		1	4	1	0	4 5 6
		1	5	0	1	5 6 7
		2	0	0	4	0 1 2 3 4
		2	1	0	3	1 2 3 4 5
		2	2	0	2	2 3 4 5 6
		2	3	0	1	3 4 5 6 7
		2	4	0	0	4 5 6 7 8
8	5	0	1	1	5	1
		0	2	0	6	2
		0	2	1	4	2
		0	3	0	5	3
		0	3	1	3	3
		0	4	0	4	4
		0	4	1	2	4
		0	5	0	3	5
		0	5	1	1	5
		0	6	0	2	6
		1	1	0	5	1 2 3
		1	2	0	4	2 3 4
		1	3	0	3	3 4 5
		1	4	0	2	4 5 6
		1	5	0	1	5 6 7
8	6	0	0	1	6	0
		0	1	0	7	1
		0	1	1	5	1
		0	2	0	6	2
		0	2	1	4	2
		0	3	0	5	3
		0	3	1	3	3
		0	4	0	4	4
		0	4	1	2	4
		0	5	0	3	5
		0	5	1	1	5
		0	6	0	2	6
8	6	0	6	1	0	6
		0	7	0	1	7
		1	0	0	6	0 1 2
		1	1	0	5	1 2 3
		1	2	0	4	2 3 4
		1	3	0	3	3 4 5
		1	4	0	2	4 5 6
		1	5	0	1	5 6 7
		1	6	0	0	6 7 8
8	7	0	1	0	7	1
		0	2	0	6	2
		0	3	0	5	3
		0	4	0	4	4
		0	5	0	3	5
		0	6	0	2	6
		0	7	0	1	7
8	8	0	0	0	8	0
		0	1	0	7	1
		0	2	0	6	2
		0	3	0	5	3
		0	4	0	4	4
		0	5	0	3	5
		0	6	0	2	6
		0	7	0	1	7
		0	8	0	0	8
9	1	0	0	4	1	0
		0	1	3	2	1
		0	1	4	0	1
		0	2	2	3	2
		0	2	3	1	2
		0	3	1	4	3
		0	3	2	2	3
		0	4	0	5	4
		0	4	1	3	4
		0	5	0	4	5
		1	0	3	1	0 1 2
		1	1	2	2	1 2 3
		1	1	3	0	1 2 3
		1	2	1	3	2 3 4
		1	2	2	1	2 3 4
		1	3	0	4	3 4 5
		1	3	1	2	3 4 5
		1	4	0	3	4 5 6
		2	0	2	1	0 1 2 3 4
		2	1	1	2	1 2 3 4 5
		2	1	2	0	1 2 3 4 5
		2	2	0	3	2 3 4 5 6
		2	2	1	1	2 3 4 5 6
		2	3	0	2	3 4 5 6 7
		3	0	1	1	0 1 2 3 4 5 6
		3	1	0	2	1 2 3 4 5 6 7
		3	1	1	0	1 2 3 4 5 6 7
		3	2	0	1	2 3 4 5 6 7 8
		4	0	0	1	0 1 2 3 4 5 6 7 8
		4	1	0	0	1 2 3 4 5 6 7 8 9
9	2	0	1	3	2	1
		0	2	2	3	2
		0	2	3	1	2

ρ	λ	n	l	N	L	p								ρ	λ	n	l	N	L	p							
9	2	0	3	1	4	3								9	4	0	3	2	2	3							
		0	3	2	2	3										0	4	0	5		4						
		0	4	0	5		4									0	4	1	3		4						
		0	4	1	3		4									0	4	2	1		4						
		0	5	0	4			5								0	5	0	4			5					
		1	1	2	2	1	2	3								0	5	1	2			5					
		1	2	1	3		2	3	4							0	6	0	3				6				
		1	2	2	1		2	3	4							1	1	1	4	1	2	3					
		1	3	0	4			3	4	5						1	2	0	5		2	3	4				
		1	3	1	2			3	4	5						1	2	1	3		2	3	4				
		1	4	0	3				4	5	6					1	3	0	4			3	4	5			
		2	1	1	2	1	2	3								1	3	1	2			3	4	5			
		2	2	0	3		2	3	4	5	6					1	4	0	3				4	5	6		
		2	2	1	1		2	3	4	5	6					1	4	1	1				4	5	6		
		2	3	0	2			3	4	5	6	7				1	5	0	2					5	6	7	
		3	1	0	2	1	2	3	4	5	6	7				2	1	0	4	1	2	3	4	5			
		3	2	0	1		2	3	4	5	6	7	8			2	2	0	3		2	3	4	5	6		
9	3	0	0	3	3	0										2	3	0	2			3	4	5	6	7	
		0	1	2	4	1										2	4	0	1				4	5	6	7	8
		0	1	3	2	1								9	5	0	0	2	5	0							
		0	2	1	5		2									0	1	1	6	1							
		0	2	2	3		2									0	1	2	4	1							
		0	2	3	1		2									0	2	0	7		2						
		0	3	0	6			3								0	2	1	5		2						
		0	3	1	4			3								0	2	2	3		2						
		0	3	2	2			3								0	3	0	6			3					
		0	3	3	0			3								0	3	1	4			3					
		0	4	0	5				4							0	3	2	2			3					
		0	4	1	3				4							0	4	0	5				4				
		0	4	2	1				4							0	4	1	3				4				
		0	5	0	4					5						0	4	2	1				4				
		0	5	1	2					5						0	5	0	4					5			
		0	6	0	3						6					0	5	1	2					5			
		1	0	2	3	0	1	2								0	5	2	0					5			
		1	1	1	4	1	2	3								0	6	0	3						6		
		1	1	2	2	1	2	3								0	6	1	1						6		
		1	2	0	5		2	3	4							0	7	0	2							7	
		1	2	1	3		2	3	4							1	0	1	5	0	1	2					
		1	2	2	1		2	3	4							1	1	0	6	1	2	3					
		1	3	0	4			3	4	5						1	1	1	4	1	2	3					
		1	3	1	2			3	4	5						1	2	0	5		2	3	4				
		1	3	2	0			3	4	5						1	2	1	3		2	3	4				
		1	4	0	3				4	5	6					1	3	0	4			3	4	5			
		1	4	1	1				4	5	6					1	3	1	2			3	4	5			
		1	5	0	2					5	6	7				1	4	0	3				4	5	6		
		2	0	1	3	0	1	2	3	4						1	4	1	1				4	5	6		
		2	1	0	4	1	2	3	4	5						1	5	0	2					5	6	7	
		2	1	1	2	1	2	3	4	5						1	5	1	0					5	6	7	
		2	2	0	3		2	3	4	5	6					1	6	0	1						6	7	8
		2	2	1	1		2	3	4	5	6					2	0	0	5	0	1	2	3	4			
		2	3	0	2			3	4	5	6	7				2	1	0	4	1	2	3	4	5			
		2	3	1	0			3	4	5	6	7				2	2	0	3		2	3	4	5	6		
		2	4	0	1				4	5	6	7	8			2	3	0	2			3	4	5	6	7	
		3	0	0	3	0	1	2	3	4	5	6				2	4	0	1				4	5	6	7	8
		3	1	0	2	1	2	3	4	5	6	7				2	5	0	0					5	6	7	8	9
		3	2	0	1		2	3	4	5	6	7	8	9	6	0	1	1	6	1							
		3	3	0	0			3	4	5	6	7	8	9			0	2	0	7		2						
9	4	0	1	2	4	1										0	2	1	5		2						
		0	2	1	5		2									0	3	0	6			3					
		0	2	2	3		2									0	3	1	4			3					
		0	3	0	6			3								0	4	0	5				4				
		0	3	1	4			3								0	4	1	3				4				

ρ	λ	n	l	N	L	p
9	6	0	5	0	4	5
		0	5	1	2	5
		0	6	0	3	6
		0	6	1	1	6
		0	7	0	2	7
		1	1	0	6	1 2 3
		1	2	0	5	2 3 4
		1	3	0	4	3 4 5
		1	4	0	3	4 5 6
		1	5	0	2	5 6 7
		1	6	0	1	6 7 8
9	7	0	0	1	7	0
		0	1	0	8	1
		0	1	1	6	1
		0	2	0	7	2
		0	2	1	5	2
		0	3	0	6	3
		0	3	1	4	3
		0	4	0	5	4
		0	4	1	3	4
		0	5	0	4	5
		0	5	1	2	5
		0	6	0	3	6
		0	6	1	1	6
		0	7	0	2	7
		0	7	1	0	7
		0	8	0	1	8
		1	0	0	7	0 1 2
		1	1	0	6	1 2 3
		1	2	0	5	2 3 4
		1	3	0	4	3 4 5
		1	4	0	3	4 5 6
		1	5	0	2	5 6 7
		1	6	0	1	6 7 8
		1	7	0	0	7 8 9
9	8	0	1	0	8	1
		0	2	0	7	2
		0	3	0	6	3
		0	4	0	5	4
		0	5	0	4	5
		0	6	0	3	6
		0	7	0	2	7
		0	8	0	1	8
9	9	0	0	0	9	0
		0	1	0	8	1
		0	2	0	7	2
		0	3	0	6	3
		0	4	0	5	4
		0	5	0	4	5
		0	6	0	3	6
		0	7	0	2	7
		0	8	0	1	8
		0	9	0	0	9
10	0	0	0	5	0	0
		0	1	4	1	1
		0	2	3	2	2
		0	3	2	3	3
		0	4	1	4	4
		0	5	0	5	5
		1	0	4	0	0 1 2
		1	1	3	1	1 2 3
		1	2	2	2	2 3 4
		1	3	1	3	3 4 5
		1	4	0	4	4 5 6
		2	0	3	0	0 1 2 3 4
		2	1	2	1	1 2 3 4 5
		2	2	1	2	2 3 4 5 6
		2	3	0	3	3 4 5 6 7
		3	0	2	0	0 1 2 3 4 5 6
		3	1	1	1	1 2 3 4 5 6 7
		3	2	0	2	2 3 4 5 6 7 8
		4	0	1	0	0 1 2 3 4 5 6 7 8
		4	1	0	1	1 2 3 4 5 6 7 8 9
		5	0	0	0	0 1 2 3 4 5 6 7 8 9 10
10	1	0	1	4	1	1
		0	2	3	2	2
		0	3	2	3	3
		0	4	1	4	4
		0	5	0	5	5
		1	1	3	1	1 2 3
		1	2	2	2	2 3 4
		1	3	1	3	3 4 5
		1	4	0	4	4 5 6
		2	1	2	1	1 2 3 4 5
		2	2	1	2	2 3 4 5 6
		2	3	0	3	3 4 5 6 7
		3	1	1	1	1 2 3 4 5 6 7
		3	2	0	2	2 3 4 5 6 7 8
		4	1	0	1	1 2 3 4 5 6 7 8 9
10	2	0	0	4	2	0
		0	1	3	3	1
		0	1	4	1	1
		0	2	2	4	2
		0	2	3	2	2
		0	2	4	0	2
		0	3	1	5	3
		0	3	2	3	3
		0	3	3	1	3
		0	4	0	6	4
		0	4	1	4	4
		0	4	2	2	4
		0	5	0	5	5
		0	5	1	3	5
		0	6	0	4	6
		1	0	3	2	0 1 2
		1	1	2	3	1 2 3
		1	1	3	1	1 2 3
		1	2	1	4	2 3 4
		1	2	2	2	2 3 4
		1	2	3	0	2 3 4
		1	3	0	5	3 4 5
		1	3	1	3	3 4 5
		1	3	2	1	3 4 5
		1	4	0	4	4 5 6
		1	4	1	2	4 5 6
		1	5	0	3	5 6 7
		2	0	2	2	0 1 2 3 4
		2	1	1	3	1 2 3 4 5
		2	1	2	1	1 2 3 4 5
		2	2	0	4	2 3 4 5 6

ρ	λ	n	l	N	L	p
10	2	2	2	1	2	2 3 4 5 6
		2	2	2	0	2 3 4 5 6
		2	3	0	3	3 4 5 6 7
		2	3	1	1	3 4 5 6 7
		2	4	0	2	4 5 6 7 8
		3	0	1	2	0 1 2 3 4 5 6
		3	1	0	3	1 2 3 4 5 6 7
		3	1	1	1	1 2 3 4 5 6 7
		3	2	0	2	2 3 4 5 6 7 8
		3	2	1	0	2 3 4 5 6 7 8
		3	3	0	1	3 4 5 6 7 8 9
		4	0	0	2	0 1 2 3 4 5 6 7 8
		4	1	0	1	1 2 3 4 5 6 7 8 9
		4	2	0	0	2 3 4 5 6 7 8 9 10
10	3	0	1	3	3	1
		0	2	2	4	2
		0	2	3	2	2
		0	3	1	5	3
		0	3	2	3	3
		0	3	3	1	3
		0	4	0	6	4
		0	4	1	4	4
		0	4	2	2	4
		0	5	0	5	5
		0	5	1	3	5
		0	6	0	4	6
		1	1	2	3	1 2 3
		1	2	1	4	2 3 4
		1	2	2	2	2 3 4
		1	3	0	5	3 4 5
		1	3	1	3	3 4 5
		1	3	2	1	3 4 5
		1	4	0	4	4 5 6
		1	4	1	2	4 5 6
		1	5	0	3	5 6 7
		2	1	1	3	1 2 3 4 5
		2	2	0	4	2 3 4 5 6
		2	2	1	2	2 3 4 5 6
		2	3	0	3	3 4 5 6 7
		2	3	1	1	3 4 5 6 7
		2	4	0	2	4 5 6 7 8
		3	1	0	3	1 2 3 4 5 6 7
		3	2	0	2	2 3 4 5 6 7 8
		3	3	0	1	3 4 5 6 7 8 9
10	4	0	0	3	4	0
		0	1	2	5	1
		0	1	3	3	1
		0	2	1	6	2
		0	2	2	4	2
		0	2	3	2	2
		0	3	0	7	3
		0	3	1	5	3
		0	3	2	3	3
		0	3	3	1	3
		0	4	0	6	4
		0	4	1	4	4
		0	4	2	2	4
		0	4	3	0	4
		0	5	0	5	5
		0	5	1	3	5
		0	5	2	1	5
		0	6	0	4	6
10	4	0	6	1	2	6
		0	7	0	3	7
		1	0	2	4	0 1 2
		1	1	1	5	1 2 3
		1	1	2	3	1 2 3
		1	2	0	6	2 3 4
		1	2	1	4	2 3 4
		1	2	2	2	2 3 4
		1	3	0	5	3 4 5
		1	3	1	3	3 4 5
		1	3	2	1	3 4 5
		1	4	0	4	4 5 6
		1	4	1	2	4 5 6
		1	4	2	0	4 5 6
		1	5	0	3	5 6 7
		1	5	1	1	5 6 7
		1	6	0	2	6 7 8
		2	0	1	4	0 1 2 3 4
		2	1	0	5	1 2 3 4 5
		2	1	1	3	1 2 3 4 5
		2	2	0	4	2 3 4 5 6
		2	2	1	2	2 3 4 5 6
		2	3	0	3	3 4 5 6 7
		2	3	1	1	3 4 5 6 7
		2	4	0	2	4 5 6 7 8
		2	4	1	0	4 5 6 7 8
		2	5	0	1	5 6 7 8 9
		3	0	0	4	0 1 2 3 4 5 6
		3	1	0	3	1 2 3 4 5 6 7
		3	2	0	2	2 3 4 5 6 7 8
		3	3	0	1	3 4 5 6 7 8 9
		3	4	0	0	4 5 6 7 8 9 10
10	5	0	1	2	5	1
		0	2	1	6	2
		0	2	2	4	2
		0	3	0	7	3
		0	3	1	5	3
		0	3	2	3	3
		0	4	0	6	4
		0	4	1	4	4
		0	4	2	2	4
		0	5	0	5	5
		0	5	1	3	5
		0	5	2	1	5
		0	6	0	4	6
		0	6	1	2	6
		0	7	0	3	7
		1	1	1	5	1 2 3
		1	2	0	6	2 3 4
		1	2	1	4	2 3 4
		1	3	0	5	3 4 5
		1	3	1	3	3 4 5
		1	4	0	4	4 5 6
		1	4	1	2	4 5 6
		1	5	0	3	5 6 7
		1	5	1	1	5 6 7
		1	6	0	2	6 7 8
		2	1	0	5	1 2 3 4 5
		2	2	0	4	2 3 4 5 6
		2	3	0	3	3 4 5 6 7
		2	4	0	2	4 5 6 7 8
		2	5	0	1	5 6 7 8 9
10	6	0	0	2	6	0

ρ	λ	n	l	N	L	p
10	6	0	1	1	7	1
		0	1	2	5	1
		0	2	0	8	2
		0	2	1	6	2 2
		0	2	2	4	2 2
		0	3	0	7	3
		0	3	1	5	3 3
		0	3	2	3	3 3
		0	4	0	6	4
		0	4	1	4	4
		0	4	2	2	4
		0	5	0	5	5
		0	5	1	3	5 5
		0	5	2	1	5 5
		0	6	0	4	6
		0	6	1	2	6
		0	6	2	0	6
		0	7	0	3	7
		0	7	1	1	7
		0	8	0	2	8
		1	0	1	6	0 1 2
		1	1	0	7	1 2 3
		1	1	1	5	1 2 3
		1	2	0	6	2 3 4
		1	2	1	4	2 3 4
		1	3	0	5	3 4 5
		1	3	1	3	3 4 5
		1	4	0	4	4 5 6
		1	4	1	2	4 5 6
		1	5	0	3	5 6 7
		1	5	1	1	5 6 7
		1	6	0	2	6 7 8
		1	6	1	0	6 7 8
		1	7	0	1	7 8 9
		2	0	0	6	0 1 2 3 4
		2	1	0	5	1 2 3 4 5
		2	2	0	4	2 3 4 5 6
		2	3	0	3	3 4 5 6 7
		2	4	0	2	4 5 6 7 8
		2	5	0	1	5 6 7 8 9
		2	6	0	0	6 7 8 9 10
10	7	0	1	1	7	1
		0	2	0	8	2
		0	2	1	6	2
		0	3	0	7	3
		0	3	1	5	3
		0	4	0	6	4
		0	4	1	4	4
		0	5	0	5	5
		0	5	1	3	5
		0	6	0	4	6
		0	6	1	2	6
		0	7	0	3	7
		0	7	1	1	7
		0	8	0	2	8
		1	1	0	7	1 2 3
		1	2	0	6	2 3 4
		1	3	0	5	3 4 5
		1	4	0	4	4 5 6
		1	5	0	3	5 6 7
		1	6	0	2	6 7 8
		1	7	0	1	7 8 9
10	8	0	0	1	8	0
10	8	0	1	0	9	1
		0	1	1	7	1
		0	2	0	8	2
		0	2	1	6	2
		0	3	0	7	3
		0	3	1	5	3
		0	4	0	6	4
		0	4	1	4	4
		0	5	0	5	5
		0	5	1	3	5
		0	6	0	4	6
		0	6	1	2	6
		0	7	0	3	7
		0	7	1	1	7
		0	8	0	2	8
		0	8	1	0	8
		0	9	0	1	9
		1	0	0	8	0 1 2
		1	1	0	7	1 2 3
		1	2	0	6	2 3 4
		1	3	0	5	3 4 5
		1	4	0	4	4 5 6
		1	5	0	3	5 6 7
		1	6	0	2	6 7 8
		1	7	0	1	7 8 9
		1	8	0	0	8 9 10
10	9	0	1	0	9	1
		0	2	0	8	2
		0	3	0	7	3
		0	4	0	6	4
		0	5	0	5	5
		0	6	0	4	6
		0	7	0	3	7
		0	8	0	2	8
		0	9	0	1	9
10	10	0	0	0	10	0
		0	1	0	9	1
		0	2	0	8	2
		0	3	0	7	3
		0	4	0	6	4
		0	5	0	5	5
		0	6	0	4	6
		0	7	0	3	7
		0	8	0	2	8
		0	9	0	1	9
		0	10	0	0	10
11	1	0	0	5	1	0
		0	1	4	2	1
		0	1	5	0	1
		0	2	3	3	2
		0	2	4	1	2
		0	3	2	4	3
		0	3	3	2	3
		0	4	1	5	4
		0	4	2	3	4
		0	5	0	6	5
		0	5	1	4	5
		0	6	0	5	6
		1	0	4	1	0 1 2
		1	1	3	2	1 2 3

136

ρ	λ	n	l	N	L	p
11	1	1	1	4	0	1 2 3
		1	2	2	3	2 3 4
		1	2	3	1	2 3 4
		1	3	1	4	3 4 5
		1	3	2	2	3 4 5
		1	4	0	5	4 5 6
		1	4	1	3	4 5 6
		1	5	0	4	5 6 7
		2	0	3	1	0 1 2 3 4
		2	1	2	2	1 2 3 4 5
		2	1	3	0	1 2 3 4 5
		2	2	1	3	2 3 4 5 6
		2	2	2	1	2 3 4 5 6
		2	3	0	4	3 4 5 6 7
		2	3	1	2	3 4 5 6 7
		2	4	0	3	4 5 6 7 8
		3	0	2	1	0 1 2 3 4 5 6
		3	1	1	2	1 2 3 4 5 6 7
		3	1	2	0	1 2 3 4 5 6 7
		3	2	0	3	2 3 4 5 6 7 8
		3	2	1	1	2 3 4 5 6 7 8
		3	3	0	2	3 4 5 6 7 8 9
		4	0	1	1	0 1 2 3 4 5 6 7 8
		4	1	0	2	1 2 3 4 5 6 7 8 9
		4	1	1	0	1 2 3 4 5 6 7 8 9
		4	2	0	1	2 3 4 5 6 7 8 9 10
		5	0	0	1	0 1 2 3 4 5 6 7 8 9 10
		5	1	0	0	1 2 3 4 5 6 7 8 9 10 11
11	2	0	1	4	2	1
		0	2	3	3	2
		0	2	4	1	2
		0	3	2	4	3
		0	3	3	2	3
		0	4	1	5	4
		0	4	2	3	4
		0	5	0	6	5
		0	5	1	4	5
		0	6	0	5	6
		1	1	3	2	1 2 3
		1	2	2	3	2 3 4
		1	2	3	1	2 3 4
		1	3	1	4	3 4 5
		1	3	2	2	3 4 5
		1	4	0	5	4 5 6
		1	4	1	3	4 5 6
		1	5	0	4	5 6 7
		2	1	2	2	1 2 3 4 5
		2	2	1	3	2 3 4 5 6
		2	2	2	1	2 3 4 5 6
		2	3	0	4	3 4 5 6 7
		2	3	1	2	3 4 5 6 7
		2	4	0	3	4 5 6 7 8
		3	1	1	2	1 2 3 4 5 6 7
		3	2	0	3	2 3 4 5 6 7 8
		3	2	1	1	2 3 4 5 6 7 8
		3	3	0	2	3 4 5 6 7 8 9
		4	1	0	2	1 2 3 4 5 6 7 8 9
		4	2	0	1	2 3 4 5 6 7 8 9 10
11	3	0	0	4	3	0
		0	1	3	4	1
		0	1	4	2	1
		0	2	2	5	2
11	3	0	2	3	3	2
		0	2	4	1	2
		0	3	1	6	3
		0	3	2	4	3
		0	3	3	2	3
		0	3	4	0	3
		0	4	0	7	4
		0	4	1	5	4
		0	4	2	3	4
		0	4	3	1	4
		0	5	0	6	5
		0	5	1	4	5
		0	5	2	2	5
		0	6	0	5	6
		0	6	1	3	6
		0	7	0	4	7
		1	0	3	3	0 1 2
		1	1	2	4	1 2 3
		1	1	3	2	1 2 3
		1	2	1	5	2 3 4
		1	2	2	3	2 3 4
		1	2	3	1	2 3 4
		1	3	0	6	3 4 5
		1	3	1	4	3 4 5
		1	3	2	2	3 4 5
		1	3	3	0	3 4 5
		1	4	0	5	4 5 6
		1	4	1	3	4 5 6
		1	4	2	1	4 5 6
		1	5	0	4	5 6 7
		1	5	1	2	5 6 7
		1	6	0	3	6 7 8
		2	0	2	3	0 1 2 3 4
		2	1	1	4	1 2 3 4 5
		2	1	2	2	1 2 3 4 5
		2	2	0	5	2 3 4 5 6
		2	2	1	3	2 3 4 5 6
		2	2	2	1	2 3 4 5 6
		2	3	0	4	3 4 5 6 7
		2	3	1	2	3 4 5 6 7
		2	3	2	0	3 4 5 6 7
		2	4	0	3	4 5 6 7 8
		2	4	1	1	4 5 6 7 8
		2	5	0	2	5 6 7 8 9
		3	0	1	3	0 1 2 3 4 5 6
		3	1	0	4	1 2 3 4 5 6 7
		3	1	1	2	1 2 3 4 5 6 7
		3	2	0	3	2 3 4 5 6 7 8
		3	2	1	1	2 3 4 5 6 7 8
		3	3	0	2	3 4 5 6 7 8 9
		3	3	1	0	3 4 5 6 7 8 9
		3	4	0	1	4 5 6 7 8 9 10
		4	0	0	3	0 1 2 3 4 5 6 7 8
		4	1	0	2	1 2 3 4 5 6 7 8 9
		4	2	0	1	2 3 4 5 6 7 8 9 10
		4	3	0	0	3 4 5 6 7 8 9 10 11
11	4	0	1	3	4	1
		0	2	2	5	2
		0	2	3	3	2
		0	3	1	6	3
		0	3	2	4	3
		0	3	3	2	3
		0	4	0	7	4
		0	4	1	5	4

ρ	λ	n	l	N	L	p
11	4	0	4	2	3	4
		0	4	3	1	4
		0	5	0	6	5
		0	5	1	4	5
		0	5	2	2	5
		0	6	0	5	6
		0	6	1	3	6
		0	7	0	4	7
		1	1	2	4	1 2 3
		1	2	1	5	2 3 4
		1	2	2	3	2 3 4
		1	3	0	6	3 4 5
		1	3	1	4	3 4 5
		1	3	2	2	3 4 5
		1	4	0	5	4 5 6
		1	4	1	3	4 5 6
		1	4	2	1	4 5 6
		1	5	0	4	5 6 7
		1	5	1	2	5 6 7
		1	6	0	3	6 7 8
		2	1	1	4	1 2 3 4 5
		2	2	0	5	2 3 4 5 6
		2	2	1	3	2 3 4 5 6
		2	3	0	4	3 4 5 6 7
		2	3	1	2	3 4 5 6 7
		2	4	0	3	4 5 6 7 8
		2	4	1	1	4 5 6 7 8
		2	5	0	2	5 6 7 8 9
		3	1	0	4	1 2 3 4 5 6 7
		3	2	0	3	2 3 4 5 6 7 8
		3	3	0	2	3 4 5 6 7 8 9
		3	4	0	1	4 5 6 7 8 9 10
11	5	0	0	3	5	0
		0	1	2	6	1
		0	1	3	4	1
		0	2	1	7	2
		0	2	2	5	2
		0	2	3	3	2
		0	3	0	8	3
		0	3	1	6	3
		0	3	2	4	3
		0	3	3	2	3
		0	4	0	7	4
		0	4	1	5	4
		0	4	2	3	4
		0	4	3	1	4
		0	5	0	6	5
		0	5	1	4	5
		0	5	2	2	5
		0	5	3	0	5
		0	6	0	5	6
		0	6	1	3	6
		0	6	2	1	6
		0	7	0	4	7
		0	7	1	2	7
		0	8	0	3	8
		1	0	2	5	0 1 2
		1	1	1	6	1 2 3
		1	1	2	4	1 2 3
		1	2	0	7	2 3 4
		1	2	1	5	2 3 4
		1	2	2	3	2 3 4
		1	3	0	6	3 4 5
		1	3	1	4	3 4 5

ρ	λ	n	l	N	L	p
11	5	1	3	2	2	3 4 5
		1	4	0	5	4 5 6
		1	4	1	3	4 5 6
		1	4	2	1	4 5 6
		1	5	0	4	5 6 7
		1	5	1	2	5 6 7
		1	5	2	0	5 6 7
		1	6	0	3	6 7 8
		1	6	1	1	6 7 8
		1	7	0	2	7 8 9
		2	0	1	5	0 1 2 3 4
		2	1	0	6	1 2 3 4 5
		2	1	1	4	1 2 3 4 5
		2	2	0	5	2 3 4 5 6
		2	2	1	3	2 3 4 5 6
		2	3	0	4	3 4 5 6 7
		2	3	1	2	3 4 5 6 7
		2	4	0	3	4 5 6 7 8
		2	4	1	1	4 5 6 7 8
		2	5	0	2	5 6 7 8 9
		2	5	1	0	5 6 7 8 9
		2	6	0	1	6 7 8 9 10
		3	0	0	5	0 1 2 3 4 5 6
		3	1	0	4	1 2 3 4 5 6 7
		3	2	0	3	2 3 4 5 6 7 8
		3	3	0	2	3 4 5 6 7 8 9
		3	4	0	1	4 5 6 7 8 9 10
		3	5	0	0	5 6 7 8 9 10 11
11	6	0	1	2	6	1
		0	2	1	7	2
		0	2	2	5	2
		0	3	0	8	3
		0	3	1	6	3
		0	3	2	4	3
		0	4	0	7	4
		0	4	1	5	4
		0	4	2	3	4
		0	5	0	6	5
		0	5	1	4	5
		0	5	2	2	5
		0	6	0	5	6
		0	6	1	3	6
		0	6	2	1	6
		0	7	0	4	7
		0	7	1	2	7
		0	8	0	3	8
		1	1	1	6	1 2 3
		1	2	0	7	2 3 4
		1	2	1	5	2 3 4
		1	3	0	6	3 4 5
		1	3	1	4	3 4 5
		1	4	0	5	4 5 6
		1	4	1	3	4 5 6
		1	5	0	4	5 6 7
		1	5	1	2	5 6 7
		1	6	0	3	6 7 8
		1	6	1	1	6 7 8
		1	7	0	2	7 8 9
		2	1	0	6	1 2 3 4 5
		2	2	0	5	2 3 4 5 6
		2	3	0	4	3 4 5 6 7
		2	4	0	3	4 5 6 7 8
		2	5	0	2	5 6 7 8 9
		2	6	0	1	6 7 8 9 10

ρ	λ	n	l	N	L	p					
11	7	0	0	2	7	0					
		0	1	1	8	1					
		0	1	2	6	1					
		0	2	0	9	2					
		0	2	1	7	2					
		0	2	2	5	2					
		0	3	0	8	3					
		0	3	1	6	3					
		0	3	2	4	3					
		0	4	0	7	4					
		0	4	1	5	4					
		0	4	2	3	4					
		0	5	0	6	5					
		0	5	1	4	5					
		0	5	2	2	5					
		0	6	0	5	6					
		0	6	1	3	6					
		0	6	2	1	6					
		0	7	0	4	7					
		0	7	1	2	7					
		0	7	2	0	7					
		0	8	0	3	8					
		0	8	1	1	8					
		0	9	0	2	9					
		1	0	1	7	0	1	2			
		1	1	0	8	1	2	3			
		1	1	1	6	1	2	3			
		1	2	0	7	2	3	4			
		1	2	1	5	2	3	4			
		1	3	0	6	3	4	5			
		1	3	1	4	3	4	5			
		1	4	0	5	4	5	6			
		1	4	1	3	4	5	6			
		1	5	0	4	5	6	7			
		1	5	1	2	5	6	7			
		1	6	0	3	6	7	8			
		1	6	1	1	6	7	8			
		1	7	0	2	7	8	9			
		1	7	1	0	7	8	9			
		1	8	0	1	8	9	10			
		2	0	0	7	0	1	2	3	4	
		2	1	0	6	1	2	3	4	5	
		2	2	0	5	2	3	4	5	6	
		2	3	0	4	3	4	5	6	7	
		2	4	0	3	4	5	6	7	8	
		2	5	0	2	5	6	7	8	9	
		2	6	0	1	6	7	8	9	10	
		2	7	0	0	7	8	9	10	11	
11	8	0	1	1	8	1					
		0	2	0	9	2					
		0	2	1	7	2					
		0	3	0	8	3					
		0	3	1	6	3					
		0	4	0	7	4					
		0	4	1	5	4					
		0	5	0	6	5					
		0	5	1	4	5					
		0	6	0	5	6					
		0	6	1	3	6					
		0	7	0	4	7					
		0	7	1	2	7					
		0	8	0	3	8					
		0	8	1	1	8					
		0	9	0	2	9					

ρ	λ	n	l	N	L	p				
11	8	1	1	0	8	1	2	3		
		1	2	0	7	2	3	4		
		1	3	0	6	3	4	5		
		1	4	0	5	4	5	6		
		1	5	0	4	5	6	7		
		1	6	0	3	6	7	8		
		1	7	0	2	7	8	9		
		1	8	0	1	8	9	10		
11	9	0	0	1	9	0				
		0	1	0	10	1				
		0	1	1	8	1				
		0	2	0	9	2				
		0	2	1	7	2				
		0	3	0	8	3				
		0	3	1	6	3				
		0	4	0	7	4				
		0	4	1	5	4				
		0	5	0	6	5				
		0	5	1	4	5				
		0	6	0	5	6				
		0	6	1	3	6				
		0	7	0	4	7				
		0	7	1	2	7				
		0	8	0	3	8				
		0	8	1	1	8				
		0	9	0	2	9				
		0	9	1	0	9				
		0	10	0	1	10				
		1	0	0	9	0	1	2		
		1	1	0	8	1	2	3		
		1	2	0	7	2	3	4		
		1	3	0	6	3	4	5		
		1	4	0	5	4	5	6		
		1	5	0	4	5	6	7		
		1	6	0	3	6	7	8		
		1	7	0	2	7	8	9		
		1	8	0	1	8	9	10		
		1	9	0	0	9	10	11		
11	10	0	1	0	10	1				
		0	2	0	9	2				
		0	3	0	8	3				
		0	4	0	7	4				
		0	5	0	6	5				
		0	6	0	5	6				
		0	7	0	4	7				
		0	8	0	3	8				
		0	9	0	2	9				
		0	10	0	1	10				
11	11	0	0	0	11	0				
		0	1	0	10	1				
		0	2	0	9	2				
		0	3	0	8	3				
		0	4	0	7	4				
		0	5	0	6	5				
		0	6	0	5	6				
		0	7	0	4	7				
		0	8	0	3	8				
		0	9	0	2	9				
		0	10	0	1	10				
		0	11	0	0	11				

ρ	λ	n	l	N	L	p
12	0	0	0	6	0	0
		0	1	5	1	1
		0	2	4	2	2
		0	3	3	3	3
		0	4	2	4	4
		0	5	1	5	5
		0	6	0	6	6
		1	0	5	0	0 1 2
		1	1	4	1	1 2 3
		1	2	3	2	2 3 4
		1	3	2	3	3 4 5
		1	4	1	4	4 5 6
		1	5	0	5	5 6 7
		2	0	4	0	0 1 2 3 4
		2	1	3	1	1 2 3 4 5
		2	2	2	2	2 3 4 5 6
		2	3	1	3	3 4 5 6 7
		2	4	0	4	4 5 6 7 8
		3	0	3	0	0 1 2 3 4 5 6
		3	1	2	1	1 2 3 4 5 6 7
		3	2	1	2	2 3 4 5 6 7 8
		3	3	0	3	3 4 5 6 7 8 9
		4	0	2	0	0 1 2 3 4 5 6 7 8
		4	1	1	1	1 2 3 4 5 6 7 8 9
		4	2	0	2	2 3 4 5 6 7 8 9 10
		5	0	1	0	0 1 2 3 4 5 6 7 8 9 10
		5	1	0	1	1 2 3 4 5 6 7 8 9 10 11
		6	0	0	0	0 1 2 3 4 5 6 7 8 9 10 11 12
12	1	0	1	5	1	1
		0	2	4	2	2
		0	3	3	3	3
		0	4	2	4	4
		0	5	1	5	5
		0	6	0	6	6
		1	1	4	1	1 2 3
		1	2	3	2	2 3 4
		1	3	2	3	3 4 5
		1	4	1	4	4 5 6
		1	5	0	5	5 6 7
		2	1	3	1	1 2 3 4 5
		2	2	2	2	2 3 4 5 6
		2	3	1	3	3 4 5 6 7
		2	4	0	4	4 5 6 7 8
		3	1	2	1	1 2 3 4 5 6 7
		3	2	1	2	2 3 4 5 6 7 8
		3	3	0	3	3 4 5 6 7 8 9
		4	1	1	1	1 2 3 4 5 6 7 8 9
		4	2	0	2	2 3 4 5 6 7 8 9 10
		5	1	0	1	1 2 3 4 5 6 7 8 9 10 11
12	2	0	0	5	2	0
		0	1	4	3	1
		0	1	5	1	1
		0	2	3	4	2
		0	2	4	2	2
		0	2	5	0	2
		0	3	2	5	3
		0	3	3	3	3
		0	3	4	1	3
		0	4	1	6	4
		0	4	2	4	4
		0	4	3	2	4
		0	5	0	7	5
12	2	0	5	1	5	5
		0	5	2	3	5
		0	6	0	6	6
		0	6	1	4	6
		0	7	0	5	7
		1	0	4	2	0 1 2
		1	1	3	3	1 2 3
		1	1	4	1	1 2 3
		1	2	2	4	2 3 4
		1	2	3	2	2 3 4
		1	2	4	0	2 3 4
		1	3	1	5	3 4 5
		1	3	2	3	3 4 5
		1	3	3	1	3 4 5
		1	4	0	6	4 5 6
		1	4	1	4	4 5 6
		1	4	2	2	4 5 6
		1	5	0	5	5 6 7
		1	5	1	3	5 6 7
		1	6	0	4	6 7 8
		2	0	3	2	0 1 2 3 4
		2	1	2	3	1 2 3 4 5
		2	1	3	1	1 2 3 4 5
		2	2	1	4	2 3 4 5 6
		2	2	2	2	2 3 4 5 6
		2	2	3	0	2 3 4 5 6
		2	3	0	5	3 4 5 6 7
		2	3	1	3	3 4 5 6 7
		2	3	2	1	3 4 5 6 7
		2	4	0	4	4 5 6 7 8
		2	4	1	2	4 5 6 7 8
		2	5	0	3	5 6 7 8 9
		3	0	2	2	0 1 2 3 4 5 6
		3	1	1	3	1 2 3 4 5 6 7
		3	1	2	1	1 2 3 4 5 6 7
		3	2	0	4	2 3 4 5 6 7 8
		3	2	1	2	2 3 4 5 6 7 8
		3	2	2	0	2 3 4 5 6 7 8
		3	3	0	3	3 4 5 6 7 8 9
		3	3	1	1	3 4 5 6 7 8 9
		3	4	0	2	4 5 6 7 8 9 10
		4	0	1	2	0 1 2 3 4 5 6 7 8
		4	1	0	3	1 2 3 4 5 6 7 8 9
		4	1	1	1	1 2 3 4 5 6 7 8 9
		4	2	0	2	2 3 4 5 6 7 8 9 10
		4	2	1	0	2 3 4 5 6 7 8 9 10
		4	3	0	1	3 4 5 6 7 8 9 10 11
		5	0	0	2	0 1 2 3 4 5 6 7 8 9 10
		5	1	0	1	1 2 3 4 5 6 7 8 9 10 11
		5	2	0	0	2 3 4 5 6 7 8 9 10 11 12
12	3	0	1	4	3	1
		0	2	3	4	2
		0	2	4	2	2
		0	3	2	5	3
		0	3	3	3	3
		0	3	4	1	3
		0	4	1	6	4
		0	4	2	4	4
		0	4	3	2	4
		0	5	0	7	5
		0	5	1	5	5
		0	5	2	3	5
		0	6	0	6	6
		0	6	1	4	6

ρ	λ	n	l	N	L	p
12	3	0	7	0	5	7
		1	1	3	3	1 2 3
		1	2	2	4	2 3 4
		1	2	3	2	2 3 4
		1	3	1	5	3 4 5
		1	3	2	3	3 4 5
		1	3	3	1	3 4 5
		1	4	0	6	4 5 6
		1	4	1	4	4 5 6
		1	4	2	2	4 5 6
		1	5	0	5	5 6 7
		1	5	1	3	5 6 7
		1	6	0	4	6 7 8
		2	1	2	3	1 2 3 4 5
		2	2	1	4	2 3 4 5 6
		2	2	2	2	2 3 4 5 6
		2	3	0	5	3 4 5 6 7
		2	3	1	3	3 4 5 6 7
		2	3	2	1	3 4 5 6 7
		2	4	0	4	4 5 6 7 8
		2	4	1	2	4 5 6 7 8
		2	5	0	3	5 6 7 8 9
		3	1	1	3	1 2 3 4 5 6 7
		3	2	0	4	2 3 4 5 6 7 8
		3	2	1	2	2 3 4 5 6 7 8
		3	3	0	3	3 4 5 6 7 8 9
		3	3	1	1	3 4 5 6 7 8 9
		3	4	0	2	4 5 6 7 8 9 10
		4	1	0	3	1 2 3 4 5 6 7 8 9
		4	2	0	2	2 3 4 5 6 7 8 9 10
		4	3	0	1	3 4 5 6 7 8 9 10 11
12	4	0	0	4	4	0
		0	1	3	5	1
		0	1	4	3	1
		0	2	2	6	2
		0	2	3	4	2
		0	2	4	2	2
		0	3	1	7	3
		0	3	2	5	3
		0	3	3	3	3
		0	3	4	1	3
		0	4	0	8	4
		0	4	1	6	4
		0	4	2	4	4
		0	4	3	2	4
		0	4	4	0	4
		0	5	0	7	5
		0	5	1	5	5
		0	5	2	3	5
		0	5	3	1	5
		0	6	0	6	6
		0	6	1	4	6
		0	6	2	2	6
		0	7	0	5	7
		0	7	1	3	7
		0	8	0	4	8
		1	0	3	4	0 1 2
		1	1	2	5	1 2 3
		1	1	3	3	1 2 3
		1	2	1	6	2 3 4
		1	2	2	4	2 3 4
		1	2	3	2	2 3 4
		1	3	0	7	3 4 5
		1	3	1	5	3 4 5
12	4	1	3	2	3	3 4 5
		1	3	3	1	3 4 5
		1	4	0	6	4 5 6
		1	4	1	4	4 5 6
		1	4	2	2	4 5 6
		1	4	3	0	4 5 6
		1	5	0	5	5 6 7
		1	5	1	3	5 6 7
		1	5	2	1	5 6 7
		1	6	0	4	6 7 8
		1	6	1	2	6 7 8
		1	7	0	3	7 8 9
		2	0	2	4	0 1 2 3 4
		2	1	1	5	1 2 3 4 5
		2	1	2	3	1 2 3 4 5
		2	2	0	6	2 3 4 5 6
		2	2	1	4	2 3 4 5 6
		2	2	2	2	2 3 4 5 6
		2	3	0	5	3 4 5 6 7
		2	3	1	3	3 4 5 6 7
		2	3	2	1	3 4 5 6 7
		2	4	0	4	4 5 6 7 8
		2	4	1	2	4 5 6 7 8
		2	4	2	0	4 5 6 7 8
		2	5	0	3	5 6 7 8 9
		2	5	1	1	5 6 7 8 9
		2	6	0	2	6 7 8 9 10
		3	0	1	4	0 1 2 3 4 5 6
		3	1	0	5	1 2 3 4 5 6 7
		3	1	1	3	1 2 3 4 5 6 7
		3	2	0	4	2 3 4 5 6 7 8
		3	2	1	2	2 3 4 5 6 7 8
		3	3	0	3	3 4 5 6 7 8 9
		3	3	1	1	3 4 5 6 7 8 9
		3	4	0	2	4 5 6 7 8 9 10
		3	4	1	0	4 5 6 7 8 9 10
		3	5	0	1	5 6 7 8 9 10 11
		4	0	0	4	0 1 2 3 4 5 6 7 8
		4	1	0	3	1 2 3 4 5 6 7 8 9
		4	2	0	2	2 3 4 5 6 7 8 9 10
		4	3	0	1	3 4 5 6 7 8 9 10 11
		4	4	0	0	4 5 6 7 8 9 10 11 12
12	5	0	1	3	5	1
		0	2	2	6	2
		0	2	3	4	2
		0	3	1	7	3
		0	3	2	5	3
		0	3	3	3	3
		0	4	0	8	4
		0	4	1	6	4
		0	4	2	4	4
		0	4	3	2	4
		0	5	0	7	5
		0	5	1	5	5
		0	5	2	3	5
		0	5	3	1	5
		0	6	0	6	6
		0	6	1	4	6
		0	6	2	2	6
		0	7	0	5	7
		0	7	1	3	7
		0	8	0	4	8
		1	1	2	5	1 2 3
		1	2	1	6	2 3 4

ρ	λ	n	l	N	L	p
12	5	1	2	2	4	2 3 4
		1	3	0	7	3 4 5
		1	3	1	5	3 4 5
		1	3	2	3	3 4 5
		1	4	0	6	4 5 6
		1	4	1	4	4 5 6
		1	4	2	2	4 5 6
		1	5	0	5	5 6 7
		1	5	1	3	5 6 7
		1	5	2	1	5 6 7
		1	6	0	4	6 7 8
		1	6	1	2	6 7 8
		1	7	0	3	7 8 9
		2	1	1	5	1 2 3 4 5
		2	2	0	6	2 3 4 5 6
		2	2	1	4	2 3 4 5 6
		2	3	0	5	3 4 5 6 7
		2	3	1	3	3 4 5 6 7
		2	4	0	4	4 5 6 7 8
		2	4	1	2	4 5 6 7 8
		2	5	0	3	5 6 7 8 9
		2	5	1	1	5 6 7 8 9
		2	6	0	2	6 7 8 9 10
		3	1	0	5	1 2 3 4 5 6 7
		3	2	0	4	2 3 4 5 6 7 8
		3	3	0	3	3 4 5 6 7 8 9
		3	4	0	2	4 5 6 7 8 9 10
		3	5	0	1	5 6 7 8 9 10 11
12	6	0	0	3	6	0
		0	1	2	7	1
		0	1	3	5	1
		0	2	1	8	2
		0	2	2	6	2
		0	2	3	4	2
		0	3	0	9	3
		0	3	1	7	3
		0	3	2	5	3
		0	3	3	3	3
		0	4	0	8	4
		0	4	1	6	4
		0	4	2	4	4
		0	4	3	2	4
		0	5	0	7	5
		0	5	1	5	5
		0	5	2	3	5
		0	5	3	1	5
		0	6	0	6	6
		0	6	1	4	6
		0	6	2	2	6
		0	6	3	0	6
		0	7	0	5	7
		0	7	1	3	7
		0	7	2	1	7
		0	8	0	4	8
		0	8	1	2	8
		0	9	0	3	9
		1	0	2	6	0 1 2
		1	1	1	7	1 2 3
		1	1	2	5	1 2 3
		1	2	0	8	2 3 4
		1	2	1	6	2 3 4
		1	2	2	4	2 3 4
		1	3	0	7	3 4 5
		1	3	1	5	3 4 5
12	6	1	3	2	3	3 4 5
		1	4	0	6	4 5 6
		1	4	1	4	4 5 6
		1	4	2	2	4 5 6
		1	5	0	5	5 6 7
		1	5	1	3	5 6 7
		1	5	2	1	5 6 7
		1	6	0	4	6 7 8
		1	6	1	2	6 7 8
		1	6	2	0	6 7 8
		1	7	0	3	7 8 9
		1	7	1	1	7 8 9
		1	8	0	2	8 9 10
		2	0	1	6	0 1 2 3 4
		2	1	0	7	1 2 3 4 5
		2	1	1	5	1 2 3 4 5
		2	2	0	6	2 3 4 5 6
		2	2	1	4	2 3 4 5 6
		2	3	0	5	3 4 5 6 7
		2	3	1	3	3 4 5 6 7
		2	4	0	4	4 5 6 7 8
		2	4	1	2	4 5 6 7 8
		2	5	0	3	5 6 7 8 9
		2	5	1	1	5 6 7 8 9
		2	6	0	2	6 7 8 9 10
		2	6	1	0	6 7 8 9 10
		2	7	0	1	7 8 9 10 11
		3	0	0	6	0 1 2 3 4 5 6
		3	1	0	5	1 2 3 4 5 6 7
		3	2	0	4	2 3 4 5 6 7 8
		3	3	0	3	3 4 5 6 7 8 9
		3	4	0	2	4 5 6 7 8 9 10
		3	5	0	1	5 6 7 8 9 10 11
		3	6	0	0	6 7 8 9 10 11 12
12	7	0	1	2	7	1
		0	2	1	8	2
		0	2	2	6	2
		0	3	0	9	3
		0	3	1	7	3
		0	3	2	5	3
		0	4	0	8	4
		0	4	1	6	4
		0	4	2	4	4
		0	5	0	7	5
		0	5	1	5	5
		0	5	2	3	5
		0	6	0	6	6
		0	6	1	4	6
		0	6	2	2	6
		0	7	0	5	7
		0	7	1	3	7
		0	7	2	1	7
		0	8	0	4	8
		0	8	1	2	8
		0	9	0	3	9
		1	1	1	7	1 2 3
		1	2	0	8	2 3 4
		1	2	1	6	2 3 4
		1	3	0	7	3 4 5
		1	3	1	5	3 4 5
		1	4	0	6	4 5 6
		1	4	1	4	4 5 6
		1	5	0	5	5 6 7
		1	5	1	3	5 6 7

ρ	λ	n	l	N	L	p
12	7	1	6	0	4	6 7 8
		1	6	1	2	6 7 8
		1	7	0	3	7 8 9
		1	7	1	1	7 8 9
		1	8	0	2	8 9 10
		2	1	0	7	1 2 3 4 5
		2	2	0	6	2 3 4 5 6
		2	3	0	5	3 4 5 6 7
		2	4	0	4	4 5 6 7 8
		2	5	0	3	5 6 7 8 9
		2	6	0	2	6 7 8 9 10
		2	7	0	1	7 8 9 10 11
12	8	0	0	2	8	0
		0	1	1	9	1
		0	1	2	7	1
		0	2	0	10	2
		0	2	1	8	2
		0	2	2	6	2
		0	3	0	9	3
		0	3	1	7	3
		0	3	2	5	3
		0	4	0	8	4
		0	4	1	6	4
		0	4	2	4	4
		0	5	0	7	5
		0	5	1	5	5
		0	5	2	3	5
		0	6	0	6	6
		0	6	1	4	6
		0	6	2	2	6
		0	7	0	5	7
		0	7	1	3	7
		0	7	2	1	7
		0	8	0	4	8
		0	8	1	2	8
		0	8	2	0	8
		0	9	0	3	9
		0	9	1	1	9
		0	10	0	2	10
		1	0	1	8	0 1 2
		1	1	0	9	1 2 3
		1	1	1	7	1 2 3
		1	2	0	8	2 3 4
		1	2	1	6	2 3 4
		1	3	0	7	3 4 5
		1	3	1	5	3 4 5
		1	4	0	6	4 5 6
		1	4	1	4	4 5 6
		1	5	0	5	5 6 7
		1	5	1	3	5 6 7
		1	6	0	4	6 7 8
		1	6	1	2	6 7 8
		1	7	0	3	7 8 9
		1	7	1	1	7 8 9
		1	8	0	2	8 9 10
		1	8	1	0	8 9 10
		1	9	0	1	9 10 11
		2	0	0	8	0 1 2 3 4
		2	1	0	7	1 2 3 4 5
		2	2	0	6	2 3 4 5 6
		2	3	0	5	3 4 5 6 7
		2	4	0	4	4 5 6 7 8
		2	5	0	3	5 6 7 8 9
		2	6	0	2	6 7 8 9 10
		2	7	0	1	7 8 9 10 11
		2	8	0	0	8 9 10 11 12
12	9	0	1	1	9	1
		0	2	0	10	2
		0	2	1	8	2
		0	3	0	9	3
		0	3	1	7	3
		0	4	0	8	4
		0	4	1	6	4
		0	5	0	7	5
		0	5	1	5	5
		0	6	0	6	6
		0	6	1	4	6
		0	7	0	5	7
		0	7	1	3	7
		0	8	0	4	8
		0	8	1	2	8
		0	9	0	3	9
		0	9	1	1	9
		0	10	0	2	10
		1	1	0	9	1 2 3
		1	2	0	8	2 3 4
		1	3	0	7	3 4 5
		1	4	0	6	4 5 6
		1	5	0	5	5 6 7
		1	6	0	4	6 7 8
		1	7	0	3	7 8 9
		1	8	0	2	8 9 10
		1	9	0	1	9 10 11
12	10	0	0	1	10	0
		0	1	0	11	1
		0	1	1	9	1
		0	2	0	10	2
		0	2	1	8	2
		0	3	0	9	3
		0	3	1	7	3
		0	4	0	8	4
		0	4	1	6	4
		0	5	0	7	5
		0	5	1	5	5
		0	6	0	6	6
		0	6	1	4	6
		0	7	0	5	7
		0	7	1	3	7
		0	8	0	4	8
		0	8	1	2	8
		0	9	0	3	9
		0	9	1	1	9
		0	10	0	2	10
		0	10	1	0	10
		0	11	0	1	11
		1	0	0	10	0 1 2
		1	1	0	9	1 2 3
		1	2	0	8	2 3 4
		1	3	0	7	3 4 5
		1	4	0	6	4 5 6
		1	5	0	5	5 6 7
		1	6	0	4	6 7 8
		1	7	0	3	7 8 9
		1	8	0	2	8 9 10
		1	9	0	1	9 10 11
		1	10	0	0	10 11 12

ρ	λ	n	l	N	L	p
12	11	0	1	0	11	1
		0	2	0	10	2
		0	3	0	9	3
		0	4	0	8	4
		0	5	0	7	5
		0	6	0	6	6
		0	7	0	5	7
		0	8	0	4	8
		0	9	0	3	9
		0	10	0	2	10
		0	11	0	1	11
12	12	0	0	0	12	0
		0	1	0	11	1
		0	2	0	10	2
		0	3	0	9	3
		0	4	0	8	4
		0	5	0	7	5
		0	6	0	6	6
		0	7	0	5	7
		0	8	0	4	8
		0	9	0	3	9
		0	10	0	2	10
		0	11	0	1	11
		0	12	0	0	12

IV

Tablas del coeficiente $B(nl, n'l', p)$

Tables of the Coefficient $B(nl, n'l', p)$

$l' = 1$

p	n	l	n'	l'	$B(nl,n'l',p)$
0	0	0	0	0	1.0000000
			1		1.2247449
			2		1.3693064
			3		1.4790200
			4		1.5687376
			5		1.6453059
			6		1.7124886
0	1	0	0	0	1.2247449
			1		1.5000000
			2		1.6770510
			3		1.8114221
			4		1.9213032
			5		2.0150798
			6		2.0973618
0	2	0	0	0	1.3693064
			1		1.6770510
			2		1.8750000
			3		2.0252315
			4		2.1480823
			5		2.2529278
			6		2.3449216
0	3	0	0	0	1.4790200
			1		1.8114221
			2		2.0252315
			3		2.1875000
			4		2.3201941
			5		2.4334401
			6		2.5328048
0	4	0	0	0	1.5687376
			1		1.9213032
			2		2.1480823
			3		2.3201941
			4		2.4609374
			5		2.5810530
			6		2.6864451
0	5	0	0	0	1.6453059
			1		2.0150798
			2		2.2529278
			3		2.4334402
			4		2.5810530
			5		2.7070312
			6		2.8175675
0	6	0	0	0	1.7124886
			1		2.0973618
			2		2.3449216
			3		2.5328048
			4		2.6864451
			5		2.8175674
			6		2.9326171
1	0	0	1	0	-1.2247449
1	0	0	2	0	-2.7386128
			3		-4.4370599
			4		-6.2749500
			5		-8.2265292
			6		-10.274932
1	1	0	0	0	-1.2247449
			1		-3.0000001
			2		-5.0311532
			3		-7.2456882
			4		-9.6065166
			5		-12.090479
			6		-14.681532
1	2	0	0	0	-2.7386128
			1		-5.0311530
			2		-7.5000000
			3		-10.126157
			4		-12.888494
			5		-15.770494
			6		-18.759373
1	3	0	0	0	-4.4370600
			1		-7.2456882
			2		-10.126157
			3		-13.125000
			4		-16.241359
			5		-19.467521
			6		-22.795243
1	4	0	0	0	-6.2749500
			1		-9.6065160
			2		-12.888494
			3		-16.241359
			4		-19.687499
			5		-23.229477
			6		-26.864452
1	5	0	0	0	-8.2265292
			1		-12.090479
			2		-15.770495
			3		-19.467521
			4		-23.229477
			5		-27.070313
			6		-30.993242
1	6	0	0	0	-10.274932
			1		-14.681532
			2		-18.759373
			3		-22.795244
			4		-26.864452
			5		-30.993241
			6		-35.191406
1	0	1	0	1	1.0000000
			1		1.5811388
			2		2.0916500
			3		2.5617377
			4		3.0039037

$l' = l$

p	n	l	n'	l'	$B(nl,n'l',p)$
1	0	1	5	1	3.4249773
1	1	1	0	1	1.5811388
			1		2.5000000
			2		3.3071891
			3		4.0504631
			4		4.7495887
			5		5.4153646
1	2	1	0	1	2.0916500
			1		3.3071891
			2		4.3750001
			3		5.3582589
			4		6.2831154
			5		7.1638536
1	3	1	0	1	2.5617377
			1		4.0504631
			2		5.3582589
			3		6.5625000
			4		7.6952130
			5		8.7738930
1	4	1	0	1	3.0039037
			1		4.7495887
			2		6.2831154
			3		7.6952136
			4		9.0294378
			5		10.288302
1	5	1	0	1	3.4249773
			1		5.4153648
			2		7.1638536
			3		8.7738930
			4		10.288302
			5		11.730469
2	0	0	2	0	1.3693064
			3		4.4370598
			4		9.4124251
			5		16.453058
			6		25.687328
2	1	0	1	0	2.5000001
			2		7.2672209
			3		14.491376
			4		24.336508
			5		36.943130
			6		52.434043
2	2	0	0	0	1.3693064
			1		7.2672209
			2		16.250002
			3		28.353241
			4		43.677674
			5		62.330999
2	2	0	6	0	84.417178
2	3	0	0	0	4.4370599
			1		14.491376
			2		28.353241
			3		45.937501
			4		67.285631
			5		92.470728
			6		121.57463
2	4	0	0	0	9.4124251
			1		24.336508
			2		43.677676
			3		67.285631
			4		95.156252
			5		127.33195
			6		163.87316
2	5	0	0	0	16.453058
			1		36.943130
			2		62.331002
			3		92.470724
			4		127.33195
			5		166.93360
			6		211.31755
2	6	0	0	0	25.687330
			1		52.434043
			2		84.417178
			3		121.57463
			4		163.87316
			5		211.31756
			6		263.93556
2	0	1	1	1	-1.5811388
			2		-4.1833001
			3		-7.6852130
			4		-12.015616
			5		-17.124886
2	1	1	0	1	-1.5811388
			1		-5.0000000
			2		-9.9215676
			3		-16.201853
			4		-23.747944
			5		-32.492188
2	2	1	0	1	-4.1833001
			1		-9.9215676
			2		-17.500000
			3		-26.791294
			4		-37.698691
			5		-50.146975
2	3	1	0	1	-7.6852130
			1		-16.201853
			2		-26.791294
			3		-39.375000

$l' = l$

p	n	l	n'	l'	$B(nl, n'l', p)$
2	3	1	4	1	−53.866495
			5		−70.191143
2	4	1	0	1	−12.015616
			1		−23.747944
			2		−37.698692
			3		−53.866496
			4		−72.187499
			5		−92.594716
2	5	1	0	1	−17.124886
			1		−32.492189
			2		−50.146975
			3		−70.191146
			4		−92.594716
			5		−117.30469
2	0	2	0	2	1.0000000
			1		1.8708287
			2		2.8062431
			3		3.7996712
			4		4.8436493
			5		5.9322350
2	1	2	0	2	1.8708287
			1		3.5000000
			2		5.2500000
			3		7.1085338
			4		9.0616379
			5		11.098195
2	2	2	0	2	2.8062431
			1		5.2500000
			2		7.8750000
			3		10.662801
			4		13.592456
			5		16.647292
2	3	2	0	2	3.7996712
			1		7.1085341
			2		10.662801
			3		14.437500
			4		18.404274
			5		22.540541
2	4	2	0	2	4.8436493
			1		9.0616379
			2		13.592458
			3		18.404274
			4		23.460938
			5		28.733664
2	5	2	0	2	5.9322350
			1		11.098195
			2		16.647292
			3		22.540541
			4		28.733665
			5		35.191409

p	n	l	n'	l'	$B(nl, n'l', p)$
3	0	0	3	0	−1.4790200
			4		−6.2749502
			5		−16.453058
			6		−34.249772
3	1	0	2	0	−3.9131190
			3		−14.491377
			4		−34.583458
			5		−67.169325
			6		−115.35490
3	2	0	1	0	−3.9131190
			2		−17.500000
			3		−44.555091
			4		−88.787407
			5		−153.95007
			6		−243.87185
3	3	0	0	0	−1.4790200
			1		−14.491377
			2		−44.555091
			3		−96.250004
			4		−174.01456
			5		−282.27904
			6		−425.51121
3	4	0	0	0	−6.2749502
			1		−34.583459
			2		−88.787407
			3		−174.01456
			4		−295.31249
			5		−457.70673
			6		−666.23841
3	5	0	0	0	−16.453058
			1		−67.169325
			2		−153.95007
			3		−282.27905
			4		−457.70673
			5		−685.78126
			6		−972.06082
3	6	0	0	0	−34.249772
			1		−115.35490
			2		−243.87185
			3		−425.51121
			4		−666.23841
			5		−972.06077
			6		−1349.0039
3	0	1	2	1	2.0916500
			3		7.6852128
			4		18.023423
			5		34.249773
3	1	1	1	1	3.5000000
			2		12.567319
			3		29.163335

$l' = 1$

p	n	l	n'	l'	$B(nl, n'l', p)$
3	1	1	4	1	55.095229
			5		92.061194
3	2	1	0	1	2.0916499
			1		12.567319
			2		33.250000
			3		66.442406
			4		114.35270
			5		179.09634
3	3	1	0	1	7.6852128
			1		29.163335
			2		66.442406
			3		122.06251
			4		198.53651
			5		298.31236
3	4	1	0	1	18.023422
			1		55.095229
			2		114.35270
			3		198.53651
			4		310.40624
			5		452.68528
3	5	1	0	1	34.249771
			1		92.061194
			2		179.09634
			3		298.31237
			4		452.68528
			5		645.17579
3	0	2	1	2	-1.8708287
			2		-5.6124860
			3		-11.399013
			4		-19.374597
			5		-29.661174
3	1	2	0	2	-1.8708287
			1		-7.0000001
			2		-15.750000
			3		-28.434133
			4		-45.308190
			5		-66.589170
3	2	2	0	2	-5.6124860
			1		-15.750000
			2		-31.500001
			3		-53.314002
			4		-81.554740
			5		-116.53104
3	3	2	0	2	-11.399014
			1		-28.434134
			2		-53.314002
			3		-86.625000
			4		-128.82991
			5		-180.32433
3	4	2	0	2	-19.374597
			1		-45.308190
			2		-81.554745
			3		-128.82991
			4		-187.68751
			5		-258.60296
3	5	2	0	2	-29.661174
			1		-66.589170
			2		-116.53104
			3		-180.32433
			4		-258.60297
			5		-351.91408
3	0	3	0	3	1.0000000
			1		2.1213204
			2		3.5178118
			3		5.1780789
			4		7.0903763
3	1	3	0	3	2.1213204
			1		4.5000001
			2		7.4624059
			3		10.984364
			4		15.040960
3	2	3	0	3	3.5178118
			1		7.4624059
			2		12.375000
			3		18.215507
			4		24.942611
3	3	3	0	3	5.1780789
			1		10.984364
			2		18.215507
			3		26.812500
			4		36.714529
3	4	3	0	3	7.0903768
			1		15.040960
			2		24.942610
			3		36.714530
			4		50.273440
4	0	0	4	0	1.5687375
			5		8.2265292
			6		25.687330
4	1	0	3	0	5.4342663
			4		24.976942
			5		70.527793
			6		157.30213
4	2	0	2	0	7.8750000
			3		37.669306

$l' = l$

p	n	l	n'	l'	$B(nl,n'l',p)$	p	n	l	n'	l'	$B(nl,n'l',p)$
4	2	0	4	0	107.83374	4	4	1	1	1	-70.293917
			5		241.06327				2		-206.08618
			6		464.29447				3		-454.01760
									4		-851.81250
4	3	0	1	0	5.4342663				5		-1440.3622
			2		37.669306						
			3		122.06250	4	5	1	0	1	-34.249772
			4		289.09620				1		-151.63021
			5		574.29189				2		-394.01195
			6		1018.1875				3		-807.19818
									4		-1440.3622
4	4	0	0	0	1.5687375				5		-2346.0938
			1		24.976942						
			2		107.83374	4	0	2	2	2	2.8062431
			3		289.09620				3		11.399014
			4		613.26560				4		29.061896
			5		1130.5011				5		59.322349
			6		1896.6304						
						4	1	2	1	2	4.5000001
4	5	0	0	0	8.2265288				2		18.750000
			1		70.527793				3		48.744233
			2		241.06327				4		100.97254
			3		574.29189				5		182.32748
			4		1130.5013						
			5		1976.1328	4	2	2	0	2	2.8062431
			6		3183.8514				1		18.750000
									2		56.250003
4	6	0	0	0	25.687328				3		124.90709
			1		157.30213				4		234.95533
			2		464.29447				5		397.15681
			3		1018.1875						
			4		1896.6304	4	3	2	0	2	11.399014
			5		3183.8513				1		48.744233
			6		4970.7861				2		124.90709
									3		253.68750
4	0	1	3	1	-2.5617376				4		449.59010
			4		-12.015615				5		727.73744
			5		-34.249772						
						4	4	2	0	2	29.061896
4	1	1	2	1	-5.9529404				1		100.97254
			3		-25.922965				2		234.95534
			4		-70.293913				3		449.59010
			5		-151.63020				4		764.15622
									5		1198.6042
4	2	1	1	1	-5.9529404						
			2		-31.500000	4	5	2	0	2	59.322349
			3		-92.162052				1		182.32748
			4		-206.08618				2		397.15681
			5		-394.01195				3		727.73744
									4		1198.6043
4	3	1	0	1	-2.5617378				5		1834.9806
			1		-25.922965						
			2		-92.162052	4	0	3	1	3	-2.1213203
			3		-225.74998				2		-7.0356238
			4		-454.01757				3		-15.534237
			5		-807.19815				4		-28.361505
4	4	1	0	1	-12.015615	4	1	3	0	3	-2.1213205

$l' = 1$

p	n	l	n'	l'	$B(nl,n'l',p)$
4	1	3	1	3	−9.0000006
			2		−22.387217
			3		−43.937456
			4		−75.204797
4	2	3	0	3	−7.0356238
			1		−22.387217
			2		−49.500000
			3		−91.077535
			4		−149.65567
4	3	3	0	3	−15.534237
			1		−43.937456
			2		−91.077535
			3		−160.87500
			4		−257.00171
4	4	3	0	3	−28.361507
			1		−75.204797
			2		−149.65566
			3		−257.00170
			4		−402.18752
4	0	4	0	4	.99999999
			1		2.3452079
			2		4.2278837
			3		6.6848709
			4		9.7447904
4	1	4	0	4	2.3452079
			1		5.5000002
			2		9.9152660
			3		15.677412
			4		22.853559
4	2	4	0	4	4.2278837
			1		9.9152660
			2		17.875000
			3		28.262858
			4		41.199838
4	3	4	0	4	6.6848709
			1		15.677412
			2		28.262858
			3		44.687504
			4		65.142668
4	4	4	0	4	9.7447904
			1		22.853559
			2		41.199838
			3		65.142668
			4		94.960939
5	0	0	5	0	−1.6453058
			6		−10.274931

p	n	l	n'	l'	$B(nl,n'l',p)$
5	1	0	4	0	−7.0447787
			5		−38.958210
			6		−127.93906
5	2	0	3	0	−13.366528
			4		−72.461981
			5		−233.55351
			6		−581.54055
5	3	0	2	0	−13.366528
			3		−86.625004
			4		−301.16120
			5		−778.70085
			6		−1686.8480
5	4	0	1	0	−7.0447779
			2		−72.461981
			3		−301.16120
			4		−851.81250
			5		−1942.6726
			6		−3857.7354
5	5	0	0	0	−1.6453058
			1		−38.958208
			2		−233.55351
			3		−778.70089
			4		−1942.6726
			5		−4074.9848
			6		−7613.0674
5	6	0	0	0	−10.274931
			1		−127.93906
			2		−581.54055
			3		−1686.8480
			4		−3857.7352
			5		−7613.0674
			6		−13583.883
5	0	1	4	1	3.0039037
			5		17.124886
5	1	1	3	1	8.9110184
			4		46.545971
			5		146.21484
5	2	1	2	1	12.375000
			3		69.044991
			4		223.49939
			5		553.66354
5	3	1	1	1	8.9110184
			2		69.044991
			3		253.68750
			4		670.36302
			5		1463.9867
5	4	1	0	1	3.0039037

$l' = l$

p	n	l	n'	l'	$B(nl, n'l', p)$
5	4	1	1	1	46.545971
			2		223.49939
			3		670.36302
			4		1572.1406
			5		3165.8574
5	5	1	0	1	17.124886
			1		146.21485
			2		553.66354
			3		1463.9868
			4		3165.8574
			5		6016.0545
5	0	2	3	2	−3.7996712
			4		−19.374597
			5		−59.322348
5	1	2	2	2	−8.2500002
			3		−40.620194
			4		−121.68485
			5		−285.38214
5	2	2	1	2	−8.2500002
			2		−49.500001
			3		−161.46526
			4		−396.12303
			5		−820.47366
5	3	2	0	2	−3.7996710
			1		−40.620194
			2		−161.46526
			3		−437.25002
			4		−959.65144
			5		−1841.8842
5	4	2	0	2	−19.374596
			1		−121.68485
			2		−396.12304
			3		−959.65136
			4		−1957.3125
			5		−3562.9742
5	5	2	0	2	−59.322348
			1		−285.38214
			2		−820.47366
			3		−1841.8842
			4		−3562.9743
			5		−6233.9064
5	0	3	2	3	3.5178117
			3		15.534236
			4		42.542256
5	1	3	1	3	5.5000002
			2		25.703841
			3		73.229090
			4		163.77934
5	2	3	0	3	3.5178117
			1		25.703841
			2		85.249998
			3		206.44240
			4		418.48158
5	3	3	0	3	15.534236
			1		73.229090
			2		206.44241
			3		455.81249
			4		868.91050
5	4	3	0	3	42.542260
			1		163.77934
			2		418.48154
			3		868.91050
			4		1586.4063
5	0	4	1	4	−2.3452079
			2		−8.4557677
			3		−20.054613
			4		−38.979160
5	1	4	0	4	−2.3452079
			1		−11.000000
			2		−29.745798
			3		−62.709652
			4		−114.26780
5	2	4	0	4	−8.4557677
			1		−29.745798
			2		−71.499998
			3		−141.31428
			4		−247.19903
5	3	4	0	4	−20.054613
			1		−62.709648
			2		−141.31428
			3		−268.12501
			4		−455.99867
5	4	4	0	4	−38.979160
			1		−114.26780
			2		−247.19903
			3		−455.99867
			4		−759.68752
5	0	5	0	5	.99999998
			1		2.5495097
			2		4.9371046
			3		8.3103848
5	1	5	0	5	2.5495097
			1		6.4999998
			2		12.587196
			3		21.187408

$l' = l$

p	n	l	n'	l'	$B(nl, n'l', p)$
5	2	5	0	5	4.9371042
			1		12.587196
			2		24.375002
			3		41.029237
5	3	5	0	5	8.3103848
			1		21.187408
			2		41.029237
			3		69.062499
6	0	0	6	0	1.7124886
6	1	0	5	0	8.7320124
			6		56.628764
6	2	0	4	0	20.478385
			5		126.91493
			6		459.60463
6	3	0	3	0	26.812500
			4		180.11336
			5		677.88693
			6		1907.5639
6	4	0	2	0	20.478385
			3		180.11336
			4		764.15621
			5		2294.4332
			6		5605.4595
6	5	0	1	0	8.7320124
			2		126.91493
			3		677.88693
			4		2294.4332
			5		6016.0548
			6		13393.106
6	6	0	0	0	1.7124885
			1		56.628763
			2		459.60460
			3		1907.5639
			4		5605.4595
			5		13393.106
			6		27879.972
6	0	1	5	1	−3.4249772
6	1	1	4	1	−12.348931
			5		−75.815099
6	2	1	3	1	−21.892314
			4		−135.35625
			5		−486.11863

p	n	l	n'	l'	$B(nl, n'l', p)$
6	3	1	2	1	−21.892314
			3		−160.87500
			4		−625.95059
			5		−1784.8605
6	4	1	1	1	−12.348931
			2		−135.35625
			3		−625.95065
			4		−1957.3125
			5		−4882.5339
6	5	1	0	1	−3.4249770
			1		−75.815105
			2		−486.11863
			3		−1784.8606
			4		−4882.5339
			5		−11133.892
6	0	2	4	2	4.8436493
			5		29.661174
6	1	2	3	2	13.201562
			4		76.376664
			5		261.60030
6	2	2	2	2	17.874999
			3		112.21328
			4		400.65384
			5		1079.4315
6	3	2	1	2	13.201563
			2		112.21328
			3		455.81251
			4		1317.2201
			5		3112.7412
6	4	2	0	2	4.8436491
			1		76.376664
			2		400.65385
			3		1317.2201
			4		3358.2655
			5		7287.4040
6	5	2	0	2	29.661173
			1		261.60030
			2		1079.4315
			3		3112.7412
			4		7287.4040
			5		14875.352
6	0	3	3	3	−5.1780788
			4		−28.361505
6	1	3	2	3	−10.779030
			3		−58.583276
			4		−190.51883

$l' = l$

p	n	l	n'	l'	$B(nl, n'l', p)$
6	2	3	1	3	-10.779030
			2		-71.499998
			3		-255.01708
			4		-676.22189
6	3	3	0	3	-5.1780790
			1		-58.583276
			2		-255.01709
			3		-750.74999
			4		-1774.5355
6	4	3	0	3	-28.361508
			1		-190.51883
			2		-676.22189
			3		-1774.5355
			4		-3887.8127
6	0	4	2	4	4.2278837
			3		20.054612
			4		58.468745
6	1	4	1	4	6.5000003
			2		33.351348
			3		102.61579
			4		245.15638
6	2	4	0	4	4.2278834
			1		33.351348
			2		120.25000
			3		313.46078
			4		677.92461
6	3	4	0	4	20.054612
			1		102.61579
			2		313.46078
			3		743.43747
			4		1510.1255
6	4	4	0	4	58.468737
			1		245.15636
			2		677.92461
			3		1510.1255
			4		2935.1562
6	0	5	1	5	-2.5495098
			2		-9.8742099
			3		-24.931154
6	1	5	0	5	-2.5495096
			1		-13.000001
			2		-37.761589
			3		-84.749629
6	2	5	0	5	-9.8742087
			1		-37.761588
			2		-97.500002

p	n	l	n'	l'	$B(nl, n'l', p)$
6	2	5	3	5	-205.14620
6	3	5	0	5	-24.931156
			1		-84.749635
			2		-205.14620
			3		-414.37500
6	0	6	0	6	1.0000001
			1		2.7386129
			2		5.6457949
			3		10.046766
6	1	6	0	6	2.7386129
			1		7.5000007
			2		15.461647
			3		27.514202
6	2	6	0	6	5.6457947
			1		15.461647
			2		31.875000
			3		56.721980
6	3	6	0	6	10.046766
			1		27.514201
			2		56.721980
			3		100.93750
7	1	0	6	0	-10.486808
7	2	0	5	0	-29.288061
			6		-206.35310
7	3	0	4	0	-47.398251
			5		-343.46269
			6		-1406.7922
7	4	0	3	0	-47.398254
			4		-402.18749
			5		-1783.1389
			6		-5701.4043
7	5	0	2	0	-29.288061
			3		-343.46271
			4		-1783.1389
			5		-6233.9067
			6		-17207.289
7	6	0	1	0	-10.486808
			2		-206.35310
			3		-1406.7922
			4		-5701.4045
			5		-17207.289
			6		-42983.790

$l' = l$

p	n	l	n'	l'	$B(nl,n'l',p)$
7	1	1	5	1	16.246094
7	2	1	4	1	35.005928
			5		242.54762
7	3	1	3	1	44.687502
			4		338.22297
			5		1409.6722
7	4	1	2	1	35.005928
			3		338.22297
			4		1586.4062
			5		5218.6187
7	5	1	1	1	16.246094
			2		242.54762
			3		1409.6723
			4		5218.6187
			5		14875.352
7	0	2	5	2	−5.9322346
7	1	2	4	2	−19.417796
			5		−130.00742
7	2	2	3	2	−33.003909
			4		−226.54095
			5		−888.64829
7	3	2	2	2	−33.003909
			3		−268.12502
			4		−1143.6941
			5		−3537.7916
7	4	2	1	2	−19.417794
			2		−226.54096
			3		−1143.6942
			4		−3887.8126
			5		−10461.790
7	5	2	0	2	−5.9322346
			1		−130.00742
			2		−888.64829
			3		−3537.7913
			4		−10461.791
			5		−25626.048
7	0	3	4	3	7.0903763
7	1	3	3	3	18.307274
			4		115.31403
7	2	3	2	3	24.375000

p	n	l	n'	l'	$B(nl,n'l',p)$
7	2	3	3	3	168.35544
			4		652.28706
7	3	3	1	3	18.307274
			2		168.35544
			3		743.43755
			4		2317.4655
7	4	3	0	3	7.0903765
			1		115.31403
			2		652.28703
			3		2317.4655
			4		6346.6408
7	0	4	3	4	−6.6848714
			4		−38.979162
7	1	4	2	4	−13.520817
			3		−79.812280
			4		−278.39792
7	2	4	1	4	−13.520817
			2		−97.499999
			3		−375.12519
			4		−1063.7050
7	3	4	0	4	−6.6848714
			1		−79.812276
			2		−375.12519
			3		−1186.2500
			4		−2990.6406
7	4	4	0	4	−38.979162
			1		−278.39792
			2		−1063.7049
			3		−2990.6406
			4		−6975.3128
7	0	5	2	5	4.9371050
			3		24.931155
7	1	5	1	5	7.5000004
			2		41.634574
			3		136.90326
7	2	5	0	5	4.9371042
			1		41.634574
			2		161.25002
			3		448.16556
7	3	5	0	5	24.931154
			1		136.90326
			2		448.16556
			3		1131.5626

$l = {,}1$

p	n	l	n'	l'	$B(nl,n'l',p)$
7	0	6	1	6	−2.7386128
			2		−11.291590
			3		−30.140297
7	1	6	0	6	−2.7386128
			1		−15.000001
			2		−46.384938
			3		−110.05681
7	2	6	0	6	−11.291589
			1		−46.384938
			2		−127.50000
			3		−283.60989
7	3	6	0	6	−30.140296
			1		−110.05680
			2		−283.60989
			3		−605.62498
7	0	7	0	7	1.0000000
			1		2.9154759
			2		6.3541324
7	1	7	0	7	2.9154759
			1		8.5000000
			2		18.525321
7	2	7	0	7	6.3541324
			1		18.525321
			2		40.374999
8	2	0	6	0	39.863665
8	3	0	5	0	76.827183
			6		608.95865
8	4	0	4	0	94.960936
			5		823.92948
			6		3864.5155
8	5	0	3	0	76.827183
			4		823.92948
			5		4320.7227
			6		15749.531
8	6	0	2	0	39.863665
			3		608.95865
			4		3864.5155
			5		15749.531
			6		49177.895
8	2	1	5	1	−52.193790
8	3	1	4	1	−80.982960
			5		−653.44615
8	4	1	3	1	−80.982960
			4		−759.68749
			5		−3697.9093
8	5	1	2	1	−52.193790
			3		−653.44615
			4		−3697.9093
			5		−14054.218
8	1	2	5	2	26.952757
8	2	2	4	2	55.017084
			5		417.76776
8	3	2	3	2	69.062498
			4		575.63148
			5		2610.9947
8	4	2	2	2	55.017091
			3		575.63152
			4		2935.1563
			5		10429.200
8	5	2	1	2	26.952757
			2		417.76776
			3		2610.9948
			4		10429.201
			5		31932.776
8	1	3	4	3	−28.410703
8	2	3	3	3	−46.918732
			4		−351.21212
8	3	3	2	3	−46.918729
			3		−414.37500
			4		−1910.2680
8	4	3	1	3	−28.410700
			2		−351.21211
			3		−1910.2680
			4		−6975.3129
8	0	4	4	4	9.7447902
8	1	4	3	4	24.228730
			4		164.13011
8	2	4	2	4	31.874998

$l' = l$

p	n	l	n'	l'	B(nl, n'l', p)
8	2	4	3	4	238.55432
			4		991.38915
8	3	4	1	4	24.228727
			2		238.55431
			3		1131.5625
			4		3766.8860
8	4	4	0	4	9.7447899
			1		164.13010
			2		991.38908
			3		3766.8860
			4		10982.266
8	0	5	3	5	−8.3103850
8	1	5	2	5	−16.460179
			3		−104.30724
8	2	5	1	5	−16.460180
			2		−127.50000
			3		−523.91183
8	3	5	0	5	−8.3103850
			1		−104.30724
			2		−523.91183
			3		−1763.7501
8	0	6	2	6	5.6457949
			3		30.140298
8	1	6	1	6	8.5000002
			2		50.508042
			3		176.09088
8	2	6	0	6	5.6457949
			1		50.508042
			2		208.25001
			3		612.59737
8	3	6	0	6	30.140297
			1		176.09087
			2		612.59737
			3		1635.1874
8	0	7	1	7	−2.9154759
			2		−12.708264
8	1	7	0	7	−2.9154757
			1		−16.999999
			2		−55.575958
8	2	7	0	7	−12.708264

p	n	l	n'	l'	B(nl, n'l', p)
8	2	7	1	7	−55.575958
			2		−161.49999
8	0	8	0	8	.99999999
			1		3.0822070
			2		7.0622237
8	1	8	0	8	3.0822070
			1		9.4999997
			2		21.767235
8	2	8	0	8	7.0622237
			1		21.767235
			2		49.875004
9	3	0	6	0	−116.87085
9	4	0	5	0	−172.02924
			6		−1570.1633
9	5	0	4	0	−172.02922
			5		−1804.2578
			6		−9750.7968
9	6	0	3	0	−116.87085
			4		−1570.1633
			5		−9750.7953
			6		−40595.799
9	3	1	5	1	134.95084
9	4	1	4	1	164.02343
			5		1568.0529
9	5	1	3	1	134.95084
			4		1568.0529
			5		8939.2770
9	2	2	5	2	−85.350404
9	3	2	4	2	−128.67057
			5		−1134.6381
9	4	2	3	2	−128.67057
			4		−1312.1875
			5		−6910.5079
9	5	2	2	2	−85.350393
			3		−1134.6381
			4		−6910.5083

$l' = l$

p	n	l	n'	l'	$B(nl,n'l',p)$
9	5	2	5	2	−28212.033
9	2	3	4	3	81.378411
9	3	3	3	3	100.93750
			4		912.21477
9	4	3	2	3	81.378409
			3		912.21478
			4		4996.4064
9	1	4	4	4	−39.474331
9	2	4	3	4	−63.838478
			4		−514.56579
9	3	4	2	4	−63.838478
			3		−605.62496
			4		−2986.0852
9	4	4	1	4	−39.474331
			2		−514.56579
			3		−2986.0852
			4		−11607.813
9	1	5	3	5	30.966211
9	2	5	2	5	40.375000
			3		323.81536
9	3	5	1	5	30.966211
			2		323.81536
			3		1635.1875
9	0	6	3	6	−10.046766
9	1	6	2	6	−19.584752
			3		−132.06816
9	2	6	1	6	−19.584752
			2		−161.50000
			3		−703.35252
9	3	6	0	6	−10.046765
			1		−132.06816
			2		−703.35252
			3		−2503.2498
9	0	7	2	7	6.3541325
9	1	7	1	7	9.4999997

p	n	l	n'	l'	$B(nl,n'l',p)$
9	1	7	2	7	59.934859
9	2	7	0	7	6.3541324
			1		59.934859
			2		261.24999
9	0	8	1	8	−3.0822071
			2		−14.124447
9	1	8	0	8	−3.0822071
			1		−19.000000
			2		−65.301705
9	2	8	0	8	−14.124447
			1		−65.301701
			2		−199.50000
9	0	9	0	9	.99999997
			1		3.2403701
9	1	9	0	9	3.2403701
			1		10.500000
10	4	0	6	0	289.24060
10	5	0	5	0	344.44921
			6		3667.8751
10	6	0	4	0	289.24060
			5		3667.8750
			6		22905.872
10	4	1	5	1	−302.10194
10	5	1	4	1	−302.10197
			5		−3444.4923
10	3	2	5	2	220.62407
10	4	2	4	2	264.96093
			5		2747.5141
10	5	2	3	2	220.62407
			4		2747.5142
			5		16825.019
10	3	3	4	3	−193.50011
10	4	3	3	3	−193.50010

$l' = l$

p	n	l	n'	l'	$B(nl,n'l',p)$
10	4	3	4	3	−2119.6875
10	2	4	4	4	114.95618
10	3	4	3	4	141.31249
			4		1369.2715
10	4	4	2	4	114.95619
			3		1369.2715
			4		7984.1562
10	2	5	3	5	−83.952130
10	3	5	2	5	−83.952130
			3		−847.87498
10	1	6	3	6	38.519883
10	2	6	2	6	49.875002
			3		425.08118
10	3	6	1	6	38.519881
			2		425.08118
			3		2269.3125
10	1	7	2	7	−22.884219
10	2	7	1	7	−22.884220
			2		−199.50000
10	0	8	2	8	7.0622238
10	1	8	1	8	10.500000
			2		69.884280
10	2	8	0	8	7.0622238
			1		69.884280
			2		320.25001
10	0	9	1	9	−3.2403702
10	1	9	0	9	−3.2403703
			1		−21.000000
10	0	10	0	10	1.0000000
			1		3.3911650
10	1	10	0	10	3.3911650
			1		11.500000
11	5	0	6	0	−634.29418
11	6	0	5	0	−634.29421
			6		−7922.3319
11	5	1	5	1	609.41012
11	4	2	5	2	−497.58127
11	5	2	4	2	−497.58130
			5		−6094.1014
11	4	3	4	3	406.27340
11	3	4	4	4	−278.70128
11	4	4	3	4	−278.70128
			4		−3250.1873
11	3	5	3	5	191.18750
11	2	6	3	6	−107.43809
11	3	6	2	6	−107.43810
			3		−1147.1250
11	2	7	2	7	60.375000
11	1	8	2	8	−26.349809
11	2	8	1	8	−26.349809
			2		−241.50000
11	1	9	1	9	11.500000
11	0	10	1	10	−3.3911648
11	1	10	0	10	−3.3911646
			1		−23.000000
11	0	11	0	11	1.0000000
12	6	0	6	0	1269.6045
12	5	2	5	2	1015.6835

$l' = l$

p	n	l	n'	l'	$B(nl, n'l', p)$
12	4	4	4	4	597.46094
12	3	6	3	6	251.56249
12	2	8	2	8	71.875003
12	1	10	1	10	12.500001
12	0	12	0	12	.99999998

$l' = l + 2$

p	n	l	n'	l'	$B(nl, n'l', p)$
1	0	0	0	2	.77459670
			1		1.4491377
			2		2.1737065
			3		2.9432126
			4		3.7518745
			5		4.5950891
			6		5.4692499
1	1	0	0	2	.94868334
			1		1.7748240
			2		2.6622359
			3		3.6046844
			4		4.5950892
			5		5.6278119
			6		6.6984360
1	2	0	0	2	1.0606601
			1		1.9843136
			2		2.9764702
			3		4.0301597
			4		5.1374658
			5		6.2920848
			6		7.4890788
1	3	0	0	2	1.1456440
			1		2.1433035
			2		3.2149552
			3		4.3530699
			4		5.5490972
			5		6.7962282
			6		8.0891298
1	4	0	0	2	1.2151389
			1		2.2733167
			2		3.4099749
			3		4.6171280
			4		5.8857066
			5		7.2084888
			6		8.5798182
1	5	0	0	2	1.2744484
			1		2.3842746
			2		3.5764118
			3		4.8424846
			4		6.1729812
			5		7.5603276
			6		8.9985888
1	6	0	0	2	1.3264879
			1		2.4816317
			2		3.7224476
			3		5.0402181
			4		6.4250424
			5		7.8690378
			6		9.3660282
2	0	0	1	2	-1.0350983
2	0	0	2	2	-3.1052951
			3		-6.3068839
			4		-10.719642
			5		-16.411032
			6		-23.439643
2	1	0	0	2	-1.5811388
			1		-4.2257713
			2		-8.2402541
			3		-13.732132
			4		-20.787308
			5		-29.479014
			6		-39.871644
2	2	0	0	2	-3.5355340
			1		-8.0317451
			2		-14.173668
			3		-22.069922
			4		-31.803359
			5		-43.445347
			6		-57.059652
2	3	0	0	2	-5.7282196
			1		-12.247448
			2		-20.667570
			3		-31.093356
			4		-43.600050
			5		-58.253386
			6		-75.113348
2	4	0	0	2	-8.1009260
			1		-16.779242
			2		-27.604559
			3		-40.674700
			4		-56.054347
			5		-73.801192
			6		-93.969438
2	5	0	0	2	-10.620404
			1		-21.572008
			2		-34.912591
			3		-50.730792
			4		-69.078598
			5		-90.003896
			6		-113.55362
2	6	0	0	2	-13.264879
			1		-26.588911
			2		-42.542257
			3		-61.202648
			4		-82.607693
			5		-106.79408
			6		-133.80041
2	0	1	0	3	.84515425
			1		1.7928430
			2		2.9730937
			3		4.3762752
			4		5.9924620

$l' = l + 2$

p	n	l	n'	l'	B(nl,n'l',p)	p	n	l	n'	l'	B(nl,n'l',p)
2	0	1	5	3	7.8132146	3	2	0	6	2	229.66509
2	1	1	0	3	1.3363062	3	3	0	0	2	8.0195074
			1		2.8347336				1		25.719643
			2		4.7008738				2		56.440324
			3		6.9194990				3		103.02266
			4		9.4749137				4		168.32262
			5		12.353777				5		255.23613
									6		366.70721
2	2	1	0	3	1.7677670						
			1		3.7500000	3	4	0	0	2	17.011945
			2		6.2186714				1		46.981879
			3		9.1536370				2		95.100410
			4		12.534133				3		164.67756
			5		16.342511				4		258.97109
									5		381.24896
2	3	1	0	3	2.1650635				6		534.80866
			1		4.5927934						
			2		7.6162864	3	5	0	0	2	29.737131
			3		11.210869				1		75.502032
			4		15.351116				2		145.04337
			5		20.015405				3		242.12424
									4		370.37887
2	4	1	0	3	2.5387620				5		533.42312
			1		5.3855272				6		734.88477
			2		8.9308871						
			3		13.145910	3	6	0	0	2	46.427078
			4		18.000779				1		111.67343
			5		23.470144				2		206.80266
									3		336.01454
2	5	1	0	3	2.8946342				4		503.29500
			1		6.1404466				5		712.58509
			2		10.182778				6		967.82298
			3		14.988643						
			4		20.524045	3	0	1	1	3	-1.3944334
			5		26.760080				2		-4.6248124
									3		-10.211309
									4		-18.643215
									5		-30.384722
3	0	0	2	2	1.2076147						
			3		4.9053542	3	1	1	0	3	-1.8708287
			4		12.506248				1		-6.1734199
			5		25.528273				2		-13.893694
			6		45.577084				3		-25.832796
									4		-42.742390
3	1	0	1	2	2.9580399				5		-65.337749
			2		10.353139						
			3		24.031229	3	2	1	0	3	-4.9497475
			4		45.950892				1		-13.416667
			5		78.164055				2		-27.085769
			6		122.80466				3		-46.988667
									4		-74.090656
3	2	0	0	2	2.4748738				5		-109.31324
			1		11.244443						
			2		28.441827	3	3	1	0	3	-9.0932668
			3		56.422236				1		-22.861905
			4		97.611852				2		-43.835958
			5		154.50564				3		-73.244344

$l' = l + 2$

p	n	l	n'	l'	$B(nl,n'l',p)$
3	3	1	4	3	−112.23371
			5		−161.90239
3	4	1	0	3	−14.217067
			1		−34.347697
			2		−63.905461
			3		−104.29089
			4		−156.80679
			5		−222.70557
3	5	1	0	3	−20.262438
			1		−47.759026
			2		−87.119318
			3		−139.89401
			4		−207.52090
			5		−291.38754
3	0	2	0	4	.88191714
			1		2.0682790
			2		3.7286430
			3		5.8955022
			4		8.5940976
			5		11.846146
3	1	2	0	4	1.6499159
			1		3.8693957
			2		6.9756518
			3		11.029474
			4		16.078084
			5		22.162108
3	2	2	0	4	2.4748738
			1		5.8040932
			2		10.463478
			3		16.544212
			4		24.117126
			5		33.243164
3	3	2	0	4	3.3509947
			1		7.8587793
			2		14.167616
			3		22.400969
			4		32.654743
			5		45.011457
3	4	2	0	4	4.2716971
			1		10.018018
			2		18.060238
			3		28.555744
			4		41.626792
			5		57.378570
3	5	2	0	4	5.2317392
			1		12.269516
			2		22.119185
			3		34.973502
			4		50.982201
			5		70.274116
4	0	0	3	2	−1.3378239
			4		−6.8215899
			5		−20.886768
			6		−49.720453
4	1	0	2	2	−4.4370597
			3		−19.661916
			4		−54.305602
			5		−119.37783
			6		−228.35577
4	2	0	1	2	−5.9529404
			2		−27.780389
			3		−78.404923
			4		−173.73976
			5		−332.71784
			6		−577.33990
4	3	0	0	2	−3.4369317
			1		−25.719642
			2		−83.588838
			3		−197.86682
			4		−392.97698
			5		−696.92229
			6		−1141.3027
4	4	0	0	2	−14.581667
			1		−68.199500
			2		−186.41196
			3		−399.17170
			4		−740.52889
			5		−1248.5976
			6		−1965.5584
4	5	0	0	2	−38.233454
			1		−143.05648
			2		−351.68050
			3		−704.36144
			4		−1245.8198
			5		−2025.2513
			6		−3096.3326
4	6	0	0	2	−79.589277
			1		−260.57134
			2		−595.59161
			3		−1136.3401
			4		−1939.1948
			5		−3065.3480
			6		−4580.8393
4	0	1	2	3	1.8919686
			3		8.3547074
			4		22.880308
			5		49.720453
4	1	1	1	3	3.9686273
			2		16.153912
			3		42.271848

163

$l' = l + 2$

p	n	l	n'	l'	B(nl, n'l', p)
4	1	1	4	3	89.236463
			5		165.09137
4	2	1	0	3	3.1819806
			1		17.250000
			2		49.975507
			3		110.84222
			4		210.80134
			5		362.20946
4	3	1	0	3	11.691343
			1		44.090816
			2		109.95147
			3		223.19822
			4		399.40812
			5		655.77747
4	4	1	0	3	27.418629
			1		88.322648
			2		202.16281
			3		387.92384
			4		666.35611
			5		1059.9971
4	5	1	0	3	52.103414
			1		153.51116
			2		332.32884
			3		613.17176
			4		1022.4706
			5		1588.5756
4	0	2	1	4	−1.6922283
			2		−6.1014157
			3		−14.470778
			4		−28.126137
			5		−48.461503
4	1	2	0	4	−2.1213203
			1		−8.1408067
			2		−20.383399
			3		−41.253098
			4		−73.291008
			5		−119.15731
4	2	2	0	4	−6.3639612
			1		−19.673615
			2		−44.028140
			3		−83.150780
			4		−140.94424
			5		−221.47719
4	3	2	0	4	−12.925266
			1		−36.742344
			2		−77.829893
			3		−141.38794
			4		−232.82407
			5		−357.75339

p	n	l	n'	l'	B(nl, n'l', p)
4	4	2	0	4	−21.968728
			1		−59.717797
			2		−122.43434
			3		−216.94950
			4		−350.31378
			5		−529.82033
4	5	2	0	4	−33.632610
			1		−88.914153
			2		−178.38978
			3		−310.67371
			4		−494.59357
			5		−739.24720
4	0	3	0	5	.90453403
			1		2.3061183
			2		4.4657787
			3		7.5170258
			4		11.584515
4	1	3	0	5	1.9188064
			1		4.8920158
			2		9.4733478
			3		15.946021
			4		24.574467
4	2	3	0	5	3.1819803
			1		8.1124901
			2		15.709771
			3		26.443483
			4		40.752146
4	3	3	0	5	4.6837484
			1		11.941262
			2		23.124156
			3		38.923753
			4		59.985534
4	4	3	0	5	6.4134867
			1		16.351247
			2		31.664054
			3		53.298544
			4		82.138574
5	0	0	4	2	1.4430286
			5		8.8367097
			6		31.553365
5	1	0	3	2	6.0078073
			4		32.401270
			5		104.61958
			6		261.92603
5	2	0	2	2	10.913724
			3		57.765621

$l' = l + 2$

p	n	l	n'	l'	$B(nl, n'l', p)$
5	2	0	4	2	183.49974
			5		452.54610
			6		954.37748
5	3	0	1	2	10.104146
			2		65.676943
			3		226.98150
			4		583.99675
			5		1260.6630
			6		2419.0943
5	4	0	0	2	4.4555092
			1		51.203754
			2		216.12746
			3		613.63833
			4		1401.6604
			5		2786.3846
			6		5027.0192
5	5	0	0	2	23.364887
			1		156.11322
			2		533.90720
			3		1346.6719
			4		2843.4153
			5		5337.3699
			6		9211.1928
5	6	0	0	2	72.956837
			1		370.47217
			2		1111.4165
			3		2584.9119
			4		5156.2730
			5		9272.4938
			6		15467.842
5	0	1	3	3	−2.3564560
			4		−12.906841
			5		−42.071154
5	1	1	2	3	−6.5812233
			3		−32.787779
			4		−99.996785
			5		−239.47321
5	2	1	1	3	−8.2499998
			2		−44.774435
			3		−142.23343
			4		−347.87039
			5		−725.35603
5	3	1	0	3	−4.7631396
			1		−40.416582
			2		−149.27920
			3		−393.93268
			4		−858.95393
			5		−1652.9645
5	4	1	0	3	−22.341105

p	n	l	n'	l'	$B(nl, n'l', p)$
5	4	1	1	3	−118.48160
			2		−364.38018
			3		−864.19185
			4		−1752.4451
			5		−3196.2724
5	5	1	0	3	−63.681949
			1		−270.17964
			2		−743.34274
			3		−1641.8329
			4		−3163.8604
			5		−5549.6291
5	0	2	2	4	2.5813681
			3		12.244504
			4		35.698559
			5		82.011776
5	1	2	1	4	4.9749374
			2		22.766689
			3		65.449629
			4		149.47318
			5		295.90068
5	2	2	0	4	3.8890872
			1		24.045529
			2		77.498727
			3		187.98587
			4		386.13903
			5		709.79635
5	3	2	0	4	15.797547
			1		67.360965
			2		185.89158
			3		411.34087
			4		793.40260
			5		1391.8927
5	4	2	0	4	40.275999
			1		145.97683
			2		368.54794
			3		769.12229
			4		1421.7150
			5		2413.6832
5	5	2	0	4	82.213044
			1		271.68213
			2		647.28999
			3		1296.7098
			4		2323.8920
			5		3849.6312
5	0	3	1	5	−1.9513308
			2		−7.5574721
			3		−19.081681
			4		−39.209126
5	1	3	0	5	−2.3452079

$l' = l + 2$

p	n	l	n'	l'	$B(nl, n'l', p)$
5	1	3	1	5	-10.118528
			2		-27.610356
			3		-59.967939
			4		-113.21058
5	2	3	0	5	-7.7781745
			1		-26.694946
			2		-64.987428
			3		-131.76538
			4		-237.54668
5	3	3	0	5	-17.173744
			1		-53.888774
			2		-123.92176
			3		-241.52688
			4		-422.97490
5	4	3	0	5	-31.354823
			1		-93.775097
			2		-208.38737
			3		-395.86695
			4		-679.57382
5	0	4	0	6	.91986625
			1		2.5191574
			2		5.1933761
			3		9.2416804
			4		14.973233
5	1	4	0	6	2.1572775
			1		5.9079479
			2		12.179546
			3		21.673662
			4		35.115344
5	2	4	0	6	3.8890872
			1		10.650704
			2		21.956989
			3		39.072750
			4		63.305087
5	3	4	0	6	6.1491870
			1		16.840242
			2		34.717049
			3		61.779443
			4		100.09414
5	4	4	0	6	8.9639030
			1		24.548660
			2		50.608359
			3		90.058236
			4		145.91102
6	0	0	5	2	-1.5316962
			6		-10.938499
6	1	0	4	2	-7.6584821
			5		-48.774370
			6		-180.85777
6	2	0	3	2	-17.464025
			4		-106.17429
			5		-379.62245
			6		-1038.4856
6	3	0	2	2	-21.892314
			3		-145.51691
			4		-543.01880
			5		-1518.4716
			6		-3552.2837
6	4	0	1	2	-15.480204
			2		-139.32183
			3		-591.65201
			4		-1773.5595
			5		-4325.7796
			6		-9192.6625
6	5	0	0	2	-5.5226098
			1		-91.510728
			2		-502.57101
			3		-1714.7008
			4		-4510.9793
			5		-10061.715
			6		-20010.290
6	6	0	0	2	-34.488687
			1		-318.00339
			2		-1364.1884
			3		-4062.4158
			4		-9777.0796
			5		-20451.255
			6		-38716.486
6	0	1	4	3	2.7964821
			5		18.230833
6	1	1	3	3	9.6872984
			4		57.481146
			5		201.77835
6	2	1	2	3	16.168546
			3		97.028541
			4		341.76403
			5		920.62810
6	3	1	1	3	14.594876
			2		107.81276
			3		416.29695
			4		1178.6246
			5		2766.5736
6	4	1	0	3	6.6007815

$l' = l + 2$

p	n	l	n'	l'	$B(nl, n'l', p)$
6	4	1	1	3	82.458409
			2		389.58512
			3		1224.3224
			4		3058.5323
			5		6583.1142
6	5	1	0	3	37.630242
			1		274.95554
			2		1044.3004
			3		2897.8043
			4		6661.6488
			5		13493.027
6	0	2	3	4	−3.5373012
			4		−20.625834
			5		−71.076872
6	1	2	2	4	−8.9686952
			3		−49.159940
			4		−162.61833
			5		−417.91402
6	2	2	1	4	−10.779030
			2		−65.770429
			3		−229.72819
			4		−609.12967
			5		−1362.9697
6	3	2	0	4	−6.2232760
			1		−58.379504
			2		−238.82555
			3		−688.66983
			4		−1622.4742
			5		−3343.7084
6	4	2	0	4	−31.732606
			1		−186.04890
			2		−629.52833
			3		−1624.4140
			4		−3548.9815
			5		−6918.2164
6	5	2	0	4	−97.160872
			1		−455.72487
			2		−1374.5493
			3		−3293.5047
			4		−6822.8757
			5		−12769.810
6	0	3	2	5	3.2749046
			3		16.537457
			4		50.971863
6	1	3	1	5	5.9791305
			2		30.104195
			3		93.549991
			4		228.26949
6	2	3	0	5	4.5961939
			1		31.548572
			2		111.01572
			3		290.29068
			4		636.63909
6	3	3	0	5	20.296244
			1		95.530102
			2		286.73953
			3		682.46317
			4		1403.6615
6	4	3	0	5	55.583551
			1		221.65025
			2		607.24618
			3		1360.8896
			4		2679.5428
6	0	4	1	6	−2.1832698
			2		−9.0018516
			3		−24.028369
			4		−51.907210
6	1	4	0	6	−2.5495098
			1		−12.102342
			2		−35.505223
			3		−81.965845
			4		−163.23315
6	2	4	0	6	−9.1923885
			1		−34.405004
			2		−89.957118
			3		−193.94291
			4		−369.08785
6	3	4	0	6	−21.801662
			1		−74.301192
			2		−183.26394
			3		−379.66277
			4		−701.87230
6	4	4	0	6	−42.374815
			1		−137.32372
			2		−326.96068
			3		−659.88125
			4		−1195.5861
6	0	5	0	7	.93094939
			1		2.7141605
			2		5.9153757
			3		11.066655
6	1	5	0	7	2.3734645
			1		6.9197787
			2		15.081308
			3		28.214543

$l' = l + 2$

p	n	l	n'	l'	$B(nl, n'l', p)$
6	2	5	0	7	4.5961944
			1		13.400094
			2		29.204828
			3		54.637229
6	3	5	0	7	7.7365478
			1		22.555718
			2		49.159048
			3		91.968165
7	0	0	6	2	1.6086030
7	1	0	5	2	9.3796864
			6		68.954486
7	2	0	4	2	25.687328
			5		178.27573
			6		713.66520
7	3	0	3	2	40.421364
			4		289.34579
			5		1174.7766
			6		3567.3743
7	4	0	2	2	38.700510
			3		328.69555
			4		1451.8076
			5		4624.8749
			6		12040.826
7	5	0	1	2	22.139693
			2		269.36625
			3		1408.9326
			4		4932.5060
			5		13614.589
			6		32074.048
7	6	0	0	2	6.6324400
			1		150.67049
			2		1067.1017
			3		4377.7896
			4		13281.481
			5		33271.041
			6		72984.189
7	0	1	5	3	−3.2172058
7	1	1	4	3	−13.264879
			5		−91.563283
7	2	1	3	3	−27.460911
			4		−185.50517
			5		−725.79975

p	n	l	n'	l'	$B(nl, n'l', p)$
7	3	1	2	3	−33.003905
			3		−246.63912
			4		−1016.2439
			5		−3097.2859
7	4	1	1	3	−23.337286
			2		−232.20305
			3		−1091.1105
			4		−3580.9552
			5		−9468.1320
7	5	1	0	3	−8.6839027
			1		−151.46434
			2		−913.05574
			3		−3417.4106
			4		−9783.1280
			5		−23550.970
7	0	2	4	4	4.5498164
			5		31.357445
7	1	2	3	4	14.180753
			4		91.199215
			5		343.60579
7	2	2	2	4	22.421738
			3		148.89790
			4		570.90709
			5		1655.1744
7	3	2	1	4	19.902103
			2		162.83559
			3		688.61162
			4		2111.4323
			5		5318.8481
7	4	2	0	4	9.1536370
			1		122.94839
			2		636.79929
			3		2177.2828
			4		5865.4664
			5		13509.170
7	5	2	0	4	56.054352
			1		442.18060
			2		1831.2963
			3		5504.9201
			4		13603.484
			5		29413.665
7	0	3	3	5	−4.8639582
			4		−29.983451
7	1	3	2	5	−11.578537
			3		−68.786760
			4		−243.81728

$l' = l + 2$

p	n	l	n'	l'	$B(nl,n'l',p)$
7	2	3	1	5	−13.520817
			2		−90.767568
			3		−343.24681
			4		−974.85522
7	3	3	0	5	−7.8062477
			1		−79.608420
			2		−354.57041
			3		−1102.0765
			4		−2774.6252
7	4	3	0	5	−42.756579
			1		−272.52078
			2		−999.17687
			3		−2770.4791
			4		−6455.1258
7	0	4	2	6	3.9714053
			3		21.201502
			4		68.700720
7	1	4	1	6	6.9821206
			2		38.101793
			3		126.56492
			4		327.11727
7	2	4	0	6	5.3033009
			1		39.698080
			2		150.52868
			3		419.97982
			4		975.30463
7	3	4	0	6	25.155764
			1		128.59822
			2		414.74808
			3		1051.5720
			4		2288.2483
7	4	4	0	6	73.341021
			1		316.90089
			2		931.24793
			3		2220.6340
			4		4622.3366
7	0	5	1	7	−2.3948474
			2		−10.438898
			3		−29.294085
7	1	5	0	7	−2.7386128
			1		−14.090047
			2		−44.015583
			3		−107.24080
7	2	5	0	7	−10.606602
			1		−42.746905
			2		−118.93369

p	n	l	n'	l'	$B(nl,n'l',p)$
7	2	5	3	7	−270.71387
7	3	5	0	7	−26.780357
			1		−97.979591
			2		−256.91721
			3		−561.79645
7	0	6	0	8	.93933647
			1		2.8952296
			2		6.6338041
			3		12.988258
7	1	6	0	8	2.5724789
			1		7.9289125
			2		18.167421
			3		35.569812
7	2	6	0	8	5.3033013
			1		16.345871
			2		37.453099
			3		73.329042
7	3	6	0	8	9.4372933
			1		29.087692
			2		66.648271
			3		130.48998
8	1	0	6	2	−11.164060
8	2	0	5	2	−35.655147
			6		−279.59228
8	3	0	4	2	−67.381896
			5		−528.16400
			6		−2338.9140
8	4	0	3	2	−80.982960
			4		−698.81084
			5		−3260.0676
			6		−11068.238
8	5	0	2	2	−62.729128
			3		−679.48513
			4		−3564.6518
			5		−12974.961
			6		−37675.522
8	6	0	1	2	−30.134099
			2		−482.14559
			3		−3100.9341
			4		−12690.990
			5		−39686.181
			6		−103739.92

$l' = l + 2$

p	n	l	n'	l'	$B(nl, n'l', p)$
8	1	1	5	3	17.295287
8	2	1	4	3	42.616053
			5		323.58168
8	3	1	3	3	63.528258
			4		504.53999
			5		2239.0566
8	4	1	2	3	59.809880
			3		562.08723
			4		2722.5905
			5		9417.0751
8	5	1	1	3	34.795863
			2		456.37358
			3		2609.8407
			4		9938.6132
			5		29619.356
8	0	2	5	4	−5.6113324
8	1	2	4	4	−20.671822
			5		−152.96854
8	2	2	3	4	−40.178797
			4		−296.29613
			5		−1250.4929
8	3	2	2	4	−46.918729
			3		−385.76212
			4		−1726.4605
			5		−5659.4448
8	4	2	1	4	−33.176553
			2		−358.85927
			3		−1834.6138
			4		−6500.2671
			5		−18414.403
8	5	2	0	4	−12.705652
			1		−232.96146
			2		−1518.7549
			3		−6146.2521
			4		−18911.085
			5		−48620.078
8	0	3	4	5	6.7068244
8	1	3	3	5	19.489580
			4		134.36915
8	2	3	2	5	29.674011

p	n	l	n'	l'	$B(nl, n'l', p)$
8	2	3	3	5	214.48603
			4		883.91638
8	3	3	1	5	26.025829
			2		231.83449
			3		1058.9257
			4		3476.9752
8	4	3	0	5	12.114364
			1		173.43503
			2		970.76035
			3		3567.3582
			4		10258.713
8	0	4	3	6	−6.3232550
			4		−40.979378
8	1	4	2	6	−14.394009
			3		−91.672331
			4		−345.10489
8	2	4	1	6	−16.460178
			2		−119.76539
			3		−484.95075
			4		−1462.3779
8	3	4	0	6	−9.5032884
			1		−104.10331
			2		−498.66304
			3		−1654.1519
			4		−4414.1991
8	4	4	0	6	−55.413217
			1		−379.38834
			2		−1490.6461
			3		−4400.7879
			4		−10851.871
8	0	5	2	7	4.6700333
			3		26.210498
8	1	5	1	7	7.9843597
			2		46.709314
			3		164.48964
8	2	5	0	7	6.0104076
			1		48.446492
			2		196.03888
			3		579.11039
8	3	5	0	7	30.351071
			1		166.56529
			2		571.99636
			3		1533.6715

$l' = l + 2$

p	n	l	n'	l'	$B(nl,n'l',p)$
8	0	6	1	8	−2.5904685
			2		−11.871018
			3		−34.863219
8	1	6	0	8	−2.9154759
			1		−16.080390
			2		−53.099865
			3		−135.78931
8	2	6	0	8	−12.020815
			1		−51.675895
			2		−151.91502
			3		−363.04308
8	3	6	0	8	−32.086795
			1		−124.92397
			2		−345.86945
			3		−793.92853
8	0	7	0	9	.94590533
			1		3.0650837
			2		7.3498119
8	1	7	0	9	2.7577643
			1		8.9361775
			2		21.428200
8	2	7	0	9	6.0104076
			1		19.475947
			2		46.701678
9	2	0	6	2	47.430833
9	3	0	5	2	104.53246
			6		900.20455
9	4	0	4	2	150.87962
			5		1367.4388
			6		6792.3560
9	5	0	3	2	146.70703
			4		1539.2814
			5		8298.5225
			6		31627.572
9	6	0	2	2	95.424648
			3		1303.8019
			4		8130.4603
			5		33870.982
			6		109850.33
9	2	1	5	3	−62.101538

p	n	l	n'	l'	$B(nl,n'l',p)$
9	3	1	4	3	−110.18689
			5		−946.50621
9	4	1	3	3	−128.67057
			4		−1221.5800
			5		−6201.6178
9	5	1	2	3	−99.667796
			3		−1173.6561
			4		−6696.2288
			5		−26336.243
9	1	2	5	4	28.494138
9	2	2	4	4	65.460771
			5		536.63966
9	3	2	3	4	93.967698
			4		813.82403
			5		3894.3678
9	4	2	2	4	87.414432
			3		893.78622
			4		4680.6644
			5		17372.236
9	5	2	1	4	51.468225
			2		720.87327
			3		4446.3514
			4		18196.521
			5		57948.412
9	1	3	4	5	−30.035461
9	2	3	3	5	−55.825131
			4		−443.74557
9	3	3	2	5	−63.838480
			3		−568.88563
			4		−2733.1869
9	4	3	1	5	−45.140622
			2		−524.48663
			3		−2882.2213
			4		−10912.496
9	0	4	4	6	9.2691445
9	1	4	3	6	25.614327
			4		187.73789
9	2	4	2	6	37.925706

$l' = l + 2$

p	n	l	n'	l'	$B(nl, n'l', p)$
9	2	4	3	6	294.82164
			4		1293.7807
9	3	4	1	6	32.966048
			2		315.81994
			3		1542.2394
			4		5377.2650
9	4	4	0	6	15.483105
			1		234.62566
			2		1404.4586
			3		5496.8270
			4		16744.521
9	0	5	3	7	−7.9047530
9	1	5	2	7	−17.401509
			3		−117.81897
9	2	5	1	7	−19.584752
			2		−152.76370
			3		−656.84756
9	3	5	0	7	−11.307262
			1		−131.86419
			2		−673.10080
			3		−2364.8955
9	0	6	2	8	5.3702224
			3		31.542913
9	1	6	1	8	8.9861005
			2		55.886449
			3		207.32118
9	2	6	0	8	6.7175145
			1		57.755410
			2		247.54713
			3		769.60577
9	3	6	0	8	35.861713
			1		209.43137
			2		760.42504
			3		2143.7641
9	0	7	1	9	−2.7731710
			2		−13.299659
9	1	7	0	9	−3.0822071
			1		−18.072606
			2		−62.724004
9	2	7	0	9	−13.435029

p	n	l	n'	l'	$B(nl, n'l', p)$
9	2	7	1	9	−61.155563
			2		−188.89979
9	0	8	0	10	.95118977
			1		3.2256412
			2		8.0641033
9	1	8	0	10	2.9317636
			1		9.9420939
			2		24.855237
9	2	8	0	10	6.7175147
			1		22.780199
			2		56.950499
10	3	0	6	2	−153.69346
10	4	0	5	2	−258.70464
			6		−2499.5869
10	5	0	4	2	−302.10195
			5		−3206.6478
			6		−18003.995
10	6	0	3	2	−246.66522
			4		−3144.3769
			5		−19640.402
			6		−84231.817
10	3	1	5	3	177.46994
10	4	1	4	3	246.66522
			5		2440.4682
10	5	1	3	3	236.98826
			4		2704.2462
			5		15771.168
10	2	2	5	4	−99.729493
10	3	2	4	4	−169.21094
			5		−1571.3090
10	4	2	3	4	−193.50011
			4		−1991.0997
			5		−10867.421
10	5	2	2	4	−149.88454
			3		−1895.9061
			4		−11623.941

$l' = l + 2$

p	n	l	n'	l'	$B(nl, n'l', p)$
10	5	2	5	4	−48887.195
10	2	3	4	5	95.088341
10	3	3	3	5	132.73998
			4		1238.1629
10	4	3	2	5	122.38021
			3		1345.0365
			4		7536.5296
10	1	4	4	6	−41.499953
10	2	4	3	6	−74.593424
			4		−633.05090
10	3	4	2	6	−83.952135
			3		−802.00941
			4		−4100.2198
10	4	4	1	6	−59.363128
			2		−734.28127
			3		−4298.2337
			4		−17254.641
10	1	5	3	7	32.555243
10	2	5	2	7	47.177028
			3		390.86634
10	3	5	1	7	40.722766
			2		415.73874
			3		2153.5531
10	0	6	3	8	−9.6000166
10	1	6	2	8	−20.589744
			3		−147.22809
10	2	6	1	8	−22.884219
			2		−189.76235
			3		−860.81922
10	3	6	0	8	−13.212210
			1		−162.89107
			2		−879.75715
			3		−3254.3067
10	0	7	2	9	6.0715837
10	1	7	1	9	9.9874924
10	1	7	2	9	65.599881
10	2	7	0	9	7.4246215
			1		67.592989
			2		305.05392
10	0	8	1	10	−2.9451507
			2		−14.725754
10	1	8	0	10	−3.2403702
			1		−20.066194
			2		−72.859403
10	2	8	0	10	−14.849243
			1		−71.155540
			2		−229.88715
10	0	9	0	11	.95553309
			1		3.3783198
10	1	9	0	11	3.0962811
			1		10.947007
11	4	0	6	2	416.59782
11	5	0	5	2	567.32999
			6		6236.2040
11	6	0	4	2	556.31284
			5		6949.6809
			6		44287.867
11	4	1	5	3	−435.12218
11	5	1	4	3	−497.58127
			5		−5724.4114
11	3	2	5	4	282.34458
11	4	2	4	4	381.62743
			5		4069.8661
11	5	2	3	4	363.38196
			4		4455.8442
			5		27816.263
11	3	3	4	5	−247.63258
11	4	3	3	5	−278.70125

$l' = l + 2$

p	n	l	n'	l'	$B(nl, n'l', p)$
11	4	3	4	5	−3074.3696
11	2	4	4	6	132.36518
11	3	4	3	6	180.84527
			4		1799.8745
11	4	4	2	6	165.57323
			3		1938.4191
			4		11528.687
11	2	5	3	7	−96.665866
11	3	5	2	7	−107.43809
			3		−1091.1335
11	1	6	3	8	40.312450
11	2	6	2	8	57.428079
			3		503.52608
11	3	6	1	8	49.295979
			2		532.48460
			3		2907.8663
11	1	7	2	9	−23.949165
11	2	7	1	9	−26.349809
			2		−230.76124
11	0	8	2	10	6.7738461
11	1	8	1	10	10.988630
			2		75.821554
11	2	8	0	10	8.1317281
			1		77.932257
			2		368.55965
11	0	9	1	11	−3.1080540
11	1	9	0	11	−3.3911648
			1		−22.060825
11	0	10	0	12	.95916628
			1		3.5242019
11	1	10	0	12	3.2526911
			1		11.951150

p	n	l	n'	l'	$B(nl, n'l', p)$
12	5	0	6	2	−993.02605
12	6	0	5	2	−1135.5688
			6		−14311.029
12	5	1	5	3	954.06859
12	4	2	5	4	−692.15410
12	5	2	4	4	−778.99370
			5		−9607.4048
12	4	3	4	5	565.14144
12	3	4	4	6	−348.81290
12	4	4	3	6	−387.68385
			4		−4546.3898
12	3	5	3	7	239.28367
12	2	6	3	8	−122.21507
12	3	6	2	8	−134.46582
			3		−1442.2578
12	2	7	2	9	68.678946
12	1	8	2	10	−27.471577
12	2	8	1	10	−29.973948
			2		−275.76029
12	1	9	1	11	11.989579
12	0	10	1	12	−3.2631500
12	1	10	0	12	−3.5355338
			1		−24.056261
13	6	0	6	2	2146.6543
13	5	2	5	4	1525.8818
13	4	4	4	6	807.58238

$l' = l + 2$

p	n	l	n'	l'	$B(nl, n'l', p)$
13	3	6	3	8	309.05521
13	2	8	2	10	80.929652
13	1	10	1	12	12.990382